中等职业教育国家规划教材
全国中等职业教育教材审定委员会审定

电气运行

（第二版）

电厂及变电站电气运行专业

主　　编　廖自强（第二版）　潘龙德（第一版）
责任主审　孙保民
审　　稿　王　玮　郭家骥

中国电力出版社
http://jc.cepp.com.cn

内容提要

本书为中等职业教育国家规划教材。

全书共分为10个单元，主要内容包括电力系统运行及监控方式，电气运行任务及管理，同步发电机运行，变压器运行，电动机运行，配电装置运行，直流系统及交流不停电电源（UPS）运行，无功补偿设备运行，继电保护、自动装置及二次回路运行，发电厂与变电站典型操作及常见事故处理。

本书为中等职业学校电厂及变电站电气运行专业的教材，也可作为电力系统的培训教材，并可供电力系统工程技术人员参考。

图书在版编目（CIP）数据

电气运行/廖自强主编．—2版．—北京：中国电力出版社，2007.5（2018.3重印）

中等职业教育国家规划教材

ISBN 978-7-5083-5418-7

Ⅰ．电… Ⅱ．廖… Ⅲ．电力系统运行—专业学校—教材 Ⅳ．TM732

中国版本图书馆CIP数据核字（2007）第045482号

中国电力出版社出版、发行

（北京市东城区北京站西街19号 100005 http：//jc.cepp.com.cn）

北京雁林吉兆印刷有限公司印刷

各地新华书店经售

*

2002年1月第一版

2007年5月第二版 2018年3月北京第二十一次印刷

787毫米×1092毫米 16开本 16.5印张 400千字

定价 **21.50**元

电力中等职业教育国家规划教材

编　委　会

中等职业教育国家规划教材

出版说明

为了贯彻《中共中央国务院关于深化教育改革全面推进素质教育的决定》精神，落实《面向21世纪教育振兴行动计划》中提出的职业教育课程改革和教材建设规划，根据教育部关于《中等职业教育国家规划教材申报、立项及管理意见》（教职成〔2001〕1号）的精神，我们组织力量对实现中等职业教育培养目标和保证基本教学规格起保障作用的德育课程、文化基础课程、专业技术基础课程和80个重点建设专业主干课程的教材进行了规划和编写，从2001年秋季开学起，国家规划教材将陆续提供给各类中等职业学校选用。

国家规划教材是根据教育部最新颁布的德育课程、文化基础课程、专业技术基础课程和80个重点建设专业主干课程的教学大纲（课程教学基本要求）编写，并经全国中等职业教育教材审定委员会审定。新教材全面贯彻素质教育思想，从社会发展对高素质劳动者和中初级专门人才需要的实际出发，注重对学生的创新精神和实践能力的培养。新教材在理论体系、组织结构和阐述方法等方面均作了一些新的尝试。新教材实行一纲多本，努力为教材选用提供比较和选择，满足不同学制、不同专业和不同办学条件的教学需要。

希望各地、各部门积极推广和选用国家规划教材，并在使用过程中，注意总结经验，及时提出修改意见和建议，使之不断完善和提高。

教育部职业教育与成人教育司

二〇〇一年十月

前　言

《电气运行》是教育部80个重点建设专业主干课程之一，是根据教育部最新颁布的中等职业学校电厂及变电站电气运行专业“电气运行”课程教学大纲编写的。

本书以培养学生的创新精神和实践能力为重点，以培养在生产、服务、技术和管理第一线工作的高素质劳动者和中初级专门人才为目标。教材的内容适应劳动就业、教育发展和构建人才成长“立交桥”的需要，使学生通过学习具有综合职业能力、继续学习的能力和适应职业变化的能力。

中等职业教育国家规划教材《电气运行》一书自2001年出版以来，受到各学校师生及电力系统工程技术人员的好评，并有一些读者对本教材的有关内容提出了许多很好的意见，对本书的修改完善有很大帮助，在此表示感谢。

本书的编写工作，在保留第一版注重实际、突出生产技能要求的基础上，对书中部分内容进行了修订和补充，如增加了电厂、变电站监控系统的介绍，增加了第九单元继电保护、自动装置和二次回路部分的运行知识，以使读者对电气运行技术有更全面的了解。

本书第一、二、四、五、七、十单元由武汉电力职业技术学院高级工程师廖自强修订，第三单元由成都电力职业技术学院副教授肖艳萍修订，第六、八、九单元由上海电力工业学校高级讲师田继修订。

本书可作为中等职业学校（普通中专、成人中专、技工学校、职业高中）教材，也可作为职工培训用书或发电厂及变电站电气运行人员参考。

由于编者水平所限，错谬之处恳请读者批评指正。

编　者

2007年4月

第一版前言

《电气运行》是电力工业学校电厂及变电站电气运行专业（三年制）的主干专业课程，是按照国家教育部2000年9月颁布的教学计划（试行）和中等职业技术教育电力行业指导委员会审定的教学大纲为依据进行编写的。

本书遵照电力职业技术教育课程改革的原则和基本思路，力求贯彻以能力为本位的思想。全书共十章，主要讲述电力运行基本知识、电力系统和主要电气设备的运行方式、操作、维护、运行分析、异常运行和事故处理。本教材的特点是：内容新颖、反映当前电厂及变电站采用的新设备、新技术，突破了传统教材的体系，以现场规程、规范、标准等内容为主线，按岗位、按设备、按现场需要组编教材内容，从而突出生产技能，专业理论与实际相结合，具有较强的针对性和实用性，能最大限度满足学生从业能力、综合职业能力和专业水平等全面素质培养的需要，充分体现了教材内容的“宽、浅、用、新、能、活”六字原则。本书力求传授知识和培训技能相结合，融讲授、演练为一体，边讲边练，因此，教材安排了“理论教学和实践教学”内容，其比例接近1∶1。

参加本教材编写的有：武汉电力学校高级讲师、电气工程师潘龙德（第一、二、三、五、六、八、九章），成都水力发电学校高级讲师肖艳萍（第四章），上海电力工业学校讲师田继（第七、十章）。全书由高级讲师潘龙德主编，并对全书进行修改和补充，上海电力工业学校副教授部子刚担任主审。

书中难免有些缺点和错误，恳请读者批评指正。

编　者

2001年9月

目　录

电力系统运行及监控方式

内容提要

本单元主要介绍电力系统运行的基本概念，发电厂、变电站与电力系统的关系及运行特点，发电厂、变电站主接线运行以及自用电接线运行方式，发电厂、变电站的运行监视控制等内容。

课题一 电力系统运行及特点

发电厂将一次能源转化为电能，通过输电线路、升压和降压变电站输送给电力用户。为提高供电可靠性和经济性，发电厂、变电站及输电线路需要并联连接构成一个统一的电力系统。电力系统中的变电站和输电线路称为电力网。发电厂电气部分、电力网是电力系统的主要组成单位。

电气运行，是电力调度、发电厂电气运行和变电运行的统称。电力调度的任务是保障电力系统安全、优质、经济运行，并对电力系统运行进行组织、指挥、指导和协调；电厂电气运行和变电运行的任务则是维持电厂、变电站的生产，保证电厂、变电站电气设备的正常运行，并在调度的统一指挥下完成电气设备的各种操作、控制和异常处理，共同维护电力系统安全、稳定运行。

一、电力生产的特点和要求

电力生产的最基本的特点就在于电能不能大量储存，电能的生产、输送、分配和使用同时进行，电力系统中发电负荷的多少决定于用户的需要，生产和消费要时刻保持平衡；而且，电力系统的电磁变化过程非常快，发电机、电力系统的稳定性在故障时可以很快丧失；同时电能与国民经济各部门以及人民生活密切联系，因此电力系统的各个环节形成了一个紧密的有机整体，要求发供电有计划性和较高的自动化水平，这对电力系统的管理、运行和维护人员的素质也提出了较高的要求。本书主要介绍发电厂与变电站的电气运行知识。

为保证对用户稳定可靠地供电，对电力系统的运行有下列基本要求：

（1）保证安全、可靠、连续地对用户供电；

（2）保证电能的良好质量；

（3）保证电力系统运行的经济性。

二、电力系统的运行参数和电能质量

电压、频率和波形是衡量电力系统电能质量的三个重要参数，电气运行的主要任务就是维持电压和频率在规定的范围内。

1. 额定电压及电压质量

除西北电网采用330/220/110kV系列电压等级外，其他均采用500/220/110kV系列。

我国规定的标准电压等级分别为3（6）、10、35、110、220kV 和 500kV。目前，西北电网 750kV 电压等级已投入运行，我国 1000kV 特高压正处于试验阶段。国家标准规定的电压偏差允许值为：

（1）35kV 及以上电压供电的，电压允许偏差为额定电压的±10%；

（2）10kV 及以下三相供电的，电压允许偏差为额定电压的±7%；

（3）220V 单相供电电压允许偏差为额定电压的+7%、-10%。

电压在某一个时段内电压变化而偏离额定值的现象，称为电压波动。电压波动是由负荷变动或系统发生故障时所引起的，电压波动可使电动机不能正常启动运转，引起发电机振动，使电子设备及计算机和控制设备无法正常工作，严重影响生产、工作和学习。我国国家标准对电压波动允许值有以下规定：

（1）220kV 及以上为 1.6%；

（2）35～110kV 为 2%；

（3）10kV 及以下为 2.5%。

2. 额定频率及频率标准

我国技术标准规定电力系统的额定频率为 50Hz，频率偏差用实际频率与额定频率之差 Δf 与额定频率 f_N 之比的百分数用 $\Delta f\%$表示，即

$$\Delta f\% = (f - f_N) / f_N \times 100\%$$

系统频率偏离额定值过大将严重影响电力用户的正常工作，频率偏差会影响电动机的转速及机械出力、影响产品质量；频率偏差会影响发电机及发电厂厂用电，严重时影响系统稳定，给用户造成危害。因此我国电力系统规定的频率变动容许偏差是：电网容量在 3000MW 以下的为±0.2Hz，电网容量在 3000MW 以上的为±0.5Hz。

三、电厂电气运行的特点

发电厂是将其他形式的能量转化为电能的工厂，根据发电利用能源形式的不同分为火力发电厂、水力发电厂和原子能发电厂。此外还有部分潮汐发电厂、风力发电厂、太阳能发电厂等。

发电厂按发电机的容量不同，又分为 5 万 kW 发电机组、10 万 kW 发电机组、20 万 kW 发电机组、30 万 kW 发电机组、60 万 kW 发电机组及 100 万 kW 发电机组等。

电厂电气设备主要有发电机及其辅助设备、变压器、断路器、隔离开关、厂用电系统及高低压电动机等。其中发电机、电动机均为大型电力旋转设备，其结构及辅助系统构成复杂，维护、操作工作量较大；厂用电系统包括了高压、低压及负荷，层次多，分布广，运行中要与其他系统紧密配合，才能保证电厂的正常发电、安全稳定运行。

四、变电运行的特点

为把电能输送到较远的用户，需要变压器将电压升高传送到用户地区，再经降压变压器逐级降压后分配给用户使用。因此，变电站的主要任务是变换电压、集中和分配电能、控制电能的流向、对电压进行调整和补偿。

变电站按变换的额定电压的最高等级分为 500kV 变电站、220kV 变电站、110kV 变电站、35kV 变电站等。

变电站按其在电力系统中的地位和作用不同，又可以分为以下四种类型。

（1）枢纽变电站：在系统中处于枢纽地位，其作用是汇集多个大电源和大容量联络线，

交换系统间巨大的功率潮流，输送大量电能。

(2) 开关站（开闭站）：是为系统的稳定性要求而设的，其作用是将长距离输电线路分段，以降低工频过电压，提高系统运行的稳定性，提高供电能力和送电质量。

(3) 地区枢纽变电站：区域电网中处于枢纽地位，其作用主要是为地区或中小城市分配电能。

(4) 终端变电站：为用户提供供电的变电站，电压等级较低，接线简单。

此外，输电线路的作用是输送电能，将发电厂、变电站与用户连接起来构成电力系统。一般将35kV以下向用户单位供电的线路称为配电线路，35kV及以上的线路统称为输电线路。

根据经济技术比较及总结多年的运行经验，各级额定电压与线路输送功率及输送距离的关系为：10kV线路输送功率约为100～2000kW，输送距离约为6～10km；35kV线路输送功率约为2～10MW，输送距离约为20～50km；110kV线路输送功率约为10～50MW，输送距离约为50～150km；220kV线路输送功率约为100～500MW，输送距离约为200～300km；500kV线路输送功率约为1000～1500MW，输送距离约为250～1000km。

变电站的主要设备有主变压器、断路器、隔离开关、补偿装置等，虽多为静态设备，但由于变电站的运行直接关系到电网、用户的供电可靠性，因此变电站的各项操作必须严格按照规程规范要求，在调度的统一指挥下进行。

五、现代电力系统的发展

现代电力系统已进入超高压、长距离、大容量和高度自动化的时代。随着电力工业的发展，规模的不断扩大、以及能源资源的综合开发利用，电力系统将打破地方疆域，逐步连成大区域或跨区域的现代电网，实现将水力、煤炭、石油、天然气和核能等发电方式有机地联系在一起，合理分配，互相协调，获得最大的经济效益。

现代电力系统的另一个发展趋势是大机组不断增多。单机容量的提高降低了机组的投资，减少了运行费用，提高了电力生产的经济效益。

现代电力系统的第三个发展趋势是自动化程度越来越高。随着电网调度自动化、电厂分散控制系统及变电站综合自动化系统的广泛应用和不断发展，计算机监控电力系统运行的自动化水平将不断提高。这就对电气运行人员的技术水平提出了更高的要求。

我国电力系统的发展目标：一是优先开发水电，二是优化发展火电，三是积极发展核电，四是因地制宜发展新能源，同步发展电网，使电力系统形成低能耗结构、低环境污染、高效运营的格局。

课题二　电气主接线及运行方式

一、运行方式的概念

电气主接线有多种典型接线形式，它们都有相应的运行方式。所谓运行方式，系指电气主接线中各电气元件实际所处的工作状态（运行、备用、检修）及其相连接的方式。运行方式分为正常运行方式和非正常运行方式。

正常运行方式指正常情况下，电气主接线经常采用的运行方式。电气主接线的正常运行方式包含两个方面，即，母线及其接线的运行方式、系统中性点的运行方式。电气主接线正常运行方式一经确定，其母线接线的运行方式、发电机和变压器中性点的运行方式也随之确定，且继电保护和自动装置的投入也随之确定。电气主接线的正常运行方式只有一种，各厂（站）电气主接线正常运行方式一经确定，任何人不得随意改变。

非正常运行方式系指在事故处理、设备故障或检修时，电气主接线所采用的运行方式。由于事故处理、设备故障和设备检修的随机性，发电厂、变电站电气主接线的非正常运行方式有多种。

二、运行方式的安排

运行方式直接影响发电厂、变电站及电力系统的安全和经济运行，各发电厂、变电站均应安排本厂、站电气主接线的正常和非正常运行方式，并编入本厂、站电气运行规程中。安排电气主接线的运行方式时应遵守以下原则：

（1）合理安排电源和负荷。在双母线接线中，电源（发电机、变压器、电网联络线）接入每组母线上的数量要相当，电源容量基本平分，双回联络线分开接入两组母线；负荷安排要合理，双回线路分开接入两组母线，使两组母线上的电源容量与负荷容量基本平衡，通过母联断路器的交换功率（即电流）为零或尽量小。

（2）变压器中性点接地满足要求。大电流接地系统中，电源变压器中性点的接地要分配合理，当电网需要本厂（站）的高压母线有两个接地中性点时，运行方式的安排应考虑电源变压器的中性点在每一组母线上均有一个接地中性点，而不应集中在同一组母线上。否则，一旦母联断路器跳闸，将会使其中一组母线失去接地中性点，从而影响电网零序保护的正确配合。如果电网只需要一个接地中性点，则无需对此专门考虑。

（3）厂用电安全可靠。为了保证厂用电供电可靠，厂用工作变压器和厂用备用变压器应引接在不同电源母线上。对于发电机—变压器组单元接线，高压工作厂变引接在主变的低压侧，而高压备用变（起备变）的引接，应与厂用电需要备用的发电机—变压器组不在同一组母线上（如220kV系统，厂用电需要备用的发电机—变压器组接入某一母线，则高压备用变接入另一母线），以免母线故障时失去厂用电源。

（4）运行方式便于记忆。各厂（站）不同电压等级的母线，电气元件的分配方法（包括设备编号及所在母线的位置）要有一定的规律性，便于运行人员掌握和记忆。

三、典型电气主接线的运行方式

下面介绍几种常用的、典型的电气主接线正常运行方式，各典型电气主接线非正常运行方式有多种，在电气主接线运行方式实例中再加以介绍。

（一）单母线接线

单母线接线如图1-1所示。这种接线的特点是：整个配电装置只有一组母线，所有电源进线和引出线都经断路器和隔离开关接在同一组母线上。

该接线的正常运行方式为：母线和所有接入母线上的电源进线及引出线、母线电压互感器均运行，各继电保护按规定均投入。

（二）单母线分段接线

单母线分段接线如图1-2所示。该接线的特点是：用断路器QFs将母线分段，通常分成两段，电源和出线经断路器和隔离开关分别接在两组分段母线上。

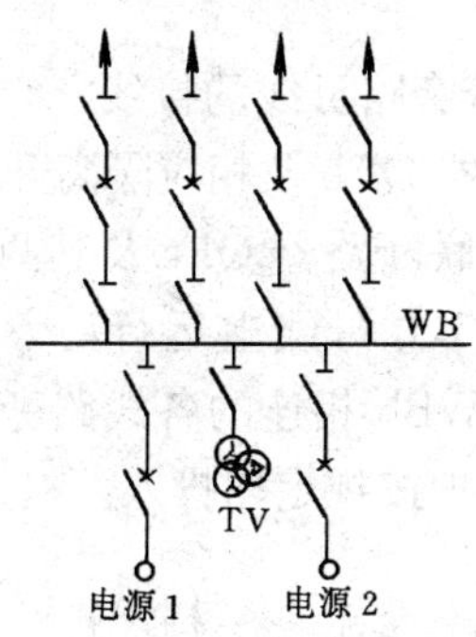

图 1-1　单母线接线

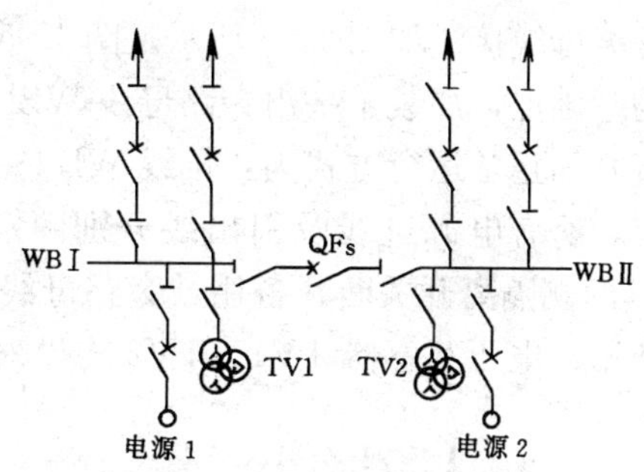

图 1-2　单母线分段接线

该接线的正常运行方式为：两分段母线WBⅠ和 WBⅡ、分段断路器 QFs 及其两侧隔离开关、两分段母线上的电源进线和引出线、母线电压互感器 TV1 和 TV2 均运行，各继电保护按规定均投入。

（三）双母线接线

双母线接线如图 1-3 所示。该接线的特点是：母线有两组，每一回路都通过一台断路器和两组母线隔离开关分别接到两组母线上，两组母线通过母联断路器及母联隔离开关相连。

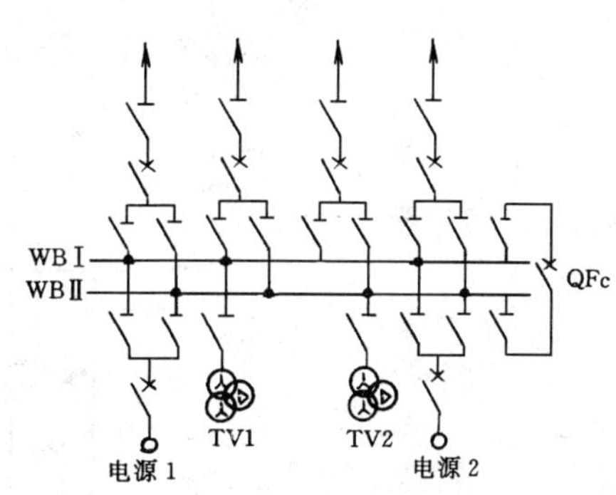

图 1-3　双母线接线

该接线的正常运行方式为：两组母线 WBⅠ和 WBⅡ运行，母联断路器 QFc 及其两侧隔离开关均合上，电源进线和引出线按容量和负荷大小基本平均分配在两组母线上，并固定接于相应母线运行，两组母线上的电压互感器 TV1、TV2 均运行，各元件继电保护按规定均投入。

（四）双母线四分段接线

双母线四分段接线如图 1-4 所示。该接线通过两台分段断路器 QFs1、QFs2 将双母线四分段（有的将双母线通过断路器六分段），每一回路都通过一台断路器和两组母线隔离开关分别接到对应的工作母线上，分段双母线分别装有母联断路器 QFc1、QFc2。

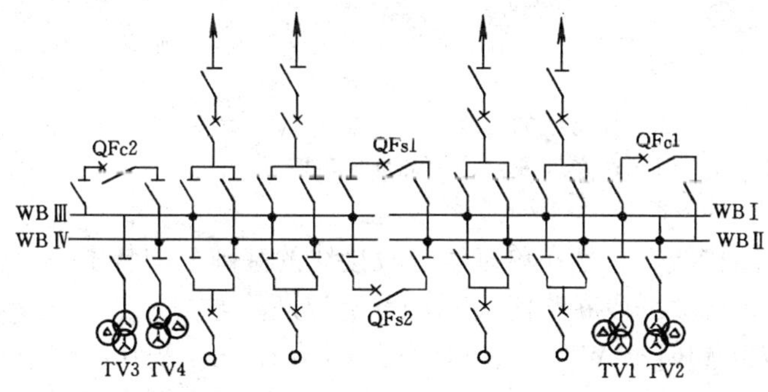

图 1-4　双母线四分段接线

该接线的正常运行方式为：四组工作母线 WBⅠ、WBⅡ、WBⅢ、WBⅣ运行，分段断路器 QFs1 和 QFs2 及其两侧隔离开关、母联断路器 QFc1 和 QFc2 及其两侧隔离开关均合上。各电源进线和线路出线经断路器和其中一组母线隔离开关分别接到相应母线上运行，母线电压互感器 TV1、TV2、TV3、TV4 均运行，继电保护按规定均投入。

（五）带旁路母线的接线

带旁路母线接线如图1-5所示。图1-5（a）为双母线带旁路母线的接线，它是在双母线接线的基础上，加装了一组旁路母线WBb、一台旁路断路器QFb及相应隔离开关。

该接线的正常运行方式为：母线WBⅠ、WBⅡ运行，母联断路器QFc及其两侧隔离开关均合上，所有电源进线及引出线分别固定接于WBⅠ、WBⅡ母线上运行，旁路断路器QFb及其两侧隔离开关断开备用，旁路母线WBb备用，与WBb相连的各线路旁路隔离开关断开备用，电压互感器TV1、TV2均投入运行，各继电保护按规定均投入。

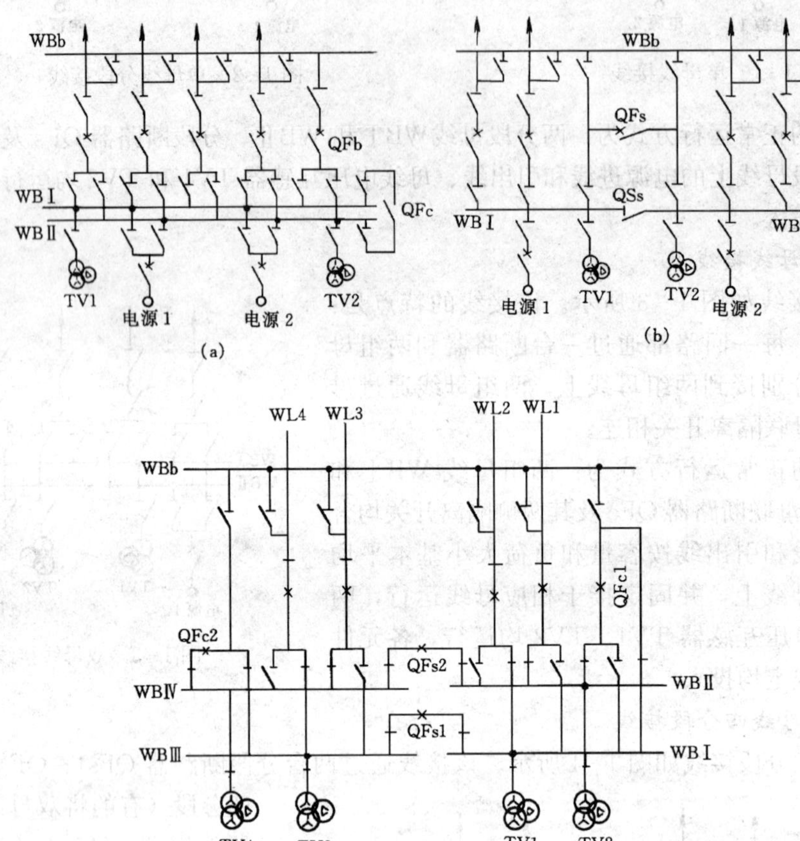

图1-5 带旁路母线的接线

(a) 双母线带旁路母线接线；(b) 单母线分段带旁路母线接线；

(c) 双母线四分段带旁路接线及正常运行方式

图1-5（b）为单母线分段带旁路接线，它是在单母线分段接线的基础上加装了一组旁路母线WBb及一些旁路隔离开关，单母线分段断路器QFs兼作旁路断路器。

该接线的正常运行方式为：母线WBⅠ、WBⅡ运行，分段断路器QFs及其两侧至母线的隔离开关均合上，旁路母线WBb备用，与WBb相连的旁路隔离开关断开备用，WBⅠ、WBⅡ母线上的电源进线及引出线、TV1、TV2均运行，各继电保护按规定均投入。

图1-5（c）为双母线四分段带旁路母线的接线。该接线是在双母线四分段接线的基础上，加装了一组旁路母线WBb和相应的旁路隔离开关，并将双母线四分段接线中的一台母

联断路器 QFc1 接成旁路兼母联接线形式，将另一台母联断路器 QFc2 接成母联兼旁路接线形式。

该接线的正常运行方式为：四组母线 WBⅠ、WBⅡ、WBⅢ、WBⅣ运行，母联断路器 QFc1、QFc2 及其两侧隔离开关和分段断路器 QFs1、QFs2 及其两侧隔离开关均合上，旁路母线 WBb 备用，与 WBb 相连的旁路隔离开关断开备用，每条引出线经过断路器和其中一组母线隔离开关分别接到相应母线上运行，TV1、TV2、TV3、TV4 均运行，继电保护按规定均投入。正常运行方式接线见图 1-5（c）。

（六）3/2 接线

3/2 接线如图 1-6 所示。该接线是从双母线双断路器接线演变改进而成的。该接线的特点是每一回路经一台断路器接至母线，两回路之间设 1 台联络断路器，形成两回路有 3 台断路器的双母线接线，即所谓 3/2 接线，也称为一个半断路器接线。

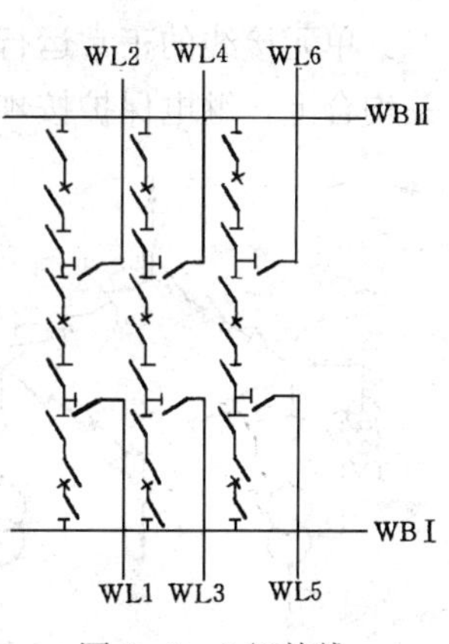

图 1-6　3/2 接线

该接线的正常运行方式为：两组母线同时运行，所有断路器和隔离开关均合上(形成多环状网络供电)。

（七）桥式接线

桥式接线如图 1-7 所示。当有两台变压器和两回线路时，在变压器—线路接线的基础上，在其中间加一连接桥，便成桥式接线。桥式接线有内桥和外桥之分。内桥接线的特点是，连接桥（QS1—QF1—QS2）在内侧靠近变压器，两回线路上各有一台断路器，线路切换操作方便，而变压器的投入与切换操作较复杂。外桥的接线特点是，连接桥在外侧靠近线路，两台变压器回路各接有一台断路器，变压器切换操作方便，而线路切换操作较复杂。

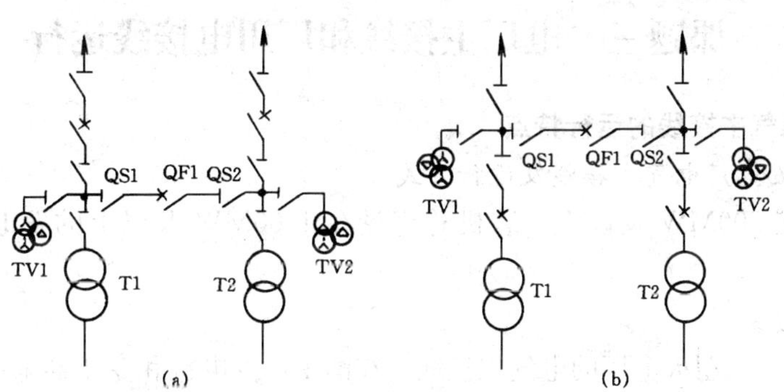

图 1-7　桥式接线

（a）内桥；（b）外桥

内桥和外桥接线的正常运行方式为：两台变压器、两回线路、连接桥均运行，所有的断路器及隔离开关均合上，TV1、TV2 运行，继电保护按规定均投入。

（八）角形接线

角形接线如图 1-8 所示。该接线相当于将单母线用断路器按电源和引出线路数目分段，然后连接成环形的接线。角形接线一般以采用三角或四角形为宜，最多不超过六角形。该接线的特点是：断路器数与回路数相等，各断路器通过隔离开关互相连接成闭合的环状（单环），每一回线路接于两台断路器之间，实现了一回线路经双断路器的双重连接。

角形接线的正常运行方式为：变压器、线路均运行，所有的断路器及隔离开关均合上，TV1、TV2 均运行，继电保护按规定均投入。

（九）单元接线

单元接线如图 1-9 所示。图 1-9（a）为发电机—变压器组单元接线；图 1-9（b）为发电机—变压器组扩大单元接线；图 1-9（c）为变压器—线路及发电机—变压器—线路单元接线。单元接线的特点是，几个电气元件直接单独连接，无横向联系（厂用电除外）。

单元接线的正常运行方式是：串联的各电气元件同时运行，串联回路各断路器和隔离开关均合上，继电保护按规定均投入。

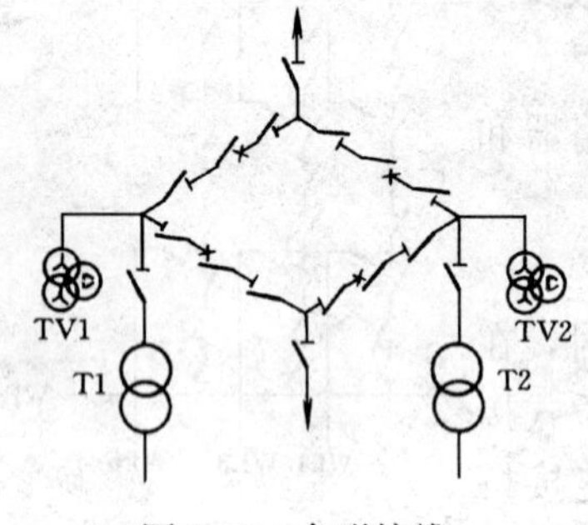

图 1-8 角形接线

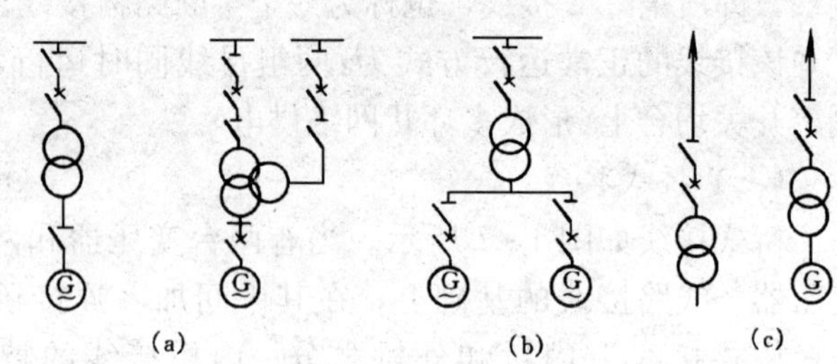

图 1-9 单元接线

(a) 发电机—变压器组单元接线；(b) 发电机—变压器组扩大单元接线；(c) 变压器—线路及发电机—变压器—线路单元接线

课题三 电厂主接线和厂用电接线运行

一、电厂电气主接线的运行特点

（一）大型发电厂电气主接线及运行方式

单机容量在 200MW 及以上，装机总容量在 1000MW 及以上的发电厂，称为大型发电厂。

1. 电气主接线

图 1-10 为某大型火电厂的电气主接线。在图中，发电机和变压器采用发电机—变组单元接线，分别接入 220kV 和 500kV 系统；220kV 系统采用双母线带旁路接线，并设置专用旁路断路器 QFb；500kV 系统采用 $\frac{3}{2}$ 接线，用自耦变压器 T 作 220kV 与 500kV 系统间的联络变压器。自耦变压器 T 的低压绕组兼作厂用电的起动和备用电源。所以，该电气主接线采用了双母线带旁路接线、$\frac{3}{2}$ 接线、发电机—变压器组单元接线等三种常用典型接线形式。

2. 电气主接线运行方式

（1）正常运行方式。如图 1-10 所示，该接线示出了 6 台 300MW 机组电气主接线的正常运行方式。现分述如下。

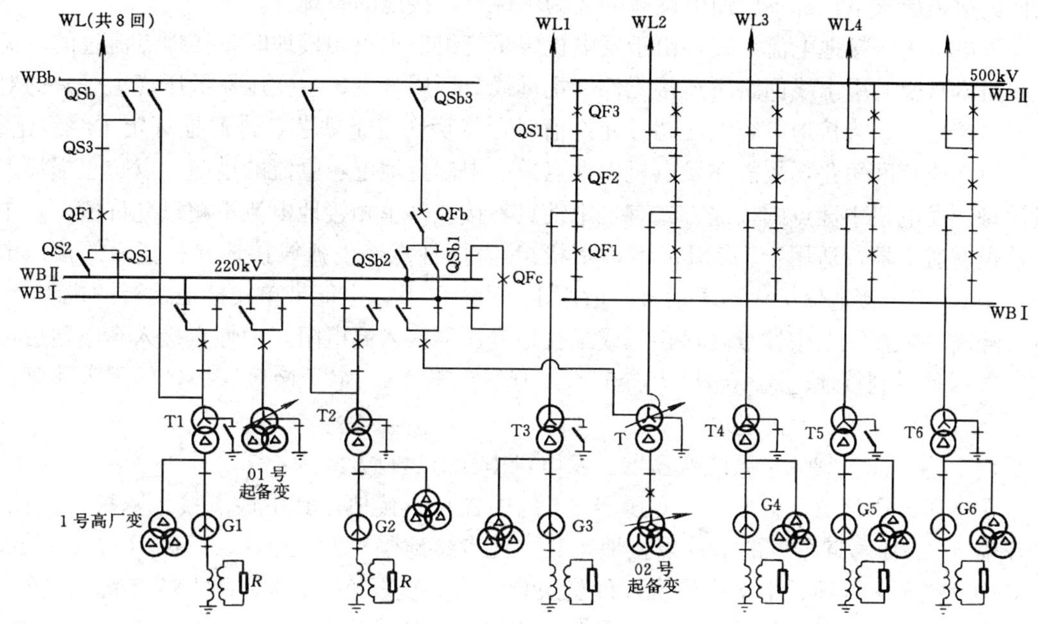

图1-10 6×300MW电气主接线图及正常运行方式

220kV系统：

1）220kV母线及接线正常运行方式。220kV母线WBⅠ、WBⅡ运行，母联断路器QFc及其两侧母联隔离开关均合上，旁路断路器QFb及其两侧隔离开关均断开冷备用，旁路母线WBb冷备用，与WBb相连的所有引出线及电源进线的旁路隔离开关QSb均断开备用；各电源进线和引出线与工作母线WBⅠ、WBⅡ按固定连接方式运行，即：发电机—变压器组G1—T1、线路WL1、WL3、WL5、WL7、联络变压器T的220kV侧固定接入工作母线WBⅠ运行；发电机—变压器组G2—T2、线路WL2、WL4、WL6、WL8固定接入工作母线WBⅡ运行；各线路、各发电机—变压器组、母线的继电保护按规定均投入。

在安排上述固定连接方式运行时，应尽量使电源进线和负荷出线按容量基本平分在两母线上，以使母联断路器QFc中流过的电流尽量小。

采用这种运行方式的优点是：①引出线的双回线及G1—T1、G2—T2发电机—变压器组各接一组母线，确保母线及引出线的双电源。②每组母线上均有电源和引出线，可使出力与负荷基本平衡。母联断路器只流过较小的电流，减少了电能损耗。如遇母联断路器误跳闸，使系统潮流变化小，各机组仍可通过系统并联运行。③旁路母线正常处于断电备用状态，以减少正常运行时可能引起故障的范围（有的厂、站，将旁路母线正常处于充电状态，以保证旁路母线完好，随时可投入运行，缩短旁路断路器替代引出线断路器运行的操作时间）。

2）220kV系统中性点运行方式。在110kV及以上的大电流接地系统中，主变压器中性点均采用直接接地方式（自耦变压器中性点一般直接接地，普通变压器中性点经隔离开关接地）。但是，系统中的主变压器投入运行后，并不是所有主变压器的中性点均接地运行，系统中主变压器中性点的接地数目均按下列要求安排：①在系统发生单相接地时，使系统非故障相工频过电压不超过该系统阀型避雷器的灭弧电压（中性点接地数目应使系统零序电抗与正序电抗之比 $x_0/x_1<3$）。②使系统单相接地短路电流不超过三相短路电流。③保证该系统

在任何故障形式下，都不应使电网解列成为中性点不接地的系统。

发电机为小接地电流系统，由于发电机定子绕组发生单相接地时，接地点流过的电流是发电机本身及其引出线回路所连接元件（主母线、厂用分支、主变压器低压绕组等）的对地电容电流之和，当接地电容电流超过允许值时，将烧伤定子铁芯，进而损坏定子绕组绝缘，引起匝间或相间短路，故需在发电机中性点采取限制接地电容电流的措施，以防止损坏发电机设备。发电机中性点的接地方式有：中性点不接地（单相接地电流不超过允许值，且中性点装设有避雷器，适用于125MW及以下机组）；中性点经消弧线接地（补偿后的接地电流小于1A，定子接地保护作用于信号，适用于200MW及以上能带单相接地运行的机组）；中性点经高电阻接地（中性点直接接入或经接地变压器接入高电阻，中性点接入高电阻后可限制过电压和限制接地电流不超过10～15A，但不小于3A，定子接地保护，作用于跳闸，适用于200MW及以上大机组）。

由上述可知，220kV系统变压器、发电机中性点运行方式为：

①变压器中性点运行方式。变压器T1的中性点不接地，其中性点接地隔离开关拉开，变压器T2、01号起备变的中性点接地，其中性点接地隔离开关合上（T1、T2、01号起备变其中性点是否接地，由系统值班调度员决定）联络变T的220kV侧中性点直接接地（T为自耦变压器，220kV侧绕组为公共绕组，是500kV绕组的一部分，高、中压绕组共用一个接地中性点）。②发电机中性点运行方式。发电机G1、G2中性点接地隔离开关均合上，发电机中性点经高电阻接地运行。

500kV系统：

1）500kV母线及接线正常运行方式。500kV母线WBⅠ、WBⅡ同时运行，线路WL1、WL2、WL3、WL4发电机—变压器组G3—T3、G4—T4、G5—T5、G6—T6，联络变T和02号起备变均运行，所有的断路器和隔离开关均合上。各线路、各发电机—变压器组、母线的继电保护按规定均投入。

2）500kV系统中性点运行方式。500kV系统中，发电机、变压器中性点的运行方式为：①变压器中性点运行方式。变压器T3、T4、T5、T6中，T4、T6中性点接地，其中性点接地隔离开关合上，T3、T5中性点不接地，其中性点接地隔离开关拉开（各变压器中性点的接地，由系统值班调度员决定），联络变T的500kV侧中性点直接接地（与T的220kV侧中性点共用同一接地中性点）。②发电机中性点运行方式。发电机中性点经高电阻接地运行，G3、G4、G5、G6的中性点接地隔离开关均合上。

（2）非正常运行方式。图1-10各电压等级接线的非正常运行方式如下。

220kV系统：

1）发电机—变压器组G2—T2（或G1—T1）停电检修运行方式。如图1-11（a）所示，发电机—变压器组G2—T2停电检修时，G2—T2的高压侧断路器和隔离开关均断开，01号起备变、联络变T的220kV侧均切换至WBⅡ母线运行，主变T1的中性点接地隔离开关合上，220kV两母线及其他各接线运行方式保持正常运行方式不变。按上述安排的方式运行时，可使G1机组的高压厂用备用电源来自220kV的另一组母线WBⅡ，满足了G1机组厂用工作电源和厂用备用电源来自不同的独立电源的要求。在220kV任意一组母线发生故障时，避免该厂220kV系统及G1、G2机组厂用电系统全停，同时，使220kV系统变压器中性点在本厂接地数目保持不变，也保持了正常情况下220kV两母线的双电源供电。

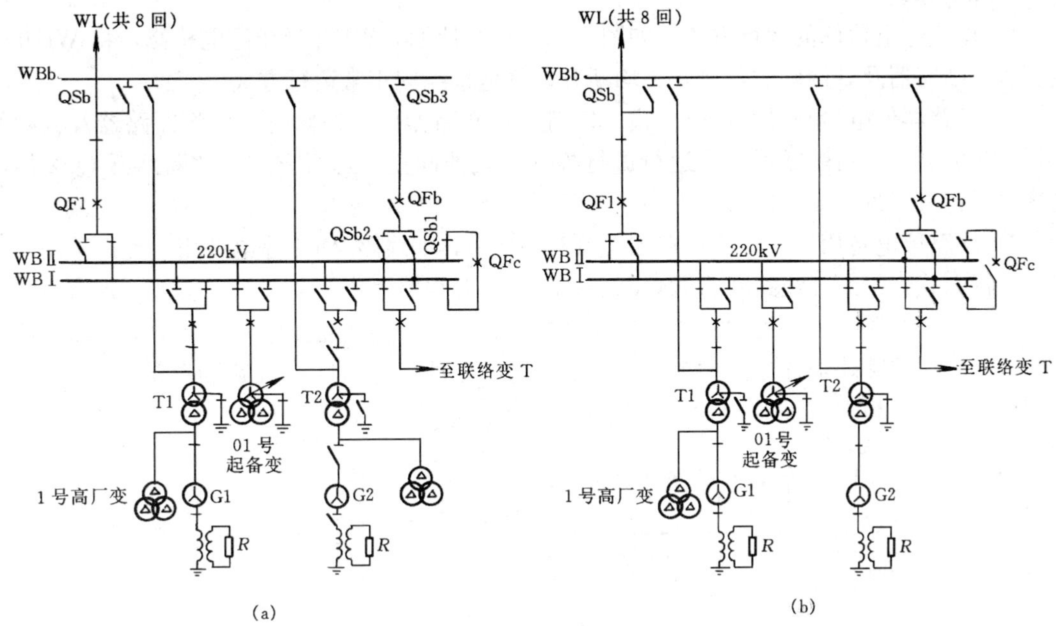

图1-11　双母线带旁路母线接线停电检修运行方式

(a) 发电机—变压器组G2—T2停电检修运行方式；(b) 母线停电检修运行方式

G1—T1停电检修时，G1—T1的高压侧断路器和隔离开关均断开，除G1—T1停止运行外，其他各电气元件和相互连接方式同正常运行方式（此时，联络变T向220kV的WBⅠ母线供电，保持了两母线的双电源供电）。

2）母线WBⅠ（或WBⅡ）停电检修运行方式。如图1-11（b）所示，母线WBⅠ停电检修时，WBⅠ上的所有进、出线回路全部切换到WBⅡ母线上运行，即线路WL1、WL3、WL5、WL7、G1—T1、01号起备变及联络变T的220kV侧均切换至WBⅡ上运行。WBⅡ母线上的接线保持不变，母联断路器QFc及其两侧的隔离开关均断开，母线保护改投单母线运行方式，其他各保护同正常运行方式。同理，母线WBⅡ停电检修的运行方式与母线WBⅠ停电检修运行方式相似。

3）旁路断路器代替线路断路器运行的运行方式。在图1-10中，当线路WL1的断路器QF1停电检修，而线路WL1不停电时，则需由旁路断路器QFb代替QF1运行，其运行方式是：由母线WBⅠ经母线隔离开关QSb1、旁路断路器QFb，旁路隔离开关QSb3、旁路母线WBb、线路WL1的旁路隔离开关QSb、线路WL1继续向用户供电，220kV系统其他电气元件按正常运行方式不变。

4）母联断路器串联故障断路器的运行方式。在图1-10中，当旁路断路器QFb停电检修，某回路断路器拒动，如断路器QF1拒动，则可用母联断路器QFc串联QF1运行。其运行方式是：除线路WL1外，其他所有引出线及电源进线均切换到WBⅡ母线上运行，让WBⅠ母线空出只接入线路WL1，由母线WBⅡ经母联断路器QFc及其两侧隔离开关、母线WBⅠ、母线隔离开关QS1、断路器QF1、线路隔离开关QS3、线路WL1向用户供电。当线路WL1发生故障时，由QFc跳闸，切断线路WL1的故障。

除上述非正常运行方式外，还有其他非正常运行方式，这里不再详述。

500kV 系统：

1）母线停电检修的运行方式。如图 1-12（a）所示，WBⅡ母线停电检修，将 WBⅡ母线侧所有断路器及其两侧的隔离开关均断开，其他接线同正常运行方式。

2）断路器停电检修时的运行方式。任何一台断路器停电检修时，可将断路器及其两侧的隔离开关断开，将断路器退出运行进行检修，其他同正常运行方式。如断路器 QF2 停电检修的运行方式见图 1-12（b）。

3）线路停电备用运行方式。在图 1-12（a）中，如线路 WL1 停电备用，允许采用下列几种运行方式：①断开线路断路器 QF2、QF3，拉开线路隔离开关 QS1，其他同正常运行方式；②只拉开线路隔离开关 QS1，其他同正常运行方式，即线路停电，而又不破坏断路器合环运行（或线路断路器成串运行），以提高供电可靠性；③只断开线路断路器 QF2、QF3，但不切断 QF2、QF3 的操作电源，其他同正常运行方式。

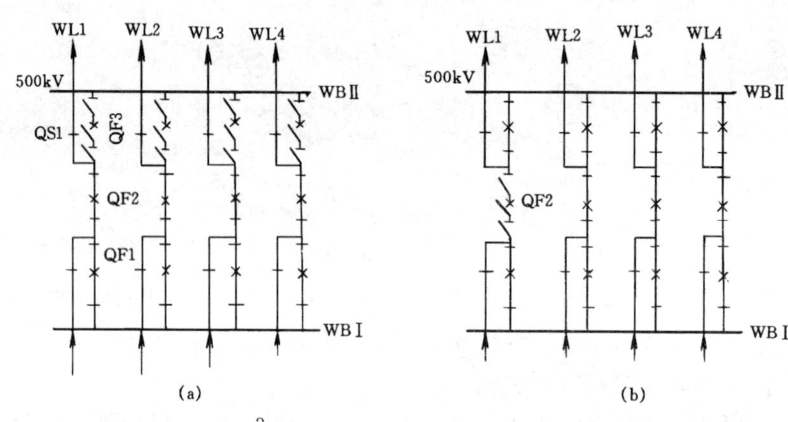

图 1-12　$\frac{3}{2}$接线母线及断路器停电检修运行方式

（a）母线 WBⅡ停电检修运行方式；（b）断路器 QF2 停电检修运行方式

4）部分断路器串停用的运行方式。如图 1-10 所示，QF1、QF2、QF3 串联则称为断路器串。500kV 系统的部分断路器串停用时，运行的断路器串不得少于 2 串。运行的断路器及其进、出线同正常运行方式。

（二）中、小型发电厂电气主接线及运行方式

随着电力系统和发电厂容量的不断增长，中、小型发电厂的概念也逐渐发生变化，电网的中型火电厂一般指安装的单机容量为 50～200MW、装机总容量为 200～1000MW 的发电厂。小型发电厂一般指安装的单机容量为 6～50MW、装机总容量为 200MW 以下的发电厂。目前，50MW 及以下的小型火电机组正在逐步拆除，不久小型机组将从系统全部退出运行。

1. 电气主接线

图 1-13 为某中型发电厂电气主接线图。

在图 1-13 中，6kV 母线采用双母线分段接线；3 台 30MW 机组接入该母线，6kV 母线有直配线向附近用户供电。考虑 6kV 母线供电的可靠性和限制母线故障的停电范围，本厂 6kV 工作母线分为Ⅰ、Ⅱ、Ⅲ段，Ⅳ段为备用母线。为了限制发电厂内部的短路电流，在 6kV 工作母线的分段之间装设了限流电抗器，分段母线电抗器限制了并列运行的发电机所供给的短路电流。发电机电压的直配线，一般尽量不装出线电抗器，只有在主变压器低压侧回路电抗器和

分段母线电抗器不能限制短路电流到必要数值时，才采用出线电抗器。本厂 6kV 直配线装了出线电抗器，出线电抗器限制了出线短路电流，同时，还可维持发电机母线上有相当高的残余电压，提高了发电机并列运行和厂用电动机工作的稳定性。

为了送电给较远用户及与系统相连，本厂 6kV 电压母线有两台升压变压器与 35kV 系统相连，同时，当 6kV 母线部分停机时，可由 35kV 系统向 6kV 倒送电，以保证对 6kV 直配负荷的供电。35kV 母线出线 14 回，根据负荷性质和供电要求，采用双母线。35kV 母线还通过两台三绕组变压器与 110kV 母线紧密相连。

110kV 母线出线 9 回，为保证供电的可靠性和运行的灵活性，110kV 主系统采用有专用旁路断路器的双母线带旁路接线。

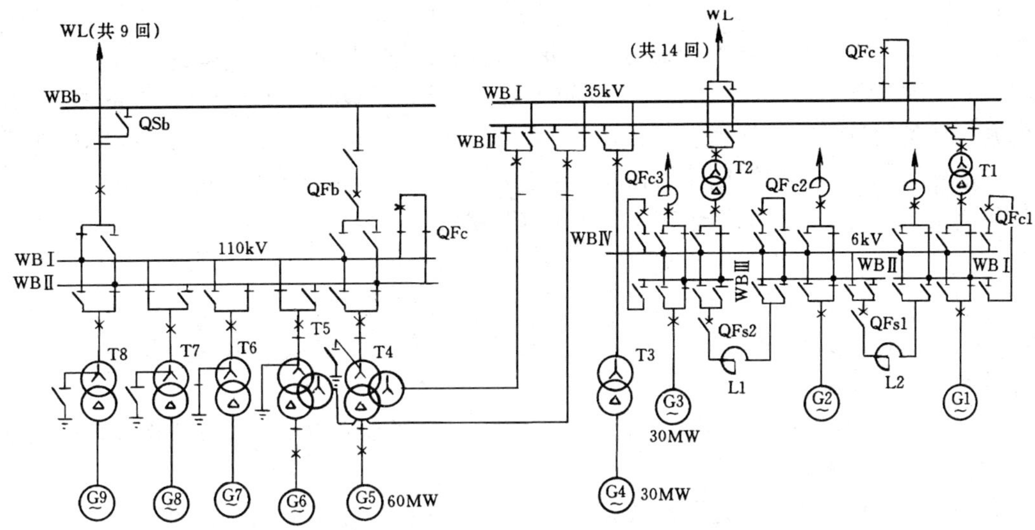

图 1-13　中型发电厂电气主接线及正常运行方式图

2. 运行方式

(1) 正常运行方式。图 1-13 电气主接线示出的是正常运行方式接线，下面分述如下：

1) 6kV 系统。工作母线 WBⅠ、WBⅡ、WBⅢ运行，备用母线 WBⅣ备用，母线分段断路器 QFs1、QFs2 和母联断路器 QFc1、QFc2、QFc3 断开备用，发电机 G1 和主变压器 T1 接于 WBⅠ运行，发电机 G2 接于 WBⅡ运行，发电机 G3 和主变压器 T2 接于 WBⅢ运行，各分段工作母线上的直配线均运行。G1～G3、T1、T2、直配线的保护按规定均投入。

2) 35kV 系统。母线 WBⅠ、WBⅡ运行，母联断路器 QFc 及其两侧隔离开关均合上，主变压器 T1、T3、T5 和线路 WL1、WL3、WL5、WL7、WL9、WL11、WL13 均接入 WBⅠ运行，主变压器 T2、T4 和线路 WL2、WL4、WL6、WL8、WL10、WL12、WL14 均接入 WBⅡ母线运行（此固定连接方式以 QFc 中流过的电流最小或为零为原则安排），线路、主变压器、母线的保护按规定均投入。

3) 110kV 系统。母线 WBⅠ、WBⅡ运行，母联断路器 QFc 及其两侧隔离开关均合上，旁路断路器 QFb 及其两侧隔离开关均断开备用，旁路母线 WBb 备用，与 WBb 相连的所有线路旁路隔离开关 QSb 均断开备用，线路 WL1、WL3、WL5、WL7、WL9 及主变压器 T5、T7 均接入 WBⅠ母线运行，线路 WL2、WL4、WL6、WL8，主变压器 T4、T6、T8 均接入 WBⅡ母线运行（固定连接原则同上）。各发变组、各线路、母线的保护按规定均投入。

4）系统中性点运行方式。由于系统中的中性点接地地点已固定，图1-13中主变压器T4～T8中性点接地隔离开关的投、切由电网调度决定。假如系统要求本厂110kV母线各有一个接地中性点，按正常运行方式的安排，主变压器T4、T6、T8和主变压器T5、T7中各确定一台主变压器中性点接地，如T5、T6中性点接地，其他各变压器中性点不接地，并按此长期固定运行。如果中性点接地的变压器中有一台退出运行，则由调度决定其他变压器中哪一台中性点接地运行。

(2) 非正常运行方式。图1-13中，各电压系统都有相应的非正常运行方式，下面举例分别说明。

1）6kV系统。①若必要，可按调度命令投两台母联断路器运行，但一般不得在最大运行方式下投两台母联断路器长期运行；②6kV备用母线代替某段工作母线运行，如备用母线WBⅣ代替工作母线WBⅠ运行，则母联断路器QFc1、QFc2、QFc3、分段断路器QFs1均断开，且备用母线的母线保护投入，其他各设备的保护同正常运行方式；③6kV两段母线不同期时（6kV母线分段断路器在断开位置），厂用变压器低压侧不允许并列。若急需倒换厂用变压器，可先断开需停运变压器低压侧断路器，让待投变压器以自联动方式投入（若自联动装置失灵，厂用母线失压时，可以手动联动）。

2）35kV系统。35kV母线一组母线运行，另一组母线停电检修。例如WBⅠ母线运行，WBⅡ母线停电检修，此时，母联断路器QFc断开，各电源进线及出线均接WBⅠ母线运行，母差保护投单母线运行方式。

3）110kV系统。110kV系统非正常运行方式与前面介绍的双母线带旁路接线非正常运行方式相似，这里不重述。

110kV系统中性点的接地隔离开关随运行方式的改变，按调度命令切换。

二、300MW火电机组典型厂用电接线及运行特点

（一）厂用电系统接线

300MW机组厂用电系统的接线，有设6kV公用负荷段和不设6kV公用负荷段之分。设公用负荷段时，全厂公用负荷（输煤、除尘、检修、照明等）接入公用段，公用段由高压起动备用变压器（简称起备变）供电。不设公用负荷段时，全厂公用负荷分别接在各机组的6kV厂用母线上。下面介绍300MW机组不设6kV公用负荷段的厂用电系统接线及运行方式。

1.6kV厂用电系统接线

图1-14为2×300MW机组6kV厂用电系统接线，由图可知，每台300MW机组从各发变组的主变压器低压侧引接一台高压厂用变压器（简称高厂变），作为相应机组6kV厂用电系统的工作电源，分别向各机组的6kV两个分段厂用母线供电。即1号高厂变供6kVⅠA和ⅠB段，2号高厂变供6kVⅡA和ⅡB段。为满足机组的起动用电并作高压厂用变压器的备用电源，1、2号机组配备了一台高压起动备用变压器（01号起备变）。考虑220kV系统母线电压变化大，01号起备变采用有载调压变压器，以保证厂用电的电压质量及安全经济运行。

2.400V厂用电系统接线

图1-15为两台300MW机组的400V厂用电系统接线，由图1-15可知，每台机组设置两台低压厂用变压器（简称低厂变），各机组的低压厂变从各机组的6kV母线取得工作电源

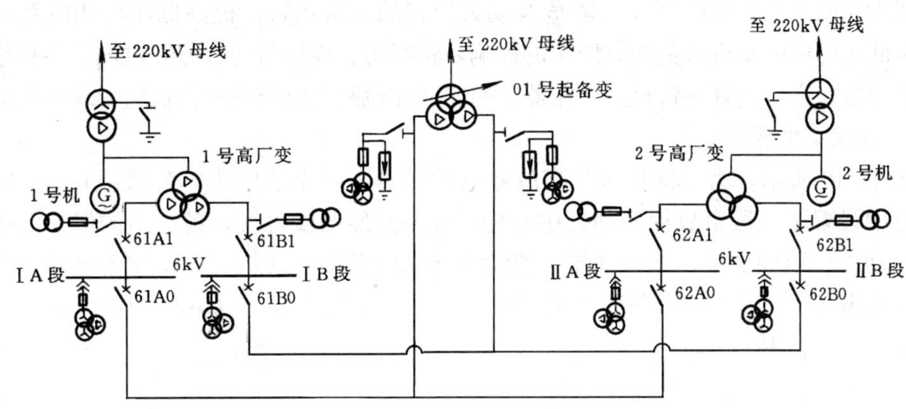

图 1-14　2×300MW 机组 6kV 厂用电系统接线

（Ⅰ A、Ⅰ B 低厂变电源分别接自 6kV Ⅰ A、Ⅰ B 段，Ⅱ A、Ⅱ B 低厂变电源分别接自 6kV Ⅱ A、Ⅱ B 段），分别向各机组的两组 400V 分段母线供电，即Ⅰ A 低厂变供Ⅰ APC、Ⅰ B 低厂变供Ⅰ BPC、Ⅱ A 低厂变供Ⅱ APC、Ⅱ B 低厂变供Ⅱ BPC。

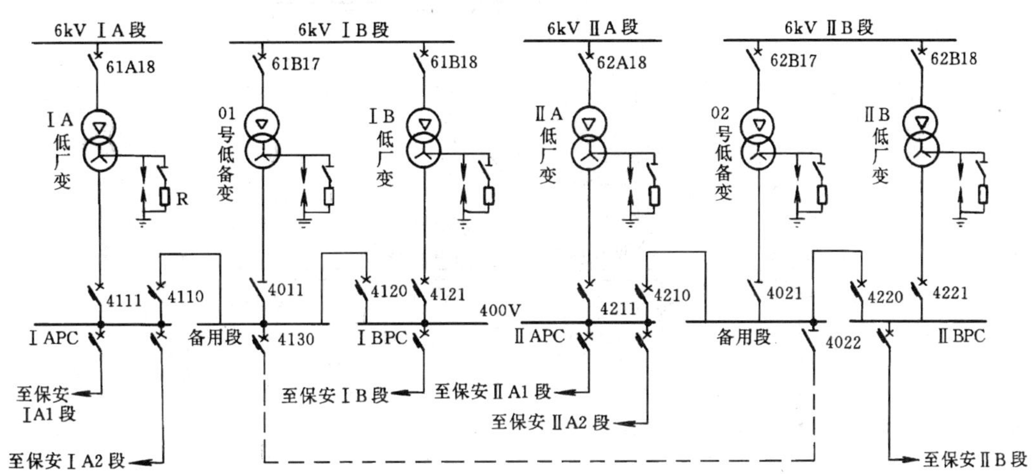

图 1-15　2×300MW 机组 400V 厂用电系统接线图

各机组的 400V 低压配电装置称为低压动力中心，简称 PC，机组的 40kW 以上、200kW 以下的厂用电动机，均由 PC 供电，由 PC 引接电源至机组各车间 400V 低压配电屏、配电箱。各车间 400V 低压配电屏、配电箱称为低压负荷控制中心，简称 MCC，机组各车间 55kW 以下的厂用电动机及其他用电设备均由 MCC 供电。

在图 1-15 中，为保证 400V 低压动中心供电可靠，1、2 号机组各设置了一台低压备用变压器（01 号、02 号低备变）。由于该厂高压厂用母线未设公用段，故 01 号和 02 号低备变电源分别取自 6kV 的Ⅰ B 和Ⅱ B 段。显然，这种备用电源的引接方式并没有保证备用电源的独立性。由于 01 号低备变与Ⅰ B 低厂变电源来自同一组母线Ⅰ B、02 号低备变与Ⅱ B 低厂变来自同一组母线Ⅱ B，这样，当 6kV Ⅰ B（或Ⅱ B）母线故障或失去电源时，01 号（或 02 号）低备变也将失去电源，故在 01 号和 02 号低备变的备用段之间增设一条联络线（见图 1-15 中的虚线），且采用手动备用方式，当其中一台低备变检修时，可将另一台低备变断路器合上。

为减少照明和检修用电回路故障危及动力回路的正常运行，提高低压厂用电系统的可靠性，减少低压厂用电动机对荧光灯照明的影响，将照明、检修与动力分开供电。各机组设置专用照明变压器，全厂设置一台检修变压器，照明变和检修变电源均取自机组 6kV 厂用母线。

3. 交流保安电源接线

如图 1-16 所示，为了保证全厂事故停电时能安全可靠地停机，各机组在 400V 低压厂用电系统中设置了三段事故保安动力中心母线和事故照明段母线，各机组的保安负荷（如主机盘车电动机、顶轴油泵、润滑油泵、汽动给水泵的盘车电动机、热工交流电源、不停电装置的交流电源等）分别接在保安三段母线上（1 号机组为ⅠA1、ⅠA2、ⅠBPC；2 号机组为ⅡA1、ⅡA2、ⅡBPC）。

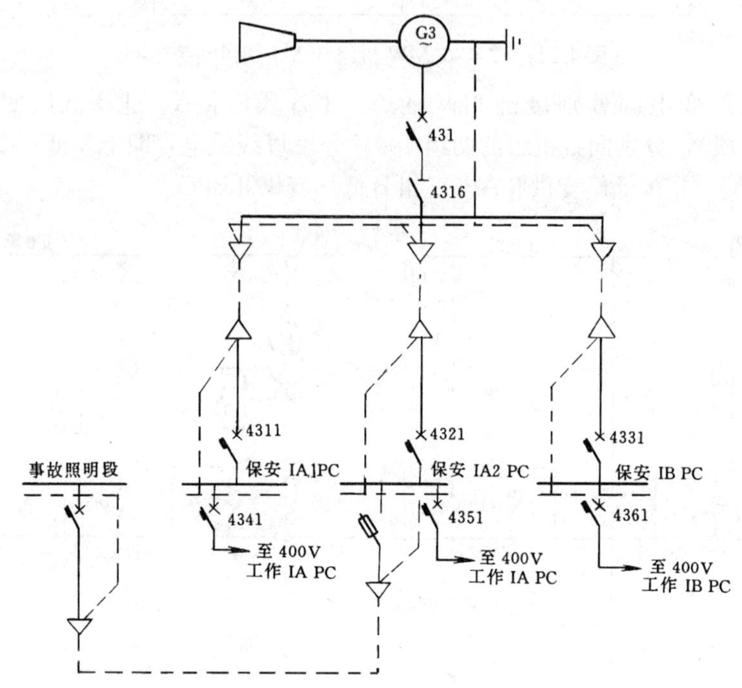

图 1-16　400V 交流保安电源系统接线

正常情况下，1 号机组的保安ⅠA1、ⅠA2、ⅠBPC 分别由 400V ⅠAPC 和ⅠBPC 供电，2 号机组的保安ⅡA1、ⅡA2、ⅡBPC 分别由 400V ⅡAPC 和ⅡBPC 供电。另外，每台机组均配有一台 500kW 快速起动的柴油发电机组，作为全厂停电时的事故保安电源。

（二）厂用电系统运行方式

1. 正常运行方式

（1）6kV 系统正常运行方式。图 1-14 6kV 系统正常运行方式为：6kV ⅠA、ⅠB 段由 1 号高厂变供电，工作分支断路器 61A1、61B1 合上；6kV ⅡA、ⅡB 段由 2 号高厂变供电，工作分支断路器 62A1、62B1 合上；01 号起备变作 6kV ⅠA、ⅠB、ⅡA、ⅡB 段的联动备用电源（工作分支断路器跳闸后联动备用分支断路器自动合闸称为联动备用），01 号起备变高压侧断路器合上（也可以断开，根据系统容量大小由系统调度决定）；6kV 各工作母线的备用分支断路器 61A0、61B0、62A0、62B0 断开热备用；各备用分支断路器的备用电源自动投入装置 ATS 投入。

(2) 400V 系统正常运行方式。图 1 - 15 所示 400V 系统正常运行方式为：400V ⅠAPC 由ⅠA 低厂变供电，高压断路器 61A18、低压工作分支断路器 4111 均合上；400V ⅠBPC 由ⅠB 低厂变供电，高压断路器 61B18、低压工作分支断路器 4121 均合上；01 号低备变作 400V ⅠAPC、ⅠBPC 的联动备用电源，闸刀开关 4011 合上，高压断路器 61B17 及低压备用分支断路器 4110、4120 均断开联动备用，各备用分支断路器的备用电源自动投入装置 ATS 均投入。

400V ⅡAPC 由ⅡA 低厂变供电，高压断路器 62A18、工作分支断路器 4211 均合上；400V ⅡBPC 由ⅡB 低厂变供电，高压断路器 62B18、工作分支断路器 4221 均合上；02 号低备变作 400V ⅡAPC、ⅡBPC 的联动备用电源，闸刀开关 4021 合上，高压断路器 62B17 及备用分支断路器 4210、4220 均断开联动备用，各备用分支断路器的备用电源自动投入装置 ATS 均投入。

(3) 400V 保安电源系统正常运行方式。如图 1 - 16 所示 400V 保安电源系统正常运行方式为：400V 保安ⅠA1PC 由 400V ⅠAPC 供电，断路器 4341 合上，其联动控制开关投入；400V 保安ⅠA2PC 由 400V ⅠAPC 供电，断路器 4351 合上，其联动控制开关投入；400V 保安ⅠBPC 由 400V ⅠBPC 供电，断路器 4361 合上，其联动控制开关投入；1 号柴油发电机组作 400V 保安ⅠA1PC、ⅠA2PC、ⅠBPC 的应急备用电源，隔离开关 4316 合上，断路器 431 断开，断路器 4311、4321、4331 断开推入“工作”位置，其联动控制开关投“备用”位置，1 号柴油发电机组处于“应急投入”状态。

(4) 厂用电系统中性点的运行方式。厂用电系统中性点的运行方式与机组容量、厂用电电压等级和接线方式、对供电可靠性要求、对人身和设备的安全、绝缘水平、继电保护配置、设备配套与投资等诸多因素有关。选择合理的厂用电系统中性点运行方式，对机组安全运行至关重要。

1) 高压厂用电系统中性点运行方式。高压厂用电系统中性点运行方式有三种形式：中性点不接地；中性点经消弧线圈接地；中性点经高电阻接地。300MW 及以上机组的高压厂用电系统，采用中性点不接地或经高电阻接地运行方式，200MW 及以下机组的高压厂用电系统，采用中性点不接地或经消弧线圈接地运行方式。

①中性点不接地运行方式。高压厂用电系统中，高压厂用变压器二次侧绕组接成Y 形，但中性点不接地或二次侧绕组接成△形。该系统单相接地电容电流不超过 10A，发生单相接地时可继续运行 2h，在 2h 内寻找和处理接地故障。

②中性点经消弧线圈接地运行方式。高压厂用电系统中，高压厂用变压器二次侧绕组接成Y 形，当高压厂用电系统单相接地电容电流大于 10A 时，高压厂用变压器二次侧中性点可以经消弧线圈接地，将接地点经补偿后的接地电流限制在 10A 以下，达到使接地电弧能自动熄灭、继续运行 2h 并查找和处理接地故障的目的。

③中性点经高电阻接地运行方式。中性点经高电阻接地，可以减小单相接地时非故障相过电压的危险，避免故障扩大；也使故障点流过一固定值的电阻性电流，保证馈线的零序保护动作。

中性点经高电阻接地的方式如下：

(ⅰ) 高压厂变二次侧为Y 接线的接地方式。如图 1 - 17 (a)、(b) 所示，图 1 - 17 (a) 中，高电阻 R 经接地变压器 TE 接地，TE 的一次侧接在变压器中性点与地之间，TE 的二次侧接高电阻R；图1-17（b）中，高电阻R直接接在变压器中性点与地之间。

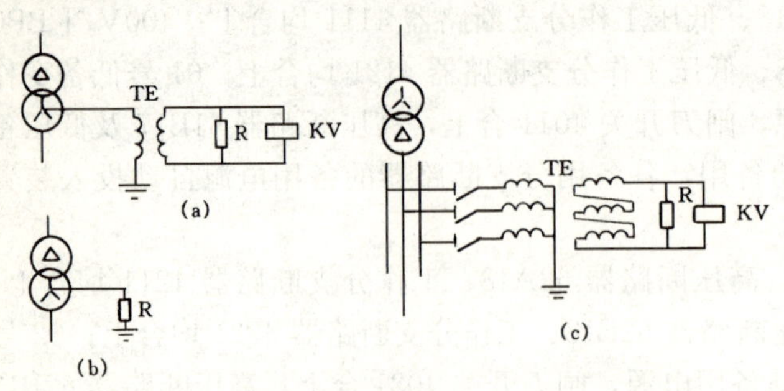

图1-17　高压厂用变压器中性点经高电阻接地

(a) Y接线，高电阻经接地变压器接地；

(b) Y接线，高电阻接在中性点与地之间；

(c) △接线，高电阻经接地变压器接地

（ⅱ）高压厂变二次侧为△接线的接地方式。如图1-17（c）所示，高电阻R经接地变压器TE接地，TE为Yd接线的三台单相变压器（或壳式三相变压器），其一次侧中性点直接接地，二次侧在开口三角处接入适当容量的电阻R。TE一般连接在母线的进线断路器侧。

2）低压厂用电系统中性点运行方式。

400V低压厂用电系统中性点运行方式有如下两种方式：

①中性点直接接地运行方式。将低压厂用变压器二次侧Y形接线绕组的中性点直接接地，则为中性点直接接地运行方式。当低压厂用电系统采用中性点直接接地运行方式时，照明、检修、动力等负荷可以混在一起供电。这种运行方式接线简单，发生单相接地时中性点不发生位移，可防止三相电压出现不对称和相对地电压超过250V。

照明、检修、动力混合供电的中性点直接接地低压厂用电系统，也有如下的缺点：照明、检修回路故障往往危及动力回路的正常进行，降低了厂用电系统的可靠性，即照明、检修回路发生单相接地，接地电流较大，保护动作于跳闸，使电动机停止运行，或接地短路使电源一相熔断器熔断，使电动机两相运行而烧毁；100kW以上的厂用电动机起动时，会使灯光变暗，高压荧光灯可能由于电压降低而熄灭（重燃需6～10min），影响正常工作。

为了避免照明、检修回路故障对动力回路的影响，同时也减少厂用电动机起动对荧光灯照明的影响，300MW及以上机组通常将照明、检修与动力供电分开，并各设专用变压器供电。

②中性点经高电阻接地运行方式。照明、检修与动力供电分开后的低压动力系统采用中性点经高电阻接地。在中性点经高电阻接地的低压动力系统中，各动力回路采用灵敏而有选择的接地保护。如图1-18所示。图中，高电阻R经交流接触器的主触点KM接在低压厂变T的400V侧中性点与地之间。正常运行时，R并不投入T的中性点运行，当低压动力系统发生单相接地时，T的

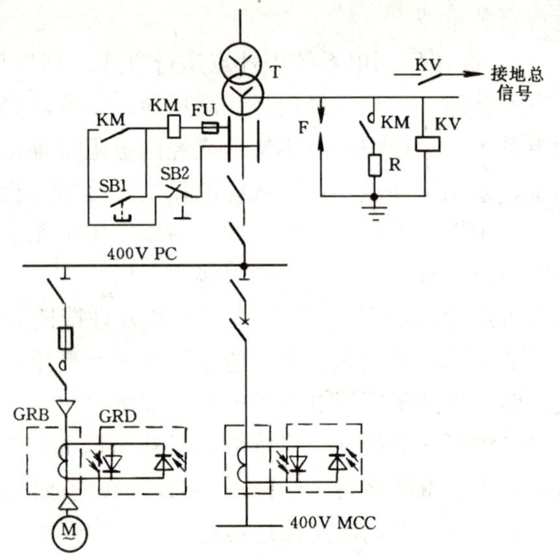

图1-18　低压厂用电系统中性点经高电阻接地接线图

GRB—高电阻接地电流变压器；

GRD—高电阻接地指示灯亮

中性点对地电压发生位移，电压继电器KV动作，发出总接地信号，运行人员见接地总信号后，立即去该动力系统低压动力中心（400V PC），在低压厂变T的进线屏上操作SB1按钮。按下SB1，交流接触器KM励磁动作，动合主触头KM闭合，高电阻R接入T的中性点，此时，400V PC盘上出现高电阻接地指示灯亮，指示接地发生在有接地故障的馈线上。如电动机M单相接地，则GRB高电阻接地电流变压器流过接地电流（因R的限制，接地电流一般大于3A，且小于或等于10A），高电阻接地指示灯GRD（具有继电特性的发光二极管发光）亮，指示该支路接地。如果400V MCC的干线上发生接地，则MCC盘上某一干线的高电阻接地指示灯亮，表明该支路发生接地，若400V PC盘上去400V MCC馈线的高电阻接地指示灯亮，而400V MCC盘上无干线接地信号，则说明接地发生在400V MCC母线上。

在图1-18中，为防止变压器T高、低压绕组间击穿，或400V网络产生感应过电压，在400V侧中性点上，与接地电阻R并列装设一只击穿保安器（过电压放电器）F。

根据上述介绍，图1-14 6kV厂用电系统中性点运行方式为中性点不接地运行方式；图1-15 400V厂用电系统中性点运行方式为中性点经高电阻接地运行方式。

2. 非正常运行方式

（1）6kV系统非正常运行方式。图1-14 6kV系统非正常运行方式如下：

1）6kV ⅠA段、ⅠB段由01号起备变供电，即01号起备变高压侧断路器合上（正常运行时在合闸位置），备用分支断路器61A0、61B0合上，工作分支断路器61A1、61B1断开，备用分支断路器61A0、61B0的备用电源自动投入装置ATS退出。

2）6kV ⅡA段、ⅡB段由01号起备变供电，即01号起备变高压侧断路器合上（同上述），备用分支断路器62A0、62B0合上，工作分支断路器62A1、62B1断开，备用分支断路器62A0、62B0的ATS退出。

3）6kV ⅠA、ⅠB段之一停电或由01号起备变供电。以ⅠA段为例，当ⅠA段工作分支断路器61A1自动跳闸时，备用分支断路器61A0自动合闸，由01号起备变向6kV ⅠA段供电；或ⅠA段工作分支断路器61A1需临时停电检修，合上ⅠA段备用分支断路器61A0，由01号起备变向ⅠA段供电。此时，备用分支断路器61A0的ATS退出。ⅠB段停电由01号起备变供电情况同上。

4）6kV ⅡA、ⅡB段之一停电或由01号起备变供电。运行情况同（3）。

上述6kV系统非正常运行方式，可能在下述情况出现：如1号机组处于检修或起动、停机过程中，01号起备变向6kV ⅠA段，ⅠB段供电，并作2号高厂变的备用。同理，2号机组处于检修、起动或停机过程中，01号起备变向6kV ⅡA、ⅡB段供电，并作1号高厂变的备用。当1号或2号高厂变的6kV工作分支断路器临时性检修时（每次宜只能安排一台分支断路器停电检修），此时由01号起备变向该分支母线段供电，并作其他母线段的联动备用。

（2）400V系统非正常运行方式。图1-15 400V系统非正常运行方式如下：

1）ⅠA（或ⅠB）低厂变停电检修，由01号低备变向ⅠAPC（或ⅠBPC）供电。

此时，隔离开关4011，断路器61B17、4110（或4120）均合上，断路器61A18（或61B18）、4111（或4121）均断开，备用分支断路器4110（或4120）的ATS退出。

2）ⅡA（或ⅡB）低厂变停电检修，由02号低备变向ⅡAPC（或ⅡBPC）供电。

此时，隔离开关4021、断路器62B17、4210（或4220）均合上，断路器62A18（或62B18）、4211（或4221）均断开，备用分支断路器4210（或4220）的ATS退出。

3）01（或02）号低备变停电检修，02（或01）号低备变作为400V ⅠA、ⅠB段（或ⅡA、ⅡB段）的联动备用电源。

如01号低备变停电检修，02号低备变作为ⅠA、ⅠB段的联动备用电源，此时，隔离开关4021、4022、断路器62B17、4130均合上，400VⅠA、ⅠB段的备用分支断路器4110、4120断开热备用，其ATS均投入。

4）01、02号低备变均不能投入运行，400V ⅠA、ⅠB（或ⅡA、ⅡB）低厂变互为联动备用。

如ⅠA低厂变作ⅠB低厂变的联动备用电源，此时，400V备用分支断路器4110合上，备用分支断路器4120断开热备用，其ATS投入，4110的ATS断开。

（三）低压厂用变压器并列运行注意事项

由于运行方式的需要，在进行倒闸操作时，可能出现两台低压厂变的并列状态，两台低压厂变只能短时间并列运行，不允许长时间并列运行。如图1-19所示，1号低厂变、01号低备变不能长期并列运行。由于两台低压厂变接在不同的两段6kV母线上，两段母线的电压不完全一致，这样，即使并列的两台低压厂变变比、阻抗、相序相同，两变压器之间也会产生环流，环流使变压器附加损耗增大，甚至烧毁变压器（由于制造的原因，两变压器的变比及阻抗并不一定严格相同）；另外，有些低压厂变无低电压保护，它们分别接至不同的6kV母线，当这两台变压器并列运行时，若其中一台无低电压保护的变压器所接的6kV母线发生短路，此时，该变压器的高低压侧断路器不跳闸，会造成并列运行的另一台低压厂变向故障母线反充电，这将使设备损坏更大。如1号低厂变无低电压保护，1号低厂变的6kV Ⅰ段母线发生相间短路，则1号低厂变的两侧断路器不能跳闸，造成01号低备变对6kV母线的故障点反充电，扩大了事故的影响范围。

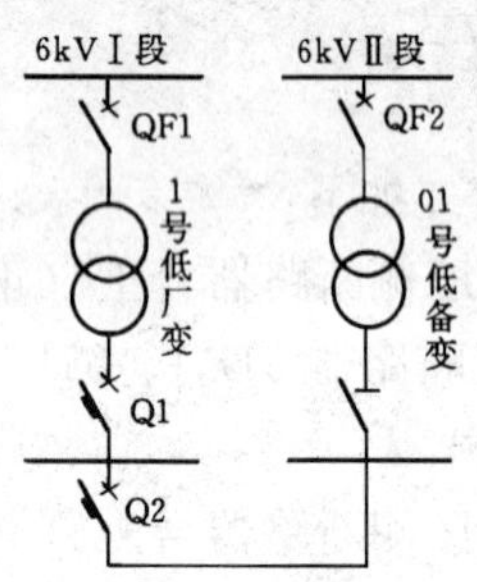

图1-19　低压厂变并列运行接线图

为此，低压厂变并列的切换方式可采用以下两种方式的一种：

（ⅰ）断开400V工作分支断路器，让400V备用分支断路器自动合上（图1-19中，断开Q1，联动Q2自动合上）。

（ⅱ）让400V工作分支断路器与400V备用分支断路器短时并列，然后拉开400V工作分支断路器（图1-19中，Q2与Q1短时并列，然后断开Q1）。

三、600MW火电机组典型厂用电接线及运行特点

（一）厂用电系统接线

如图1-20所示，高压厂用电系统采用10.5kV和3.15kV两级电压，每一级电压均为两段母线。1800kW及以上电动机由10.5kV电压母线供电；200～1800kW以下电动机由3.15kV电压母线供电；200kW以下电动机由400V电压母线供电。其中75kW以上电动机及150～650kW静态负荷连接在动力中心配电屏上，而75kW以下的电动机及杂用负荷则连接在电动机控制中心配电屏上。从电动机控制中心又接出车间就地配电屏，给小容量杂散负荷供电。

每台机组出口接有两台 20/10.5/3.15kV、40/25/15MVA、55℃温升的三绕组高压厂变。高压厂用备用变由 220kV 系统供电，两台机组共设置两台 220/10.5/3.15kV、40/25/15MVA、65℃温升的三绕组有载调压变压器作为备用。

（二）厂用电系统的运行方式

如图 1-20，厂用电系统的运行方式如下。

1. 正常运行方式

（1）高压厂用电系统。10.5kV 1A1 段、3.15kV 1A1 段均由 1 号高厂变供电。1 号高厂变的 10.5kV 侧和 3.15kV 侧断路器均合上；10.5kV 1B1 段、3.15kV 1B1 段均由 2 号高厂变供电，2 号高厂变的 10.5kV 侧和 3.15kV 侧断路器均合上；1、2 号高压备用变运行，分别作 10.5kV 1A1、3.15kV 1A1 段、10.5kV 1B1、3.15kV 1B1 段的联动备用电源。1、2 号高压备用变 10.5kV、3.15kV 侧各备用分支断路器断开处于热备用状态，各备用分支的 ATS 装置均投入；3.15kV 公用母线的 12A1、12B1 段各由一台公用变供电。两台公用变运行，其高、低压侧断路器合上，两台公用变互为备用（暗备用），3.15kV 公用母线分段断路器断开联动备用，其 ATS 投入。

（2）低压厂用电系统。两台低压厂变从 10.5kV 1A1 段取得电源分别向 400V 汽轮机房动力中心 1A3、1A4 段供电，两台低压厂变的高、低压侧断路器均合上；两台低压厂变从 10.5kV 1B1 段取得电源，分别向 400V 汽轮机房动力中心 1B3、1B4 段供电，两台低压厂变的高、低压侧断路器均合上；1A3 与 1B3 段的低压厂变和 1A4 与 1B4 段的低压厂变均互为备用，400V 母线 1A3 与 1B3 之间的分段断路器、1A4 与 1B4 之间的分段断路器均断开联动备用，其 ATS 均投入。

两台低压厂变从 10.5kV 1A1 段取得电源，分别向 400V 除尘器动力中心 1A5、1A6 段供电，两台低压厂变的高、低压侧断路器均合上；两台低压厂变从 10.5kV 1B1 段取得电源，分别向 400V 除尘动力中心 1B5、1B6 段供电，两台低压厂变高、低压侧断路器均合上。1A5 与 1B5 段的低压厂变和 1A6 与 1B6 段的低压厂变均互为备用，1A5 与 1B5 之间分段断路器和 1A6 与 1B6 之间的分段断路器均断开联动备用，其 ATS 均投入。

同理，三台低压厂变从 3.15kV 1A1 段取得电源，分别向 400V 动力中心 1A1、1A2、1A9 段供电，另三台低压厂变从 3.15kV 1B1 段取得电源，分别向 400V 动力中心 1B1、1B2、1B9 段供电，其他与上述相似。

（3）厂用电系统中性点的运行方式。由图 1-20 可知，高压厂用电系统和低压厂用电系统均采用中性点经高电阻接地运行方式。高电阻接入中性点的方式为：

1）10kV 系统：高电阻直接连接在高压厂用变压器中性点与地之间。

2）3kV 系统：高电阻经接地变压器接入高压厂用变压器中性点。

3）400V 系统：高电阻直接接入低压厂用变压器中性点与地之间，或经接地变压器接入低压厂用变压器中性点。

2. 非正常运行方式

非正常运行方式与 300MW 机组相似。如高压厂变的低压侧工作开关临时检修，10.5kV 和 3.15kV 母线由高压备用变供电；400V 动力中心 1A1 或 1B1 的一台低压厂变检修，由另一台低压厂变向 1A1、1B1 同时供电。其他非正常运行方式，读者可自行分析安排。

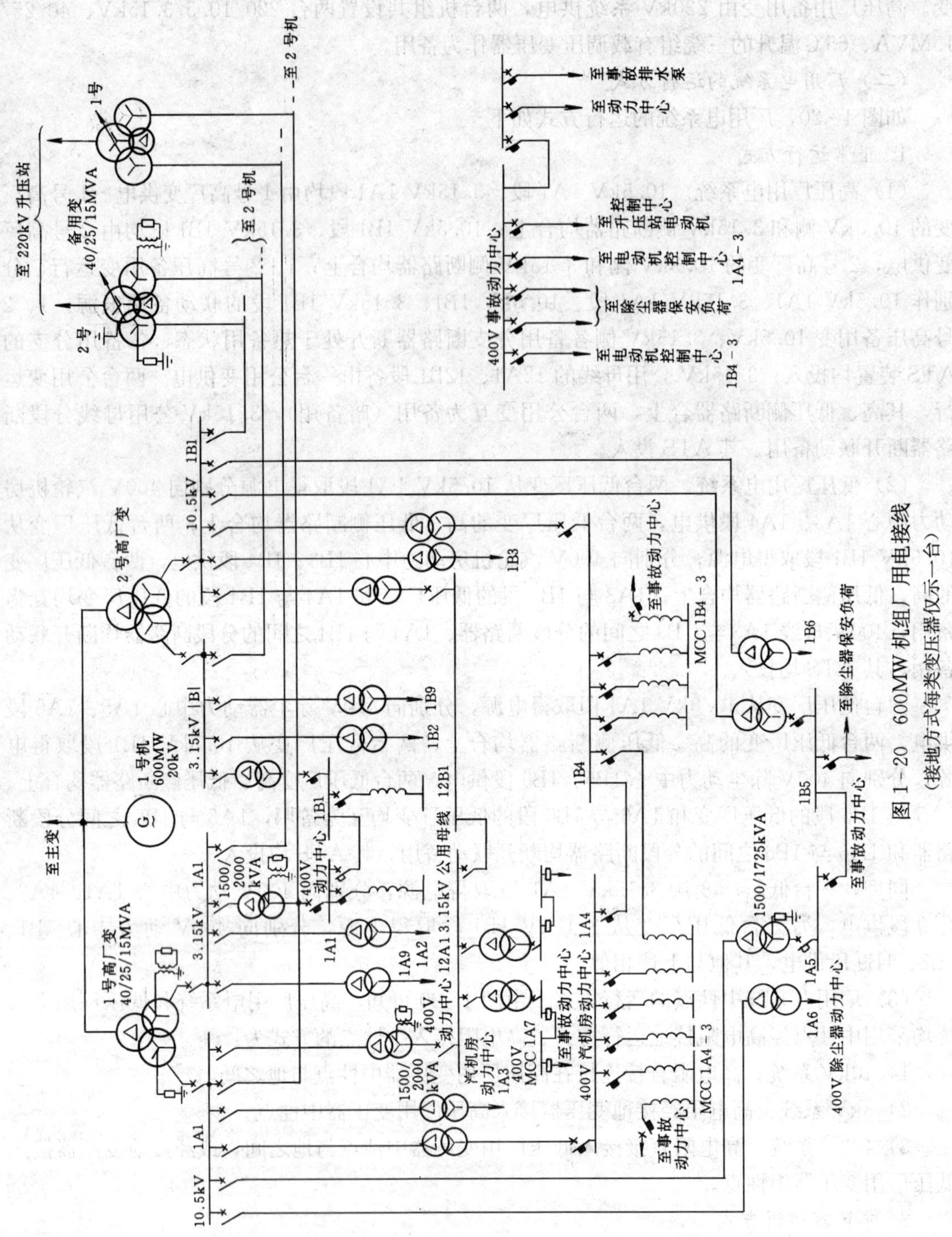

图 1-20 600MW 机组厂用电接线
（接地方式每类变压器仅示一台）

四、核电机组典型厂用电系统接线及运行特点[1]

（一）厂用电系统接线

图1-21为某核电厂用电系统接线。

在图1-21中，发电机出口装有断路器，机组起、停可通过主变压器获得厂用电源，避免了起动备用变压器和高压厂变之间的互相切换，主变压器和厂用变压器可得到更好的保护。每台发电机组的26kV引出母线上，均接有2台高压厂用变压器，其中一台34＋34MVA、26/6.9—6.9kV的三绕组变，能够满足1台发电机组整个6.6kV及380V的厂用负荷加上所有公用辅助设备所需的负荷；另一台25MVA、26/6.9kV的双绕组变压器，可用于起动1台电动给水泵，或可带上1台电动给水泵、1台海水冷却水泵和1台凝结水泵的连续负荷。2台高压备用变从220kV系统取得电源，作2台机组的高压厂用备用电源。对IE类负荷（链式裂变反应停止后的堆心冷却和余热处理用电负荷），还装有柴油发电机组供电，以保证IE类负荷不间断供电。

（二）厂用电系统的运行方式

1. 正常运行方式

（1）6.6kV系统。6.6kV A、B段由1号高压厂变供电，1号高压厂变的6.6kV侧2台断路器合上，6.6kV C段由2号高压厂变供电，其6.6kV侧断路器合上。1、2号高压备用变向1、2号机组的6.6kV各公用段供电，其6.6kV侧连接片XP1、XP2均合上，连接片XP3断开，断路器QF3、QF4、QF7均合上，同时，1、2号高压备用变还作1、2号机组6.6kV A、B段的联动备用电源，2台机组6.6kV A的、B段各备用分支断路器（1号机组为QF5、QF6）均断开热备用，各备用分支断路器的ATS装置均投入。6.6kV保安A、B段正常运行分别由6.6kV公用Ⅰ、Ⅱ段供电，快速起动的1、2号柴油发电机组（每套的容量至少按100%负荷选择）应急备用。

（2）380V系统。380V各段工作母线均由一台变压器供电，电源分别取自6.6kV A、B段或6.6kV公用段。1号机组的5、10、11、12、13号低压厂变的380V公用段，与2号机组相关的380V公用段互为备用。

（3）厂用电系统中性点的运行方式。高压厂用电系统：26kV系统采用中性点经高阻抗接地，高电阻接在接地变压器的二次侧；6.6kV系统采用中性点不接地方式。低压厂用电系统：采用中性点直接接地方式。

2. 非正常运行方式

非正常运行方式较多，以下仅举例说明。

（1）1号高压厂用变压器低压侧断路器临时性检修，6.6kV的A段或B段（或A、B两段）由1、2号高压备用变压器供电，6.6kV的A段或B段的工作断路器（QF1或QF2）断开，备用分支断路器QF5或QF6合上，XP3连接片断开，QF5或QF6的ATS退出。

（2）1号高压厂变低压侧断路器QF1、QF2故障跳闸，6.6kV的A、B段失电，6.6kV的A、B段的备用分支断路器QF5、QF6自动合上，由1、2号高压备用变供电（XP3连接片断开）。

---

[1] 可作为选学内容。

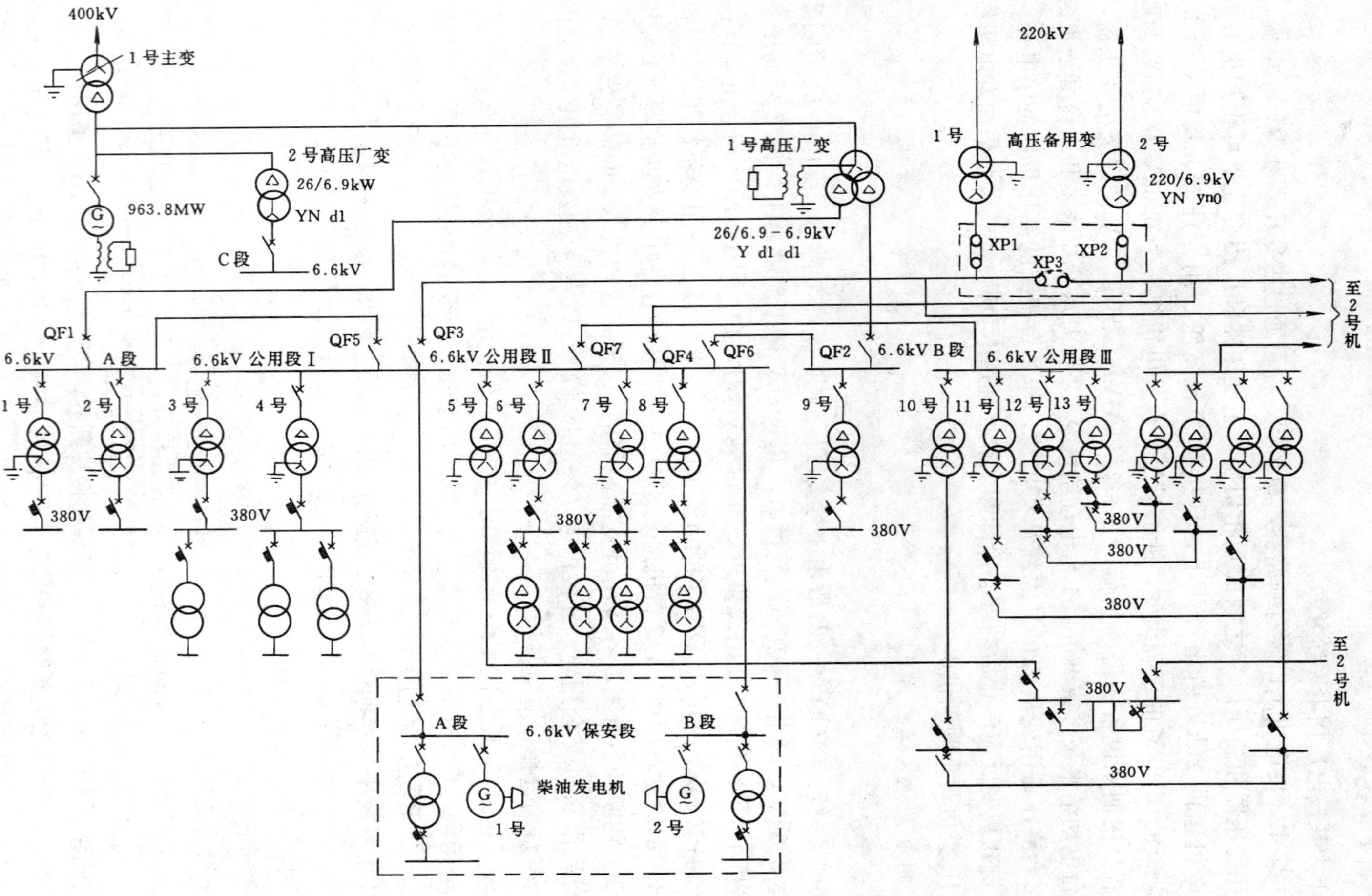

图1-21 某核电站站用电系统接线

（3）全厂停电，用柴油发电机组供电。当 500kV（2 号主变压器高压侧为 500kV）、400kV 和 220kV 外部电网同时失去电源时，则核电厂房的柴油发电机组向厂内应急设备供电，以保障核电系统设备的安全。

五、中、小容量火电机组典型厂用电系统接线及运行特点

（一）厂用电系统接线

图 1-22 为 6×125MW 机组的厂用电系统接线。

图 1-22 中，每台机组都有一台高压厂用变压器，一台低压厂用变压器，两段 6kV 工作母线和两段 380V 工作母线。高压厂用变压器的工作电源由发变组单元接线的主变压器低压侧取得，分别向各自的两段 6kV 工作母线供电；低压厂用变压器工作电源从对应机组的高压工作母线上取得，向对应的两段 380V 工作母线供电；全厂公用负荷接在 1 号机组高压工作母线上，由公用变压器供电；输煤变接在 2 号机组的高压工作母线上，向输煤系统供电。

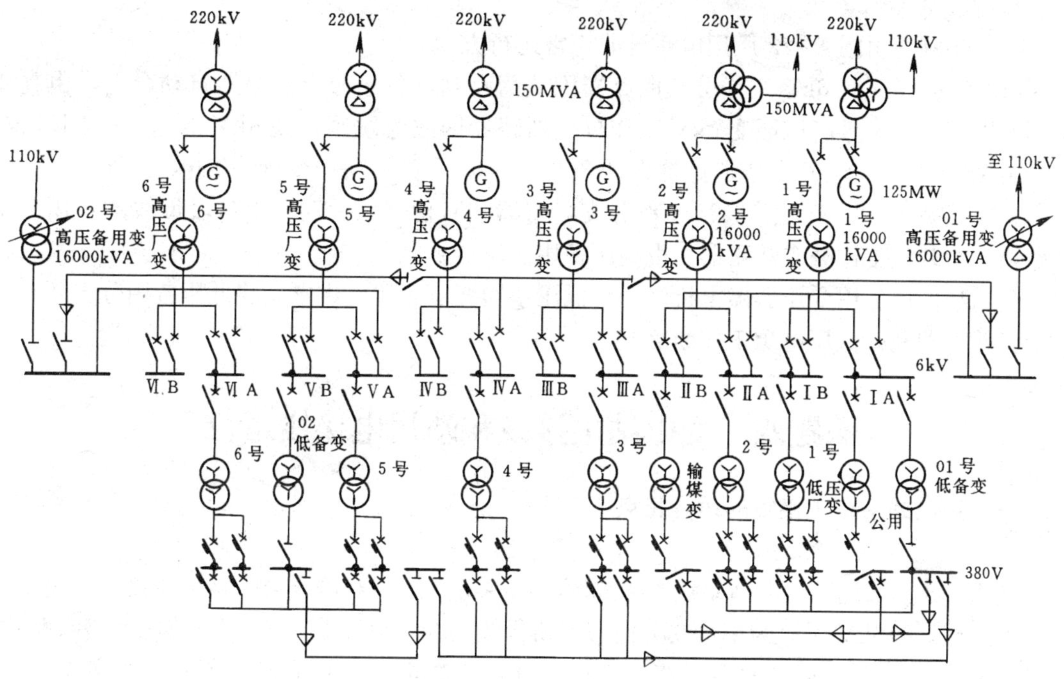

图 1-22　6×125MW 机组厂用电系统接线

为防止高压和低压厂用工作电源中断，6 台机组公用 2 台高压备用变压器和 2 台低压备用变压器。01 号和 02 号高压备用变压器均从 110kV 系统取得电源，作为 6kV 各段工作母线的备用电源。1 号和 2 号低压备用变压器分别从 1 号和 5 号机组的 6kV 工作母线上取得电源，作为 380V 各段工作母线的备用电源。

（二）厂用电系统的运行方式

图 1-22 厂用电系统的运行方式如下。

1. 正常运行方式

（1）6kV 系统。6kVⅠA、ⅠB 段由 1 号高压厂变供电，其 6kV 侧两断路器合上；6kV 的ⅡA、ⅡB 段由 2 号高压厂变供电，其 6kV 侧两断路器合上；6kV 的ⅢA、ⅢB 段由 3 号高压厂变供电，其 6kV 侧两断路器合上；6kV 的ⅣA、ⅣB 段由 4 号高压厂变供电，其 6kV 侧两断路器

合上；6kV的ⅤA、ⅤB段由5号高压厂变供电，其6kV侧两断路器合上；6kV的ⅥA、ⅥB段由6号高压厂变供电，其6kV侧两断路器合上。01、02号高压备用变作6kV各段工作母线的联动备用电源，高压备用变的高压侧断路器均合上（或断开，由系统决定）。6kV各段工作母线的备用分支断路器均断开，处于热备用状态，各备用分支断路器的ATS装置均投入。

（2）380V系统。1～6号低压厂变分别向对应的两段380V工作母线供电，各低压厂变高、低侧断路器均合上，01、02号低压备用变作380V各段工作母线的联动备用电源，其低压侧出口闸刀均合上，两台低压备用变的高压侧断路器及380V各段工作母线的备用分支断路器均断开，处于热备用状态，各备用分支断路器的ATS装置均投入。

（3）厂用电系统中性点的运行方式。

1）高压厂用电系统：采用中性点不接地运行方式。

2）低压厂用电系统：采用中性点直接接地运行方式，动力与照明混合供电。

2. 非正常运行方式

仅举几例说明图1-22厂用电系统非正常运行方式。

（1）某高压厂变6kV工作分支断路器因故障跳闸，备用分支断路器自动合上，由高压备用变供电。如1号高压厂变6kV工作分支断路器因故障跳闸，使6kV的ⅠA、ⅠB段失电，ⅠA、ⅠB段的备用分支断路器自动合上，由01号高压备用变继续供电。

（2）某高压厂用变压器6kV工作分支断路器临时检修，手动合上该段母线的备用分支断路器，断开该工作分支断路器，由高压备用变压器供电。

（3）某低压厂用变压器停电检修，由低压备用变压器代替供电。将低压备用分支断路器合上，并立即断开低压电源工作断路器。

课题四　变电站主接线和站用电接线运行

一、变电站系统主接线的运行特点

1. 电气主接线

图1-23为某地区变电站系统主接线图。220kV系统为双母线带旁路母线接线，设专用旁路断路器；110kV系统为单母线分段带旁路母线接线，分段断路器QFs兼作旁路断路器。220kV与110kV系统通过两台三绕组变压器T1、T2相连，两系统间有大量的穿越功率；10kV系统由T1、T2供电，采用双母线接线。本变电站为系统无功补偿点，在10kV侧装有两台30MVA的调相机，有大量的无功功率送往系统。

2. 运行方式

（1）正常运行方式。图1-23电气主接线为正常运行方式接线，220kV和10kV系统接线的正常运行方式，前面已作过介绍，下面仅介绍110kV系统接线的正常运行方式和调相机的正常运行方式。在图1-23中，110kV系统母线WBⅠ、WBⅡ均运行，分段断路器QFs，隔离开关QS1、QS2均合上，分段隔离开关QSs断开备用，旁路母线WBb备用，与WBb相连的所有旁路隔离开关均断开备用，线路WL1、WL2、主变压器T1及线路WL3、WL4、主变压器T2分别接入WBⅠ、WBⅡ母线运行，各线路、主变压器T1、T2，母线的保护按规定均投入。主变T1的中性点接地隔离开关合上（T1、T2中性点接地隔离开关的投、切由系统值班调度员决定）。

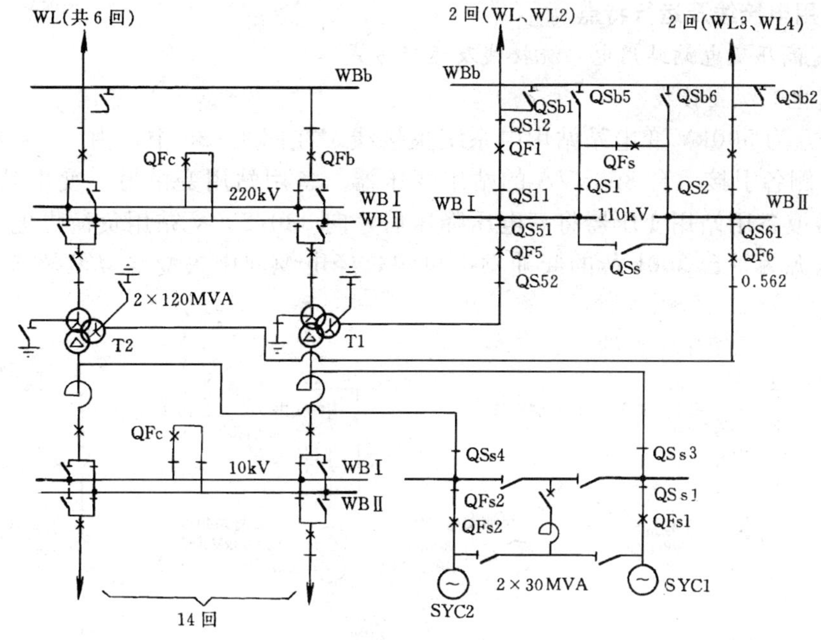

图1-23　变电站系统主接线及正常运行方式

调相机SYC1、SYC2均运行，调相机断路器QFs1、QFs2、隔离开关QSs1、QSs2、QSs3、QSs4均合上，调相机的保护按规定均投入。

（2）非正常运行方式。下面仅列举图1-23中110kV系统的非正常运行方式：

1）110kV侧断路器QF5（或QF6）停电检修运行方式。如图1-24（a）所示，断路器QF5断开，隔离开关QS51、QS52拉开，母线分断隔离开关QSs合上，母线分段断路器QFs及隔离开关QS1、QS2均断开备用，其他同正常运行方式。

2）110kV母线WBⅠ（或WBⅡ）停电检修运行方式。如图1-24（b）所示，线路WL2停电，线路WL1由QFs经旁路母线WBb供电。即由WBⅡ母线经QS2、QFs、QSb5、WBb、QSb1、线路WL1向用户供电。QSs、QS1、QSb6、QS11、QF1、QS12均断开。其他同正常运行方式。

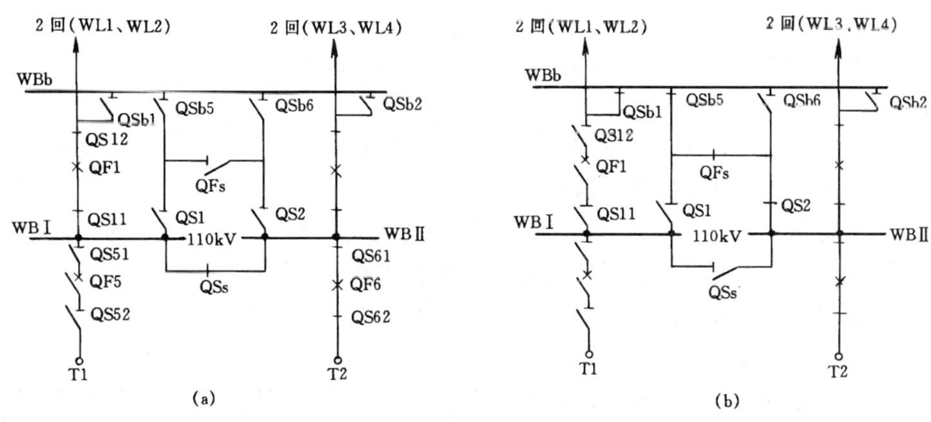

图1-24　单母线分段带旁路接线非正常运行方式

（a）电源断路器QF5停电检修运行方式；（b）母线WBⅠ停电检修运行方式

二、站用电接线及运行特点

（一）超高压变电站站用电系统接线及运行方式

1. 站用电系统主接线

图 1-25 为 500kV 变电站站用电系统主接线。在图 1-25 中，由 1、2 号主变压器的 10.5kV 侧各引接一台 800kVA 的站用变压器。备用站用变由另一变电站引接电源。站用变压器或备用站用变压器将高电压降压后，向 380/220V 站用负荷供电。站用电的事故保安电源为一台 300kW 的柴油发电机组，经电缆向中央配电屏两段 380/220V 母线供电。

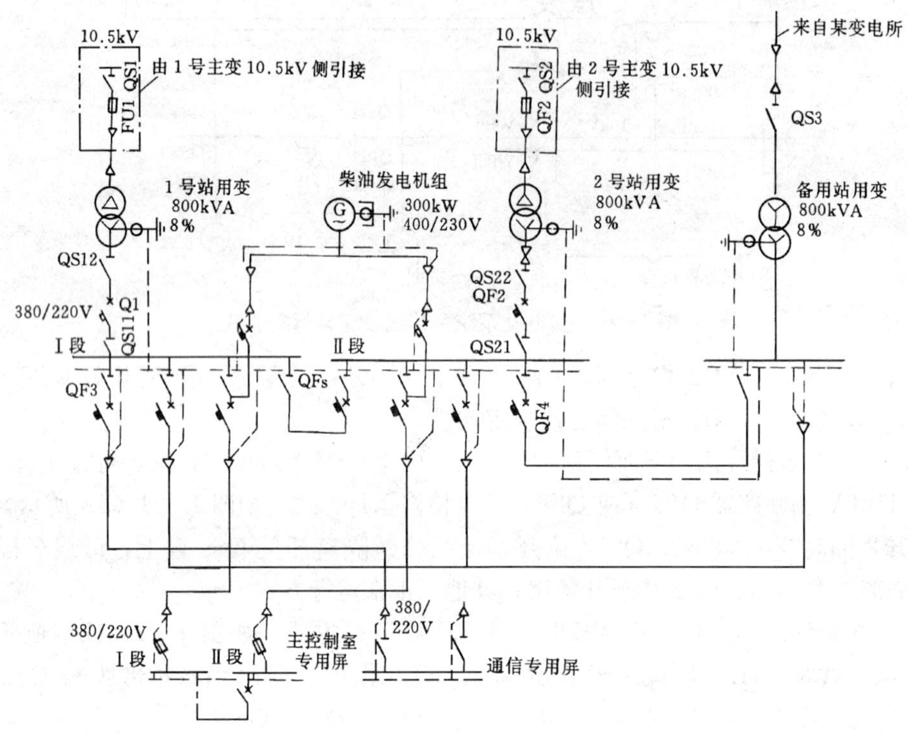

图 1-25　500kV 变电站站用电系统主接线

2. 站用电系统的运行方式

（1）正常运行方式。380/220V 的Ⅰ、Ⅱ段分别由 1、2 号站用变供电，1、2 号站用变高压侧隔离开关和熔断器均在工作位置，低压侧断路器均合上。380/220V 的Ⅰ、Ⅱ段母线的备用分支断路器断开，处于热备用状态，各备用分支断路器的 ATS 装置均投入。柴油发电机组处于备用状态，其出口断路器断开备用。

（2）非正常运行方式。1 号（或 2 号）站用变停电检修，380/220V 的Ⅰ段（或Ⅱ段）由备用站用变供电，Ⅰ段（或Ⅱ段）的备用分支断路器手动合上。

1 号（或 2 号）站用变故障，其低压侧断路器跳闸，使 380/220V 的Ⅰ段（或Ⅱ段）母线失电，Ⅰ段（或Ⅱ段）的备用分支断路器自动合上。

变电站交流电源中断，全变电站停电，由柴油发电机组供电，柴油发电机组出口断路器合上。

（二）高压变电站站用电系统主接线及运行方式

1. 站用电系统接线

图 1-26 为高压变电站站用电系统主接线。

该变电站 10kV 母线有两段，2 台站用变分别从 10kV Ⅰ、Ⅱ段母线取得工作电源，降压后分别向 380/220V Ⅰ、Ⅱ段母线供站用电。

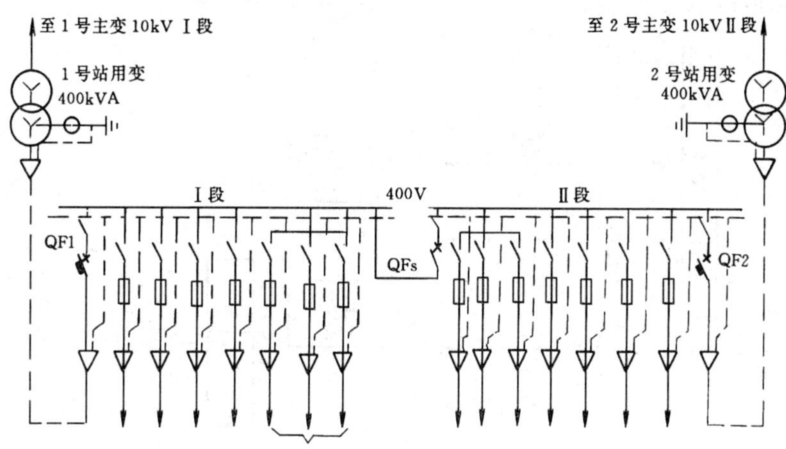

图 1-26　220kV 变电站站用电系统主接线

2. 站用电系统运行方式

图 1-26 站用电系统的运行方式如下：

(1) 正常运行方式。380/220V 的Ⅰ段由 1 号站用变供电，其低压侧断路器 QF1 合上；380/220V 的Ⅱ段由 2 号站用变供电，其低压侧断路器 QF2 合上。1、2 号站用变互为备用（暗备用），380/220V 的Ⅰ、Ⅱ段母线的分段断路器 QFs 断开备用。

(2) 非正常运行方式。1 号（或 2 号）站用变停电检修，380/220V 的Ⅰ、Ⅱ段母线由 2 号（或 1 号）站用变供电，380/220V 的Ⅰ、Ⅱ段母线的分段断路器 QFs 手动合上。

课题五　发电厂及变电站运行监视和控制

一、常规监视和控制系统

发电厂及变电站的电气设备可分为一次设备和二次设备。前面课题中介绍的主接线及厂用、站用电接线均为一次设备，其作用是为了生产、输配电能；而二次设备是指对一次设备进行监视、测量、控制、调节、保护及为运行、维护人员提供运行工况或指挥信号所需的设备。二次设备中用于监视、控制一次设备工作的部分又称为监控系统，电气运行人员正是通过监控系统实现对一次设备的启动、停止进行控制，对一次系统运行情况进行监视。

监控系统是运行人员运行中面对的主要二次设备，它把一次设备的各种信号、一次设备状态收集到发电厂或变电站的主控室进行显示，运行人员则通过这些信号、状态显示的信息了解一次设备的工作情况，完成各种操作和控制。发电厂及变电站的信号主要包括三个方面：一是通过电流、电压互感器及温度、压力、密度传感器转化来的关于一次设备的电流、电压、功率、频率及一次设备的工作状态；二是一次设备的二次接线通过中间继电器的转换得到一次设备的运行状态，如断路器、隔离开关的分合状态等；三是二次设备本身产生的信号，如电流、电压回路断线，继电保护和自动装置动作情况，操作电源工作情况等。

电厂或变电站的监控系统可用图 1-27 说明。

（1）自动控制或调节。一次设备的状态、参数通过引线或经传感器转换后送至继电保护和自动装置，继电保护和自动装置的动作通过控制、调节回路作用于一次设备，对一次设备实现自动控制或调节。

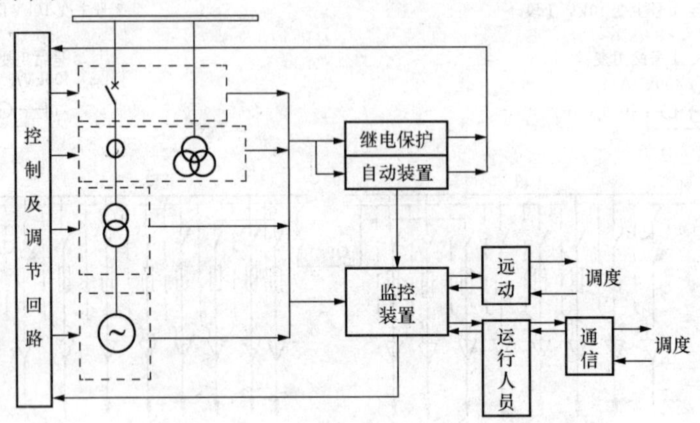

图 1-27　电气监控系统结构示意图

（2）信号系统及运行人员控制调节。一次设备的状态、参数通过引线或经传感器转换后送至监控装置，保护及自动装置的信号也可通过引线或其他通道传至监控装置，监控装置将其变换为运行人员可以感受和观察到的信号（如表计、灯光、音响或文字、画面等）显示在主控屏台或显示器上，运行人员根据这些信息以及对实际设备本身的巡视观察所得信息综合分析、判断，同时也可将信息传递到调度部门，所做的处理经控制、调节回路作用于一次设备。

发电厂及变电站常规监控系统是指一次设备的各种信号采用布线式逻辑，通过控制电缆传输至主控制室，再转为表计、灯光、音响信号，运行人员通过各种指示仪表和信号装置获得关于一次设备和一次系统工作情况的信息，也可以通过通信设备获得调度发来的信息，根据这些信息，运行人员通过手动操作、控制或调节等完成各种处理，以维持发电厂及变电站的正常运行；在事故时，继电保护和自动装置根据采集到的信号自动动作，判断出事故的性质和位置，发出各种跳、合命令，由控制及调节回路作用于一次系统，将事故限制在最小范围之内，同时把结果通过信号装置显示给运行人员，运行人员根据事故情况及继电保护和自动装置的动作情况，再做出各种处理事故的操作。常规监控系统最明显的特征是具有很大的主控制盘，盘上分布大量的表计、灯光信号及控制开关。

常规监控系统主要由人来实施监控，运行人员是监控系统的核心，与现代控制系统相比有如下缺点：

（1）人的因素影响操作和处理的准确性和可靠性；

（2）常规监控装置设备复杂，体积大，所提供的信号不能准确反映实际事件发生的时间、顺序；

（3）常规监控装置信号的传输是一对一的方式，各种控制、信号电缆的用量大、费用高。

随着计算机技术的发展，监控系统中应用计算机来实现监视和控制，有效地解决了常规监控系统中存在的问题，提高了运行的可靠性，极大地提高了劳动生产率。

二、计算机监视和控制系统

在监控系统中应用计算机有一个逐步发展的过程，大致可以分三个阶段：第一阶段是计算机应用的初级阶段，即在保留常规监控方式的情况下，利用计算机进行数据采集、处理，把分散的表计、灯光信号集中用数字直接进行显示、打印、顺序记录和信号报警等；第二阶段是计算机应用较为成熟的时期，其结构是用可靠性高的网络式或双主机对电气设备进行监视、管理和控制，同时部分保留常规监控中的控制屏台；第三个阶段是计算机应用的成熟阶段，即采用分布式的计算机监控系统，分布式结构不仅提高了监控的可靠性，而且有效地发挥了计算机监控系统的优势，产生了明显的技术经济效果。随着计算机及网络技术的发展，还实现了无人值班变电站。现代计算机监控系统最明显的特征是取消了主控制盘，主控制室缩小，所有监视和控制、调节操作均可在计算机上完成。

目前，上述三个阶段的监控系统在国内发电厂和变电站中均有存在，但新建电厂和变电站都采用分布式结构。以分布式结构为基础，火电机组广泛采用分散型控制系统，即一种控制功能分散、操作管理集中、局部自治与整体协调的新型分布式计算机控制系统。而变电站则广泛采用集控制、管理、决策为一体的全局自动化系统——综合自动化系统。

不论是分散控制系统或是综合自动化系统，它们都是计算机监控系统的一种实现形式。计算机监控系统主要完成如下功能。

1. 信号采集与处理

信号采集与处理是监控系统最基本的功能，也是其他功能的基础。信号采集分为模拟量、开关量和数据量的采集。

模拟量包括交流量、直流量和温度量等。电流、电压、温度等信号经变送器转换，由模、数变换装置将模拟量转化为数字量进入计算机监控系统。

开关量包括断路器、隔离开关、接地开关的位置，继电保护和自动装置的动作信号、报警、运行监视信号等。这些信号通常通过光电隔离，转换后变为数字信号进入计算机监控系统。

数据量主要是指采集变电站内由计算机构成的智能化设备的信息，如微机保护和自动装置、直流绝缘装置、智能计量装置等，这些信号通过专用的通信接口进入计算机监控系统。

2. 信息的存储

监控系统建立数据库来存储信号。数据库可以分为实时数据库和历史数据库。

3. 运行监视

对运行设备进行监视是运行人员的主要工作，也是计算机监控系统的最主要的功能。运行监视通过CRT画面、报警和报表打印等方式来实现，能完成对各种设备模拟量的数值监视和开关量变动情况的监视。通过监控系统使运行人员及时了解各电气系统和设备的接线、设备运行情况以及电流、电压、功率潮流参数等，异常时反映设备异常状态，事故时反映断路器、保护等动作情况，并通过音响发出报警。

4. 控制、调节及安全闭锁

计算机监控系统能提供对电气设备的控制和调节，运行人员通过键盘或鼠标实现对设备的控制或调节。部分设备也可以将控制权交由调度远方控制。为保证操作的安全，通常还加有防误闭锁功能，保证操作的正确性，防止误操作。

5. 显示和报表

计算机监控系统可以将采集的信号通过各种图形、画面、表格、曲线、棒图等进行显示，并可以自动按要求生成各种报表、存储或打印，以反映实际设备的详细情况，满足管理的需要。

6. 事件顺序记录

监控系统自动对电气设备或二次系统发生的事件按出现的先后顺序进行记录，并可生成顺序记录的报告，以利于运行人员分析设备的工作情况，了解事件发生的过程。

7. 事故追忆

监控系统可以保存事故前后主要电气参数的记录，通过这一记录，运行人员可以了解系统或设备在事故前后所处的工作状态，便于分析和处理事故。

8. 信息传输

监控系统可以将设备信息通过远传通信设备传递到调度或管理部门，利于调度、管理部门及时了解系统的工作情况。

计算机监控还提供了很多其他功能。总之，计算机监控改变了传统监控模式，使电厂或变电站的自动化达到了新的水平。

三、发电厂的运行监视和控制

发电厂的运行监视和控制是电厂运行的主要任务。其监控系统也是由常规控制形式逐步发展为计算机监控形式。计算机监控系统的组成结构，有集中型和分散型两类。集中型计算机监控在计算机控制的早期阶段应用较多，由于可靠性较低，新建的大型电厂已基本不采用这种结构的控制系统，而广泛采用分散控制系统（DCS）又称集散控制系统。

分散控制系统采用的是多微处理器、分散型的控制结构，每台微处理器构成一个基本控制单元，只控制某一局部过程，每个基本控制单元发生故障不会影响整个生产过程，从而使危险性分散，整个系统的可靠性提高。同时通过高速数据通道把分散在不同位置上执行不同任务的各个基本控制单元连接起来，实现集中管理，数据共享。运行人员通过其人机接口设备——操作员接口站（OIS）与生产过程进行交互。

OIS是运行人员用来监视和控制分散控制系统的设备，通过它可以完成各种设备的启动、停止，开关电气的开、合，设备的调节等操作以及生产过程的监视等任务。在火电厂中，OIS的功能主要为：

（1）采集各现场基本控制单元的信号，建立数据库；

（2）自动检测和控制整个系统的工作状态；

（3）在CRT上显示各单元的信号、状态；

（4）生产记录、报警等；

（5）电厂的综合管理等。

发电厂运行和控制的自动化水平在不断发展和完善，对电气运行人员的要求也大大提高。运行人员只有充分了解监控系统的结构和功能，才能在实际运行中及时掌握设备和系统信息，准确无误地作出正确的决策。

四、变电站的运行监视和控制

常规变电站的监控由二次设备如继电保护、自动装置、测量仪表、控制盘台、中央信号以及远动装置等构成。运行人员在主控制室通过表计、灯光和音响信号对变电站的设备进行监视，通过控制开关对重要设备进行操作控制。计算机技术和综合自动化技术的发展，使得变电站用综合自动化系统取代了常规监控装置，不仅大大提高了变电站监控自动化程度，也大大提高了变电站的运行管理水平。

变电站综合自动化系统的主要功能包括：

（1）监控功能：数据采集和处理，在线监视系统运行参数、设备运行状态、自动记录事件顺序、运行人员操作和调节。

（2）微机保护功能：事故出现时，微机保护直接对设备进行控制，限制故障范围，同时将保护动作信息传递给综合自动化系统，便于运行人员分析判断。

（3）自动装置功能：备用电源自动投入装置、故障录波装置、电压无功控制装置等与综合自动化系统交换信息，对设备进行自动控制。

（4）通信功能：包括与变电站各种一、二次设备的通信和与上级调度的通信。

小　　结

1. 电气主接线运行方式

电气主接线运行方式分正常运行方式和非正常运行方式。正常运行方式指正常情况下，全部设备投入运行时电气主接线经常采用的运行方式。它包括一次设备、系统中性点和继电保护及自动装置的运行方式。非正常运行方式指事故处理、设备故障或检修时，电气主接线采用的运行方式。正常运行方式只有一种，非正常运行方式有多种。

2. 典型电气主接线正常运行方式

典型电气主接线有多种，它们都有固定的正常运行方式。由于系统事故、不同设备故障以及不同设备检修等具体情况，系统运行方式都要作相应的改变，故非正常运行方式有多种。由于运行方式直接影响发电厂、变电站及电力系统的安全、经济运行，故各电厂及变电站应根据其具体的电气主接线，正确安排其正常运行方式和非正常运行方式。各种运行方式应最大限度地满足安全可靠的要求，故编制运行方式时，应遵守编制运行方式的有关原则。

3. 电气主接线及运行方式实例

本单元列出了大、中、小型发电厂及地区变电站电气主接线的接线形式，它是各种典型电气主接线的综合运用。由实例可知，我国大型火电厂及变电站的电气主接线，多采用双母线带旁路、双母线四分段（或六分段）带旁路、$\frac{3}{2}$接线等接线形式或它们的组合。通过实例，介绍了各种电气主接线正常运行方式和非正常运行方式的实际运行情况。

4. 电气运行监视和控制

发电厂、变电站运行主要通过监控系统实现对电气设备的监视和控制。常规监控模式正逐渐被计算机监控系统所取代。电厂的分散控制系统和变电站综合自动化系统的主要功能就是监控和管理。

习　　题

一、名词解释

1. 大型发电厂

2. 中型发电厂
3. 小型发电厂
4. 运行方式
5. 正常运行方式
6. 非正常运行方式
7. 监控系统

二、问答题

1. 如图 1-28 所示，分析其接线供电的可靠性？安排该接线的正常运行方式，安排 WBⅠ母线停电检修的非正常运行方式。
2. 说明图 1-28 接线的正常运行方式。
3. 说明图 1-23 接线 10kV、110kV 系统的正常运行方式。
4. 简述运行方式的编制原则。
5. 简述计算机监控系统的主要功能。

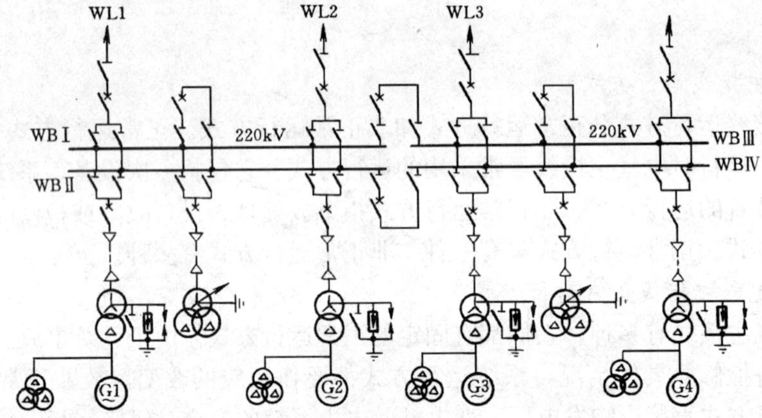

图 1-28 4×300MW 火电厂电气一次系统图

电气运行任务及管理

内 容 提 要

本单元主要介绍电气运行的任务及运行组织，电气运行制度，倒闸操作，事故处理原则等方面的基本知识。

课题一　电气运行任务及运行组织

电气运行是指发电厂、变电站、电力系统在电能的发、供、配、用过程中，运行值班人员（含系统调度员）对发供电气设备进行监视、控制、操作和调节，使发供电设备正常运行，同时，对设备运行状态进行分析，在出现异常状态及事故情况下，及时进行处理，以保证发电厂、变电站和电力系统的安全、稳定、优质、经济运行。

一、电气运行主要任务

电气运行工作的主要任务就是满足用电需求，确保电力生产的安全运行和经济运行。

1. 保证电力生产安全运行

电力生产的特点是发电、供电、用电同时完成。因电能不能大规模储存，发、供、用电处于动平衡状态，这种生产方式，决定了发、供电必须有极高的可靠性和连续性。随着电网规模的不断扩大和电网大机组不断增多，发、供电的可靠性就显得更加重要。如果一个电厂、一个变电站或系统的一条联络线发生事故，就可能引起大面积停电，甚至造成整个电网瓦解，后果之严重是显而易见的。所以，运行值班人员一定要把电力安全生产放在第一位，保证发电厂、变电站以及整个电力系统的安全稳定运行。

2. 保证电力生产经济运行

在保证电力生产安全运行的前提下，应千方百计地搞好电力生产的经济运行。电力生产的经济运行应从多方面着手。供电部门应做好计划用电、节约用电和安全用电，加强电网管理，降低网损；发电部门应降低燃料消耗和厂用电率，尽可能地多发电、少耗电，降低每千瓦·时电能的生产成本。为此，各级生产人员和值班人员，应做好下列工作：

（1）贯彻执行各项规章制度，杜绝事故的发生，防止事故造成重大损失。

（2）保证检修质量，提高设备健康水平，使设备安全、经济、满发。

（3）采用合理运行方式，使系统和设备安全、经济运行。

（4）及时排除系统及设备异常工况，正确、迅速处理事故，将事故影响减小到最小范围。

（5）运行工作应做到四勤。

1）勤联系。当增、减负荷时，电气、汽轮机、锅炉（核反应堆）运行人员应及时联系，相互配合调整负荷。

2）勤调整。机、炉（或核电厂中的核堆）、电运行人员应严密监视设备的运行参数，及时调整各项参数，使其运行在规定范围内。

3）勤分析。对设备的运行状况勤分析，随时掌握设备的运行工况，以便采取相应对策。

4）勤检查。按运行规程规定，定期巡视检查运行设备，及时发现和消除设备缺陷，保证设备运行在正常工作状态下。

（6）做好与运行有关的其他工作。如运行日志的填写，运行参数的打印，各项参数的计算，图纸、资料、备品、工具的管理等。

二、电力系统运行组织机构

在电力系统中，设有各级运行组织机构，分别担负电力系统各自管辖范围内的运行工作。

1. 电网调度机构

各级电网均设有电网调度机构。电网调度机构是电网运行的组织、指挥、指导和协调的机构，负责电网的运行。各级调度机构分别由本级电网管理部门直接领导，它既是生产运行单位，又是电网管理部门的职能机构，代表本级电网管理部门在电网运行中行使调度权。

电网调度机构是随电网的发展逐步健全的。目前，我国的电网调度机构是五级调度管理模式，即国调、网调、省调、地调、县调。

（1）国调。它是国家电力调度通信中心的简称，是电网运行最高调度机构。它直接调度管理各跨省电网和各省级独立电网，并对跨大区域联络线及相应变电站和起联网作用的大型发电厂实施运行和操作管理。

（2）网调。它是跨省电网电力集团公司设立的调度局的简称，是国调下属电网调度机构。它负责区域性电网内各省间电网的联络线及大容量水、火、核电骨干电厂的运行和操作管理，并接受国调相关的调度管理。

（3）省调，也称中调。它是各省、自治区电力公司设立的电网中心调度所的简称，是网调的下属电网调度机构，负责本省220kV电网及并入本省220kV及以下电网的大、中型水、火电厂的运行及操作管理，并接受网调相关调度管理。

（4）地调。它是省辖市级供电公司设立的调度所的简称，是省调下属调度机构，它负责该供电公司供电范围内的网络和大中城市主要供电负荷的调度管理，并兼管地方电厂及企业自备电厂的并网运行，接受省调相关调度管理。

（5）县调。县调是县电力公司设立的调度所的简称，负责本县城乡供配电网络及负荷的调度管理。在调度业务上归地调领导，接受地调相关调度管理。

上述各级电网调度机构，均设置了系统调度的运行值（3～4个或4～5个），各值设置正值班员1名，副值班员2名，或正、副值班员各1名，并配辅机系统运行方式、继电保护、自动装置及通信等人员。

2. 发电厂变电站运行组织机构

目前，发电厂、变电站的运行值班分别是运行值和运行班（3～4个或4～5个），实行四班三倒或五班四倒，即实行8h或6h轮换值班。无人值班的变电站，由变电站控制中心进行控制，控制中心设置轮流值班的运行班。发电厂的每一个运行值，变电站的每一个运行班（或变电站控制中心的每个运行班）称为运行值班单位。

采用主控制室方式的发电厂，其运行值班单位由值长、电气值班长、汽轮机值班长、锅炉值班长、燃料值班长、化学值班长及各班值班员组成。

集控方式的发电厂，其运行值班单位由值长、机长、燃料值班长、化学值班长及各班（或各机）值班员组成。一台机组设置一个机长，机长下设：锅炉主控、副控和辅机值班员；汽轮机主控、副控和辅机值班员；电气主控、副控和电气巡视员等。目前某些电厂已实现集控值班员值班，不细分机、炉、电专业。

水电厂的运行值班单位由值长、电气值班长、水机值班长和各班值班员组成。

变电站的运行值班单位由值班长、主值班员、副值班员、值班助手等组成。

无人值班变电站控制中心运行班一般由2～3人组成，控制多个无人值班变电站。

由上述介绍可知，发电厂进行全厂运行值班的是各个运行值，以及相关运行技术人员，他们组成了发电厂的运行组织机构。

变电站进行全站运行值班的是各个运行班，由站长领导，各运行班及站长组成了变电站的运行组织机构。

3. 电网运行调度指挥系统

由于电力系统是一个有机的整体，系统中任何一个主要设备运行工况的改变都会影响整个电力系统的运行。因此，电力系统必须建立统一的运行调度指挥系统。电网运行调度指挥系统由发电厂、变电站运行值班单位（含变电站控制中心）、电网各级调度机构等组成。电网的运行由电网调度机构统一调度。

我国《电网调度管理条例》规定，调度机构调度管辖范围内的发电厂、变电站的运行值班单位，必须服从该级调度机构调度员的调度，下级调度机构的调度员必须服从上级调度机构调度员的调度。

调度机构的调度员在其值班时间内，是该级别系统运行工作技术上的领导人，负责管辖范围内系统的运行操作和事故处理，直接对下属调度机构的调度员、发电厂的值长、变电站的值班长发布调度命令。

发电厂的值长在其值班时间内，是全厂运行工作技术上的领导人，负责接受上级调度员的命令，指挥全厂的运行操作、事故处理和调度技术管理，直接对下属值班长（机长）发布调度命令。

变电站的值班长在其值班时间内，负责接受上级调度员的命令，指挥全变电站的运行操作和事故处理。

课题二　电气运行制度

发电厂、变电站、调度机构根据生产的需要和长期运行经验，制订了一系列符合现场实际的运行制度。其中包括电气运行制度。各级运行值班人员必须熟悉本单位的各种运行制度。电气运行制度是现场生产管理制度的一个方面，它是针对电气运行值班人员，为加强责任制、维持正常的生产秩序、保证安全生产、提高运行水平而制定的。下面简要介绍发电厂、变电站主要的电气运行制度。

一、工作票制度

正常情况下（事故情况除外），凡在电气设备上的工作，均应填用工作票或按命令（口头或电话）执行的制度，称为工作票制度。工作票制度是保证检修人员在电气设备上安全工作的组织措施之一，它是为避免发生人身和设备事故，而必须履行的一种设备检修工作手续。

该制度规定了工作票的种类，工作票的使用范围，工作票的正确填用（填写和使用），工作票的申请手续，工作票中的责任人及相应安全责任，工作票的终结手续和管理。

为了避免发生人身和设备事故，保证系统和设备的安全运行，运行值班人员应按照工作票的要求，进行各项操作，做好安全措施，然后由运行值班人员（工作许可人）与检修工作负责人（监护人）共同办理工作票的开工手续。检修工作结束时，运行值班人员与检修工作负责人共同检查、验收被检修设备，并共同办理工作票的结束手续。

二、操作票制度

凡影响机组生产（包括无功）或改变电力系统运行方式的倒闸操作及机炉开、停等较复杂的操作项目，均必须填用操作票的制度，称为操作票制度。操作票制度是保证正确、迅速完成操作任务，防止误操作的重要组织措施。

该制度规定了操作票使用的规定、填用操作票的要求、操作票的操作、操作的监护和复诵、操作票的管理等。

倒闸操作是一项复杂而又极为重要的工作，操作的正确与否直接关系到操作人员的人身安全和设备安全，关系到系统的正常运行，因此必须严格执行操作票制度。违反操作票制度，其后果是十分严重的。如操作时，监护人不认真监护，操作人操作时不执行唱票复诵，其结果可能造成操作人误操作。

三、交接班制度

运行值班人员在进行交班和接班时应遵守有关规定和要求的制度，称为交接班制度。交接班制度是确保连续正常发供电的一项有力措施。

该制度规定了交接班的内容、规定、要求及注意事项。

运行值班人员在进行交接班时一定要做到：交班要认真负责，接班要心中有数。只有认真执行交接班制度，才能避免因交接班不清而引发的事故。

四、巡回检查制度

运行值班人员在值班时间内，对有关电气设备及系统进行定时、定点、定专责全面检查的制度，称为巡回检查制度。通过巡回检查，可以及时发现设备缺陷和排除设备隐患，掌握设备的运行状况和健康水平，积累设备运行资料，从而保证设备安全运行。

本制度规定了巡回检查的要求、规定、巡视周期和巡视检查的基本方法。

巡回检查制度是减少事故和实现安全生产的重要手段之一。各级运行人员应做好设备的巡回检查工作，不断总结和丰富巡回检查的实践经验。

五、设备定期试验与切换制度

发电厂、变电站按规定对主要设备进行定期试验与切换运行，这种制度称设备的定期试验与切换制度。通过对设备的定期试验与切换运行，以保证设备的完好性，保证在运行设备故障时备用设备能真正起到备用作用。

本制度规定了设备定期试验与切换的有关规定、要求，设备定期试验与切换的项目及周期等。

设备定期试验与切换应填写操作票，应做好记录。

以上介绍的工作票制度、操作票制度、交接班制度、巡回检查制度和设备定期试验与切换制度，就是人们常说的“两票三制”。

六、运行分析制度

运行分析是运行管理的主要工作，是保证安全、经济生产的重要环节。为了不断掌握生产规律，积累运行经验，提高运行管理水平，必须经常对设备的运行、操作、异常情况以及人员执行规章制度的情况等进行科学、细致和全面地分析。通过运行分析，找出薄弱环节，及时发现问题，有针对性地制订防范措施，保证设备和系统的安全、经济运行。

本制度规定了运行分析的内容、运行分析的方法及运行分析的要求。各级生产人员应认真做好运行分析工作。

七、设备缺陷管理制度

运行值班人员对发现的设备缺陷进行审核、登记、上报、处理及缺陷消除结果进行记录的制度，称为设备缺陷管理制度。该制度是为了及时消除影响安全运行或威胁安全生产的设备缺陷，提高设备完好率，保证安全生产的一项重要制度。它为编制设备检修、试验计划提供了依据。

该制度规定了设备缺陷的分类、缺陷的审核、缺陷记录及记录要求、缺陷的上报、缺陷的处理、缺陷处理后的验收及记录。

八、运行维护制度

运行维护主要指对电刷、熔断器等部件的维护，其次按制定的维护项目、维护周期进行清扫、检查、测试。对发现的设备缺陷，运行值班人员能处理的应及时处理，不能处理的由检修人员或协助检修人员进行处理，以保证设备处于良好运行状态。

九、运行规程及调度规程

发电厂、变电站根据现场实际编制了本单位相应电气设备及系统电气运行规程，配置了电力系统调度规程。电气运行规程包括电气主系统、厂用电系统、发电机、变压器、电动机、配电装置、继电保护、自动装置等运行规程。这些规程是电气设备安全运行的科学总结，反映了电气设备运行的客观规律，是保证发电厂、变电站安全生产的重要技术措施，是电气运行值班人员工作的基本依据。所有电气运行值班人员都应认真学习，正确执行这些规程。

各级调度机构也有相应的电网调度规程，它是调度人员进行电网正确调度的依据。各级调度人员也必须认真学习和正确执行本网调度规程。

十、值班日志和运行日志

1. 值班日志

为了使值班人员及时掌握设备的运行情况，了解设备运行的历史及积累资料，值班控制室一般设有交接班记录本、倒闸操作登记本、工作票登记本、设备变更 记录本、设备绝缘登记本、继电保护和自动装置定值变更本、配电盘记事本、断路器事故遮断登记本、设备缺陷登记本、熔断器更换登记本、变压器分接头位置登记本、消弧线圈分接头位置登记本等。这些统称值班日志。

2. 运行日志

运行日志的记录是值班工作的动态文字反映，是整个运行工作中的一个重要内容。它能帮助值班人员掌握电气设备的运行参数，进行运行分析；发现设备的隐患，及时调整负荷和更改运行方式，从而保证生产任务的完成和降低消耗指标。运行值班人员应学会记录运行日志，计算有关参数。

运行日志中的主要参数有如下几项：

(1) 电量（kWh）。电量包括发电量、厂用电量、受电量（指发电厂与系统并列运行时，发电厂从系统接受的电量）、送出电量等。

(2) 电力（kW）。电力主要有发电电力、受电电力、送出电力、厂用电力、最大负荷和最小负荷。

(3) 几项指标。主要指标有厂用电率（在同一时间内，厂用电耗电量占发电厂总发电量的百分数）、负荷率（平均发电有功功率与最大发电有功功率比的百分数）、煤耗率（实际燃煤量与总发电量的比）、给水泵用电单耗、循环水泵用电单耗、制粉用电单耗、锅炉风机用电单耗等。

(4) 主要设备的电流、温度、各母线的电压。

课题三　电气设备倒闸操作

一、倒闸操作与设备状态

发电厂、变电站的电气设备，常需进行检修、试验，有时还会遇到事故处理，故需改变设备的运行状态和改变系统的运行方式，这些都需通过倒闸操作来完成。电气设备由一种状态转换到另一种状态，或改变系统的运行方式所进行的一系列操作，称为倒闸操作。

倒闸操作与电气设备实际所处的状态密切相关，设备所处的状态不同，倒闸操作的步骤、复杂程度也不同。故进行电气设备的倒闸操作，必须知道设备所处的状态，根据设备的状态和系统运行方式，写好操作票，然后再进行倒闸操作。

如图 2-1 所示，电气设备所处的状态有四种，即检修状态、冷备用状态、热备用状态和运行状态。

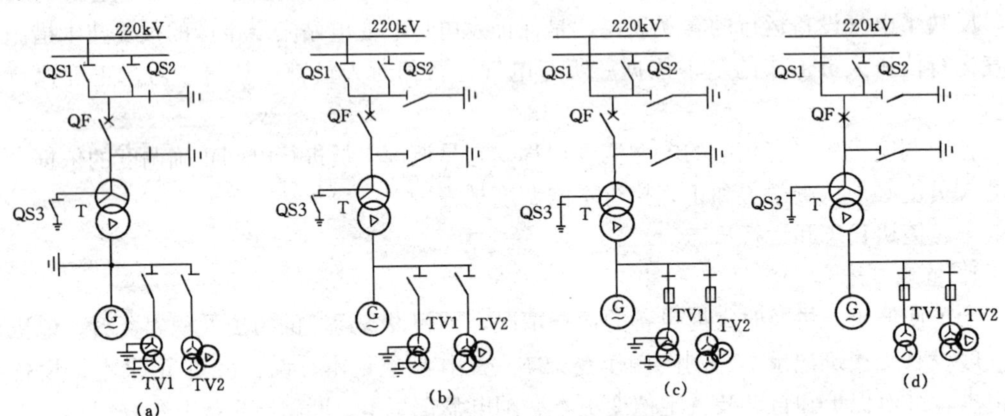

图 2-1　发电机—变压器组的四种状态

(a) 检修状态；(b) 冷备用状态；(c) 热备用状态；(d) 运行状态

(1) 检修状态。检修状态系指设备各方面的电源及所有操作电源均已断开，并布置了与检修有关的安全措施（如合接地开关或挂接地线、悬挂标示牌、装设临时遮栏）。如图 2-1 (a) 所示，发电机—变压器组停电检修，其各方面的电源已断开（与系统电源相连的隔离开关 QS1、QS2 和断路器 QF 均断开，主变压器 T 的中性点接地开关断开，发电机励磁系统有关开关断开，电压互感器 TV1、TV2 高压侧隔离开关拉开，其一、二次熔断器均取下），所有的操作电源（QF、QS1、QS2 的操作电源，励磁系统有关开关操作电源）也断开，检修过程中可能来电的各个方面均挂了接地线或合上接地隔离开关。

（2）冷备用状态。冷备用状态系指设备的检修工作已全部结束，有关检修临时安全措施已全部拆除，恢复常设安全设施，其各方面的电源和所有操作电源仍断开，设备具备一切投入运行的条件。如图 2-1（b）所示，发电机—变压器组检修工作全部结束，其检修临时安全措施接地线已拆除，接地隔离开关已拉开，QS1、QS2、QF、电压互感器高压侧隔离开关、励磁系统有关开关、所有操作电源均在断开位置。发变组等设备具备一切投入运行的条件。

（3）热备用状态。设备一经合闸便带电运行的状态称热备用状态。如图 2-1（c）所示，除发变组出口主断路器 QF 未合闸外，其余设备均已操作至工作位置（按运行方式 QS1、QS3、TV1 和 TV2 高压侧隔离开关、励磁系统有关开关均已合上，TV1、TV2 的高、低侧熔断器已装上，所有操作电源已投入），只要同期合上 QF，发电机—变压器组便投入运行。

（4）运行状态。凡带电设备均为运行状态。图 2-1（d）中，除接地隔离开关、QS2 断开外，其余断路器、隔离开关均在合闸位置，设备的继电保护、所有操作电源均投入，发电机、变压器及其相关设备均处带电运行状态。

二、倒闸操作的内容

倒闸操作有一次设备的操作，也有二次设备的操作。其操作内容如下：

（1）拉开或合上某些断路器（俗称开关）和隔离开关（俗称刀闸）；

（2）拉开或合上接地开关（拆除或挂上接地线）；

（3）装上或取下某些控制回路、合闸回路、电压互感器回路的熔断器（旧称保险）；

（4）投入或停用某些继电保护和自动装置及改变其整定值；

（5）改变变压器或消弧线圈的分接头。

三、倒闸操作一般规定

（1）倒闸操作必须得到相应级别调度和值长的命令才能进行。

（2）执行操作票和单项操作，均应在模拟图上进行模拟操作，以核对操作票操作顺序正确无误。

（3）设备送电前，必须终结全部工作票，拆除接地线及一切与检修工作有关的临时安全措施，恢复固定遮栏及常设警告牌。对送电设备一次回路进行全面检查应正常，摇测设备绝缘电阻应合格。

（4）设备投入运行（或备用）前，其保护必须先投入。

（5）装有同期合闸的断路器，必须进行同期合闸，仅在断路器一侧无电压进行充电操作时，才允许合上同期闭锁 SA 开关解除同期闭锁回路。

（6）检修过的断路器送电时，必须进行远方跳合闸试验，远方电动或气动合闸的断路器，不允许带工作电压手动合闸。运行中的小车断路器不允许解除机械闭锁手动分闸。

四、倒闸操作基本原则

电气运行人员在进行倒闸操作时，应遵守下列基本原则。

1. 停送电操作原则

(1) 拉、合隔离开关及小车断路器送电之前，必须检查并确认断路器在断开位置（倒母线例外，此时母联断路器必须合上）。

(2) 严禁带负荷拉、合隔离开关，所装电气和机械防误闭锁装置不能随意退出。

(3) 停电时，先断开断路器，后拉开负荷侧隔离开关，最后拉开电源侧隔离开关；送电时，先合上电源侧隔离开关，再合上负荷侧隔离开关，最后合上断路器。

(4) 在操作过程中，发现误合隔离开关时，不准把误合的隔离开关再拉开，发现误拉隔离开关时，不准把已拉开的隔离开关重新合上。只有用手动蜗姆轮传动的隔离开关，在动触头未离开静触头刀刃之前，允许将误拉的隔离开关重新合上，不再操作。

上述规定的制定，是由于隔离开关无灭弧装置，不能用于带负荷接通或断开电路，否则，操作隔离开关时，将会在隔离开关的触头间产生电弧，引起三相短路事故。而断路器有灭弧装置，只能用断路器接通或断开有负荷电流的电路。

2. 母线倒闸操作原则

(1) 母线送电前，应先将该母线的电压互感器投入；母线停电前，应先将该母线上的所有负荷转移完后，再将该母线的电压互感器停止运行。

(2) 母线充电时，必须用断路器进行，其充电保护必须投入，充电正常后应停用充电保护。

(3) 倒母线操作时，母联断路器应合上，确认母联断路器已合好后，再取下其控制熔断器，然后进行母线隔离开关的切换操作。母联断路器断开前，必须确认负荷已全部转移，母联断路器电流表指示为零，再断开母联断路器。

倒母线操作前，取下母联断路器控制熔断器的原因是：若倒母线操作过程中，由于某种原因使母联断路器分闸，此时母线隔离开关的拉、合操作实质上是对两组母线进行带负荷解列、并列操作（即带负荷拉、合母线隔离开关），此时，因隔离开关无灭弧装置，会造成三相弧光短路。因此，母联断路器在合闸位置取下其控制熔断器，使其不能跳闸，保证倒母线操作过程中，使母线隔离开关始终保持等电位操作，避免母线隔离开关带负荷拉、合闸引起弧光短路事故。

(4) 拉、合母线隔离开关，应检查重动继电器的动作情况。在双母线接线中，拉、合母线隔离开关，应检查重动继电器（又称切换继电器）动作情况，当光字牌出现“重动继电器同时动作”信号时（同一线路两母线隔离开关的辅助触点各联动一个重动继电器，当两母线隔离开关都合上，或一隔离开关拉开后，其联动的重动继电器触点不返回，造成两重动继电器均处于动作状态而来“重动继电器同时动作”信号），不允许断开母联断路器。否则，母联断路器断开后，若两母线的电压不完全相等，使两母线电压互感器的二次星形侧经过两重动继电的触点流过环流，将电压互感器二次侧熔断器熔断，造成保护误动或烧坏电压互感器。如图 2-2 所示，当线路 WL 接入 WBI 母线运行时，隔离开关 QS1 的辅助开关 QS11 闭合，联动重动继电器 KM1，其动合触点闭合，使 1TV 的二次星形绕组与电压小母线接通，同理，2TV 的二次星形绕组经 KM2 的动合触点与电压小母线接通，故 1TV 和 2TV 的二次星形绕组通过 KM1、KM2 的动合触点环网，在两母线存在电压差的情况，该环网流过环流，使二次侧熔断器熔断或烧坏电压互感器二次绕组。

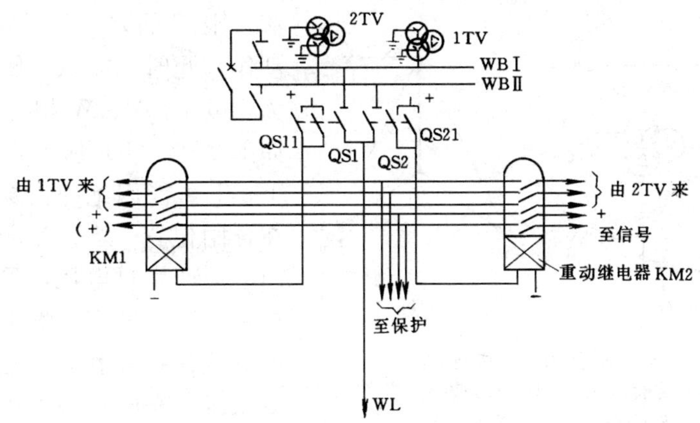

图 2-2　双母线系统线路保护二次交流电压切换方式

3. 变压器操作原则

（1）变压器停送电操作顺序：送电时，应先送电源侧，后送负荷侧；停电时，操作顺序应与此相反。

按上述顺序操作的原因是：由于变压器主保护和后备保护大部分装在电源侧，送电时，先送电源，在变压器有故障的情况下，变压器的保护动作，使断路器跳闸切除故障，便于按送电范围检查、判断及处理故障；送电时，若先送负荷侧，在变压器有故障的情况下，对小容量变压器，其主保护及后备保护均装在电源侧，此时，保护拒动，这将造成越级跳闸或扩大停电范围。对大容量变压器，均装有差动保护，无论从哪一侧送电，变压器故障均在其保护范围内，但大容量变压器的后备保护（如过流保护）均装在电源侧，为取得后备保护，仍然按照先送电源侧，后送负荷侧为好。停电时，先停负荷侧，在负荷侧为多电源的情况下，可避免变压器反充电；反之，将会造成变压器反充电，并增加其他变压器的负担。如图 2-3 所示，变压器 T1 带负荷运行，T2 停电待送，当 T2 从负荷侧送电时，其内部有故障，由于 T2 的主保护及后备保护均装在电源侧，则保护拒动，由 T1 的保护动作跳开 QF3，切除故障，T1 所带的负荷也同时停电，扩大了停电范围。另外，T2 从负荷侧送电无故障，如果 T1 已是满负荷运行，则导致 T1 过负荷，加重了 T1 的负担。

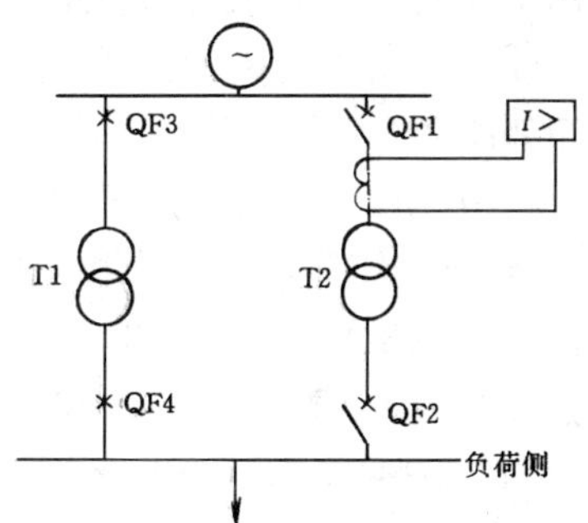

图 2-3　变压器 T1 带负荷运行，T2 停电待送电示意图

（2）凡有中性点接地的变压器，变压器的投入或停用，均应先合上各侧中性点接地隔离开关。变压器在充电状态，其中性点接地隔离开关也应合上。

中性点接地隔离开关合上的目的是：其一，可以防止单相接地产生过电压和避免产生某些操作过电压，保护变压器绕组不因过电压而损坏；其二，中性点接地隔离开关合上后，当发生单相接地时，有接地故障电流流过变压器，使变压器差动保护和零序电流保护动作，将故障点切除。

如果变压器处于充电状态，中性点接地隔离开关也应在合闸位置。分析如图 2-4 所示，变压器 T 的 110kV 侧运行，220kV 侧断路器 QF 断开，接地隔离开关 QS2 断开，当 T 的 220kV 侧绕组出线端发生单相（如 U 相）接地时，因 QS2 在断开位置，无单相接地短路电

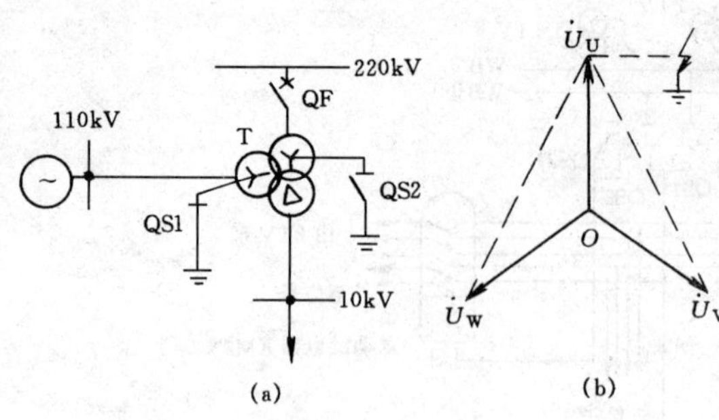

图 2-4　变压器中性点直接接地
(a) QS2 拉开时，110kV 侧运行示意图；
(b) U 相接地短路相量图

流，则 T 的差动和零序电流保护均不能动作，此时，220kV 侧中性点对地电压为相电压，V、W 相对地电压为线电压。如图 2-4（b）所示，在此过电压作用下，T 可能因绝缘击穿而损坏。若 QS2 在合闸位置，当发生单相接地时，一方面不会产生过电压，另一方面因有接地短路电流流过 T，使 T 的差动保护和零序电流保护动作，将接地故障切除，故变压器在充电状态下也必须合上中性点接地隔离开关。

（3）两台变压器并联运行，在倒换中性点接地隔离开关时，应先合上中性点未接地的接地隔离开关，再拉开另一台变压器中性点接地的隔离开关，并将零序电流保护切换到中性点接地的变压器上。

如图 2-5 所示，变压器 T2、T3 并联运行，中性点接地隔离开关 QS2 在合闸位置，QS3 在断开位置，当需要进行 QS2 与 QS3 的切换操作时，应先合上 QS3，再拉开 QS2，使电网不失去接地中性点。若先拉开 QS2，则出现 QS2、QS3 同时断开的情况，此时，若线路上任意一点［如 $k^{(1)}$ 点］发生单相完全接地，则电网中出现零序电压 U_0，U_0 在电网中的分布如图 2-5（b）所示。因 T1 中性点接地隔离开关 QS1 在合闸位置，T1 中性点的零序电压 $U_0=0$，$k^{(1)}$ 短路点的零序电压最大，其 U_0＝相电压，因 QS2、QS3 均已拉开，则 T2 和 T3 中性点的零序电压也为相电压，故因 QS2、QS3 同时拉开，在系统发生单相接地的情况下使 T2、T3 的中性点同时出现相电压，由此，T2、T3 非故障相电压为线电压，这些过电压是 T2、T3 无法承受的，其绝缘将因此而击穿。

当 T2 和 T3 任一变压器中性点接地隔离开关合上时，如 T2 的 QS2 合上，若发生单相接地，则 T2 中性点对地电压为零，T3 中性点受零序电压作用。但 T2 的零序电流保护动作，将中性点不接地的变压器 T3 瞬时跳闸。若接地故障还未切除，则 T2 的零序电流保护延时跳开本变压器，故避免了 T2 和 T3 承受接地过电压的危害。

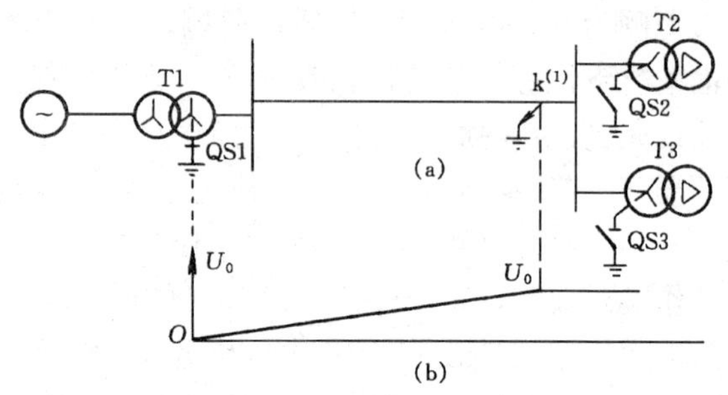

图 2-5　变压器运行接线及单相接地零序电压分布图
(a) 变压器运行接线；(b) $k^{(1)}$ 点短路电网零序电压分布图

（4）变压器分接开关的切换。无载分接开关的切换应在变压器停电状态下进行，分接开关切换后，必须用欧姆表测量分接开关接触电阻合格后，变压器方可送电。有载分接开关在变压器带负荷状态下，可手动或电动改变分接头位置，但应防止连续调整。

五、倒闸操作基本步骤

1. 正常情况倒闸操作基本步骤

（1）接受任务。当系统调度员下达操作任务时，操作前，预先用电话或传真将操作票

（包括操作目的和项目）下达给发电厂的值长或变电站的值班长。值长或值班长接受操作任务时，应将下达的任务复诵一遍，并将电话录音或传真件妥善保管。当发电厂的值长向电气值班长或变电站的值班长向值班员下达操作任务时，要说明操作目的、操作项目、设备状态。接受任务者接到操作任务后，复诵一遍，并记入操作记录本中。电气值班长向值班员（操作人、监护人）下达操作任务时，除了上述要求外，还应交待安全事项。

（2）填写操作票。值班长接受操作任务后，立即指定监护人和操作人，操作票由操作人填写。如果单项操作任务的操作票已输入计算机，则根据操作任务由计算机开出操作票。

填写操作票的目的是拟定具体的操作内容和顺序，防止在操作过程中发生顺序颠倒或漏项。

（3）审核操作票。操作票填写好了以后，必须经过以下三次审查。

1）自审：由操作票填写人自己审查。

2）初审：由操作监护人审查。

3）复审：由值班负责人（值班长、值长）审查，特别重要的操作票应由技术负责人审查。

审票人应认真检查操作票的填写是否有漏项，操作顺序是否正确，操作术语使用是否正确，内容是否简单明了，有无错漏字等。三审无误后，各审核人均在操作票上签字，操作票经值班负责人签字后生效。正式操作待系统调度员或值长（值班长）下令后执行。

（4）接受操作命令。正式操作，必须有系统调度员或值长（值班长）发布的操作命令。系统调度员发布操作命令时，监护人、操作人同时受令，并由监护人按照填写的操作票向发令人复诵，经双方核对无误后，在操作票上填写发令人、受令人姓名和发令时间；值长（值班长）发布操作命令时，监护人、操作人同时受令。监护人、操作人接到操作命令后，值长（值班长）、监护人、操作人均在操作票上签名，并记录发令时间。

（5）模拟操作。正式操作之前，监护人、操作人应先在模拟图板上按照操作票上所列项目和顺序进行模拟操作，监护人按操作票的项目顺序唱票，操作人复诵后在模拟图板上进行操作，最后一次核对检查操作票的正确性。

（6）正式操作。电气设备倒闸操作必须由两人进行，即一人操作，一人监护。监护人一般由技术水平较高、经验较丰富的值班员担任，操作人应是由熟悉业务的值班员担任。特别重要和复杂的倒闸操作，由熟练的值班员操作，值班负责人监护。

操作监护人和操作人作好了必要的准备工作后，携带操作工具进入现场进行正式的设备操作。操作设备时，必须执行唱票、复诵制度。每进行一项操作，其程序是：**唱票—对号—复诵—核对—下命—操作—复查—做执行记号“√”。**具体地说，就是每进行一项操作，监护人按照操作票项目先**唱票**，然后操作人按照唱票项目的内容，查对设备名称、编号、自己所处位置、操作方向（即四个对照），确定无误后，手指所要操作的设备（即对号），**复诵**操作命令。监护人听到操作人复诵的操作令后，再次**核对**设备名称、编号无误，最后**下令**“对，执行”。操作人听到监护人的“对，执行”的命令后方可进行操作。操作完一项后，**复查**该项，检查该项操作结果和正确性，如断路器实际分、合位置，机械指示，信号指示灯、表计变化情况等。并在操作票上该项编号前**做一个记号“√”**。按上述操作程序，依次操作后续各项。

（7）复查设备。一张操作票操作完毕，操作人、监护人应全面复查一遍，检查操作过的设备是否正常，仪表指示、信号指示、连锁装置等是否正常，并总结本次操作情况。

（8）操作汇报。操作结束后，监护人应立即向发令人汇报操作情况、结果、操作起始和结束时间，经发令人认可后，由操作人在操作票上盖“已执行”图章。

（9）操作记录。监护人将操作任务、起始和终结时间记入操作记录本中。

2. 事故时的操作

在处理事故时，为了迅速切除故障，限制事故的发展，迅速恢复供电，并使系统频率、电压恢复正常，可以不用操作票进行操作，但需遵守安全工作规程的有关规定。事故处理后的一切善后操作，仍应按正常情况倒闸操作步骤进行。

六、操作票的填写方法和填写项目

1. 填写方法

填写操作票时，根据下达的操作任务，按照统一的操作术语，对照电气主接线模拟图和考虑电气主接线的实际运行方式，认真细致地填写操作票。其具体填写方法如下：

（1）每份操作票只能填写一个操作任务。一个操作任务系指：根据同一个操作命令，且为了相同的操作目的而进行一系列相互关联的、不间断的、依次进行的倒闸操作的过程。如一台机组的起、停操作，一台变压器的停、送电操作，变压器的切换操作，倒母线操作，几回线路依次进行停、送电操作，几个用电部分依次进行停、送电操作等，均可填用一份操作票。

（2）填写时用钢笔或圆珠笔填写，票面应清楚、整洁，不得任意涂改。个别错、漏字允许修改（不超过3个字），但被改的字和改后的字均应保持字迹清楚。

（3）填写时，在操作票上应先填写编号并按编号顺序使用。

（4）操作票应填写设备的双重名称，即设备的名称和编号（这是《电业安全工作规程》所规定的），如“荆潜线25”或“25荆潜线”。名称在前、编号在后或编号在前、名称在后，各地用法不同，可按各级调度规定使用。

（5）一个操作任务所填写的操作票超过一页时，续页操作顺序号应连续。续页操作任务栏填“续前”，首页填操作开始和结束时间，每页有关人员均应签名。

（6）操作票填写完毕，经审核正确无误后，在操作顺序最后一项后的空白处打终止号“ᛦ”，表示以下无任何操作。

2. 操作票的填写项目

下列各项作为单独项目填入操作票：

（1）应开、合的断路器。如断开××断路器，合上××断路器。

（2）检查断路器开、合情况。如检查××断路器已合好。

（3）应拉、合的隔离开关。如拉开××隔离开关。

（4）检查隔离开关拉、合情况。如检查××隔离开关已拉开。

（5）操作前的检查项目。检查设备的运行位置状态，作为单独项目填入操作票。其目的是防止误操作。如检查××断路器在分闸位置，检查××隔离开关在断开位置。

（6）检查送电范围内是否遗留有接地线。如检查送电变压器各侧一次回路无接地线（或无接地隔离开关）作为单独项目填入操作票，其目的是防止带地线合闸。

（7）验电和装、拆接地线。填写操作票时，一定要写明验电和装、拆接地线的地点及编号（或拉、合接地隔离开关的编号）。如验明1号母线无电压后，在1号母线上装设一组3

号接地线；又如验明××线路无电后，合上××线路的线路侧××接地隔离开关。

(8) 检查负荷的转移情况（检查仪表指示)。两回并列运行的线路，当停下其中的一回线路时，应检查负荷的转移情况。如用旁路断路器代替线路断路器运行时，当操作到旁路断路器与线路断路器并列时，先检查两断路器的负荷分配，断开线路断路器后，检查该线路的仪表指示应正常。

(9) 取下或装上熔断器。如装上××断路器的控制熔断器。

(10) 停用或投入继电保护的保护连接片（包括同时停用或投入多个保护连接片)。若一项中有同时停用或投入多个保护连接片，操作时，每操作完一个连接片，应在该连接片编号前打"√"。如投入青络线84断路器的保护连接片√1XB、√2XB。

七、倒闸操作术语

倒闸操作术语见表2-1。

表2-1　倒闸操作术语

被操作设备	术　语	被操作设备	术　语
发变组	并列、解列	继电保护	投入（加用)、退出（停用)、动作
环状网络	合环、解环	自动装置	投入、退出、动作
联络线	并列、解列、充电	熔断器	装上、取下
变压器	运行、备用、充电	接地线	装上、拆除
断路器	合上、断开、跳闸、重合	有功、无功	增加、减少
隔离开关	合上、拉开		

课题四　事故处理原则

由于各方面的原因，如自然灾害、设备缺陷、继电保护误动、运行人员误操作等，可能使发电厂、变电站、电力系统发生事故。电网中的事故影响整个电网的安全、经济运行。因此，在电网发生事故的情况下，正确、迅速处理事故，其意义十分重大。

一、事故处理的一般规定

(1) 发生事故和处理事故时，值班人员不得擅自离开岗位，应正确执行调度、值长、值班长（机长）的命令，处理事故。

(2) 在交接班手续未办完而发生事故时，应由交班人员处理，接班人员协助、配合。在系统未恢复稳定状态或值班负责人不同意交接班之前，不得进行交接班。只有在事故处理告一段落或值班负责人同意交接班后，方可进行交接班。

(3) 处理事故时，系统调度员是系统事故处理的领导和组织者，值长是发电厂全厂事故处理的领导和组织者，电气值班长是发电厂（变电站）电气事故处理的领导和组织者（机长是本机组事故处理的领导和组织者)。电气值班长（机长）均应接受值长的指挥，值长和变电站值班长均应接受系统调度员指挥。

(4) 处理事故时，各级值班人员必须严格执行发令、复诵、汇报、录音和记录制度。发令人发出事故处理的命令后，要求受令人复诵自己的命令，受令人应将事故处理的命令向发令人复诵一遍。如果受令人未听懂，应向发令人问清楚。命令执行后，应向发令人汇报。为便于分析事故，处理事故时应录音。事故处理后，应记录事故现象和处理情况。

（5）事故处理中，若下一个命令需根据前一命令执行情况来确定，则发令人必须等待命令执行人的亲自汇报后再定。不能经第三者传达，不准根据表计的指示信号判断命令的执行情况（可作参考）。

（6）发生事故时，各装置的动作信号不要急于复归，以便查核，便于事故的正确分析和处理。

二、事故处理一般原则

（1）迅速限制事故的发展，清除事故的根源，解除对人身和设备安全的威胁。

（2）注意厂用电的安全，设法保持厂用电源正常。

（3）事故发生后，根据表计、保护、信号及自动装置动作情况进行综合分析、判断，作出处理方案。处理中应防止非同期并列和系统事故扩大。

（4）在不影响人身及设备安全的情况下，尽一切可能使设备继续运行。必要时，应在未直接受到事故损害和威胁的机组上增加负荷，以保证对用户的正常供电。

（5）在事故已被限制并趋于正常稳定状态时，应设法调整系统运行方式，使之合理，让系统恢复正常。

（6）尽快对已停电的用户恢复供电。

（7）做好主要操作及操作时间的记录，及时将事故处理情况报告有关领导和系统调度员。

（8）水电厂发生事故后，处理时应考虑对航运的影响。

三、事故处理一般程序

（1）判断故障性质。发生事故时，根据计算机 CRT 图像显示、光字牌报警信号、系统中有无冲击摆动现象、继电保护及自动装置动作情况、仪表及计算机打印记录、设备的外部象征等进行分析、判断。

（2）判明故障范围。根据保护动作情况及仪表、信号反映，值班人员应到故障现场，严格执行安全规程，对一次设备进行全面检查，以确定故障范围。如母线故障时，应检查与母线相连的断路器和隔离开关、母线绝缘子，从而确定故障点。

（3）解除对人身和设备安全的威胁。若故障对人身和设备安全构成威胁，应立即设法消除，必要时可停止设备运行。

（4）保证非故障设备的运行。应特别注意将未直接受到损害的设备进行隔离，必要时起动备用设备。

（5）做好现场安全措施。对于故障设备，在判明故障性质后，值班人员应做好现场安全措施，以便检修人员进行抢修。

（6）及时汇报。值班人员必须迅速、准确地将事故处理的每一阶段情况报告给值长或值班长（机长）避免事故处理发生混乱。

四、处理事故时，各岗位人员联系方式

（1）发电厂发生事故时，值长（或值班长）通过电话迅速向系统值班调度员汇报事故情况，听取值班调度员的处理意见。

（2）事故发生后及事故处理过程中，值长用口头或电话向值班长（或机长）发布事故处理的命令，值班长复诵后立即执行；值班长根据值长的命令，口头向值班员发布命令，值班员受令复诵后，立即执行；执行完毕，值班员用口头或电话向值班长汇报，值班长用口头或电话向值长汇报。

(3) 在紧急情况下，值班长（或机长）来不及向值长请示时，可直接向值班员发布事故处理的命令。事故处理后，值班长用口头或电话再向值长汇报。

(4) 变电站发生事故时，变电站当值值班长用电话与系统值班调度员直接联系，听取值班调度员的处理意见。在事故发生后及处理过程中，值班长用口头直接向值班员发布事故处理的命令，值班员受令复诵后立即执行。执行完毕，口头向值班长汇报。

小　　结

1. 电气运行的任务和运行组织机构

电气运行的主要任务是保证电力生产的安全运行和经济运行。

为了保证电力生产安全、经济运行，从国家电力公司至地方电力生产单位，都相应设立了电力生产运行组织机构。这些运行组织机构包括：从上至下的各级调度机构（即国调、网调、省调、地调、县调）和发电厂、变电站运行值班单位。由各级调度机构和发电厂、变电站运行值班单位构成了调度指挥系统。在电力生产的值班时间内，调度机构的值班调度员是系统运行工作技术上的领导人，由其统一指挥生产，直接对下属调度机构的值班调度员、发电厂的值长、变电站的值班长发布调度命令。

2. 运行制度

为了保证电力生产安全、经济运行，调度机构建立了系统调度规程及相应运行制度；发电厂和变电站建立了运行规程及相应运行制度，其中“两票三制”是最基本的运行制度。

3. 倒闸操作

倒闸操作是发电厂、变电站运行值班人员经常进行的工作内容之一。为了保证操作过程不出事故，防止误操作，操作人员必须严格遵守倒闸操作的有关规定和原则，特别是应防止带负荷拉、合隔离开关，带电挂接地线或带电合接地隔离开关。

4. 事故处理

为了正确、迅速地处理事故，值班人员应遵守事故处理的一般规定和原则，注意事故处理的一般程序和事故处理过程中的联系方式。

习　　题

一、名词解释

1. 国调、网调、省调、地调、县调
2. 电气运行
3. 倒闸操作
4. 两票三制
5. 运行值班单位

二、填空题

1. 电气运行工作的主要任务是________和________。

2. 电气运行应做到________四勤。

3. 电网调度指挥系统由________组成。

4. 在值班时间内，系统运行技术上的领导人是________，向________发布调度命令；发电厂全厂运行的技术上的领导人是________，向________发布调度命令；变电站运行技术上的领导人是________，向________发布调度命令。

5. 运行日志是________动态文字反映。

6. 电气设备有________、________、________、________四种状态。

7. 变压器送电操作时，先送________侧，后送________侧。

8. 操作票填写好了以后应经过________、________、________三审。倒闸操作时的四个对照是指________。

9. 设备的双重编号是指________。

三、判断题（对的在括号内打“√”，错的打“×”）

1. 远方合闸的断路器不许带工作电压手动合闸。 （ ）
2. 电路中的断路器在合闸位置，才能合上电路中的隔离开关。 （ ）
3. 为防止事故的扩大，误合的隔离开关应立即拉开。 （ ）
4. 为防止事故的扩大，误拉的隔离开关不允许再合上。 （ ）
5. 处理事故时，首先保证用户供电不中断，其次保证厂用电不中断。 （ ）

四、问答题

1. 两票三制的基本内容是什么？
2. 记录运行日志有什么作用？
3. 运行日志与值班日志有什么区别？
4. 变压器的投入或停用，为什么要先合上其中性点接地隔离开关？
5. 两台变压器并联运行，如何切换其中性点接地隔离开关？说明其理由？
6. 倒母线操作时，为什么要取下母联断路器的控制熔断器？
7. 变压器送电为什么要先送电源侧后送负荷侧？
8. 处理事故时，各岗位人员如何联系？

同步发电机运行

内 容 提 要

本单元以300MW火电机组为例，主要介绍发电机允许运行方式、运行操作、运行维护、异常及事故处理。

课题一　发电机运行方式和要求

一、发电机的运行方式

发电机按制造厂铭牌额定参数运行的方式，称为额定运行方式。发电机的额定参数是制造厂对其在稳定、对称运行条件下规定的最合理的运行参数。当发电机在各相电压和电流都对称的稳态条件下运行时，具有损耗小、效率高、转矩均匀等性能。所以在一般情况下，发电机应尽量保持在额定或接近额定工作状态下运行。由于电网负荷的变化，不可能所有的机组都按铭牌额定参数运行，会出现某些机组偏离铭牌参数运行的情况。发电机的运行参数可以偏离额定值，但在允许运行范围内，这种运行方式称为允许运行方式。

二、发电机运行中各参数容许变化的范围

发电机在允许运行方式下运行时，对其运行参数的变化范围都作了具体规定，以确保发电机组正常连续运行。

1. 发电机允许温度和温升

发电机运行时会产生各种损耗，这些损耗一方面使发电机的效率降低，另一方面会变成热量使发电机各部分的温度升高。温度过高及高温延续时间过长都会使绝缘加速老化，缩短使用寿命，甚至引起发电机事故。一般来说，发电机温度若超过额定允许温度6℃长期运行，其寿命会缩短一半（即6℃规则）。所以，发电机运行时，必须严格监视各部分的温度，使其在允许范围内。另外，由于发电机内部的散热能力不与周围空气温度的变化成正比，当周围环境温度较低，温差增大时，为使发电机内各部位实际温度不超过允许值，还应监视其允许温升。

发电机的连续工作容量主要决定于定子绕组、转子绕组和定子铁芯的温度。这些部分的允许温度和允许温升，决定于发电机采用的绝缘材料等级和温度测量方法。通常容量较大的发电机，其绝缘材料大多采用B级绝缘，也有的采用F级绝缘，而且测温方法也不完全相同。因此，发电机运行时的温度和温升，应根据制造厂规定的允许值（或现场试验值）确定。若无现场规定时，可按表3-1执行。

表 3-1　　发电机各主要部分的温度和温升允许值

发电机部位	允许温升（℃）	允许温度（℃）	温度测试方法
定子铁芯	65	105	埋入检温计法
定子绕组	65	105	埋入检温计法
转子绕组	90	130	电阻法

表 3-1 中，发电机定子铁芯和定子绕组的允许温度同为 105℃。因为一方面有部分定子铁芯直接与定子绕组接触，定子铁芯的温度超过 105℃时会使定子绕组的绝缘遭受损坏，另一方面定子硅钢片间的绝缘在温度超过 105℃时也会迅速损坏，特别是采用纸绝缘时，若温度经常在 100℃以上，由于纸的过分干燥而较绝缘漆更易损坏，所以发电机定子铁芯的允许温度不应超过定子绕组的允许温度。

发电机转子绕组的允许温度为 130℃，高于定子绕组的允许温度，其原因是转子绕组电压较低，且绕组温度分布均匀，不会像定子绕组因受定子铁芯温度的影响而可能出现局部过热；其次，定子、转子绝缘材料不同，测温方法也不同。

2. 冷却介质的质量、温度、压力允许变化范围

发电机的冷却介质主要有氢气、水和空气。氢气冷却一般用在容量为 50～600MW 的汽轮发电机中。其中，50～100MW 的汽轮发电机一般用氢表面冷却；100～250MW 的汽轮发电机一般转子用氢内冷，而定子用氢表面冷却；200～600MW 的汽轮发电机采用定、转子氢内冷。较大容量的发电机其定子绕组广泛采用水内冷。空气冷却一般用在 50MW 以下的汽轮发电机中。目前，国内外大、中型水轮发电机主要采用空气冷却和水冷却。

为保证发电机能在其绝缘材料的允许温度下长期运行，必须使其冷却介质的温度、压力运行在规定的范围内，其冷却介质的质量也必须符合规定。

（1）氢气的质量、压力和温度。机组运行时，为防止氢气爆炸，氢气质量必须达到规定标准；氢气纯度正常时应维持在 98%或以上；其湿度在大气压下，含水量不大于 $2g/m^3$。氢冷发电机氢气压力的高低，直接影响发电机各绕组的温度和温升。任何情况下，发电机的最高和最低运行氢压不得超越制造厂的规定。为保证机组额定出力和各部分温度、温升不超过允许值，发电机冷氢温度应在不超过额定的冷氢温度下运行。如果温度太低，发电机内容易结露，温度太高，影响发电机出力。

（2）冷却水的水质、温度和水压。冷却水的水质对发电机的运行有很大影响，如果导电率大于规定值，运行中会引起较大泄漏电流，使绝缘引水管老化，过大的泄漏电流还会引起相间闪络；水的硬度过大，则水中含钙、镁离子多，运行中使管路结垢，影响冷却效果，甚至堵塞管道。为保证发电机的安全运行，对内冷水质有如下规定：导电率应小于 $1.5\mu\Omega/cm$（20℃）；硬度应小于 $10\mu g/L$；酸碱度 pH 为 7～9。

水内冷发电机的进水温度的高低对其运行有很大影响，定子内冷水进水温度过高，影响发电机出力，水温过低，使机内结露。故发电机的进水温度变化时，应根据规程规定接带负荷。发电机内冷水进水温度一般规定为 40～45℃，有的制造厂规定为 45～50℃。同时发电机定子绕组和转子绕组中的出水温度也不得超过规定值，以防止出水温度过高，引起水汽化而使绕组超温烧坏。

定子内冷水水压的高低影响定子绕组的冷却效果，进而影响机组出力，故机组内冷水进

水压力应符合制造厂规定。为防止定子绕组漏水，内冷水运行压力不得大于氢压。当发电机的氢压发生变化时，应相应调整水压。

（3）冷却空气的温度。我国规定发电机进口风温不得高于40℃，出口风温一般不超过75℃，冷却气体的温升一般为25～30℃左右。在此风温下，发电机可以连续在额定容量下运行。当入口风温高于规定值时，冷却条件变坏，发电机的出力就要减少，否则发电机各部分的温度和温升就要超过其允许值。反之，当进口风温低于规定值时，冷却条件变好，发电机的出力允许适当增加。

采用开启式通风的发电机，其进口风温不应低于5℃，温度过低会使绝缘变脆。密封式通风的发电机，其进口风温一般不宜低于15～20℃，以免在空气冷却器上凝结水珠。

3. 发电机电压允许变化范围

发电机运行时，应运行在额定电压下。实际上，发电机的电压是根据电网的需要而变化的。发电机电压在额定值的±5%范围内变化时，允许长期按额定出力运行。当定子电压较额定值降低5%时，定子电流可较额定值增加5%。因为电压低时，铁芯中磁通密度降低，因而铁损也降低，此时稍增加定子电流，绕组温度也不会超过允许值。反之，当定子电压较额定值增高5%时，定子电流应减少5%。这样，如果功率因数为额定值时，发电机就可以连续地在额定出力下运行。发电机电压最大变化范围不得超过额定值的±10%。发电机电压偏离额定值超过±5%时都会给发电机的运行带来不利影响。

（1）电压低于额定值对发电机运行的主要影响：

1）降低发电机并列运行的稳定性和电压调节的稳定性。当电压降低时，功率极限降低，若保持输出功率不变，则势必增大功角运行，而功角愈接近90°，并列运行稳定性愈差，容易引起发电机振荡或失步。另一方面，电压降低时发电机铁芯可能处于不饱和状态，其运行点可能落在空载特性的直线部分，励磁电流作小范围的调节都会造成发电机电压的大幅变动，且难以控制。这种情况还会影响并列运行的稳定性。

2）使发电机定子绕组温度升高。在发电机电压降低的情况下，若保持出力不变，则定子电流升高，有可能使定子温度超过允许值。

3）影响厂用电动机和整个电力系统的安全运行，反过来又影响发电机本身的运行。

（2）电压高于额定值对发电机运行的主要影响：

1）转子绕组温度有可能超过允许值。保持发电机有功输出不变而提高电压时，转子绕组励磁电流就要增加，这会使转子绕组温度升高。当电压升高到1.3～1.4倍额定电压运行时，转子表面脉动损耗增加（这些损耗与电压的平方成正比），使转子绕组的温度有可能超过允许值。

2）使定子铁芯温度升高。定子铁芯的温升一方面是定子绕组发热传递的；另一方面是定子铁芯本身的损耗发热引起的。当定子端电压升高时，定子铁芯的磁通密度增高，铁芯损耗明显上升，使定子铁芯的温度大大升高。过高的铁芯温度会使绝缘漆烧焦、起泡。

3）可能使定子结构部件出现局部高温。由于定子电压过多升高，定子铁芯磁通密度增大，使定子铁芯过度饱和，因而会造成较多的磁通逸出轭部并穿过某些结构部件，如机座、支撑筋、齿压板等，形成另外的漏磁磁路。过多的漏磁会使结构部件产生较大涡流，引起局部高温。

4）对定子绕组绝缘造成威胁。正常情况下，定子绕组的绝缘能耐受1.3倍额定电压。但对运行多年、绝缘已老化或本身有潜伏性绝缘缺陷的发电机，升高电压运行，定子绕组的绝缘可能被击穿。

4. 发电机频率允许变化范围

正常运行时，发电机的频率应经常保持50Hz运行。但是，因为电力系统负荷的增减频繁，而频率调整不能及时进行，因此频率不能始终保持在额定值上，可能稍有偏差。频率正常变化范围应在额定值的±0.2Hz以内，最大偏差不应超过额定值的±0.5Hz。频率超过额定值的±2.5Hz时，应立即停机。在允许变化范围内，发电机可按额定容量运行。频率变化过大将对用户和发电机带来有害的影响。

(1) 频率降低，对发电机运行的影响：

1）频率降低时，发电机转子端部冷却风扇转速随转子转速下降而下降，使通风量减少，造成发电机的冷却条件变坏，从而使绕组和铁芯的温度升高。

2）频率下降时，电动势也下降。若保持发电机出力不变，则定子电流增加，使定子绕组的温度升高；若保持电动势不变，使出力也不变，则应增加转子的励磁电流，这使转子绕组的温度也升高。

3）频率降低时，若用增加转子电流来保持机端电压不变，这使定子铁芯中的磁通增加，定子铁芯饱和程度加剧，磁通逸出磁轭，使机座上的某些部件产生局部高温，有的部位甚至冒火星。

4）频率降低时，厂用电动机的转速随之下降，厂用机械的出力降低，这将导致发电机的出力降低。而发电机出力下降又加剧系统频率的再度降低，如此恶性循环，将影响系统稳定运行。

5）频率降低，可能引起汽轮机叶片断裂。因为频率降低时，若出力不变，转矩应增加，这会使叶片过负荷而产生较大振动，叶片可能因共振而折断。

(2) 频率过高时，发电机的转速升高，转子上承受的离心力增大，使转子部件损坏，影响机组安全运行。

5. 发电机功率因数允许变化范围

发电机运行时的定子电流滞后于定子电压一个角度φ，同时向系统输出有功和无功，此工况为发电机的迟相运行，与此工况对应的$\cos\varphi$为迟相功率因数。当发电机运行时的定子电流超前于定子电压一个角度φ，发电机从系统吸取无功，用以建立机内磁场，并向系统输出有功，此工况为发电机的进相运行，与此工况对应的$\cos\varphi$为进相功率因数。发电机的额定功率因数，是指发电机在额定出力时的迟相$\cos\varphi$，其值一般为0.8～0.9。

发电机运行时，由于有功和无功负荷的变化，其$\cos\varphi$也是变化的。为保持发电机的稳定运行，功率因数一般运行在迟相0.8～0.95范围内。$\cos\varphi$也可以工作在迟相的0.95～1.0或进相0.95，但此种工况发电机的静态稳定性差，容易引起振荡和失步。因为，迟相$\cos\varphi$值愈高，无功输出愈小，转子励磁电流愈小，定、转子磁极间的吸力减小，功角增大，定子的电动势降低，发电机的功率极限也降低，故发电机的静态稳定度降低。所以，通常规定$\cos\varphi$一般不得超过迟相0.95运行，即无功功率不应低于有功功率的1/3。对于有自动调节励磁的发电机，在$\cos\varphi=1$或$\cos\varphi$在进相0.95～1.0范围内，也只许允许短时间运行。

cosφ 低限值一般不作规定，当功率因数低于额定值时，发电机的出力应降低。因为功率因数越低，定子电流的无功分量越大，由于感性无功起去磁作用，所以减弱主磁通的作用亦越大。这时，为了维持发电机的端电压不变，保持发电机的出力不变，必须增加转子电流，使转子电流超过额定值，从而引起转子过热。

发电机在 cosφ 变化情况下运行时，有功和无功出力一定不能超过发电机的允许运行范围。在静态稳定条件下，发电机的允许运行范围主要决定于下述四个条件：

(1) 原动机的额定功率。原动机的额定功率一般要稍大于或等于发电机的额定功率；

(2) 定子的发热温度。发热温度决定了发电机额定容量的安全运行极限；

(3) 转子发热温度。该温度决定了发电机转子绕组和励磁机的最大励磁电流；

(4) 发电机进相运行时的静态稳定极限。发电机的有功输出受到静态稳定极限的限制。水轮发电机在进相运行时，其安全运行极限面积比汽轮机发电机大。

运行中发电机在进行有功和无功的调节时，在一定定子电压和电流下，当 cosφ 值下降时，其有功输出减小，无功输出增大；而 cosφ 值上升时，有功和无功输出的变化则相反。因此，功率因数变化时，运行人员应控制发电机在允许运行范围内。

6. 定子不平衡电流允许范围

在实际运行中，发电机可能处于不对称状态，如系统中有电炉、电焊等单相负荷存在，系统发生不对称短路、输电线路或其他电气设备一次回路一相断线、断路器或隔离开关一相未合上等原因，使发电机三相电流不相等（不平衡）。不平衡电流对发电机的运行有如下不良影响。

(1) 使转子表面温度升高或局部损坏。不平衡电流中含有的负序电流所产生的负序旋转磁场，其旋转方向与转子转向相反，对转子的相对速度是两倍同步转速，它将在转子绕组、阻尼绕组、转子铁芯表面及其他金属结构部件中感应倍频（100Hz）电流（见图 3-1）。倍频电流因集肤效应在转子铁芯表面流通，引起损耗使转子铁芯表面发热，温度升高。倍频电流在转子绕组、阻尼绕组中流过时，引起绕组附加铜损，使转子绕组温度升高。转子铁芯中的倍频电流在铁芯中环流时，大部分通过转子本体，也越过许多转子金属部件的接触面，如齿、槽楔、套箍、中心环等，因接触面的接触电阻大，在一些接触面会形成局部高温，造成转子局部损坏，如果局部高温产生在护环部位时有可能导致护环松动的危险。

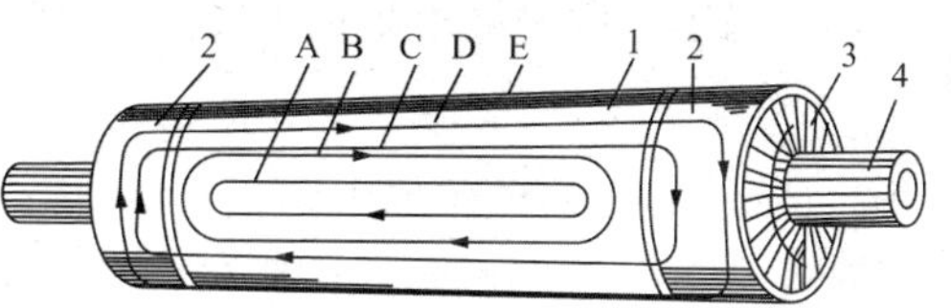

图 3-1 负序磁场引起转子表面环流

1—转子；2—套箍；3—心环（压环）；4—轴；A、B、C、D、E—负序电流的路径

发热对汽轮发电机转子的影响尤为显著，因为汽轮发电机为隐极式转子，铁芯为圆柱形且用整个钢锭整体锻制而成，转子绕组放在槽中不易散热。

(2) 引起发电机振动。由于转子磁路不对称，负序磁场和转子之间的作用力时大时小，产生 100Hz 的脉动力矩，造成转子及定子机座的振动。由于水轮发电机为凸极式转子，沿圆周气隙不均匀，磁阻不等，磁场不均匀，而汽轮发电机为隐极式转子，沿圆周气隙较均匀，磁阻相差不大，磁场比较均匀，故三相电流不平衡运行时，负序磁场引起的机组振动，水轮发电机比汽轮发电机严重。因此，水轮发电机常设置阻尼绕组，利用其对负序磁场的去磁作用，可以减小负序电抗，同时可以降低负序磁场对转子造成的过热，以及减小附加振动力矩。

为此，对发电机三相不平衡电流的允许范围作如下规定：

1）正常运行时，汽轮发电机在额定负荷下的持续不平衡电流（定子各相电流之差）不超额定值的10%，对水轮发电机和调相机来讲，则不应超过额定值的20%，且最大一相的电流不大于额定值。在低于额定负荷下连续运行时，不平衡电流可大于上述值，但不得超过额定值的20%，其具体数据应根据试验确定。

2）长期稳定运行，每项电流均不大于额定值时，其负序电流分量不大于额定值的8%～10%。水轮发电机允许担负的负序电流，不大于额定电流的12%。

3）短时耐负序电流的能力应满足$I_2^2 t \leqslant 10$。式中I_2是t时间内变化着的负序电流有效值与额定值的比值；t是故障时允许I_2存在的时间。

7. 发电机组绝缘电阻允许范围

发电机启动前或停机备用期间，应对其绝缘电阻进行监测，以保证发电机能安全运行。测量对象为发电机定子绕组、转子绕组、励磁回路、励磁机轴承绝缘垫、主励定子绕组、转子绕组、副励定子绕组、各测温元件。

（1）发电机定子绝缘电阻的规定。300MW及以上机组，一般接成发变组单元接线，测量发电机定子回路的绝缘电阻（包括发电机出口封闭母线、主变压器低压侧绕组、高压厂变压器高压绕组），一般用水内冷发电机绝缘测试仪进行测量。测量时，定子绕组水路系统内应通入合格的内冷水，不同条件下的测量值换算至同温度下的绝缘电阻（一般换算至75℃下），不得低于前一次测量结果的1/3～1/5，但最低不能低于20MΩ，吸收比不得低于1.3（吸收比$=R''_{60}/R''_{15}$）。发电机定子出口与封闭母线断开时，定子绝缘电阻值不低于200MΩ。绝缘电阻不符合上述要求时，应查明原因并处理。

不同温度下的绝缘电阻值换算至75℃下的电阻值的换算公式如下

$$R_{75℃} = R_t / 2^{\left(\frac{75-t}{10}\right)} = K_t \cdot R_t$$

式中　R_t——t℃时的绝缘电阻值；

$R_{75℃}$——75℃时的绝缘电阻值；

K_t——温度系数。

在任意温度下测得的定子绕组绝缘电阻值，也可直接用温度系数K_t将其换算为75℃下的绝缘电阻值，定子绕组不同温度下绝缘电阻温度系数见表3-2。

测量发电机定子回路绝缘电阻也可用1000～2500V绝缘电阻表进行。

（2）发电机转子绕组及励磁回路绝缘电阻值的规定。用500V绝缘电阻表测量转子绕组绝缘电阻，其值不得低于5MΩ，包括转子绕组在内的励磁回路绝缘电阻值不得低于0.5MΩ。

（3）主、副励磁机绝缘电阻的规定。主、副励磁机定子绕组和主励磁机转子绕组的绝缘电阻值，用500V绝缘电阻表测量，其值不得低于1MΩ。

（4）轴承和测温元件绝缘电阻的规定。发电机和励磁机轴承绝缘垫的绝缘电阻值，用1000V绝缘电阻表测量，其值不得低于1MΩ；发电机内所有测温元件的对地绝缘电阻在冷态下用250V绝缘电阻表测量，其值不得低于1MΩ。

表 3-2　　定子绕组不同温度下绝缘电阻温度系数 K_t

t（℃）	K_t	t（℃）	K_t	t（℃）	K_t	t（℃）	K_t
10	0.011	26	0.0333	42	0.1010	58	0.3030
12	0.0126	28	0.0385	44	0.1162	60	0.3571
14	0.0145	30	0.0435	46	0.1333	62	0.4056
16	0.0166	32	0.0500	48	0.1538	64	0.4566
18	0.0192	34	0.0588	50	0.1754	67	0.5747
20	0.0222	36	0.0666	52	0.2041	70	0.7079
22	0.0256	38	0.0769	54	0.2326	72	0.8130
24	0.0294	40	0.0885	56	0.2703	75	1.0000

课题二　发电机励磁系统运行

一、发电机励磁系统

同步发电机在向系统输送电能的过程中，除需原动机向其提供动力外，还应向其转子绕组提供可调节的直流励磁电流。为同步发电机提供可调节的励磁电流的供电电源系统，称为发电机励磁系统。

励磁系统由两部分组成：第一部分是励磁功率单元，它向同步发电机的励磁绕组提供直流励磁电流；第二部分是励磁调节器，它能感受运行工况的变化，并自动调节励磁功率单元输出的励磁电流的大小，以满足系统运行的要求。

由励磁功率单元、励磁调节器、同步发电机共同构成的闭环反馈控制系统，称为发电机的励磁控制系统，其框图如图 3-2 所示。

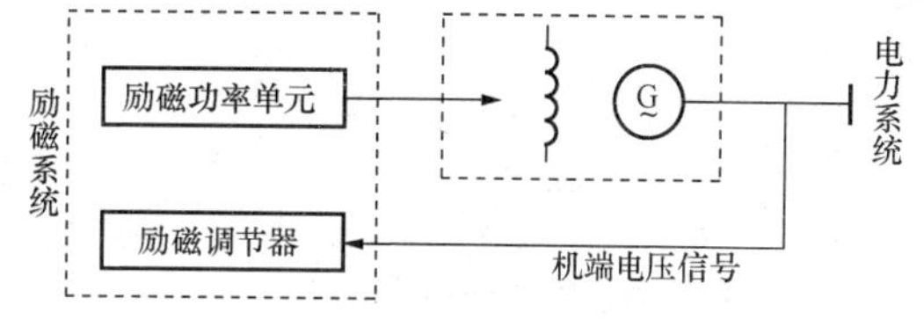

图 3-2　励磁控制系统框图

300MW 汽轮发电机励磁调节系统有静止硅整流励磁控制系统和旋转半导体整流励磁控制系统。

1. 静止硅整流励磁控制系统

静止硅整流励磁控制系统，又称有刷励磁控制系统，如图 3-3（a）所示。400Hz 的同轴永磁副励磁机 GS 提供三相交流，经三相全控桥式接线的可控硅 U 整流后，向同轴交流主励磁机 GE1 的励磁绕组 ELQ 提供励磁电流；GE1 发出的 100Hz 的三相交流经桥式接线的静止硅整流器 U1 整流后，向同轴发电机 G 的励磁绕组 GLQ 提供励磁电流。励磁调节器根据运行工况，自动调节可控硅元件 U 的导通角，以此改变主励磁机的励磁电流，从而调节同步发电机的励磁电流，达到调节发电机的端电压的目的。

当励磁调节器发生故障不能运行时，由备用励磁装置代替运行。由 400V 的低压厂用母线提供备用励磁电源。

2. 旋转半导体整流励磁控制系统

旋转半导体整流励磁控制系统，又称无刷励磁控制系统，如图 3-3（b）所示。主励磁系统分为旋转和静止两部分，交流主励磁机 GE1 的电枢绕组、旋转硅整流器 U1、永磁副励磁机的转子（N－S）等与发电机的转子绕组 GLQ 同轴旋转；静止部分是交流主励磁机的励磁绕组 ELQ、可控硅整流器 U、永磁副励机 GS 的电枢绕组及励磁调节器 SWTA 等。该励磁控制系统的过程及励磁调节与前述相同。

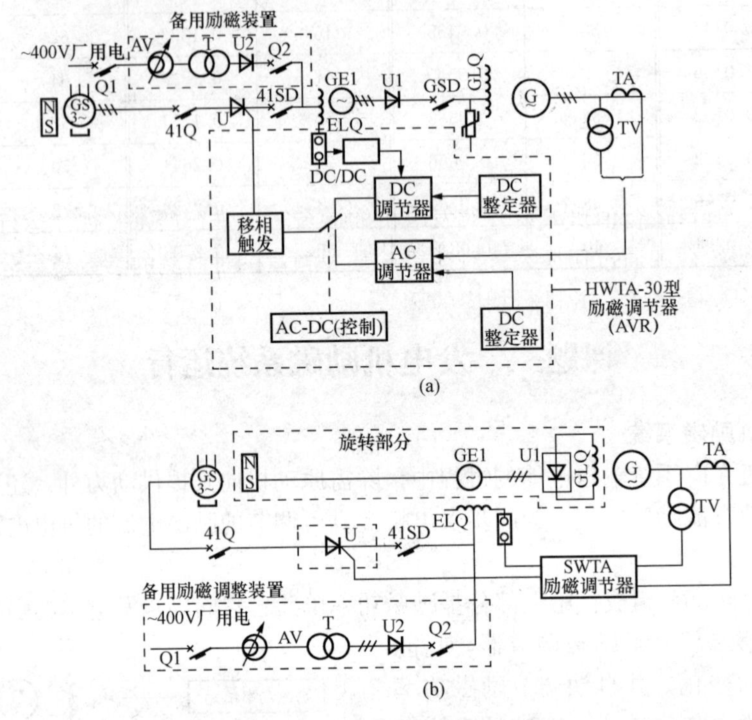

图 3-3　发电机励磁控制系统

（a）静止硅整流励磁控制系统；（b）旋转半导体整流励磁控制系统

GS—永磁副励磁机；GE1—主励磁机；G—发电机；41Q、Q1、Q2—低压断路器；41SD—主励磁机灭磁开关；GSD—发电机灭磁开关；U1、U2—硅整流器；U—可控硅整流器；AV—感应调压器；T—隔离变压器；TA—电流互感器；TV—电压互感器

二、励磁系统的运行方式

1. 正常运行方式

如图 3-3（a）所示，由永磁副励磁机、交流主励磁机、静止半导体或旋转半导体整流装置、自动励磁调节器（AVR）及 50Hz 手动励磁调整装置组成得 300MW 机组励磁控制系统，其正常运行方式为：副励磁机 GS 运行，向励磁调节器提供三相交流电源；可控硅整流器 U 运行，41Q、41SD 开关合上，向交流主励磁机的励磁绕组供励磁电流；静止半导体整流器（或称功率整流柜）U1 运行，GSD 开关合上，向发电机转子绕组供励磁电流；AVR 的自动调节器运行，控制可控硅整流器 U 的直流输出大小；AVR 的手动调节器 DC 自动跟踪 AC 调节器，处于热备用状态；50Hz 手动励磁调整装置处于停电备用状态。

2. 非正常运行方式

（1）AVR 的 AC 和 DC，其中只有一个能正常工作，50Hz 手动励磁调整装置跟踪备用，其他同正常运行方式。

（2）AVR 的 AC 和 DC 均故障或副励磁机故障，由 50Hz 手动励磁调整装置运行，向主励磁机 GE1 的励磁绕组供励磁电流；U1 运行，GSD 合上，向发电机转子绕组供励磁电流。

(3) 50Hz 手动励磁调整装置故障，由 AVR 运行或 AVR 中仅 AC 或 DC 能运行，其他同正常运行方式。

(4) 两个功率整流柜（U1）或两个晶闸管整流柜（U）中的一个退出运行（正常运行时，两个并列运行），其他同正常运行方式。

课题三　发电机与励磁系统监视和维护

一、发电机组运行中监视的内容及方法

发电机运行时，运行值班人员应对发电机的运行工况进行严密监视。运行工况的监视包括对有关表计的监视和通过切换装置对运行参数的测量，对监测的参数进行分析，以确定发电机的运行工况是否正常，并进行相应的调节。

1. 通过测量仪表及画面显示进行监视

发电机装有各种测量表计，如有功功率表、无功功率表、定子电压表、定子电流表、转子电压表、转子电流表、频率表、主励磁机转子电压表和电流表、副励磁机交流电压表、AVR 的输出电压表和电流表、AVR 自动励磁与手动励磁输出的平衡电压表、50Hz 手动励磁输出电压表等。此外，还有温度巡检装置、自动记录装置和计算机 CRT 画面显示等。

发电机运行过程中，值班人员应严密监视发电机各表计、自动记录装置的工作情况，各仪表显示应与计算机 CRT 画面显示相符，各表计指示应不超过额定值。监盘过程中，根据有功负荷、电网电压等情况，及时做好无功负荷、发电机电压、电流及励磁系统参数的调整，使机组在安全、经济的最佳状态下运行。同时，针对各表计的指示值，结合运行资料，及时分析、判断有无异常。

另外，发电机运行中，应每小时记录一次发电机盘上各表计指示值和发电机各部位温度，应与计算机打印结果相符。通过定时抄录和打印，积累运行资料，提供运行分析数据，以便监视和掌握发电机运行工况，及时发现异常和采取相应措施，保证发电机正常运行。

2. 通过检测装置进行监视

发电机运行时，通过检测装置进行的监视有如下几方面。

(1) 转子绕组及励磁回路的绝缘监测。发电机运行时，转了绕组的绝缘是最薄弱的部分。因转子高速运转、离心力大、温度最高，且转子运转中，其通风孔可能被冷却气体中的灰尘和杂物堵塞，这样长期运行会使转子绕组的绝缘效果变差，故运行中需用转子监测装置定期（每班一次）对转子绕组回路绝缘电阻进行测量。其测量方法有以下几种。

1) 用电压表测量。测量时，切换转子电压表控制开关，分别测量出转子正、负极之间的电压 U（V），转子正极对地电压 U_1（V），转子负极对地电压 U_2（V），再通过下面公式计算出转子绕组的绝缘电阻，即

$$R = R_B\left(\frac{U}{U_1 + U_2} - 1\right) \times 10^{-6}$$

式中　R——转子绕组对地绝缘电阻，MΩ；

R_B——转子电压表内阻，Ω。

对于氢冷机组，要求 $R \geqslant 0.5$MΩ。对于水冷机组，各制造厂规定值不同，一般要求

$R \geqslant 100\text{M}\Omega$。

2）用磁场接地检测装置测量发电机转子和励磁机转子的绝缘。

（2）定子绕组绝缘的监测。定子绝缘监测装置由电压表和切换开关组成，通过测量各相对地电压判断定子绕组绝缘情况。绝缘正常时，各相对地电压相等且平衡。当测量时发现一相对地电压降低（或为零），而另两相电压升高时，则说明电压降低的一相对地绝缘电阻下降（或发生金属性接地）。也可通过测量定子回路零序电压（发电机电压互感器二次侧开口三角形绕组两端电压），监视定子绕组的绝缘。零序电压除在交接班时进行测量外，值班时间内至少还应测量一次。

（3）转子绕组运行温度的监测。转子绕组的运行温度用电阻法进行监测，并按下式计算。转子绕组的电阻值应使用0.2级的电压表和电流表测量，则有

$$t_2 = \frac{(235 + t_1)R_2}{R_1} - 235$$

$$R_2 = \frac{U_b - \delta}{I_b}$$

式中 t_2——运行中热态转子绕组温度，℃；

t_1——停运时冷态转子绕组温度，℃；

R_2——对应 t_2 的转子绕组直流电阻，Ω；

R_1——对应 t_1 的转子绕组直流电阻，Ω；

U_b——用转子电压表测量的转子电压，V；

I_b——转子电流，A；

δ——电刷压降，可忽略不计。

（4）定子各部位运行温度的监测。通过发电机温度巡检装置的切换测量或计算机CRT画面显示，可监视发电机定子绕组、定子铁芯、冷风区、热风区、氢气冷却器、密封油及轴承等不同部位的运行温度。需要指出的是，为防止机壳内结露影响定子绝缘，在任何情况下均应防止冷氢温度高于内冷水入口温度。

二、发电机运行中维护与检查项目和方法

1. 发电机本体的检查与维护

（1）发电机运行时检查声音应正常，无金属摩擦或撞击声，无异常振动现象。若发现异常，应及时检查处理。

（2）发电机运行时，检查外壳应无漏风，机壳内无烟气和放电现象。由于定、转子运行温度较高，冷却气体的密封可能会损坏，运行中应定期检查定子本体漏风情况。在补氢量较多时，应对本体进行查漏。当发电机内部发生短路故障，如转子端部线圈两点接地而保护失灵时，转子端部绝缘会烧坏，机端转子间隙可能发生喷射黑烟和火苗，并伴随异常振动，故运行中应监视机内无烟气或放电现象。

（3）发电机运行时，应检查机端线圈运行情况。从机端窥视孔观察，机端定子绕组无变形、无流胶、无绝缘磨损黄粉、绑线垫块无松动、线圈无结露、定子绝缘引水管接头不渗漏、无抖动及磨损、机端灭灯观察无电晕等现象。

（4）运行中的发电机，应定期检查液位检测器内的漏水、漏油情况。每班应打开一次液位检测器的排液门进行排液，其内应无水、油排出。否则，应立即排净液体，并检查机端线

圈、绝缘引水管、氢气冷却器是否漏水。若漏油严重，说明密封油压不正常，应及时处理。

（5）发电机运行时，应检查滑环和电刷。滑环表面应清洁、无金属磨损痕迹、无过热变色现象，滑环和大轴接地的电刷在刷握内无跳动、冒火、卡涩或接触不良的现象，电刷未破碎、不过短，刷辫未脱落、未磨断，刷握和刷架无油垢、碳粉和尘埃等情况。

（6）对于水轮发电机组，还应检查水轮机顶盖积水情况，大轴水封松紧是否适当，导水机构各连接部件是否牢固，导水机构动作是否平稳灵活，导水叶套筒轴承应不漏水；检查剪断销信号装置是否完好；检查各油槽油位、油色是否正常，油有无溅漏；检查各空气冷却器温度是否均匀，有无过热、结露及漏水现象；检查风洞内应清洁，无杂物，带电设备有无电晕放电现象和异常声音，有无焦臭味。

运行中的发电机，还应做好下述维护工作。

（1）清扫脏污。对刷握和刷架上的积灰可用不含水分的压缩空气（压力适中）吹净，也可用毛刷清扫。油污可用棉布蘸少量四氯化碳擦净。操作时注意不要被转动部分绞住，必要时，可依次取出电刷逐个清扫。

（2）调整电刷弹簧压力。电刷运行时，应定期用手提拉每个电刷的刷辫，以检查各电刷的压力是否均匀及电刷在刷握中是否有卡涩或间隙过大的情况。刷压过大或过小电刷都会产生火花。对于压力过大的电刷，先将电刷取出，待冷却后再放回刷握，然后适当减小弹簧压力，并稍微增大其他电刷的压力；对于压力过小的电刷，可适当增大弹簧的压力。

（3）定期测量电刷的均流度。运行中的发电机，由于电刷长短、弹簧压力大小不一致，使各电刷与滑环的接触电阻相差较大，各电刷流过的电流不均匀，致使有的电刷电流为零，有的电刷电流很大。零电流电刷越多，其他电刷过载越严重，如不及时处理，大电流电刷会因严重过载而发热烧红，使刷辫熔化，继而形成恶性循环而被迫停机。因此，应定期测量电刷的均流度，并及时处理异常。可用钳形电流表测量。测量前，检查钳嘴部分应绝缘良好。测量时，应注意不要将钳嘴碰到滑环面，也不要接触到接地部分。处理过程中，切忌将大电流电刷脱离滑环面，否则会加大其他大电流电刷的承载电流而造成严重后果。所以，应先处理零电流电刷，使其电流接近平均值，这样处理后，大电流电刷的电流便会自然趋于正常。

（4）更换电刷。处理零电流电刷的方法应根据不同情况而定。电刷过短时，应更换电刷；压缩弹簧压力低或失效时，应更换新弹簧；因电刷脏污引起零电流，用棉布擦拭或用000号细砂纸轻擦。更换新电刷的注意事项如下：

1）更换新电刷时，应执行部颁《发电机运行规程》的有关条文。如工作人员应穿绝缘鞋，站在绝缘垫上工作，工作服袖口扎紧，戴手套，使用良好的绝缘工具等。

2）更换的电刷必须与原电刷同型号。如几种型号的电刷混用，会因电刷材料硬度和导电性能不同，加速滑环面磨损或部分电刷过热而影响机组的正常运行。

3）更换电刷过程中应防止电极接地及极间短路。严禁同时用两手碰触励磁回路和接地部分或不同极的带电部分，也不允许两个人同时进行同一机组不同极的电刷调换，以免造成励磁回路两点接地短路。

4）更换后的电刷，要保证电刷在刷握内活动自如，无卡涩，弹簧压力正常。同时，对未更换的电刷，按磨损程度将弹簧压力作适当调整，使压力正常。

5）在更换电刷过程中，不许用锐利金属工具顶住电刷增加接触效果，即使是短时间也不允许，以免造成滑环面损坏或人身事故。

水轮发电机组在运行中要做好如下定期工作。

（1）定期切换压油装置的油泵和进水口闸门工作油泵；

（2）调速器各连杆关节注油，滤油器切换或更换滤纸；

（3）定期测量发电机、水轮机主轴摆度，定期测量机组轴电压、轴电流；

（4）水轮机轴承定期加油（根据轴承用油情况而定）；

（5）压油槽定期根据油位充气；

（6）新机组停运超过 24h、运行 3 个月到 1 年的机组停运 72h、运行 1 年以上的机组停运 10 天，均应手动开机或顶转子一次，防止推力瓦油膜破坏。

2. 发电机氢系统的检查与维护

（1）氢气压力的监视与调节。发电机运行时，应随时监视机壳内的氢气压力。即使密封油系统很完善，无泄漏现象，但由于密封油会吸收氢气，机壳内的氢气压力也会逐步下降，故应定时补氢，保持机壳内氢压正常。补氢时，应观察比较不同部位的氢压，正确判断机壳内氢气压力，防止表计假指示而误判断。

（2）定期检查氢气的纯度、湿度和温度。运行值班人员应根据气体分析仪检查机壳内氢气纯度，并每小时记录一次。当氢气纯度低于 96%时，应进行排污，并向机内补充纯净氢气，以保持机内氢气纯度。化验人员应对机壳内氢气湿度定期化验，当湿度超过 15g/m^3 时，应排污并补入纯净氢气或适当升高冷氢温度，注意观察并降低氢源湿度，防止发电机绕组受潮。发电机运行时，规定了机内冷氢温度的最高值和最低值，可通过调节氢气冷却器的冷却水调节冷氢温度。

3. 发电机水系统的检查与维护

发电机运行时，氢气压力应高于定子绕组冷却水压力。这是为了防止定子线棒爆管漏水。当氢水压低于报警值时，应调节氢、水压力；当密封油系统故障只能维持氢压运行时，必须保持最低水压；若水压大于氢压，只允许短时运行，但不允许长期运行。

发电机运行时，定子冷却水箱内的水质应合格，水箱内应保持一定的氮压（或氢压），防止水质污染。当水质不合格时，应投入离子交换器运行。水箱内维持一定的氮压，可防止水质污染。

发电机运行时，应检查定子入口冷水温度是否正常，冷却水回路及定子绕组各水支路是否通畅。故运行中应注意定子水冷却器的运行，水回路各段水压降应正常，定子绕组各水支网控部分输电线路停送电操作、母线停送电操作路的水温度平均温度偏差不得超过规定值。若某出水支路水温超过规定值，应立即采取措施，如调整负荷，检查冷却水流量，降低进水温度，并应尽快查明原因予以处理，必要时停机。

4. 发电机励磁系统的检查与维护

（1）盘面检查。检查励磁控制盘面各表计指示应正常，各控制开关位置正确，信号指示与工作方式一致。AVR 处于自动方式时，应重点监视 AVR 直流回路跟踪情况及电压波动时 AVR 的自动调节功能。AVR 无论处于何种运行方式，励磁方式切换开关不允许置于断开位置。

（2）现场检查。

1）检查 100Hz 整流柜。整流柜各运行指示灯指示正常；各整流柜冷却风机运行正常，无异常及焦臭味，风机的运行电源符合预先规定；各表计指示正常，各整流柜电流指示值应接近，电流差值不超过规定值；各整流元件、熔断器及载流接头无过热，整流元件故障指示灯应不亮，熔断器无熔断；整流柜使用冷却水者，其阀门、接头及管路无渗漏水，冷却器水压正常。

2）检查AVR。AVR的调节柜、功率柜、辅助柜内各元件无过热、无焦味现象；功率柜冷却风机运转正常；保护信号继电器无掉牌指示；各表计指示正常，功率元件的电流分配应接近平衡（两组整流桥正负电流都相接近）。

3）检查50Hz手动励磁装置正常。

4）检查主、副励磁机运转正常。对于无刷励磁机，用频闪灯检查每个熔断器，以确定旋转硅整流盘中无零件发生故障。

5. 备用机组的维护

备用中的发电机及其全部附属设备，应按运行机组的有关规定进行定期检查和维护，经常处于完好状态，保证随时能够起动。

课题四　发电机与励磁系统操作[1]

一、发电机起动前的检查

（1）检查发电机、主变压器，高压厂用变压器及辅助设备一、二次回路工作已全部结束，工作票已收回，并具备运行条件。

（2）检查上述设备为检修安全而设置的临时安全措施（如接地线、接地隔离开关、短接线、标示牌等）已全部拆除，固定遮栏和常设标示牌等常设固定安全设施已恢复。

（3）检查一、二次设备及回路应具备送电条件，检查的要求均按现场规定进行。一次回路的设备包括发电机、出线及封闭母线、主变压器、高压厂用变压器、发电机出口电压互感器、高压厂用变压器低压侧同期电压互感器、发电机—变压器组和高压厂用变压器回路电流互感器、发电机中性点柜内设备、一次回路的连线等。二次回路及设备包括继电保护装置、测量仪表、自动装置、监察及信号、互感器的二次回路等。

（4）检查发电机励磁回路及设网控部分输电线路停送电操作、母线停送电操作备正常。发电机励磁回路包括交流主、副励磁机，滑环，电刷，灭磁开关，励磁开关，自动励磁调节装置及其他设备。检查的项目及方法按现场规定进行。

（5）检查与起动有关设备的继电保护及自动装置，按规定已投入。

（6）测量绝缘符合要求，测量按现场规定进行。应测量绝缘的元件包括定、转子绕组，励磁回路，轴承座及随机投运的配电装置。

（7）检查机组冷却系统正常。对于空冷发电机，检查空气冷却器风道应严密，各窥视孔应完好；投入冷却水后，冷却器供水系统的水压应正常，并无漏水现象，水轮发电机风洞内清洁无杂物。对于氢冷发电机，冷却气体已置换为氢气，氢气压力正常；发电机定子已通水，水压力正常；氢气系统、内冷却水系统、密封油系统投入运行正常；各冷却介质符合要求。对于水内冷发电机还应检查供水系统严密不漏，并且应取样化验水质合格。

（8）起动前的有关试验项目符合要求。起动前的试验项目有发电机主断路器及灭磁开关拉、合闸试验，发电机主断路器与灭磁开关的连锁试验；高压厂用工作电源断路器拉、合闸试验；调速电动机的动作试验；励磁系统连锁试验；定子水泵连锁试验及断水保护试验（此

[1] 本内容可在“实践教学”中完成。

试验要求由汽轮机来信号，不跳机炉，仅观察中间继电器出口动作及信号掉牌）。发电机—变压器组二次回路做整组跳闸试验。以上试验按现场有关规定进行。

二、发电机的起动与并列前的预备操作

发电机起动前或起动过程中，电气运行人员按现场规定要进行一系列的预备操作。预备操作的项目有以下几项。

（1）机组的厂用起动电源送电。发电机准备开机并网发电，首先要起动电源。如图 3 - 4 所示，将 01 号起备变投入运行，并向机组的高压厂用母线 6kV 的 A、B 段送电，同时将机组的低压厂变运行，并向低压厂用母线送电。

（2）将发电机—变压器组一、二次电路操作为热备用状态。从发电机至 220kV 母线的一次电路，除了发电机—变压器组的主断路器 QF1 未合上外，其他有关一、二次设备都操作至工作位置。

（3）高压厂用变压器操作为热备用状态，对于采用单元接线的发电机组，高压工作厂用变压器一般从发电机与变压器之间连接。故发电机处于热备用，高厂变也应该处于热备用状态，一旦发电机带一定负荷后，厂用电应由 1 号高厂变供电。

（4）将发电机励磁系统操作为热备用状态，即除灭磁开关不合外，其余设备均投入。

（5）向机组的厂用机械送电。机组起动时，各辅机均投入运行。

（6）将主变的冷却装置投入运行。因为发电机组多采用发电机—主变压器组单元接线，在发电机起动过程中，与之对应的主变压器也应具备起动条件。

如图 3 - 4 所示，发电机处于冷备用状态。发电机起动及并列前的预备操作步骤如下：

（1）装上发电机出口断路器 QF1 的控制及信号熔断器。

（2）装上发电机电压互感器 TV1、TV2 的高、低压熔断器，并将 TV1、TV2 高压侧隔离开关推至工作位置。

（3）装上高压厂用变 A、B 分支同期电压互感器 TV3、TV4 的一、二次熔断器，并将 TV3、TV4 的高压侧隔离开关推至工作位置。

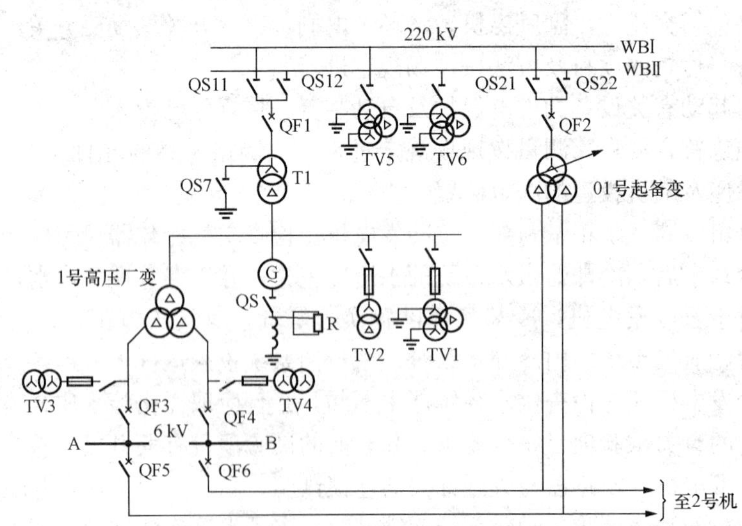

图 3 - 4 发电机—变压器组一次系统

（4）检查 6kV 的 A、B 段工作分支小车断路器 QF3、QF4 在断开位置，并将小车断路器 QF3、QF4 推至“试验”位置。

(5) 按规程规定，将励磁系统操作至正常热备用状态。即将图 3 - 3 中的功率整流柜 U1、晶闸管整流柜 U、AVR 调节器（自动励磁调节器）、低压断路器 41Q、灭磁开关 41SD 和 GSD 开关等均操作至正常热备用状态。

(6) 按规定投入主变压器及高压厂用变压器冷却装置的工作电源及冷却器。

(7) 合上主变压器 T1 的中性点接地开关 QS7 及发电机中性点隔离开关 QS（并网后，根据系统需要保留或拉开 QS7）。

(8) 投入发电机—变压器组保护连接片。

(9) 合上发电机—变压器组高压侧母线隔离开关 QS11（或 QS12），并检查 QS11（或 QS12）已合好。

(10) 合上发电机的灭磁开关，并检查已合好。

发电机起动前的准备工作完成后，即可开机。而转子一经转动，即认为发电机已带电压，禁止在已带电发电机的一、二次回路上进行工作。

当发电机转速达到额定转速的一半左右时（1500r/min），应仔细倾听发电机、励磁机内部响声是否正常；检查发电机各部分温度有无异常升高现象；检查轴承油温、轴承震动及其他运转部分应正常；检查发电机滑环电刷、主励磁机电刷是否接触良好或有无跳动现象；发电机的冷却装置正常，双水内冷发电机本体有无渗水、漏水现象等。经检查一切情况正常后，发电机可继续升速。

三、发电机的升压和并列操作

当发电机转速达到额定转速（3000r/min）后，经值长同意，电气运行人员可以合上发电机灭磁开关进行升压操作，将发电机定子电压升至额定值。在升压操作时要注意以下几点。

(1) 应使发电机转子电流、电压和定子电压缓慢、均匀地上升。

(2) 应密切注意三相定子电流接近于零。

(3) 当定子电压升至额定值时应核对发电机转子空载电流、电压符合要求。通过对转子空载电流、电压的核对分析比较，以判断发电机转子绕组有无匝间短路现象。正常情况下，历次数值应相近。如果发现转子空载电流升高而空载电压下降时，必须查明原因。

发电机升压操作正常，电压升至额定值后，可进行发电机的并列操作。将发电机投入系统并列运行的操作，称为并列操作。发电机的并列操作必须经同期装置进行，并列方式可采用自动准同期或手动准同期。通常，手动准同期只在自动准同期失灵或系统发生故障时才使用。

发电机并列的方法有：

1) AVR（自动励磁调节器）自动方式（AC）自动准同期并列；

2) AVR 手动方式（DC）自动准同期并列；

3) AVR 自动方式（AC）手动准同期并列；

4) AVR 手动方式（DC）手动准同期并列；

5) 备励方式自动准同期并列；

6) 备励方式手动准同期并列。

发电机准同期并列时，为了避免电流的冲击和转轴受到扭转力矩的作用，必须满足下列并列条件：

(1) 待并发电机电压与系统电压大小相等（最大误差不大于10%）；

(2) 待并发电机频率与系统频率相等（误差不超过0.1Hz）；

(3) 待并发电机电压的相位与系统电压的相位相同；

(4) 待并发电机电压的相序与系统电压的相序一致。

发电机并列时的注意事项：

1) 无论采用何种方式并列操作，不允许解除同期闭锁，以防止非同期合闸。

2) 无论采用何种方式并列操作，应检查同期检定继电器动作正确，并调整发电机转速，使同步表指针缓慢顺时针方向旋转（4～10r/min）。若同步表指针旋转不均匀或出现停止及跳动现象，不允许发电机并列。

3) 在进行自动准同期并列时，若自动调整回路失灵，严禁使用该方式；在采用手动准同期方式并列时，若手动调速失灵，可由汽机值班员进行调整。

当发电机采用自动准同期并列时，其主要操作步骤如下：

(1) 合上待并发电机同期开关。

(2) 检查非同期闭锁开关在“投入”位置。

(3) 将组合同期表切换开关切至“粗略”位置。

(4) 调节待并发电机电压、频率与系统电压、频率接近相等。

(5) 将组合同期表切换开关切至“精确”位置。

(6) 调速使同步表指针顺时针方向缓慢旋转。

(7) 将自动准同期开关切至“试验”位置，试验装置正常。

(8) 将自动准同期开关切至“投入”位置，发电机与系统并列。

(9) 拉开待并发电机同期开关。

(10) 将组合同期表切换开关切至“断开”位置。

(11) 将自动准同期开关切至“断开”位置。

(12) 复归主断路器控制开关至“合闸后”位置。

当发电机采用手动准同期并列时，其主要操作步骤如下：

(1) ～ (5) 项同自动准同期操作 (1) ～ (5) 项。

(6) 调速使同步表指针顺时针方向缓慢旋转，接近红线时合主断路器。

(7) 拉开待并发电机同期开关。

(8) 将组合同期表切换开关切至“断开”位置。

发电机并列后应对机组进行全面检查，出现异常情况及时汇报值长。

水轮发电机的起动并列加入系统，均以自动操作为主，手动操作为辅。并列操作以自动准同期为主，当自动准同期装置检修或故障停用时，则用手动准同期并列。

下面结合图3-3 (a)、图3-4，介绍300MW汽轮发电机按AVR自动方式自动准同期并列的操作步骤。

(1) 确认机组转速达3000r/min，热工保护已投入（汽轮机、发电机可以进行并列操作）。

(2) 检查发电机—变压器组高压侧母线隔离开关QS11及主变压器中性点接地隔离开关QS7已合上。

(3) 检查机组继电保护连接片按规定已投入。

(4) 检查发电机灭磁开关 GSD 已合好，红灯亮。

(5) 检查操作盘上各控制开关把手位置正确，AVR 控制方式切换开关 90CS 在“手动”位置，“绿灯”亮，AVR 手动整定电压表在接近零位，DC 调节器输出为 0。

(6) 合上 41Q 断路器。

(7) 检查 41Q 已合好。

(8) 合上交流主励磁机磁场开关 41SD。

(9) 检查 41SD 已合好。发电机起始电压约为 6～10kV，且三相平衡。定子三相电流为零。检查发电机定、转子、交流主励磁机转子对地绝缘良好，晶闸管整流屏 U 风机运行正常，“红灯”亮。

(10) 操作 AVR 的手动整定控制开关 90DC，将发电机电压升至接近额定值（20kV）。

(11) 检查交流主励磁机磁场电压约为 4V，主励磁机磁场电流约为 52A，检查 90DC 直流调节回路输出电压正常。

(12) 检查发电机转子空载励磁电压约为 110V，转子电流约为 985A。

(13) 将 90CS 切至“试验”位置，黄灯亮。

(14) 检查 90AC 交流调节回路输出电压正常。

(15) 操作 AVR 的自动整定开关 90AC，使 AVR 的 AC 调节回路输出电压与 DC 调节回路输出电压相等，两回路输出平衡电压表指示为零。

(16) 将 90CS 切至“自动”位置，白灯亮，检查发电机电压无波动。

(17) 调整 90AC，使机端电压与系统电压相等；检查 90DC 手动整定回路跟踪正常（平衡电压表接近于零）。

(18) 合上发电机的同期控制开关 SA1。

(19) 将发电机同期方式选择开关 SA 切至“手动”位置。

(20) 将同期切换开关 SA2 切至“粗调”位置。

(21) 检查同期闭锁开关 SA3 在“闭锁”位置。

(22) 通知汽机值班员在 DEH（数字电液调节系统）操作盘上按下“自动同步”键。

(23) 调整发电机的端电压比系统电压略高。

(24) 调整发电机的频率比系统频率略高。

(25) 将同期切换开关 SA2 切至“细调”位置。

(26) 将自动准同期回路电源开关 SA4 切至“试验”位置。

(27) 检查自动准同期装置动作正常（按下同期回路起动按钮 SB，同期回路指示红灯亮）。

(28) 将发电机同期方式选择开关 SA 切至“自动”位置。

(29) 检查同期回路假同期并列正常。

(30) 将自动准同期回路电源开关 SA4 切至“工作”位置。

(31) 待同步表指针缓慢转过 180°（即离开同步区）后，按下同期回路起动按钮 SB。

(32) 监视发电机并网情况，待发电机断路器 QF1 自动合闸，断路器位置指示灯红灯闪光后将 QF1 的控制开关复位。

(33) 检查发电机断路器 QF1 合闸正常。

(34) 检查发电机已带上 5%初负荷（15MW），定子三相电流平衡。

（35）操作 90AC，调整发电机无功为 7～10Mvar。

（36）断开发电机同期控制开关 SA1；断开同期切换开关 SA2；断开同期回路电源开关 SA4；断开同期方式选择开关 SA。

（37）主变压器中性点接地方式，远切装置投、切按调度命令执行。

（38）全面检查发变组运行应无异常。

发电机按 AVR 自动方式手动准同期并列的操作步骤如下：

（1）～（25）项与 AVR 自动方式自动准同期操作的（1）～（25）项相同；

（26）调整发电机的转速，使同步表指针顺时针缓慢旋转（5～10r/min）；

（27）调整同步表指针接近零位（提前 5°～10°）时，操作发电机的控制开关，手动合上发电机断路器 QF1；

（28）检查 QF1 合闸正常。

以下操作同 AVR 自动方式自动准同期操作步骤的（34）～（38）（无同期回路电源开关 SA4 的断开操作项目）。

四、发电机的接带负荷和运行中负荷的调整方法

1. 发电机接带负荷

发电机并网后，按现场规程规定接带负荷。发电机初始有功负荷的大小及增加速度主要决定于汽轮机和锅炉的允许条件，也与发电机的容量、冷热状态起动及运行情况有关。

冷态汽轮机组起动并网后，其有功增加速度不宜过快，否则会使汽轮机进汽量增加过快，汽轮机内部各金属部件受热不均，膨胀不均，产生过大的热应力、热变形，引起动静摩擦。对锅炉而言，有功增加太快，导致锅炉运行参数来不及调节，使汽温、汽压下降，造成汽轮机内部各金属部件疲劳损坏，甚至使主蒸汽带水，严重时发生对汽轮机水冲击而损坏叶片。对发电机而言（特别是大容量发电机），冷态发电机（定子绕组与铁芯温度低于额定值的 50%）并网后，立即使它带上很大的负荷，定子电流增加过快、过大，定子绕组和定子铁芯间会产生过大温差，从而损坏定子绕组绝缘。转子因电机容量大，绝缘较厚，绕组与铁芯温差较大。另外，转子正常运转时，受离心力作用压紧的转子绕组与钢体紧固为整体。若有功增加太快，励磁电流相应增加也快，转子绕组受热膨胀不能自由伸展，使转子绕组绝缘损坏和发生残余变形。另外，水冷发电机的电磁负荷较大，有功增加太快，对定子端部绕组造成过大冲击力，影响端部固定。同时，有功增加太快，定子端部突然产生振动，易使定子水接头焊缝裂开而漏水。因此，冷态机组起动并网后，应按一定速度带初始有功。按汽轮机要求，先进行初负荷暖机和不同负荷段暖机，再逐步带上额定负荷。发电机组带有功负荷速度及汽轮机暖机时间规定见表 3 - 3。

表 3 - 3　汽轮发电机有功增加速度

发电机容量（MW）	有功增加速度（MW/min）	初始有功占额定值的百分比（%）	初负荷至额定负荷时间	
			初负荷暖机时间（min）	其他负荷段暖机并至额定负荷时间
200	2	7～10	不少于 30	见汽机规程
300	2	5	不少于 30	见汽机规程
600	3.96	5	不少于 30	见汽机规程

发电机在热态（定子绕组与铁芯温度高于额定值的50%）或事故情况下，并网后有功增加的速度不受限制。由于水轮机转速较低，作用于转子绕组的离心力小，发生残余变形可能性小，因此冷态水轮机组并网后，有功增加速度不受限制。

发电机并网后，其无功负荷的增长速度影响转子绕组的绝缘，故应缓慢均匀地增加无功。接带初始无功应使功率因数值在0.85～0.95范围内，即初始无功为初始有功的33%～62%（前者为低限，后者为高限）。

2. 发电机负荷的调整

发电机正常运行时，由于系统负荷发生变化，因此运行人员应按照给定的负荷曲线或调度命令，及时对发电机的有功和无功进行调整。

对于大容量的单元机组，如300MW汽轮发电机组，其有功的调整是通过机组的协调控制系统（CCS）、数字电液调节系统（DEH）和锅炉控制器来实现的。当需要增加有功时，由汽轮机值班员在CCS盘上设定目标负荷和负荷变化率，根据机组运行方式（机炉以功率控制方式、以机为基础或以炉为基础运行方式）进行调整。例如以机为基础运行方式，经有关操作由CCS控制DEH，DEH改变调速汽门的开度，增加有功。此时，主蒸汽压力相应降低，CCS控制锅炉控制器，锅炉控制器根据主蒸汽压力的变化调节锅炉的燃烧率以恢复气压。相反，通过类似操作使机组有功减少。

事故情况下，汽轮发电机机组有功的调整或事故停机，一般仍由汽轮机值班人员进行（因涉及机、炉一系列操作）。当系统或发电机发生电气故障时，由电气值班员解列机组，以保证系统稳定和发电机的安全运行。

水轮发电机组有功负荷的调整，是由电气值班员借助调速器的调速电动机转动，通过减速装置和机械液压系统改变水轮机的导叶开度，进而改变进入水轮机的动力矩来实现的。

发电机无功的调整，是利用改变励磁电流来实现的。发电机由同轴直流励磁机供给励磁时，通过改变励磁机磁场变阻器阻值的大小来调整无功；采用半导体励磁的大型发电机，通过改变AVR的工作点进行无功调节。正常情况下，根据电网给定的电压曲线，由电气运行值班人员进行调整。为保证发电机和电网的稳定运行，在调整无功时，一般情况下应保持发电机的无功与有功的比值不小于1/3，并注意并联运行机组之间无功负荷的分配情况，防止机组出现无功过负荷或进相运行。

运行人员在调节负荷时，应注意下列事项：

(1) 调节幅度应控制得小些，避免被调节对象大起大落。

(2) 调节时，必须认清被调对象的操作设备，避免弄错操作把手而造成机组异常运行。

(3) 调节过程中，必须严密监视有关表计的变化情况。

五、发电机解列、停机操作步骤

发电机解列是指将发电机与系统在电气回路上断开。停机是指在发电机已解列的前提下，将机组所属电气系统和动力系统停用。发电机正常解列时，应由锅炉运行人员逐步降低机组有功负荷，电气运行人员相应地降低无功负荷，以尽量维持发电机的功率因数在0.85。当有功负荷降低到一定数值后，由电气运行人员继续减负荷。

发电机组解列的主要操作步骤如下：

(1) 采用单元接线方式的发电机组，解列前应将发电机组的高压厂用电倒换至备用电源供电。

（2）检查发电机有功负荷已减至零，无功负荷已减至5Mvar。有功负荷必须减至零，以防止拉开高压断路器后，汽轮机超速发生飞车事故。无功负荷保留5Mvar是为了防止调节过程中导致发电机组进相运行而使失磁保护误动，另外可反映断路器三相是否全部断开。

（3）拉开解列机组的主变压器高压侧断路器。

（4）通知机、炉，发电机已与系统解列。

（5）降低发电机电压至零。

（6）拉开灭磁开关。

（7）停用自动励磁调节器。

发电机解列后，其冷却系统应继续运行，直至发电机停转为止。解列后应在热态下测量发电机定、转子及励磁回路绝缘。

下面介绍图3-4所示汽轮机组正常解列停机的操作顺序：

（1）收到值长停机命令后，由机、炉值班员控制，将发电机有功负荷逐渐降低；

（2）当发电机的有功减至70～100MW时，将6kV厂用电源换至起备变压器供电；

（3）发电机减负荷过程中，调整冷却系统运行工况，使之适应机组负荷的变化；

（4）发电机减有功的同时，相应减少无功负荷，保持正常的功率因数；

（5）发电机解列前，合上主变压器的中性点接地隔离开关（相应的保护连接片应进行操作）；

（6）检查发电机有功负荷应减至最小（15MW），同时将发电机的无功减至零；

（7）断开发电机主断路器QF1；

（8）检查定子三相电流为零，断路器QF1分闸正常；

（9）操作AVR自动整定控制开关90AC至最小位置，检查AVR直流调节回路跟踪正常，AVR手动整定电压在空载位置，平衡电压表指示为零；

（10）将AVR控制方式切换开关90CS切至“手动”位置；

（11）操作AVR手动整定控制开关90DC至最小输出位置，检查发电机电压正常（应为起始值），AVR直流回路（90DC）输出电压接近零；

（12）断开交流主励磁机磁场开关41SD；

（13）检查41SD分闸正常；

（14）断开41Q断路器；

（15）检查41Q断路器分闸正常；

（16）汇报值长解列操作完毕，通知汽轮机可打闸停机。

以上操作完毕，发电机处于热备用状态。

六、励磁系统的操作

发电机在起动及并列之前，应将励磁系统操作至热备用状态（随时可进行并列操作的状态）。发电机在正常运行过程中，根据励磁系统设备的完好状况，还要进行励磁方式的切换。下面介绍300MW汽轮机组励磁系统投入及切换操作。

（一）励磁系统投入的操作

1. 励磁系统投入前的检查

图3-5所示为静止硅整流励磁系统，其检查项目如下：

（1）检查励磁系统有关工作票已收回。励磁系统有关回路上的检修工作已全部结束（包括励磁系统一、二次回路)，工作票已办理终结手续，有关连接片已投入。

(2) 检查发电机灭磁开关 GSD。灭磁开关 GDS 应在断开位置，且机械位置指示应与开关实际位置相符；外观完整无损、无异常；开关连接正常连接线无脱落、断线现象；过电压保护避雷器完好，无碎裂现象。

(3) 检查发电机磁场回路隔离开关断、合位置符合要求。刀开关 QK1、静止硅整流器 U1 输出刀开关 QK3 和 QK4 均在合闸位置，至备用励磁机刀开关 QK2 在断开位置。转子过电压保护用隔离开关应合上。

(4) 检查主整流柜和晶闸管整流柜。主整流柜和晶闸管整流柜分别指 U1 和 U，柜内表计完好无损；各电气元件（硅整流管、熔断器、交流进线开关、直流出线隔离开关）应清洁、连接牢固、熔断器无熔断指示。

(5) 检查 50Hz 手动励磁装置。Q3 在断开位置；装置的隔离变压器 T、感应调压器 AV 及其调压电动机外部无异常；AV 在降压最终位置，AV 的手动、电动控制旋转把手应推入电动位置，否则遥控电动机操作时，感应调压电动机只能空转而无法调节。

(6) 检查 AVR。调节柜内各元件插板应插入；41Q、41SD 在断开位置；有关保护连接片应加用；所属稳压电源开关及熔断器、主励转子接地保护熔断器、自动调压和手动调压电动机用电源开关、同步变压器电源开关等均应送上（因这些设备均不列入正常操作）；AVR 所属继电保护盘上的信号继电器应不掉牌（掉牌者应复归），以免正常与故障掉牌相混，影响正确判断。

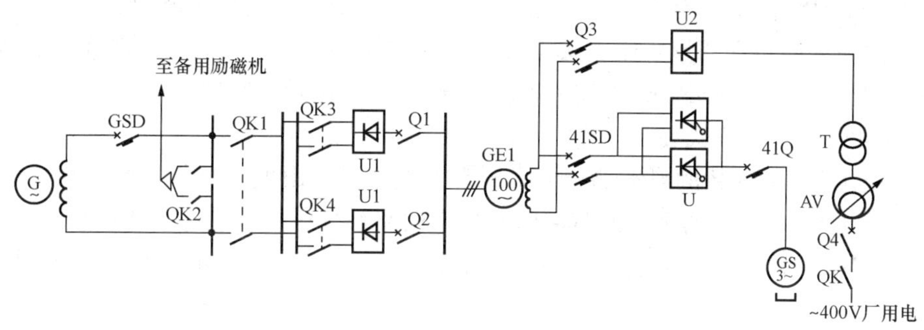

图 3-5 静止硅整流励磁系统示意图

2. 励磁系统投入的操作

励磁系统投入的操作，实际上是指将励磁系统操作为发电机并列前的热备用状态。

(1) 灭磁开关 GSD 的操作。

1) 送上 GSD 的合闸直流电源；

2) 装上磁场电压表熔断器和转子一点接地及绝缘监察用熔断器。

(2) 100Hz 主整流柜的操作。

1) 送上 100Hz 整流柜风机用总电源（两路）；

2) 合上各组整流柜的直流出线隔离开关 QK3、QK4；

3) 送上各组整流柜断路器（Q1、Q2）的操作直流控制电源；

4) 送上各组整流柜风机的交流电源后，起动各组整流柜风机；

5) 合上各组整流柜交流电源断路器（Q1、Q2），全面检查合闸指示灯正常，无熔断器熔断报警信号。

每组整流柜有一台风机（有的有两台），每组整流柜风机由两路电源供电，一路工作，另一路备用，备用电源控制开关放在备用电源的位置。当工作电源失去时，自动切至处于备用的另一路电源供电

（3）AVR的操作。如SWTA型AVR，其操作内容为：

1）送上交、直流控制电源；

2）送上主励转子接地检测用交流电源；

3）将自动调节励磁测量开关由“停用”切至“投入”位置（该开关的作用是将发电机的二次电压和电流送给AVR的测量单元，供给测量信号）。

在AVR正常运行时，该开关必须置于“投入”位置。否则，AVR因无测量信号而切至“手动”调节运行，但其投入应在AVR投入使用前操作。

（4）50Hz手动励磁装置的操作。

1）送上50Hz感应调压器的调压电动机电源；

2）检查50Hz手动励磁装置交流电源断路器Q4在断开位置；

3）合上400V厂用电源刀开关QK；

4）合上该装置交流电源进线断路器Q4。

经上述操作，励磁系统已具备机组起动并列的条件。

（二）*励磁方式的切换操作*

300MW及以上机组的励磁系统正常运行时，通常为AVR的自动调节器AC投入运行，手动调节器DC跟踪备用。当AC发生故障时，AVR由AC自动切换至DC运行。若自动切换回路发生故障未能自动切换，则由人工进行切换。另外，若AVR本身故障或副励磁机故障不能继续运行，则需将励磁方式人为切至50Hz手动备用励磁装置运行。

1. AVR由AC励磁方式切换至DC励磁方式

这种切换出现在AVR的自动部分发生异常需处理时，由人工进行切换。切换的前提是副励磁机运行正常，AVR的手动调节回路和功率回路都处于良好状态。切换步骤如下：

（1）检查AC与DC输出回路的平衡电压表指示接近于零（说明自动与手动输出电压接近或相等）。

（2）将AVR的控制方式切换开关90CS（90CS有自动、试验和手动三个位置）由自动切至试验位置，待自动的红灯熄灭、黄灯亮后，再切至手动位置。此时，黄灯熄灭，手动的绿灯亮，表示励磁方式已切至手动方式。

（3）操作AVR的手动整定开关90DC，使DC的励磁输出正常（90CS切至手动方式后，励磁电流的调节不再使用自动调整开关90AC，而是用90DC调整）。

（4）用90AC将AVR的AC方式输出电压调至降压最终位置（这一操作仅调节AVR内部AC回路与装置输出无关）。

需要说明的是，进行该项切换操作的关键是必须在平衡电压指示接近零的情况下进行，以防止发电机运行工况波动或异常。如果平衡电压表指示不在零值，则先调节90DC，使平衡电压表指示在零值或在零值附近。至于励磁系统使用其他型号AVR，在切换励磁方式时，亦按切换过程中机组运行不发生励磁电流大幅波动的原则进行。

2. AVR由DC励磁运行方式切至50Hz备用励磁装置运行方式

这种切换用在AVR装置发生故障或副励磁机发生故障的情况下。切换的前提是400V

厂用电源供电正常及50Hz手动备用励磁装置正常可用。当AVR为DC方式运行，50Hz手动备用励磁装置跟踪备用时，若AVR或副励磁机发生故障，则检查50Hz备用励磁装置输出电压正常，便可进行切换操作，其切换操作步骤如下：

（1）检查50Hz手动备用励磁装置断路器Q4在合闸位置；

（2）50Hz手动励磁调节开关调节50Hz备用励磁装置输出电压与AVR输出电压相等；

（3）合上50Hz备用励磁装置断路器Q3；

（4）用50Hz手动励磁调节开关升压，同时用AVR的手动调节开关90DC降压，以维持发电机的无功不变，直至90DC降压至最终位置（指示灯亮或开度指示为零）；

（5）拉开41SD；

（6）取下AVR本身保护连锁合Q3的连接片。

在执行这一切换操作的过程中，操作上述（3）条时，应特别注意发电机表计的变化。通常在合Q3的瞬间，无功会略向升高的方向波动，此时不应盲目调节，因波动仅是短暂的一瞬。操作上述（4）条时，既要调节90DC，又要调节50Hz的励磁。调节时，不应双手同时调节，应该先调节其中一种输出，然后调节另一输出。至于先调节哪一种，视当时机组无功负荷的大小确定。如果无功负荷接近低限，则先升高50Hz励磁；如果无功已在限额值，则先降低90DC，然后升高50Hz励磁。总之，在操作时要特别慎重，以免造成机组异常运行。

3.50Hz手动励磁切换至AVR的DC励磁

由于50Hz手动励磁没有自动调节功能，且没有备用励磁电源，因此不宜长期运行。一旦AVR装置缺陷消除后，必须尽快将AVR投入。如AVR仅能投入DC方式（AC方式缺陷未处理好），可先将励磁方式切换为AVR的DC方式。切换步骤如下：

（1）检查AVR当90DC输出开度指示在降压最终位置（也可以通过终端位置指示灯确定），AVR控制方式切换开关90CS在手动位置。调节AVR的90DC开关，使DC输出电压与50Hz励磁输出电压相等；

（2）合上41SD开关；

（3）用90DC升压，同时用50Hz手动励磁开关降压，以维护发电机无功负荷不变，直至50Hz励磁降压至最终位置；

（4）拉开50Hz备用励磁装置断路器Q3。

执行该操作的注意事项与前一种切换相同。但操作后，50Hz手动励磁仍作为AVR的备用电源，即其输出电压应跟踪AVR的输出电压（在拉开Q3后，50Hz手动励磁升压至需要数值即可）。

4.AVR由DC励磁方式切换至AC励磁方式

当AVR的AC可以使用时，励磁方式应尽快切换至AVR的AC励磁方式。切换步骤如下：

（1）检查AVR的AC控制开关90AC在投入位置；

（2）调节AVR的90AC，使平衡电压表指示接近于零；

（3）将AVR的控制方式切换开关90CS由手动经试验位置切至自动位置；

（4）放上AVR保护动作连锁和50Hz励磁断路器Q3的连接片（50Hz励磁跟踪备用）。

操作结束后，发电机的励磁电流由90AC控制，AVR的DC跟踪备用，50Hz备励装置备用。

课题五　发电机与励磁系统异常运行及事故处理[1]

一、发电机的异常运行及处理

所谓异常运行，就是指机组脱离正常的运行状态，在运行中某些机组参数失调，但未造成恶果的运行状态。机组发生异常运行现象时，通常会发出相应的故障信号，有关表计也会有所指示。运行人员可根据这些指示和信号，分析并消除故障，使机组恢复正常运行。如果故障不能消除，而且有危及机组安全的发展趋势，则应停机处理。常见的异常运行情况有以下几种。

1. 发电机过负荷

发电机正常运行时是不允许过负荷的，但在系统发生事故的情况下，如系统中个别机组跳闸，为维持系统静态稳定，允许发电机在短时间内过负荷运行。发电机按允许的短时间过负荷运行不影响发电机的绝缘寿命。因在额定工况下，其运行温度较其所用绝缘材料的最高允许温度为低，有10～15℃的裕度，故短时过负荷不影响发电机的绝缘寿命。但短时过负荷值及允许时间应遵守厂家的规定，见表3-4、表3-5。

表3-4　300MW机组事故过负荷倍数及允许时间

过负荷倍数 I/I_N	1.16	1.30	1.54	2.26
定子电流（A）	11820	13250	15690	23030
定子允许时间（s）	120	60	30	10

表3-5　300MW机组转子过电压倍数及允许时间

转子过电压倍数（U/U_N）	1.12	1.25	1.46	2.08
转子电压（V）	409	456	533	759
转子允许时间（s）	120	60	30	10

（1）发电机过负荷时的现象。发电机过负荷运行时有如下现象：中央信号动作，发“发电机过负荷”光字牌信号，并伴随警铃声；发电机定子电流指示超过额定值；发电机有功、无功指示超过额定值。

（2）发电机过负荷的处理。根据过负荷产生的原因，有针对性地加以处理。首先查明系统是否发生故障，若系统故障，按表3-4、表3-5的规定运行。此时，还应监视检查氢气参数，定子绕组内冷却水参数，定子电压均为额定值，并密切监视发电机各部位温度不超限。如果系统无故障而发生某台机组过负荷，若系统电压正常，应减少无功负荷，使定子电流降低到额定值以内，但功率因数不超过0.95，定子电压不低于0.95倍额定电压。若减少无功负荷不能满足要求时，则请示值长降低发电机有功负荷。若因AC励磁调节器通道故障引起定子过负荷时，应将AC调节器切至DC调节器运行。

2. 发电机三相电流不平衡超限

（1）发电机三相电流不平衡的现象。发电机不对称运行时，定子三相电流指示互不相

[1] 本内容可在“实践教学”中完成。

等，三相电流差较大，负序电流指示值也增大。当不平衡超限且超过规定运行时间时，负序信号装置发“发电机不对称过负荷”光字牌报警信号。

（2）三相电流不平衡超限产生的原因。三相电流不平衡超限，可能是下述原因造成的：发电机及其回路一相断开或断路器一相接触不良；某条送电线路非全相运行；系统单相负荷过大等。有时，定子电流表或表计回路故障也使定子三相电流表指示不对称。

（3）定子三相电流不平衡的处理。

1）当发电机运行中三相电流不平衡超限时，若判明不是定子电流表及表计回路故障引起，应立即降低机组的负荷（可以降低无功负荷，也可以降低有功负荷，调节过程中应注意机组的功率因数不得超过允许值），使不平衡电流降至允许值以下，然后向系统调度汇报。等三相电流平衡以后，可根据调度命令再增加机组负荷。

2）若发电机并列操作后出现三相定子电流不平衡，应立即检查断路器的合闸位置指示，如果确实是断路器一相未合上，可重新发出一次合闸脉冲，如无效，则应立即降低发电机的有功负荷、无功负荷至零后将机组解列，待查明故障原因后方可将机组重新并列。如果是断路器两相未合上，则应尽快将合上的一相断路器拉开。

3）发电机解列时，拉开主变压器高压侧断路器后，在降低发电机电压时发现定子电流表出现指示不平衡。此时，应立即检查断路器的跳闸位置指示，如果是断路器两相未断开引起，可首先调节发电机励磁电流，使定子电压升至正常值，然后合上断路器断开的一相，使定子电流恢复平衡。此时，高压侧断路器已不能进行正常解列操作，应在调整高压侧母线的运行方式后，用其他断路器（如母联断路器）将机组解列。

如果是断路器一相未断开引起，由于机组仅通过一相与系统联络，因此机组可能已处于失步状态，必须迅速进行处理。此时，绝对禁止采用再发出一次合闸脉冲合断路器其余两相的办法。应立即将该机组所在高压母线上除故障断路器外的所有断路器拉开，最后以母联断路器将机组解列。

为了能及早发现上述情况，执行发电机解列操作时，在保留5Mvar左右无功负荷的情况下拉开高压断路器较好，此时即使发生不对称运行，也能尽快发现并及时进行正确处理。

4）若机组已由继电保护动作跳闸，则按停机处理，待查明原因并消除故障后重新将机组并网。

3. 发电机温度异常

（1）温度异常的现象。当发电机允许温度异常时，发电机温度巡测表中（或CRT画面显示）发电机绕组或铁芯温度比正常值明显升高或超限；转子绕组运行温度计算值比正常值明显升高或超限；汽机盘发“发电机温度巡测报警”及冷却介质温度报警光字牌信号。

（2）温度异常的处理。引起发电机运行温度异常的因素很多，运行人员应针对不同情况做出相应处理。

1）判明是否为检测元件故障引起。若是，通知检修人员检验表计；若表计指示正确，应立即减负荷，使温度降到极限值以内。

2）检查三相电流是否平衡，不平衡电流是否超限。若超限，按三相电流不平衡超限处理。

3）检查三相电压是否平衡，功率因数是否在正常范围内。若不符合要求，应调整至正常。

4）判明是否为氢气温度和压力异常引起。若进风温度超限，应检查氢气冷却器运行是否正常。若不正常调节氢气冷却器进水压力和流量，降低风温。若因氢气压力低，冷却效果差，应补氢提高氢气压力。

5）判明是否为内冷却水系统故障引起。若定子冷却水回路水温高，应检查和调节冷却水流量、压力，使发电机进水温度符合规定值。

6）判明是否为过负荷引起。若为过负荷引起，按过负荷方式处理。

经上述处理后温度仍继续上升并超限，应汇报调度，减负荷或停机。

4. 发电机仪表指示失常

发电机运行时，有时表计指针突然失去指示或指示异常，此时运行人员应全面综合分析、判断、处理。

(1) 发电机单一表计指示失常。当运行中的发电机某一表计指示异常而其他表计指示正常时，不足以认为发电机本身是否异常运行，可认为该表计或其回路存在故障。应先由仪表检修人员处理，同时加强对发电机运行工况的监视。需要指出的是，温度指示异常不在此列。

(2) 表计回路故障引起表计指示失常。供仪表用的电压互感器和电流互感器二次侧开路会造成表计指示失常。

1）电压互感器二次侧断线引起表计指示失常。电压互感器二次侧断线时，发电机有功、无功、定子电压、频率等表计失去指示，电能表停止计量。而其他表计，如定子电流、转子电流、转子电压、励磁回路有关表计仍指示正常。此时，运行人员应根据所有表计指示情况作综合分析，判断指示失常的原因。注意监视发电机定子电流、转子电流，不得盲目调节负荷，也不得盲目解列停机，应根据汽机、锅炉的有关参数来监视机组运行。停用可能误动的有关保护连接片。若是发电机仪表用电压互感器熔断器熔断时，应及时更换熔断的熔断器，记录停用时间。

2）电流互感器二次开路引起表计指示失常。发电机的电流互感器二次开路时，如一相开路，其定子电流、有功、无功表指示均可能失常，具体情况和程度与电流互感器的故障相别有关。如图 3-6 所示，功率表和电能表取 u、v 相电流（电压回路为U_{uv}、U_{wv}）。当 6TAu 或 6TAw 二次开路时，功率表指示值降低一半；6TAv 二次开路时，则表计指示不变，因 v 相电流未接入表计回路，但三相定子电流表随电流互感器开路相别均有相应变化。当 5TAu 二次开路时，则有功电能表和无功电能表的计量值也降低 1/2。此时，应立即通知热机值班人员不要盲目调节负荷，并通知检修人员检查处理。同时加强对发电机运行工况的监视，防止电流互感器二次开路高压对人的伤害。

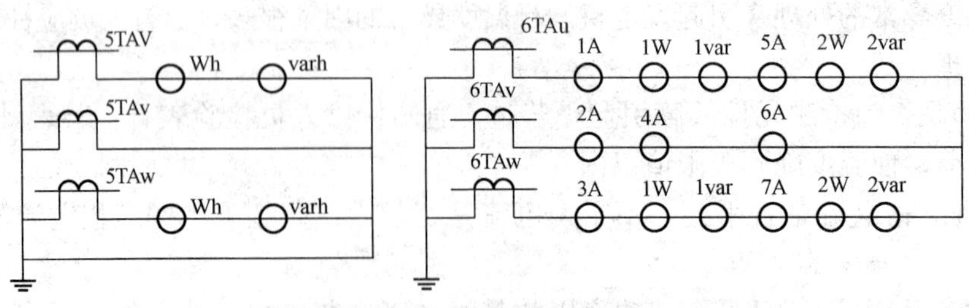

图 3-6　发电机表计电流回路

综上所述，当发电机回路，励磁回路，氢、水冷却回路仪表指示突然回零或指示失常时，应根据其他表计指示及对设备检查结果判断设备是否运行正常。若设备运行正常，可通过其他仪表或计算机测点监视发电机的运行。此时，对有关参数不作调整，待查清仪表指示失常的原因，并经处理使仪表指示正常后，方可调整有关参数。

5. 发电机进相运行

当发电机励磁系统由于AVR原因或故障，或人为降低发电机的励磁电流过多，使发电机由发出感性无功功率变为吸收系统感性无功功率，定子电流由滞后于机端电压变为超前于机端电压运行，这就是发电机的进相运行。进相运行也是现场经常提到的欠励磁运行（或低励磁运行）。此时，由于转子主磁通降低，引起发电机的励磁电动势降低，使发电机无法向系统送出无功功率，进相程度取决于励磁电流降低的程度。

（1）引起发电机进相运行的原因。引起发电机进相运行的原因是低谷运行时，发电机无功负荷原已处于低限，当系统电压因故突然升高或有功负荷增加时，励磁电流自动降低引起进相；AVR失灵或误动、励磁系统其他设备发生了故障、人为操作使励磁电流降低较多等也会引起进相运行。

（2）发电机进相运行的处理。处理方式如下：

1）如果由于设备原因引起进相运行，只要发电机尚未出现振荡或失步，可适当降低发电机的有功负荷，同时提高励磁电流，使发电机脱离进相状态，然后查明励磁电流降低的原因。

2）由于设备原因不能使发电机恢复正常运行时，应及早解列。因通常情况下，机组进相运行时，由于定子端部漏磁和由此引起的损耗要比调相运行时增大，所以定子铁芯端部附近各金属件温升较高，容易发热，对系统电压也有影响。

3）制造厂允许或经过专门试验确定能进相运行的发电机，如系统需要，在不影响电网稳定运行的前提下，可将功率因数提高到1或在允许的进相状态下运行。此时，应严密监视发电机的运行工况，防止失步，尽早使发电机恢复正常。此外，应注意高压厂用母线电压的监视，保证其安全。由于水轮发电机是凸极式结构，其纵轴和横轴同步电抗不相等，电磁功率中有附加分量，因而使它比汽轮发电机有较大的进相运行能力。

二、发电机的事故处理

1. 发电机定子单相接地

发电机定子接地系指发电机定子绕组回路及与定子绕组回路直接相连的一次系统发生的单相接地短路。定子接地按接地时间可分为瞬时接地、断续接地和永久接地；按接地范围可分为内部接地和外部接地；按接地性质可分为金属性接地、电弧接地和电阻接地；按接地的原因可分为真接地和假接地。

（1）定子接地的原因。

1）小动物引起定子接地。如老鼠窜入设备，使发电机一次回路的带电导体经小动物接地，造成瞬时接地报警。

2）定子绕组绝缘损坏。除了绝缘老化方面的原因，主要还有各种外部原因引起绝缘老化。如定子铁芯叠装松动、绝缘表面落上导电性物体（如铁屑）、绕组线棒在槽中固定不紧等在运行中产生振动使绝缘损坏；制造发电机时，线棒绝缘留有局部缺陷，运转时转子零件飞出，定子端部固定零件绑扎不紧，定子端部接头开焊等因素均能引起绝缘损坏。

3）定子绕组回路的绝缘瓷瓶受潮或赃物引起定子回路接地。

4）水冷机组漏水及内冷却水导电率严重超标，引起接地报警。

5）发变组单元接线中，主变压器低压绕组或高压厂用变压器高压绕组内部发生单相接地，都会引发定子接地报警信号。

发电机带开口三角形绕组的电压互感器高压熔断器熔断时，也会发出定子接地报警信号，这种现象通常称为“假接地”。

（2）定子接地的现象及其判断。当发电机定子绕组及与定子绕组直接连接的一次电路发生单相接地或发电机电压互感器高压熔断器熔断时，均发出“定子接地”光字牌报警信号，按下发电机定子绝缘测量按钮，“定子接地”电压表出现零序电压指示。

发电机发出“定子接地”报警后，运行人员应判别接地相别和真、假接地。判别的方法是，当定子一相接地为金属性接地时，通过切换定子电压表可测得接地相对地电压为零，非接地相对地电压为线电压，各线电压不变且平衡。按下定子绝缘测量按钮，“定子接地”电压表指示为零序电压值，其值应为100V。如果一点接地发生在定子绕组内部或发电机出口且为电阻性，或接地发生在发电机—变压器组主变压器低压绕组内，切换测量定子电压，测得的接地相对地电压大于零而小于相电压，非接地相对地电压大于相电压而小于线电压，“定子接地”电压表指示小于100V。

当发电机电压互感器高压侧一相或两相熔断器熔断时，其二次侧开口三角形绕组端电压也要升高。如U相熔断器熔断，发电机各相对地电压未发生变化，仍为相电压，但电压互感器二次侧电压测量值因U相熔断器熔断发生了变化，即U_{UV}、U_{WU}降低，而U_{VW}仍为线电压（线电压不平衡），各相对地电压U_{VO}、U_{WO}接近相电压，U_{UO}明显降低（相对地无电压升高），“定子接地”电压表指示为100/3V，发出“定子接地”光字牌信号（假接地）。

综上所述，真、假接地的根本区别：真接地时，定子电压表指示接地相对地电压降低（或等于零），非接地相对地电压升高（大于相电压但不超过线电压），而线电压仍平衡；假接地时，相对地电压不会升高，线电压也不平衡。这是判断真、假接地的关键。

（3）发电机定子接地的处理。由于发电机中性点一般采用中性点经消弧线圈或高电阻接地，在发生定子一点接地时仍可短时带接地运行。规程规定，对于150MW及以下的汽轮发电机，当接地电容电流小于5A时，允许定子带接地运行不超过2h。对于200MW及以上发电机，当电容电流大于5A（内冷机组电流≥2A）应立即减负荷停机。这是考虑到接地点发生在发电机内部时，接地电弧电流易使铁芯损坏，对大机组来说，铁芯损坏不易修复。另外，接地电容电流能使铁芯熔化，熔化的铁芯又会引起损坏区扩大，使有效铁芯“着火”，由单相短路发展为相间短路。

由上所述，当接到“定子接地”报警后，若判明为真接地，应检查发电机本体及所连接的一次回路，如接地点在发电机外部，应设法消除。如将厂用电倒为备用电源供电观察接地是否消失。如果接地无法消除，对于200MW及以上机组，应在30min内停机。如果查明接地点在发电机内部（在窥视孔能见到放电火花或电弧），应立即减负荷解列停机，并向上级调度汇报。如果现场检查不能发现明显故障，但“定子接地”报警又不消失，应视为发电机内部接地，30min内必须停机检查处理。

若判明为假接地，应检查并判明发电机电压互感器熔断器熔断的相别，视具体情况，带电或停机更换熔断器。如果带电更换熔断器，应做好人身安全措施和防止继电保护误动的措施。

2. 发电机转子接地

发电机转子接地有转子一点接地和两点接地，另外还会发生转子层间和匝间短路故障。与定子接地一样，转子接地有瞬时接地、断续接地、永久接地之分，也有内部接地和外部接地，金属性接地和电阻性接地之分。

(1) 转子接地的原因。工作人员在励磁回路上工作时，因不慎误碰或其他原因造成转子接地；转子滑环、槽及槽口、端部、引线等部位绝缘损坏；长期运行绝缘老化，因杂物或振动使转子部分匝间绝缘垫片位移，将转子通风孔局部堵塞，使转子绕组绝缘局部过热老化引起转子接地；鼠类等小动物窜入励磁回路，定子进出水支路绝缘引水管破裂漏水，励磁回路脏污等引起转子接地。

(2) 转子一点接地的现象及处理。发电机发生转子一点接地时，中央信号警铃响，“发电机转子一点接地”光字牌亮，表计指示无异常。

转子回路一点接地时，因一点接地不形成电流回路，故障点无电流通过，励磁系统仍保持正常状态，故不影响机组的正常运行。此时，运行人员应检查“转子一点接地”光字牌信号是否能够复归。若能复归，则为瞬时接地。若不能复归，通知检修人员检查转子一点接地保护是否正常。若正常，则可利用转子电压表通过切换开关测量正、负极对地电压，鉴定是否发生了接地。如发现某极对地电压降到零，另一极对地电压升至全电压（正、负极之间的电压值），说明确实发生了一点接地。运行人员应按下述步骤处理：

1) 检查励磁回路是否有人工作，如是工作人员引起，应予以纠正。

2) 检查励磁回路各部位有无明显损伤或因脏污接地，若因脏污接地应进行吹扫。

3) 对有关回路进行详细外部检查，必要时轮流停用整流柜，以判明是否由于整流柜直流回路接地引起。

4) 检查区分接地是在励磁回路还是在测量保护回路。

5) 若转子接地为一点稳定金属性接地，且无法查明故障点，除加强监视机组运行外，在取得调度同意后，将转子两点接地保护作用于跳闸，并申请尽快停机处理。

6) 转子带一点接地运行时，若机组又发生欠励磁或失步，一般可认为转子接地已发展为两点接地，这时转子两点接地保护动作跳闸，否则应立即人为停机。对于双水内冷机组，在转子一点接地时又发生漏水，应立即停机。

(3) 转子两点接地或层间短路的现象及处理。当转子发生两点接地时，转子电流表指示剧增，转子和定子电压表指示降低，无功功率表指示明显降低，功率因数提高甚至进相，“转子一点接地”光字牌亮、警铃响、机组振动较大。严重时，可能发生发电机失步或失磁保护动作跳闸。

由于转子两点接地时，转子电流增加很多，造成励磁回路设备过热甚至损坏。如果其中一接地点发生在转子绕组内部，部分转子绕组也要出现过热。另外，转子两点接地使磁场的对称性遭到破坏，故机组产生强烈振动，特别是两点接地时除发生刺耳的尖叫声外，发电机两端轴承间隙还可能向外喷带火苗的黑烟。为此，发电机发生转子两点接地时，应立即紧急停机。如果“转子一点接地”光字牌未亮，由于转子层间短路引起机组振动超过允许值或转子电流明显增大时，应立即减小负荷，使振动和转子电流减少至允许范围。经处理无效时，根据具体情况申请停机或打闸停机。

3. 发电机的非同期并列

在不满足同期条件时，人为操作或借助自动装置操作将发电机并入系统，这种并列操作称非同期并列。非同期并列是发电厂电气操作的恶性事故之一，非同期并列对发电机、对系统都会造成严重后果。非同期并列时，由于合闸冲击电流很大，机组产生剧烈振动，使待并发电机绕组变形、扭弯、绝缘崩裂、定子绕组并头套熔化，甚至将定子绕组烧毁。特别是大容量机组与系统非同期并列，将造成对系统的冲击，引起该机组与系统间的功率振荡，危及系统的稳定运行。因此，必须防止发电机的非同期并列。

（1）非同期并列的现象。发电机非同期并列时，发电机定子产生巨大的电流冲击，定子电流表剧烈摆动，定子电压表也随之摆动，发电机发生剧烈振动，发出轰鸣声，其节奏与表计摆动相同。

（2）非同期并列的处理。发电机的非同期并列应根据事故现象正确判断处理。当同期条件相差不悬殊时，发电机组无强烈的振动和轰鸣声，且表计摆动能很快趋于缓和，则机组不必停机，机组会很快被系统拉入同步，进入稳定运行状态。若非同期并列对发电机产生很大的冲击和引起强烈的振动，表计摆动剧烈且不衰减时，应立即解列停机，待试验检查确认机组无损坏后，方可重新起动开机。

4. 发电机的失磁

同步发电机失去直流励磁，称为失磁。发电机失磁后，经过同步振荡进入异步运行状态，发电机在异步运行状态下，以低滑差 s 与电网并列运行，从系统吸取无功功率建立磁场，向系统输送一定的有功功率，是一种特殊的运行方式。

（1）发电机失磁的原因。引起发电机失磁的原因有励磁回路开路，如自动励磁开关误跳闸，励磁调节装置的自动开关误动；转子回路断线，励磁机电枢回路断线，励磁机励磁绕组断线；励磁机或励磁回路元件故障，如励磁装置中元件损坏、励磁调节器故障、转子滑环电刷环火或烧断；转子绕组短路；失磁保护误动和运行人员误操作等。

（2）发电机失磁运行的现象。发电机失磁运行时有如下现象。

1）中央音响信号动作，“发电机失磁”光字牌亮。

2）转子电流表的指示等于零或接近于零。转子电流表的指示与励磁回路的通断情况及失磁原因有关，若励磁回路开路转子电流表指示为零；若励磁绕组经灭磁电阻或励磁机电枢绕组闭路，或 AVR、励磁机、硅整流装置故障，转子电流表有指示。但由于励磁绕组回路流过的是交流（失磁后，转子绕组感应出转差频率的交流），故直流电流表有很小的指示值。

3）转子电压表指示异常。在发电机失磁瞬间，转子绕组两端可能产生过电压（励磁回路高电感而至）；若励磁回路开路，则转子电压降至零；若转子绕组两点接地短路，则转子电压指示降低；转子绕组开路，转子电压指示升高。

4）定子电流表指示升高并摆动。升高的原因是由于发电机失磁运行时，既向系统送出一定的有功功率，又要从系统吸收无功功率以建立机内磁场，且吸收的无功功率比原来送出的无功功率要大，使定子电流加大。摆动的原因是因为力矩的交变引起的。发电机失磁后异步运行时，转子上感应出差频交流电流，该电流产生的单相脉动磁场可分解为正向和反向旋转磁场，其中反向旋转磁场与定子磁场作用，对转子产生制动作用的异步力矩；正向旋转磁场与定子磁场作用，产生交变的异步力矩。由于电流与力矩成正比，所以力矩的变化引起电流的脉动。

5）定子电压降低且摆动。发电机失磁时，系统向发电机送出无功功率，因定子电流比失磁前增大，故沿回路的电压降增大，导致机端电压下降。电压摆动是由于定子电流摆动引起的。

6）有功功率表指示降低且摆动。有功功率输出与电磁转矩直接相关。发电机失磁时，由于原动机的转矩大于电磁转矩，转速升高，汽轮机调速器自动关小汽门。这样，驱动转矩减小，输出有功功率也减小，直到原动机的驱动转矩与发电机的异步转矩平衡时，调速器停止动作。发电机的有功功率输出稳定在小于正常值的某一数值下运行。摆动的原因也是由于存在交变异步功率造成的。

7）无功功率表指示为负值，功率因数表指示进相。发电机失磁进入异步运行后相当于一个滑差为 s 的异步发电机，一方面向系统送出有功功率，另一方面自系统吸收大量的无功功率用于励磁，所以发电机的无功功率表指示负值，功率因数表指示进相。

（3）发电机失磁运行的影响及应用条件。发电机失磁运行的影响如下：

1）发电机失磁后，从系统吸收无功功率，造成系统的无功功率严重缺额，造成系统电压下降。这不仅影响失磁机组厂用电的安全运行，还可能引起其他发电机的过电流。更严重的是电压下降，降低了其他机组的功率极限，可能破坏系统的稳定，还可能因电压崩溃造成系统瓦解。

2）对失磁机组的影响。发电机失磁运行时，定子电流增大，引起定子绕组温度升高；机端漏磁增加，端部铁芯、构件因损耗增加而发热，温度升高；由于失磁运行，在转子本体中感应出的差频交流电流产生损耗而发热，引起转子局部过热；由于转子的电磁不对称产生的脉动转矩将引起机组和基础的振动。

根据上述不良影响，允许发电机失磁运行的条件是：

1）系统有足够的无功电源储备。通过计算，应能确认发电机失磁后能保证电压不低于额定值的90%，才能保证系统的稳定。

2）定子电流不超过发电机运行规程所规定的数值，一般不超过额定值的1.1倍。

3）定子端部各构件的温度不超过允许值。

4）外冷式发电机的转子损耗不超过额定励磁损耗，内冷式发电机的转子损耗不超过0.5倍额定励磁损耗。

（4）发电机失磁运行的处理。由于不同电力系统无功功率储备和机组类型的不同，有的发电机允许失磁运行，有的则不允许失磁运行，因此处理的方式也不同。

对于汽轮发电机如100MW汽轮机组，经大量失磁运行试验表明，在30s内将发电机的有功功率减至额定值的50%可继续运行15min；若将有功功率减至额定值的40%可继续运行30min。但对无功功率储备不足的电力系统，考虑电力系统电压水平和系统稳定，不允许某些容量的汽轮发电机失磁运行。

对于调相机和水轮发电机，无论系统无功功率储备如何，均不允许失磁运行。因调相机本身是无功电源，失去励磁就失去了无功调节的作用。而水轮发电机其转子为凸极转子，失磁后，转子上感应的电流很小，产生的异步转矩小，故输出有功功率也小，失磁运行便无实际意义。

不允许发电机失磁运行的处理步骤如下：

1）根据表计和信号显示，尽快判明失磁原因。

2）失磁机组可利用失磁保护带时限动作于跳闸。若失磁保护未动作，应立即手动将机组与系统解列。

3）若失磁机组的励磁可切换至备用励磁，且其余部分仍正常，在机组解列后可迅速切换至备用励磁，然后将机组重新并网。

4）在进行上述处理的同时，应尽量增加其他未失磁机组的励磁电流，以提高系统电压稳定能力。

5）严密监视失磁机组的高压厂用母线电压，在条件允许且必要时，可切换至备用电源供电，以保证该机组厂用电的可靠性。

允许发电机失磁运行的处理步骤如下：

1）发电机失磁后，若发电机为重载，在规定的时间内，将有功功率减至允许值（减少对系统和厂用电的影响）；若发电机为轻载，则不必减有功功率；在允许运行时间内查找机组失磁的原因。

2）增加其他机组的励磁电流，维持系统电压。

3）监视失磁机组定子电流应不超过1.1倍额定电流，定子电压应不低于0.9倍额定电压，并同时监视定子端部温度。

4）在允许运行时间内，设法迅速恢复励磁电流。如AVR不能正常工作，应切换至备用励磁装置。

5）如果在允许继续运行的时间内不能恢复励磁，应将失磁发电机的有功功率转移至其他机组，然后解列。

5. 发电机的振荡和失步

同步发电机正常运行时，定子磁场与转子磁场之间可看成有弹性的磁力线联系。当负载增加时，功角将增大，这相当于把磁力线拉长；当负载减小时，功角将减小，这相当于磁力线缩短。当负载突然变化时，由于转子有惯性，转子功角不能立即稳定在新的数值，而是在新的稳定值左右要经过若干次摆动，这种现象称为同步发电机的振荡。

振荡有两种类型：一种是振荡的幅度越来越小，功角的摆动逐渐衰减，最后稳定在某一新的功角下，仍以同步转速稳定运行，称为同步振荡；另一种是振荡的幅度越来越大，功角不断增大，直至脱出稳定范围，使发电机失步，发电机进入异步运行，称为非同步振荡。

（1）发电机振荡或失步时的现象。

1）定子电流表指示超出正常值，且往复剧烈摆动。这是因为各并列电动势间的夹角发生了变化，出现了电动势差，使发电机之间流过环流。由于转子转速的摆动，使电动势间的夹角时大时小，力矩和功率也时大时小，因而造成环流也时大时小，故定子电流表的指针就来回摆动。这个环流加上原有的负荷电流，其值可能超过正常值。

2）定子电压表和其他母线电压表指针指示低于正常值，且往复摆动。这是因为失步发电机与其他发电机电动势间夹角在变化，引起电压摆动。因为电流比正常时大，压降也就大，引起电压偏低。

3）有功负荷与无功负荷大幅度剧烈摆动。因为发电机在未失步时的振荡过程中送出的功率时大时小，以及失步时有时送出有功，有时吸收有功的缘故。

4）转子电压表、电流表的指针在正常值附近摆动。发电机振荡或失步时，转子绕组中会感应交变电流，并随定子电流的波动而波动，该电流叠加在原来的励磁电流上，就使得转子电流表指针在正常值附近摆动。

5）频率表忽高忽低地摆动。振荡或失步时，发电机的输出功率不断地变化，作用在转子上的力矩也相应变化，因而转速也随之变化。

6）发电机发出有节奏的鸣声，并与表计指针摆动节奏合拍。

7）低电压继电器过负荷保护可能动作报警。

8）在控制室可听到有关继电器发出有节奏的动作和释放的响声，其节奏与表计摆动节奏合拍。

9）水轮发电机调速器平衡表指针摆动；可能有剪断销剪断的信号；压油槽的油泵电动机起动频繁。

（2）发电机振荡和失步的原因。

1）静态稳定破坏。这往往发生在运行方式的改变，使输送功率超过当时的极限允许功率。

2）发电机与电网联系的阻抗突然增加。这种情况常发生在电网中与发电机联络的某处发生短路，一部分并联元件被切除，如双回线路中的一回被断开，并联变压器在的一台被切除等。

3）电力系统的功率突然发生不平衡。如大容量机组突然甩负荷，某联络线跳闸，造成系统功率严重不平衡。

4）大机组失磁。大机组失磁，从系统吸取大量无功功率，使系统无功功率不足，系统电压大幅度下降，导致系统失去稳定。

5）原动机调速系统失灵。原动机调速系统失灵，造成原动机输入力矩突然变化，功率突升或突降，使发电机力矩失去平衡，引起振荡。

6）发电机运行时电动势过低或功率因数过高。

7）电源间非同期并列未能拉入同步。

（3）单机失步引起的振荡与系统性振荡的区别。

1）失步机组的表计摆动幅度比其他机组表计摆动幅度要大。

2）失步机组的有功功率表指针摆动方向正好与其他机组的相反，失步机组有功功率表摆动可能满刻度，其他机组在正常值附近摆动。

3）系统性振荡时，所有发电机表计的摆动是同步的。

（4）发电机振荡或失步的处理。当发生振荡或失步时，应迅速判断是否为本厂误操作所引起，并观察是否有某台发电机发生了失磁。如本厂情况正常，应了解系统是否发生故障，以判断发生振荡或失步的原因。发电机发生振荡或失步的处理如下：

1）如果不是某台发电机失磁引起，则应立即增加发电机的励磁电流，以提高发电机电动势，增加功率极限，提高发电机稳定性。这是由于励磁电流的增加，使定、转子磁极间的拉力增加，削弱了转子的惯性，在发电机到达平衡点时拉入同步。这时，如果发电机励磁系统处在强励状态，1min 内不应干预。

2）如果是由于单机高功率因数引起，则应降低有功功率，同时增加励磁电流。这样既可以降低转子惯性，也由于提高了功率极限而增加了机组稳定运行能力。

3）当振荡是由于系统故障引起时，应立即增加各发电机的励磁电流，并根据本厂在系统中的地位进行处理。如本厂处于送端，为高频率系统，应降低机组的有功功率；反之，本厂处于受端且为低频率系统，则应增加有功功率，必要时采取紧急拉路措施以提高频率。

4）如果是单机失步引起的振荡，采取上述措施经一定时间仍未进入同步状态时，可根据现场规程规定，将机组与系统解列或按调度要求将同期的两部分系统解列。

以上处理，必须在系统调度统一指挥下进行。

6. 发电机调相运行

同步发电机既可作为发电机运行，也可作为电动机运行。当运行中的发电机因汽轮机危急保安器误动或调速系统故障而导致主汽门关闭时，发电机失去原动力，此时若发电机的横向联动保护或逆功率保护未动作，发电机则变为调相机运行。

（1）发电机变为调相机运行的现象。

1）汽轮机盘出现“主汽门关闭”光字牌信号报警。

2）发电机有功功率表指示为负值，电能表反转。此时，发电机从系统吸取少量有功功率维持其同步运行。

3）发电机无功功率表指示升高。此时，发电机仅从系统吸取少量有功功率维持空载转动，而发电机的励磁电流未发生变化。由发电机的电压相量图或功率输出 $P-Q$ 特性曲线可知，其功角 δ 减小时，功率因数角加大，故无功功率增大。

4）发电机定子电压升高，定子电流减小。定子电流的减小是由于发电机输出有功功率突然消失引起的，虽然输出无功功率增加，并从系统吸取少量有功功率，但定子总的电流仍减小。由于定子电流的减小，电流在定子绕组上的压降减小，故定子电压升高。由于发电机与系统相连，发电机向系统输送的无功功率增加，使发电机的去磁作用增加，定子电压自动降低保持发电机电压与系统电压平衡。

5）发电机励磁回路仪表指示正常，系统频率可能有降低。因励磁系统未发生变化，故励磁回路各表计指示正常。发电机调相运行时，不仅不输出有功，还要从系统吸取少量有功维持其同步运行。当该发电机占系统总负荷比例较大时，由于系统有功不足，使系统频率下降。

（2）发电机变为调相机运行的处理。发电机变为调相机运行，对发电机本身来说并无什么危害，但汽轮机不允许长期无蒸汽运行。这是由于汽轮机无蒸汽运行时，叶片与空气摩擦将会造成过热，使汽轮机排汽温度很快升高，故汽轮发电机不允许持续调相运行。

当汽轮发电机发生调相运行后，逆功率保护应动作跳闸，按事故跳闸处理；若逆功率保护拒动，运行人员应根据表计指示及信号情况迅速作出判断，在1min内将机组手动解列，此时应注意厂用电联动正常。若汽轮机能很快恢复，则可再并列带负荷；若汽轮机不能很快恢复，应将发电机操作至备用状态。

水轮发电机组由发电转为调相，或者由调相转为发电方式，在运行上都是允许的而且是很方便的。机组由发电转为调相运行时，一般先将有功负荷减到零，然后导水叶全关，但机组不与系统解列，由电网带动机组旋转，转子继续励磁，从而向系统发送无功功率。机组由停机备用转为调相运行，可按正常程序开机，先使发电机并网空载运行，然后再调节励磁使之调相运行。

担负调相运行的水轮发电机组，为了避免调相运行时水涡轮在水中旋转而造成能量损失，应考虑转轮室的排水方式。通常是向转轮室通压缩空气而压低转轮室水位。同时，也相应要考虑主轴水封的润滑及冷却方式。

7. 发电机断路器自动跳闸

机组正常运行时，由于种种原因使发电机与系统相连的断路器自动跳闸，运行人员应正确判断并及时处理，以保证机组安全运行。

（1）断路器自动跳闸的原因。

1）继电保护动作跳闸。如机组内部或外部短路故障引起继电保护动作跳闸；发电机因失磁或断水保护动作跳闸；热机系统发生故障，由值班员就地紧急跳闸，或热力系统故障由热机保护连锁使断路器跳闸。

2）工作人员误碰或误操作、继电保护误动作使断路器跳闸。

3）直流系统发生两点接地，造成控制回路或继电保护误动作跳闸。

（2）断路器自动跳闸后的现象。按跳闸原因分述如下：

保护正确动作引起的跳闸：

1）喇叭响，机组断路器和灭磁开关的位置指示灯闪光。当机组发生故障时，发电机主断路器、灭磁开关、高压厂用工作分支断路器在继电保护的作用下自动跳闸，各跳闸断路器的绿灯闪光。高压厂用备用分支断路器被联动自动合闸，备用分支断路器的红灯闪光。

2）发电机主断路器、高压厂用工作分支断路器、灭磁开关“事故跳闸”光字牌信号报警，有关保护动作光字牌亮。

3）发电机有关表计指示为零。发电机事故跳闸后，其有功功率、无功功率、定子电流和电压、转子电流和电压等表计指示全部为零。

4）在断路器跳闸的同时，其机组均有异常信号，表计亦有相应异常指示。如发电机故障跳闸时，其机组应出现过负荷、过电流等现象，并出现表计指示大幅度上升或摆动。

人员误碰、保护误动引起的跳闸：

1）断路器位置指示灯闪光，灭磁开关仍在合闸位置。

2）发电机定子电压升高，机组转速升高。

3）在自动励磁调节器作用下，发电机转子电压、电流大幅度下降。

4）有功功率、无功功率及其他表计有相应指示。因厂用分支断路器未跳闸，仍带厂用电负荷。

5）其他机组表计无故障指示，无电气系统故障现象。

（3）断路器自动跳闸的处理。

保护正确动作的处理：

1）发电机主断路器自动跳闸后，应检查灭磁开关是否已经跳闸，若未跳闸应立即断开。

2）发电机主断路器、灭磁开关、高压厂用电源工作分支断路器跳闸后，应检查高压厂用电源工作分支切换至备用分支是否成功。若不成功，应手动合上备用分支断路器（若工作分支断路器未跳闸，应先拉工作分支、后合备用分支），以保证机组停机用电的需要。

3）复归跳闸断路器控制开关和音响信号。将自动跳闸和自动合闸断路器的控制开关拧至与断路器的实际位置相一致的位置，使闪光信号停止；按下音响信号的复归按钮，使音响停止。

4）停用发电机的自动励磁调节器（AVR）。

5）调节、监视其他无故障机组的运行工况，以维持其正常运行。

6）检查继电保护动作情况，并作出相应处理。若发电机因系统故障跳闸（如母线差动、失灵保护），应维持汽轮机的转速，并检查发电机—变压器组一次系统，特别是对断路器和灭磁开关的外部状况进行详细检查。在系统故障排除或经倒换运行方式将故障隔离后，联系调度，将机组重新并入系统；若为发电机—变压器组内部保护动作跳闸，应立即将与其有关的系统改为冷备用，对发电机、主变压器、高压厂用变压器及有关设备进行检查，并测量绝缘，以查明跳闸原因，确定故障点和故障性质，汇报调度停机检修。待故障排除后重新起动并网。若为失磁保护动作跳闸应查明原因，对可切换至备用励磁装置运行的机组，可重新并网，否则只能停机，待缺陷消除后再将机组起动并网。

发电机误跳闸的处理：

1）发电机保护误动作跳闸。断路器跳闸时，应有继电保护动作信号发出，但机组和系统无故障现象，其他电气设备也无不正常信号。此时，应检查是什么保护误动作引起跳闸。如为后备保护误动作，在征得调度同意后，可将其暂时停用，先将发电机并网，然后消除故障；如为机组主保护误动作引起跳闸，必须查明保护误动的原因，消除误动故障后方可重新并网，不可随意停用主保护。发电机断路器自动跳闸后，检查发变组一次无异常，检查保护也无异常，经总工程师及调度同意，可对发电机手动零起升压。若升压过程中有异常，应立即停机处理。

2）人为误碰、误操作引起的跳闸。一般情况下，此时灭磁开关仍处于合闸位置，发电机各表计指示为甩负荷现象。此时应将灭磁开关手动跳闸，在查明确系人为原因引起后，应尽快将机组重新并网运行。

3）因直流系统两点接地引起的误跳闸。这种情况出现前，直流系统往往带一点接地运行，跳闸时可能无故障信号发生，应首先查找并消除直流系统接地故障，然后将机组重新并网。

8. 发电机内部爆炸、着火

（1）发电机的冒烟着火主要由发热引起，而导致发电机发热的主要原因有：发生短路故障后的切除时间过长；绝缘击穿形成火花或电弧；绝缘表面脏污造成绝缘损坏构成故障；承载大电流的接头过热；局部铁芯过热、杂散电流引起火花等。

（2）故障现象：发电机内部有强烈爆炸声，两侧端盖处冒烟，有焦臭味；发电机内部氢气压力大幅度波动，出口氢温升高，氢气纯度下降；发电机表计指示可能基本正常，发电机内部保护动作。

（3）故障处理。保护未动作时，应立即将发电机与系统解列，切除励磁。并按现场规定灭火。为了防止发电机大轴受热不均而弯曲，应维持发电机在10%额定转速左右运行。

1）对装有水灭火装置的发电机，在确知发电机已解列灭磁且有关电源已隔离后，可向发电机内喷水灭火。

2）当没有水灭火装置或因故无法使用水灭火装置时，可以使用二氧化碳灭火器材或1211型灭火器，绝对不能使用泡沫式灭火器或沙子灭火。因为泡沫式灭火器内的硫酸铝是导电的，将影响发电机的绝缘性能，给检修工作带来困难。沙子只能扑灭地面油类火灾，如使用在发电机内或轴承上将会损坏设备。

3）对氢冷发电机可使用二氧化碳灭火器灭火。对水内冷机组，在灭火过程中不得停用冷却水，因为发电机转动过程中仍需进行冷却。

4）如冒烟着火发生在励磁机或发电机轴承时，可用四氯化碳和二氧化碳灭火器灭火。

5）对水轮发电机在灭火过程中，应关闭冷、热风口，保持密封，以便断绝氧气；应到水车室检查下风洞盖板有无漏水，以判断给水情况是否良好；在给水5min后，带上防毒面具进入风洞，检查灭火情况，如尚未完全熄灭，则继续给水。

6）发生冒烟着火后应及时通知消防部门，并在消防人员赶赴现场后对邻近带电设备应交代清楚，以配合消防人员进行灭火工作。

三、冷却系统的异常运行和故障处理

（一）发电机冷却水系统异常运行及故障处理

1. 内冷水温度、流量异常

（1）异常现象：

1）进水温度高。内冷水进水温度正常为40～45℃。当高于45℃时，汽轮机盘发音响信号和“定子冷却水进水温度高”光字牌信号，汽轮机的DEH画面显示“水冷却器出水温度不低于45℃”。

2）进水温度低。当进水温度低于39℃时，汽轮机盘发音响信号和“进水温度低”光字牌信号，DEH画面显示“水冷却器出水温度低于39℃”。

3）出水温度高。正常时出水温度不超过75℃。汽轮机盘发音响信号和“定子冷却水出水温度高”光字牌信号，汽轮机的DEH画面显示“水冷却器出水温度不低于74℃”。发电机温度巡测表中，定子出水温度高。

4）内冷水流量低。汽轮机盘发“定子绕组水流量非常低”光字牌信号，发电机盘可能发“断水保护动作”光字牌报警，汽轮机盘DAS画面显示“内冷泵出水流量不大于15t/h”（15t/h为规定值）。

（2）故障处理：

1）当定子绕组进水温度高时，应检查水冷却器的冷却水流量是否足够、压力是否正常，温度是否过高、冷却水门是否卡死调不动。可适当打开旁路门，调整进水，必要时可投入备用冷却水泵。

2）当定子绕组出水温度高时，应检查定子绕组进水温度是否正常，可按定子绕组进水温度高处理。检查过滤器压差是否足够大，进水门是否全开，检查定子冷却水压是否正常，定子冷却水泵运转是否正常，水流阀门位置是否正确。采取上述措施后仍无效，应降低负荷直至停机。

3）当定子绕组冷却水流量低时，检查定子冷却水进水压力是否正常；起动备用冷却水泵，调整进水压力，提高流量；检查过滤器是否堵塞，水系统各阀门位置是否正确；检查定子出水温度，若出水温度高，按出水温度高处理；检查液位检测器是否大量漏水，若是，应查明漏水原因并处理。

2. 内冷水泄漏或中断

（1）故障现象：内冷水泄漏时，汽轮机盘“发电机水系统就地仪表柜报警”光字牌亮；若泄漏严重，汽轮机DAS画面上内冷水流量、压力会有异常变化，备用冷却水泵有可能联动。

若内冷水中断，“发电机断水”信号声、光报警，汽轮机盘“发电机水系统就地仪表柜报警”光字牌亮，DAS画面上“内冷却水泵出口流量不大于10t/h”，两台内冷却水泵均停运。

（2）故障处理：若内冷水泄漏，运行人员可通过改变运行方式来隔离泄漏点，若无法隔离甚至漏点在机内，则应尽快联系停机。

若内冷水中断，两台内冷却水泵抢投一台成功，则可维持机组运行，处理故障水泵。若两台内冷却水泵均投不上，则由机组保护跳闸停机，电气值班员做好厂用电的切换。

3. 定子内冷水导电率高

发电机的内冷却水是汽轮机的凝结水或经化学处理后的补充水。运行中可能因定子冷却水系统中的水冷却器有漏水现象，冷却器的循环冷却水进入内冷水中，使导电率升高。

（1）故障现象：当定子内冷水导电率高时，“定子冷却水进水导电率高”报警，定子进水导电率表指示大于 $5\mu\Omega/\mathrm{cm}$。

（2）故障处理：对定子内冷水进行换水，当导电率大于 $10\mu\Omega/\mathrm{cm}$ 时，不允许发电机运行。若因水冷却器漏水使导电率升高，应停用漏水的水冷却器，并投入备用冷却器直至导电率正常。定子冷却水在运行中因补充化学水使导电率升高时，应请化学部门检查处理至水质合格。

（二）发电机氢系统的异常运行及故障处理

1. 发电机氢气压力高或低

当发电机氢气的运行压力高至报警或低至报警值时，气体控制盘上出现“氢气压力高或低”光字牌报警；氢气压力表指示值大于压力高报警值，或小于压力低报警值。

发电机氢气压力高，通常发生在给发电机补氢的情况下。氢气压力低可能因密封油压过低或供油中断、氢气母管压力低、氢气管路破裂或阀门泄漏、密封油氢侧回油箱油位低使氢气进入油中、突然甩负荷引起发电机过冷却造成氢压降低、误操作造成氢压降低等原因引起。

氢气压力高或低应根据具体情况加以处理。发电机氢气压力高若因补氢造成，则立即停止补氢，并打开排污门，将氢压降低至正常值；若因漏氢使发电机氢压低，则应立即补氢至正常值。若大量漏氢，应及时对油、水、氢系统全面检查，发现问题及时处理，恢复氢压至正常值。当漏氢大，且漏点无法消除，氢压不能维持时，则可降低氢压运行，同时降低机组的负荷，并密切监视发电机各部位温度不得超过规定值。若降低氢压后仍不能维持运行，可申请停机。如果发电机氢压降低是由于甩负荷后温度下降引起，则可根据氢气压力指示，立即增加发电机的负荷，但不可补充氢气。如果暂时不能增加负荷，为防止发电机过冷却，应减少氢气冷却器各段的供水量，并补氢使氢压升至正常值。

2. 发电机氢气温度高

当发电机氢气运行温度高至报警值时，气体控制盘发“氢气温度高”光字牌报警，氢气温度指示高于额定值。

当氢气温度高报警时，运行人员应检查氢气冷却水的温度、压力、流量是否正常，若不正常应及时调整。若氢气冷却器冷却水的压力和流量无法调整，应适当降低发电机的负荷。若系氢气压力低或氢气纯度低引起氢温高，应补氢或换氢，提高氢气压力和纯度至正常值。在氢气温度高的情况下，还应密切监视定子绕组及铁芯的温度。

3. 发电机氢气纯度低

当氢气纯度低至报警值时，则气体控制盘发“氢气纯度低”光字牌报警，氢气纯度指示值小于90%。运行人员应通知制氢站取样分析，并检查仪表指针是否粘住，同时开启排污门排氢并开启补氢门补氢，保持发电机内的氢气压力，直到纯度合格。

四、励磁系统的异常运行及故障处理

励磁系统常见的异常运行有两大类，即励磁回路一次系统（包括主、副励磁机、整流柜、励磁开关、磁场隔离开关、回路连接电缆、滑环等设备）的异常运行和 AVR 回路的异常运行。

由于励磁回路一次系统发生故障，可能造成发电机失磁，而大容量发电机组不允许失磁运行，因此当发电机失磁时，失磁保护带时限动作于跳闸。下面重点介绍励磁系统 100Hz 整流柜和 AVR 回路的异常运行及故障处理。

（一）整流柜的异常运行及故障处理

1. 整流柜风机故障跳闸

100Hz 主整流柜（U1）内均装设了冷却风机，其作用是保证整流柜在正常运行时散热，否则，将影响整流元件的正常工作，甚至使整流元件烧坏。运行中的整流柜冷却风机发生故障时，由热继电器动作使风机开关跳闸。整流柜风机电源失去时，也会因开关的励磁线圈失压而释放，使风机停止运转。为了提高整流柜风机运行的可靠性，整流柜内设置有两路电源，一路工作，另一路备用，并设有自动切换装置。

当整流柜风机运行中因故障跳闸时，控制室发出“整流柜故障”声、光信号，运行值班人员应赴现场检查。若确系整流柜风机跳闸时，应根据具体情况作出相应处理。

对于 SWTA 型 AVR 有刷励磁系统，100Hz 主整流柜有五组。当一组整流柜风机跳闸时，其余各组风机运行正常。此时，其余四组整流柜可满足机组的额定励磁，而且能满足强励时 2 倍额定励磁电流的要求。处理时，隔断跳闸风机的电源，并拉开该整流柜交流进线开关，然后查找风机故障的原因。如为风机本身故障，通知检修处理，如为电源故障且备用电源未切换时，应恢复电源，并查找备用电源未切换的原因。若两路电源均故障，停用该组整流柜。

若有两组整流柜因风机故障退出运行，其余三组整流柜运行时，只能满足额定励磁电流，不能满足强励。为防止随时可能出现的强励，应将 AVR 切至手动控制方式，然后按上述方法处理。

若有三组整流柜因风机故障退出运行，则剩下两组整流柜不能承担额定励磁电流。应先将 AVR 由自动切至手动，然后将发电机转子电流降至额定值以下，但机组功率因数不得超过规定值，否则应降低机组的有功出力。考虑到三组整流柜交流开关同时跳闸，整流元件可能因过热而损坏，发电机设置了“三台整流柜故障”跳发电机的保护，故发生三组整流柜风机跳闸时，应先解除此保护，然后拉开无风机整流柜的交流进线开关，以免发生发电机跳闸。

如果所有整流柜风机的两路电源同时失去，全部整流柜风机跳闸。此时，可按硅整流元件无风冷却时的电源限额维持机组运行。

对 HWTA－30 型 AVR 有刷励磁系统，100Hz 主整流柜有 2 组，每组整流柜设有 3 台冷却风机。当 1 组整流柜冷却风机有 2 台故障停转时，该整流柜退出运行，另一组整流柜能满足额定励磁和强励的要求，处理方法与上述相似。

晶闸管整流柜内也设有冷却风机，冷却风机故障使晶闸管整流柜退出运行时，其处理方法与上述相似。

2. 硅整流元件熔断器熔断

整流柜内硅整流元件采用的熔断器为快速熔断器，作为整流柜短路故障的保护。每只熔断器都带有副触点，熔断器熔断后，读触点闭合，一方面接通信号回路发出信号，同时经中间继电器将该熔断器所在整流柜的交流开关跳闸，并由其副触点向控制室发出“整流柜故障”信号，电气运行值班人员应立即检查现场。如系熔断器熔断时，将整流柜退出运行，更换元件或更换熔断器后，再将该组整流柜投入运行。

需要指出的是熔断器熔断后，其副触点可能不动作，故整流柜交流开关不跳闸，运行人员无法及时发现。因此，在巡视检查时，应按规定正确抄录各组整流柜的运行电流，分析其均流度。当发现均流有明显变化时，应对电流减小的整流柜进行重点检查，必要时可用电压表（或万用表的电压档）测量熔断器两侧的电压，正常的熔断器两侧电压为零。如果发现有电压（约为数十伏），应将整流柜退出运行进行检修。

3. 整流柜内载流导体发热

整流柜内载流导体发热是常见的异常运行现象之一，其原因一般是导体接头的接触电阻增大。处理方法与一般电气设备发热相同。应注意的是，处理时必须考虑机组励磁回路的运行情况，及时与值长取得联系，经允许才能停用整流柜。如果已有某组整流柜停用而无法再停用该柜时，可临时装设通风机加强冷却，并加强监视，防止故障发展。

4. 整流柜交流进线开关跳闸

整流柜内部故障时，过电流保护动作使交流进线开关跳闸，其影响和处理方法可参照对整流柜风机开关跳闸的介绍。

（二）AVR 的异常运行及处理

1. AVR 保护动作跳 41SD

下列保护动作后，使 41SD 跳闸：

（1）1.1V/Hz 保护；

（2）1.2V/Hz 保护；

（3）OXP—2 型（过励）三段保护；

（4）ICL—3（瞬时电流限制第三段）保护。

正常情况下，41SD 跳闸后，86ETD 触点同时自动合上 50Hz 手动励磁装置断路器 Q3。如自动投入失灵而机组尚未因失磁保护动作跳闸时，应立即手动合上 Q3。如果机组因失磁保护已动作跳闸，则应尽快用 50Hz 手动励磁装置将机组重新并网。当上述保护动作报警而 41SD 未跳闸时，应立即分析 AVR 的表计显示情况。若有输出不稳定或突升、突降现象，应立即将 AVR 控制方式由自动切至手动，维持机组正常运行。

2. 测量信号丢失保护（L05）动作

AVR 的测量信号来自发电机出口的电压互感器，当该电压互感器的高压侧熔断器熔断、低压侧小开关跳闸或接触不良时，相当于 AVR 的测量信号丢失。这时，如果 AVR 仍处于自动方式，可能产生输出过高，甚至产生误强励现象。测量信号丢失保护的动作，就是将 AVR 的控制方式由自动切换至手动。

测量信号丢失保护动作的现象：

（1）AVR 异常信号灯亮并报警；

（2）AVR 辅助柜面板上“测量信号丢失”继电器掉牌；

(3) AVR控制方式由自动切至手动，自动位置红灯灭，手动位置绿灯亮；

(4) 发电机运行工况不变。

故障处理：

先检查发电机有关表计指示有无明显变化，AVR控制方式是否已切至手动（根据指示灯的变化判断）。如果AVR未切换至手动方式，应迅速由人工切换。如均正常，可复置掉牌的信号继电器，将AVR控制方式切换开关90CS由自动位置复置到手动位置，最后将AVR的自动输出调节至降压的最终位置。

在进行上述处理的同时，应通知检修人员，同时运行人员配合检修人员一起处理电压互感器一、二次回路缺陷。待全部正常后，将励磁方式恢复至AVR的自动方式。

3. AVR"触发脉冲信号消失"，LOP报警

AVR中共有12组触发脉冲输出回路（即12块脉冲发生器PGR插件板），当其中任一组发生故障而不能发出触发脉冲时，都会发出该报警信号。此时，发电机的工况不会发生变化，因为AVR的功率输出回路为两套并联运行，当其中任一触发脉冲信号消失时，另一套回路的硅整流元件仍正常工作。但是，如果触发脉冲全部消失，AVR的输出将降至零，机组将因失磁保护动作跳闸。

触发脉冲信号消失报警的现象：

AVR面板上"熔断器熔断"信号灯亮（因该信号与熔断器熔断报警信号合用）；失去触发脉冲的PGR插件板上"故障灯"亮，"正常灯"熄灭；AVR"异常"信号灯亮。

由于单一触发脉冲信号消失不影响机组的正常运行，处理时只需对机组表计加强监视，并通知检修人员消除缺陷。

4. AVR过励保护二段动作（OXP—2）

OXP—2保护共分三段，第一段动作时发出报警信号，并切断90DC的自动跟踪回路；第二段动作时，由AVR内的K2继电器将其控制方式切至"手动"；第三段动作时跳开41SD。

AVR正常运行时，由于"最大励磁限制"回路的作用，因此过励磁保护不会动作，但限制回路失灵时，则有可能发生过励磁保护动作。过励磁保护动作的现象是：

(1) 发电机定、转子电流及无功负荷突升，AVR输出电压、电流突升；

(2) AVR"异常"信号灯亮；

(3) 平衡电压表指示不为零（因自动跟踪作用解除）；

(4) AVR的控制方式已由自动切换至手动。

根据上述现象，应迅速调节机组至正常运行工况。如果运行工况超限且无下降趋势，而励磁方式尚未切换至"手动"时，应立即人为切至"手动"，并及时进行调节。

5. AVR稳压电源故障

AVR共有2套稳压电源，当其中一套发生故障时，将发出AVR"异常"信号，同时AVR调节柜内的稳压电源运行指示灯灭，电源电压下降或失去。电气运行人员应一方面加强对机组运行工况的监视；另一方面赴现场检查信号灯和输出电压（正常为±15V）。若确属异常，则通知检修人员处理。

6. AVR励磁（FAL）动作报警

AVR的强励不同于继电型强励，AVR在运行中当测量到的电压信号突然减小，同时负

荷电流增加时，能自动增加输出至一定值，相当于起到强行励磁的作用。这一功能习惯上仍称为强励。电力系统发生故障引起机端电压降低而发生的“强励”是断续的，即强励作用使机端电压上升后，因 AVR 测量到的电压信号增大，晶闸管的导通角后移使其输出降低。因系统故障仍存在，又将使 AVR 增加输出，如此循环的过程形成了强励的断续现象，直至系统故障切除为止。

如果装置内元件故障导致 AVR 输出自动增加而过励限制回路失灵，则会出现稳定输出的增加现象。

强励动作时的现象：

（1）警铃响，“强励动作”、“最大励磁限制动作”光字牌亮。

（2）AVR“异常”信号灯亮。

（3）AVR 输出电压、电流，发电机无功负荷，定子电流，转子电流、电压大幅度持续或断续增加。

强励的处理：

针对上述现象，应按具体情况进行处理。如果是系统故障引起的强励，运行人员不得盲目干预，应迅速查明原因并尽快切除故障点，强励现象将会自动消失。

若系统运行情况正常而强励现象持续，则可能是内部元件故障且限制回路失灵引起，应将 AVR 由自动切换至手动控制方式。此时的平衡电压表不易监视，可根据当时 90AC 与 90DC 的开度进行切换，并调整发电机的参数至正常值。

如果系统运行情况正常而强励现象断续，可能是 AVR 内部回路故障（如触发回路故障）。此时，应先以 90AC 降低输出，也可直接将 AVR 控制方式由自动切至手动，切换方法同上。

如果发电机和系统运行情况均正常而出现强励报警，可能是强励信号误报警，应在复置信号后通知检修人员检查处理。

在 AVR 故障处理过程中，AVR 切至手动仍不能正常运行时，可将励磁方式切至 50Hz 手动励磁运行。

小　　结

1. 发电机的运行方式

发电机的运行方式有额定运行方式和允许运行方式。额定运行方式是指发电机按照制造厂额定铭牌参数运行的方式，它具有损耗少、效率高、转矩均匀、安全稳定等性能。允许运行方式是指发电机的运行参数偏离铭牌参数，但在允许变化范围内。其中：电压允许变化幅度为额定值的±5%，超越±5%会给发电机的运行带来一系列不良影响；频率允许变化范围为±0.5Hz，低于（或高于）允许值也会给发电机运行带来不利影响；功率因数 $\cos\varphi$ 值一般在迟相 0.8～0.95 范围内，有的机组也可运行在迟相 0.95～1.0 或进相 0.95 范围内，但应注意发电机的静态稳定。当 $\cos\varphi$ 值变化时，应根据原动机的额定功率、定子发热温度、转子发热温度和进相运行时的静态稳定极限确定发电机的容许运行范围。另外，还规定了发电机运行时的允许温度和温升，发电机定子不平衡电流允许范围，发电机绝缘电阻允许范围，以及冷却介质的质量、温度、压力允许变化范围。

2. 发电机的运行操作

发电机的运行操作是运行人员经常从事的工作内容。特别是冷备用机组起动和并列之前，要进行一系列的准备操作。并列时，根据励磁控制系统，利用 AVR 进行一系列操作后达到同期并列条件，再用自动或手动同期装置同期并列；并网后，应按一定的速度接带负荷。对于汽轮发电机，由于主要受原动机的制约，规定了接带负荷速度和各段暖机时间。通常 200～300MW 机组按 2MW/min 升荷率，600MW 机组按 3.96 MW/min 升荷率增加有功功率，按规定接带初始有功功率后暖机，并按负荷段暖机逐步带上额定有功和无功。发电机在运行过程中，由于系统负荷的变化，通过 CCS、DEH 系统和锅炉控制器实现有功功率的调节，通过 AVR 实现无功功率的调节。在调节过程中，发电机均不得越过安全运行极限，由于励磁系统设备的健康方面的原因，运行过程中要进行发电机励磁方式的切换。

3. 发电机的运行监视和维护

发电机运行时，通过各种表计和计算机画面显示，监视发电机运行工况和运行参数，并通过监视装置监视发电机的绝缘水平和各部位运行温度，运行人员应定期监视和记录运行参数。

4. 发电机的异常运行和事故处理

发电机的异常运行有短时过负荷、三相电流不平衡超限、运行温度异常、仪表指示失常、转子一点接地、进相运行、失磁运行等。当系统不允许失磁运行时，也把发电机失磁作为事故处理。发电机运行事故有定子接地、非同期并列、发电机振荡和失步、发电机调相运行等。发电机异常运行或事故处理都有相应的现象显示，运行人员应按异常或事故的相应处理方法及时处理，防止事故的扩大。

习　　题

一、名词解释

1. 发电机额定运行方式
2. 发电机允许运行方式
3. 发电机失磁
4. 发电机进相
5. 发电机调相
6. 发电机同步振荡
7. 发电机失步
8. 发电机解列、停机

二、填空题

1. 发电机的冷却介质有_______、_______和_______。

2. 发电机的电压正常变化范围为_______，最大变化范围为_______。

3. 发电机频率正常变化范围为_______，频率达到_______应停机。

4. 发电机的 $\cos\varphi$ 值一般应工作在_______，$\cos\varphi$ 值为迟相 0.95～1.0 或进相 0.95 发电机也可运行，但应注意_______。

5. 发电机在_______范围内发生单相接地时，均发出定子接地信号。

6. 发电机来“转子一点接地”光字牌信号，复归后光字牌信号消失，此接地为_______接地。信号复归后又来“转子一点接地”光字牌信号，此接地为_______接地。

7. ________是发电机进相运行的极限情况。

8. 发电机振荡时，主要引起________、________、________等电气量的变化。

三、判断题（对的在括号内打“√”，错的打“×”）

1. 发电机运行时，只要温度或温升中的一个不超过允许值，则发电机可以按额定参数运行。（　）
2. 发电机的 cosφ 值小于额定值时，有功功率减小，无功功率增大。（　）
3. 发电机在额定负荷下运行时，持续不平衡电流不应超过额定值的 10%。（　）
4. 发电机过负荷运行时，其转子电压将超过额定值。（　）
5. 发电机电压互感器高压熔断器熔断时，出现“定子接地”光字牌信号。（　）
6. 转子绕组发生两点接地时，发电机可能进相运行。（　）
7. 非同期并列操作时，将产生巨大的电流冲击，但机组无振动，无鸣声。（　）
8. 负序信号装置发“发电机不对称过负荷”光字牌信号，则发电机运行过负荷。（　）

四、问答题

1. 电压高于或低于额定值对发电机运行有什么影响？
2. 频率高了或低了对发电机运行有什么影响？
3. 功率因数变化对发电机的允许负荷有什么影响？
4. 发电机起动前的检查项目有哪些？
5. 发电机在升压操作时应注意什么？
6. 准同期并列有哪些条件？不符合这些条件将产生什么后果？
7. 发电机运行中的检查项目有哪些？
8. 产生三相电流不平衡的原因有哪些？对发电机有什么影响？
9. 发电机进行运行时有什么现象？如何处理？
10. 发电机允许变为电动机运行吗？
11. 允许发电机失磁的条件是什么？如何处理？
12. 发电机保护动作跳闸时，如何处理？
13. 转子发生一点接地时，发电机可以继续运行吗？
14. 什么原因可能引起发电机着火？发电机着火时应当怎么处理？
15. 汽轮发电机并网后，接带有功负荷的速度为什么不能过快？

变压器运行

内容提要

本章主要介绍变压器的允许运行方式、运行监视和维护、运行操作，变压器的异常运行及事故处理。

课题一　变压器运行方式和要求

变压器应根据制造厂规定的铭牌额定数据运行。在额定条件下，变压器按额定容量运行，在非额定条件下或非额定容量下运行时，应遵守变压器运行的有关规定。

一、允许温度和温升

1. 允许温度

变压器运行时会产生铜损和铁损，这些损耗全部转变为热量，使变压器的铁芯和绕组发热，温度升高。变压器温度对其运行有很大的影响，最主要的是影响变压器绝缘材料的绝缘强度。变压器中所使用的绝缘材料，长期在温度的作用下，会逐渐降低原有的绝缘性能，这种绝缘在温度作用下逐渐降低的变化，叫做绝缘的老化。温度越高，绝缘老化越快，以致变脆而破裂，使得绕组失去绝缘层的保护。根据运行经验和专门研究，当变压器绝缘材料的工作温度超过允许值长期运行时，每升高 6℃，其使用寿命减少一半，这就是变压器运行 6℃规则。另外，即使变压器绝缘没有损坏，但温度越高，绝缘材料的绝缘强度就越差，很容易被高电压击穿造成故障。因此，运行中的变压器，运行温度不允许超过绝缘材料所允许的最高温度。

电力变压器大都是油浸式变压器。油浸变压器在运行中各部分的温度是不同的。绕组的温度最高，铁芯的温度次之，绝缘油的温度最低。且上层油温高于下层油温，因此运行中的变压器，通常是监视变压器上层油温来控制变压器绕组最热点的工作温度，使绕组运行温度不超过其绝缘材料的允许温度值，以保证变压器的绝缘使用寿命。

变压器绝缘材料的耐热温度与绝缘材料等级有关，如 A 级绝缘材料的耐热温度为 105℃；B 级绝缘材料的耐热温度为 130℃，一般油浸变压器为 A 级绝缘。为使变压器绕组的最高运行温度不超过绝缘材料的耐热温度，规程规定，当最高环境空气温度为 40℃时，A 级绝缘的变压器上层油温允许值见表 4-1。

表 4-1　　**油浸式变压器上层油温允许值**

冷却方式	冷却介质最高温度（℃）	长期运行上层油温度（℃）	最高上层油温度（℃）
自然循环冷却、风冷	40	85	95
强迫油循环风冷	40	75	85
强迫油循环水冷	30		70

由于A级绝缘变压器绕组的最高允许温度为105℃，绕组的平均温度约比油温高10℃，故油浸自冷或风冷变压器上层油温最高允许温度为95℃。考虑油温对油的劣化影响（油温每增加10℃，油的氧化速度增加1倍），故上层油温的允许值一般不超过85℃。对于强迫油循环风冷或水冷变压器，由于油的冷却效果好，使上层油温和绕组的最热点温度降低，但绕组平均温度与上层油温的温差较大（一般绕组的平均温度比上层油温高20～30℃），故强油风冷变压器运行上层油温一般为75℃，最高上层油温不超过85℃。强油水冷变压器运行最高上层油温不超过70℃。

为了监视和保证变压器不超温运行，变压器装有温度继电器和就地温度计。温度计用于就地监视变压器的上层油温。温度继电器的作用是：当变压器上层油温超出允许值时，发出报警信号；根据上层油温的变化范围，自动地起、停辅助冷却器；当变压器冷却器全停，上层油温超过允许值时，延时将变压器从系统中切除。

2. 允许温升

变压器上层油温与周围环境温度的差值称温升。温升的极限值称允许温升。故A级绝缘的油浸变压器，周围环境温度为+40℃时，上层油的允许温升值规定如下：

1）油浸自冷或风冷变压器。在额定负荷下，上层油温升不超过55℃。

2）强迫油循环风冷变压器。在额定负荷下，上层油温升不超过45℃。

3）强迫油循环水冷变压器。在额定负荷下，水冷却介质最高温度为+30℃时，上层油温升不超过40℃。

干式自冷变压器的温升允许值按绝缘等级确定，见表4-2。

表4-2　　干式变压器允许温升

变压器的部位		允许温升（℃）	测量方法
绕组	A级绝缘	60	电阻法
	E级绝缘	75	
	B级绝缘	80	
	F级绝缘	100	
	H级绝缘	125	
铁芯及结构零件表面		最大不超过所接触的绝缘材料的允许温度	温度计法

运行中的变压器，不仅要监视上层油温，而且还要监视上层油的温升。这是因为当周围环境温度较低时，变压器外壳的散热能力将大大增加，使外壳温度降低较多，变压器上层油温不会超过允许值，但变压器内部的散热能力不与周围环境温度的变化成正比，周围环境温度虽降低很多，但其内部散热能力却提高很少，变压器绕组的温度可能超过允许值。所以，在周围环境温度较低的情况下，变压器大负荷或超负荷运行时，上层油温虽未超过允许值，但上层油温升可能已超过允许值，这样运行是不允许的。如一台油浸自冷变压器，周围空气温度为20℃，上层油温为75℃，则上层油的温升为75℃－20℃＝55℃，未超过允许值55℃，且上层油温也未超过允许值85℃，这台变压器运行是正常的。如果这台变压器周围空气温度为0℃，上层油温为60℃（未超过允许值85℃），但上层油的温升为60℃－0℃＝60℃＞55℃，故应迅速采取措施，使温升降低到允许值55℃以下。

由上述分析可知，为便于检查和正确反应变压器绕组的温度，不但要规定变压器上层油温度的允许值，还应规定变压器上层油的温升，这样，不管周围环境温度如何变化，只要上层油温度及上层油温升不超过允许值，就能保证变压器绕组温度不超过允许值，能保证变压器规定的使用寿命。

二、外加电源电压允许变化范围

不论升压变压器或降压变压器，其外加电源电压应尽量按变压器的额定电压运行（升压变压器和降压变压器都规定了相应的额定电压，运行时由调节分接头来实现）。由于电力系统运行方式的改变、系统负荷的变化、系统事故等因素的影响，变压器外加电源电压往往是变动的，不能稳定在变压器的额定电压下运行。当外加电源电压低于变压器所用分接头额定电压时，对变压器运行无任何危害；若高于变压器所用分接头额定电压较多时，则对变压器运行有不良影响。这是因为当外加电源电压增高时，变压器的励磁电流增加，磁通密度增大，使变压器铁芯损耗增加，使铁芯温度升高。而由于激磁电流增加，变压器无功消耗加大，使变压器的出力降低。并且由于激磁电流的增加，磁通密度增大，使铁芯过度饱和，引起二次绕组相电势波形发生畸变，相电势由正弦波变为尖顶波，这对变压器的绝缘有一定的危害，尤其对 110kV 及以上变压器的匝间绝缘危害最大。为此，变压器运行规程对变压器外加电源电压变化范围作了如下规定：

1）变压器外加电源电压可略高于变压器的额定值，但一般不超过所用分接头电压的 5%，不论变压器分接头在何位置，如果所加电压不超过相应额定值的 5%，则变压器二次绕组可带额定电流运行。

2）个别情况根据变压器的结构特点，经试验可在 1.1 倍额定电压下长期运行。

三、变压器允许的过负荷

变压器的过负荷是指变压器运行时，传输的功率超过变压器的额定容量。运行中的变压器有时可能过负荷运行。过负荷有两种，即正常过负荷和事故过负荷。正常过负荷可经常使用，而事故过负荷只允许在事故情况下使用。

1. 正常过负荷

正常过负荷是指在系统正常的情况下，以不损害变压器绕组绝缘和使用寿命为前提的过负荷。正常过负荷每天都可能发生，随着外界因素的变化（如负荷的增加或系统电压的降低等）。特别是在高峰负荷时段，可能出现过负荷。

变压器允许正常过负荷运行的依据是：变压器绝缘等值老化原则。即变压器在一段时间内正常过负荷运行，其绝缘寿命损失大，在另一段时间内低负荷运行，其绝缘寿命损失小，两者绝缘寿命损失互补，保持变压器正常使用寿命不变。如在一昼夜内，有高峰负荷时段和低谷负荷时段，高峰负荷期间，变压器过负荷运行，绕组绝缘温度高，绝缘寿命损失大；而低谷负荷期间，变压器低负荷运行，绕组绝缘温度降低，绝缘寿命损失小，因此两者之间绝缘寿命损失互相补偿。同理，在夏季，变压器一般为低负荷运行，冬季为过负荷运行，两者的绝缘寿命损失互为补偿。因此，上述过负荷运行的变压器总的使用寿命无明显变化，故可以正常过负荷运行。

正常过负荷的允许值及对应的过负荷允许运行时间，应根据变压器的负荷曲线、冷却介质温度及过负荷前变压器所带的负荷来确定（见图 4-1、图 4-2），或按表 4-3 确定。干式变压器的正常过负荷应遵照制造厂的规定。

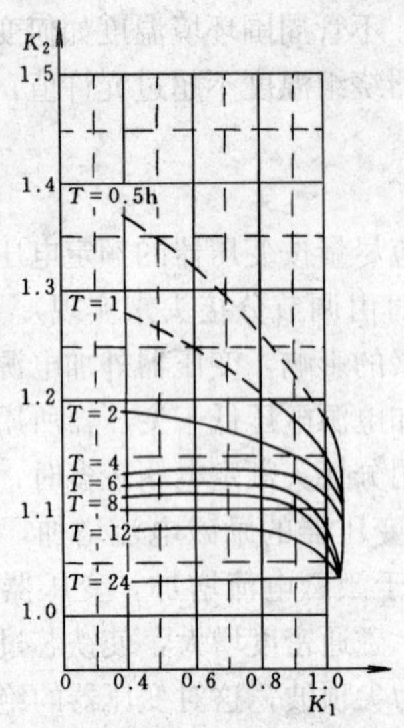

图 4-1　120MVA 及以上强油循环变压器正常过负荷曲线

K_1—起始负荷倍数；K_2—过负荷倍数

注：年等值环境温度为 15℃。

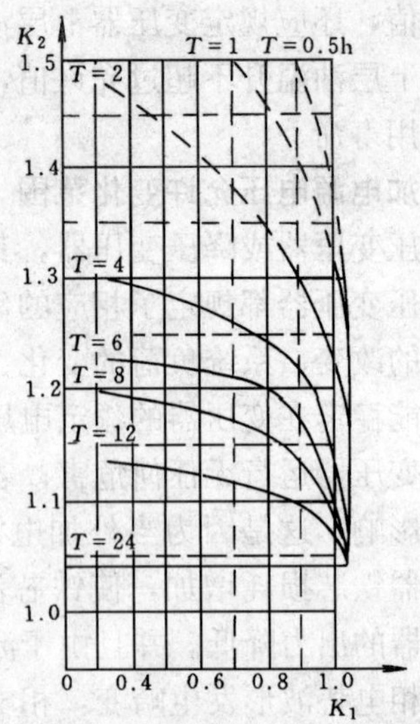

图 4-2　油自然循环变压器正常过负荷曲线

K_1—起始负荷倍数；K_2—过负荷倍数

注：年等值环境温度为 15℃。

表 4-3　　油浸自冷或风冷变压器正常过负荷倍数及允许持续时间（h：min）

过负荷倍数	过负荷前上层油温升（℃）						
	18	24	30	36	42	48	50
	允许连续运行						
1.05	5：50	5：25	4：50	4：00	3：00	1：00	—
1.10	3：50	3：25	2：50	2：10	1：25	0：10	—
1.15	2：50	2：25	1：50	1：20	0：35	—	—
1.20	2：05	1：40	1：10	0：45	—	—	—
1.25	1：35	1：15	0：50	0：25	—	—	—
1.30	1：10	0：50	0：30	—	—	—	—
1.35	0：55	0：35	0：15	—	—	—	—
1.40	0：40	0：25	—	—	—	—	—
1.45	0：25	0：10	—	—	—	—	—
1.50	0：15	—	—	—	—	—	—

变压器正常过负荷注意事项：

（1）存在较大缺陷的变压器，如冷却系统不正常、严重漏油，色谱分析异常等，不准过负荷运行。

（2）全天满负荷运行的变压器不宜过负荷运行。

（3）变压器在过负荷运行前，应投入全部冷却器。

（4）密切监视变压器上层油温。

（5）对有载调压变压器，在过负荷程度较大时，应尽量避免用有载调压装置调节分接头。

2. 事故过负荷

事故过负荷是指在系统发生事故时，为保证用户的供电和不限制发电厂的出力，允许变压器短时间的过负荷。

事故过负荷时，变压器负荷和绝缘温度均会超过允许值，绝缘老化速度将比正常加快，使用寿命会减少。所以，事故过负荷是以保证用户不中断供电为前提，以牺牲变压器使用寿命为代价的过负荷。但由于事故过负荷的几率少，平常又多在欠负荷下运行，故短时间内事故过负荷运行对绕组绝缘寿命无显著影响，因此，在电力系统发生事故的情况下，允许变压器事故过负荷运行。

变压器事故过负荷的数值及持续时间，应按制造厂的规定执行。如无制造厂规定的资料，对于油浸自冷或风冷的变压器，可参照表 4-4 的数值确定。对于强油循环冷却的变压器，可参照表 4-5 的数值确定。干式变压器事故过负荷能力见表 4-6。

表 4-4　　油浸自冷或风冷变压器事故过负荷倍数及允许运行时间（h：min）

过负荷倍数	环境温度（℃）				
	0	10	20	30	40
1.1	24：00	24：00	24：00	19：00	7：00
1.2	24：00	24：00	13：00	5：50	2：45
1.3	23：00	10：00	5：30	3：00	1：30
1.4	8：30	5：10	3：10	1：45	0：55
1.5	4：45	3：10	2：00	1：10	0：35
1.6	3：00	2：05	1：20	0：45	0：18
1.7	2：05	1：25	0：50	0：25	0：09
1.8	1：30	1：00	0：30	0：13	0：06
1.9	1：00	0：35	0：18	0：09	0：05
2.0	0：40	0：22	0：11	0：06	—

表 4-5　　强油循环冷却变压器事故过负荷倍数及允许运行时间（h：min）

过负荷倍数	环境温度（℃）				
	0	10	20	30	40
1.1	24：00	24：00	24：00	14：30	5：10
1.2	24：00	21：00	8：00	3：30	1：35
1.3	11：00	5：10	2：45	1：30	0：45
1.4	3：40	2：10	1：20	0：45	0：15
1.5	1：50	1：10	0：40	0：16	0：07
1.6	1：00	0：35	0：16	0：08	0：05
1.7	0：30	0：15	0：09	0：05	—

注　事故过负荷时，备用冷却器应投入。

表 4-6　　干式变压器事故过负荷能力

过负荷电流/额定电流	1.2	1.3	1.4	1.5	1.6
过负荷持续时间（min）	60	45	32	18	5

四、冷却装置的运行方式

（一）变压器的冷却方式

变压器运行时，绕组和铁芯产生的热量先传给油，然后通过油传给冷却介质。为了提高变压器出力，保证变压器正常运行，保证变压器使用寿命，必须加强变压器的冷却，变压器的冷却方式，按其容量大小，有如下几种类型：

1. 油浸自冷

油浸自冷是以变压器油在油箱内自然循环，将变压器绕组和铁芯的热量传递给油箱壁及散热管，然后，依靠空气自然流动将油箱壁及散热管的热量散发到大气中。如图 4-3（a）所示，变压器运行时，绕组和铁芯由于电能损耗产生的热量使油的温度升高，体积膨胀，密度减小，油自然向上流动，上层热油流经散热管、油箱壁冷却后，因密度增大而下降，于是形成了油在油箱和散热管间的自然循环流动，热油通过油箱壁和散热管散热而得到冷却。容量在 7500kVA 及以下的变压器一般采用油浸自冷冷却方式。

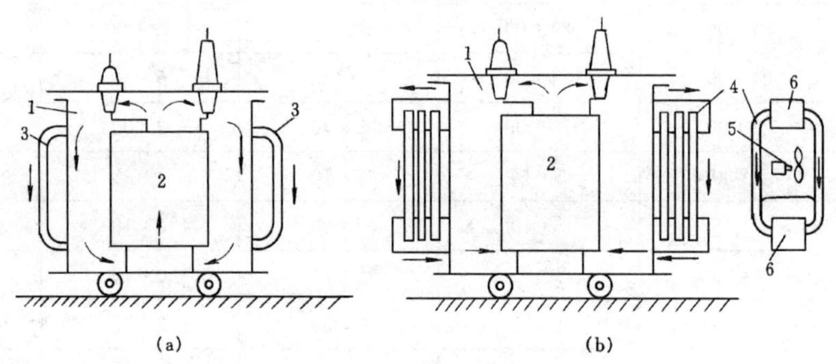

图 4-3　油自然循环冷却系统示意图

（a）油自然循环空气自然冷却系统；（b）油自然循环强迫风冷却系统

1—油箱；2—铁芯与绕组；3—散热管；4—散热器；5—冷却风扇；6—联箱

2. 油浸风冷

如图 4-3（b）所示，在油浸自冷的基础上，在散热器上加装了风扇，风扇将周围的空气吹向散热器，加强散热器表面冷却，从而加速散热器中油的冷却，使变压器油温度迅速降低，提高了变压器绕组及铁芯的冷却效果。容量在 10000kVA 以上的较大型变压器一般采用油浸风冷冷却方式。

3. 强迫油循环冷却

大容量变压器仅靠加强散热器表面冷却是远远不够的，因为表面冷却只能降低油的温度，当油温降到一定程度时，油的黏度增加，以致油的流速降低，达不到所需的冷却效果。为此，大容量变压器采用强迫油循环冷却，利用潜油泵加快油的循环流动，使变压器器身得到较好的冷却效果。根据变压器冷却器冷却方式的不同，强迫油循环的冷却分为强迫油循环风冷和强迫油循环水冷两种方式。

（1）强迫油循环风冷。在油浸风冷的基础上，加装了潜油泵，利用潜油泵加强油在油箱和散热器之间的循环，使油得到更好的冷却效果。如图4-4所示，强迫油循环风冷的冷却过程是：油箱上层的热油在潜油泵作用下抽出→经上蝴蝶阀门2→进入上集油室4→经散热器5冷却→冷油进入下集油室8→经过滤油器9→潜油泵10→流经流动继电器11→冷油经下蝴蝶阀门12进入油箱1的底部→冷油对器身冷却变成热油上升到油箱上层。如此不断循环，使绕组、铁芯得到冷却。

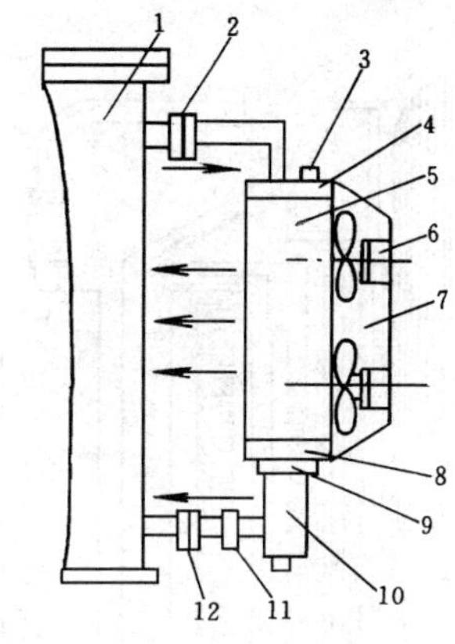

图4-4 强迫油循环风冷装置示意图

1—油箱；2—上蝴蝶阀门；3—排气塞；4—上集油室；5—散热器；6—风扇；7—导风筒；8—下集油室；9—滤油器；10—潜油泵；11—流动继电器；12—下蝴蝶阀门

（2）强迫油循环水冷。如图4-5所示，变压器的油箱上不装散热器，油箱外加装了一套由潜油泵、滤油器、冷油器、油管道等组成的油系统，油系统与油箱由油管道和阀门相连。

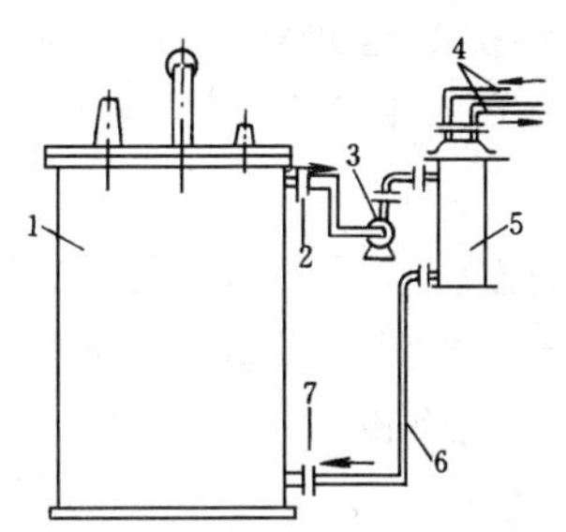

图4-5 强迫油循环水冷的工作原理图

1—油箱；2—上蝴蝶阀门；3—潜油泵；4—冷却水管道；5—冷油器；6—油管道；7—下蝴蝶阀门

强迫油循环水冷冷却过程是：变压器油箱的上层热油由潜油泵抽出，经冷油器冷却后，再进入变压器油箱的底部，冷油对器身冷却后上升至油箱上层，如此反复循环，使变压器的绕组和铁芯得到冷却。

在冷油器中，冷却水（最高水温不超过30℃）从冷却水管道内流过，管外流过热油，冷却水将油的热量带走，使热油得到冷却。

4. 强迫油循环导向冷却

所谓“导向”是指经过变压器外部冷却器冷却后的冷油，由潜油泵送回变压器油箱后，冷油在变压器油箱内是按给定的路径流动的。如图4-6所示，在变压器器身底部夹件两侧，各装有一根与外部冷却管道相通的钢管，冷油由此流入，再由管子分几路穿过绕组下面的支持平面，往上流经铁芯内的冷却油道及绕组内的油道，使冷油与发热部件充分接触，更有效地带走热量，提高铁芯和绕组的冷却效果。巨型变压器常采用强迫油循环导向冷却方式。

除上述几种常见的冷却方式外，变压器还有油浸箱外水冷、蒸发冷却、水内冷等冷却方式，这里不再介绍。

（二）变压器冷却装置的控制

1. 油浸风冷风扇电动机的控制

油浸风冷变压器运行时，其冷却风扇根据变压器上层油温度的高低，自动投入和切除。投、切的原则是：上层油温在45℃以下，冷却风扇不起动，变压器无风扇运行；上层油温在55℃及以上，冷却风扇自动投入，低于45℃及以下，风扇自动停止运行；变压器负荷在额定容量的70%及以上，冷却风扇必须投入运行。依据上述冷却风扇的起、停原则，对风扇实行自动或手动控制，控制电路图见图4-7。

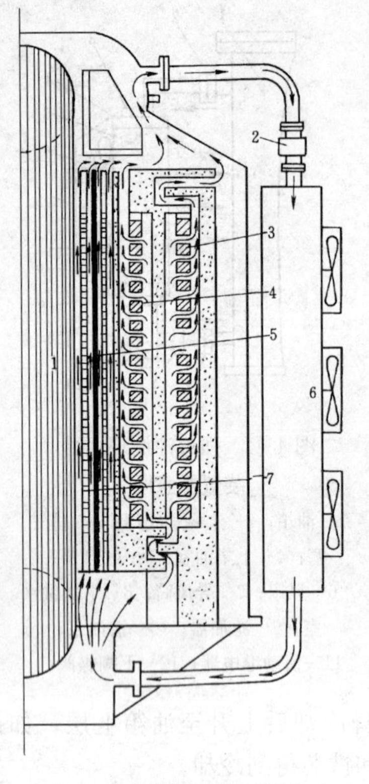

图 4-6　强迫油循环导向风冷示意图
1—铁芯；2—潜油泵；3—高压线圈；4—中压线圈；5—调压部分线圈；6—导风筒；7—低压线圈

在图 4-7 中，风扇电动机的三相交流电源经接触器 KM 向风扇电动机供电，其起动回路有手动和自动两种方式。

将控制开关 SA 拧至自动位置，SA_{1-3}通，自动控制按变压器温度和变压器负荷电流起动。当变压器上层油温超过 55℃时，其温度继电器动合触点 KT－55℃闭合（动断触点 KT－45℃同时断开），起动接触器 KM，使风扇起动运转。当温度低于 45℃时，动断触点 KT－45℃闭合（动合触点 KT－55℃同时断开），将接触器 KM 断开，使风扇停止运转。如果变压器需按负荷电流起动，则在其起动回路中并联一个由监视变压器负荷电流的电流继电器动合触点 KA，用以起动时间继电器 1KT。当电流继电器 KA 起动后，动合触点 KA 闭合，依次起动时间继电器 1KT 和中间继电器 KC，最后将接触器 KM 起动，将风扇投入运行，电流降低，电流继电器 KA 返回，风扇停止运行。

将控制开关 SA 拧至手动位置，SA_{2-4}通，依次起动 KC、KM，使风扇起动运转，将 SA 拧至断开位置，SA_{2-4}断开，KC、KM 返回，风扇停止运转。

2. 强迫油循环风扇冷却器控制

大型和巨型变压器一般采用强迫油循环风扇冷却器装置，其控制回路如图 4-8 所示。

该冷却器装置控制回路具有如下功能：变压器投入或退出电网运行，工作冷却器均可通过控制开关投入与停止运行；当运行中的变压器上层油温或变压器负荷达到规定值时，能使辅助冷却器自动投入；当工作或辅助冷却器故障时，备用冷却器能自动投入运行；当冷却器全停时，变压器各侧断路器经延时跳闸；控制箱采用两回路独立电源向冷却器装置供电，两路电源可任选一路工作或备用。当一路电源故障时，另一路电源能自动投入；设有变压器风扇和油泵的过载、短路及断相运行的保护装置；当冷却器系统在运行中发生故障时，能发出事故信号，告知运行值班人员予以处理。下面介绍该控制回路的控制原理：

（1）工作电源及其控制。首先将该装置控制、信号电源控制开关（图 4-8 中的 SA1、SA2、SA3）手柄置于“工作”位置，接通该放置的控制和信号电源。当Ⅰ、Ⅱ两回路工作电源送电后，中间继电器 1KC 和 2KC 的线圈励磁，其动合触点闭合，动断触点断开，切换有关回路。

若指定Ⅰ电源工作，则将 SA 控制开关手柄放在Ⅰ位置。此时 SA 的触点 13-14 接通（见 SA 开关触头分合表），接触器 KMⅠ线圈励磁，其主触点接通Ⅰ回路工作电源。由于 KMⅠ的动断触点将 KMⅡ线圈回路断开，KMⅡ不起动，故Ⅱ电源不工作，处于备用状态。

在运行过程中，Ⅰ电源由于某种原因，其中有一相断开时，继电器 KA1 起动，其动合

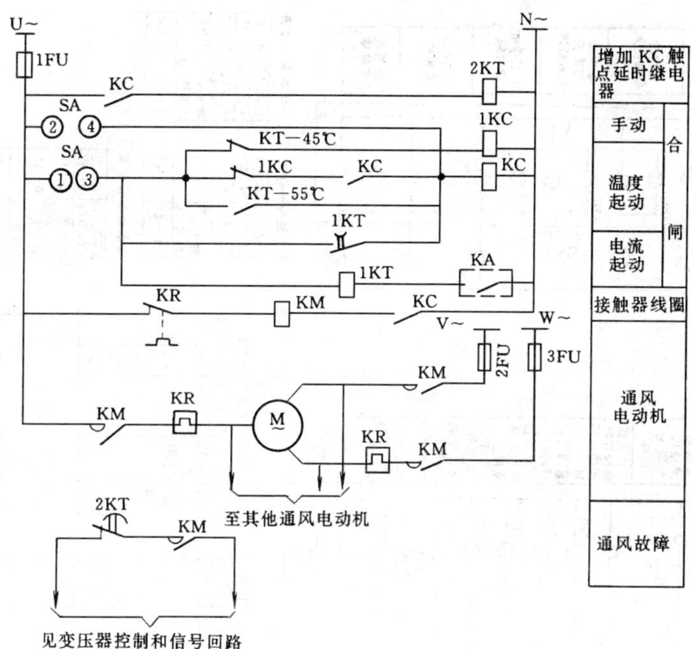

图 4-7 油浸风冷变压器通风控制电路

KM—接触器；KR—热继电器；KC、1KC—中间继电器；
1KT、2KT—时间继电器；SA—转换开关；1～3FU—熔断器；
KT—温度继电器；M—风扇电动机

触点闭合起动6KC继电器，6KC的动断触点断开，使接触器KMⅠ的线圈失电，Ⅰ工作电源断开，与此同时，6KC的动合触点闭合，通过SA的17-18触点，使接触器KMⅡ的线圈励磁，Ⅱ工作电源接通。

当Ⅰ工作电源因某种原因电压消失时，继电器1KC失电，其动合触点断开，使KMⅠ失电。Ⅰ电源断开，同时1KC动断触点闭合，KMⅡ线圈励磁，接通Ⅱ电源。

反之，若指定Ⅱ电源工作时，将SA手柄放在Ⅱ工作位置，工作情况与上述相同。

（2）冷却器控制。每组冷却器均有一个电源开关扣一个控制开关，通过控制开关，可将冷却器置于工作、辅助、备用、停止四种位置状态。在投入运行前，可根据具体情况来确定各组冷却器的位置状态。

1）工作冷却器控制。如图4-8所示，将确定为工作冷却器的控制开关（1SA～*N*SA中相应的转换开关）手柄置丁“工作”位置，并将确定为工作冷却器的电源自动开关（1Q～*N*Q中相应的自动开关）合上。当工作电源（Ⅰ或Ⅱ）送电后，控制工作冷却器的交流接触器（1KM～*N*KM中相应的交流接触器）线圈励磁，相应的交流接触器动合主触头闭合。如1KM动合主触头闭合，其接通1KR1～1KR*n*潜油泵和风扇电动机回路，使1SA工作冷却器（1SA置于工作位置，用其作代号）的潜油泵和风扇电动机投入运行［起动回路：交流电源U相→1Q动合主触点（在合闸位置）→$1SA_{5-6}$（工作位置为接通状态）→热继电器动断触点1KR1～1KR*n*→交流接触器线圈1KM→交流电源零线N］。

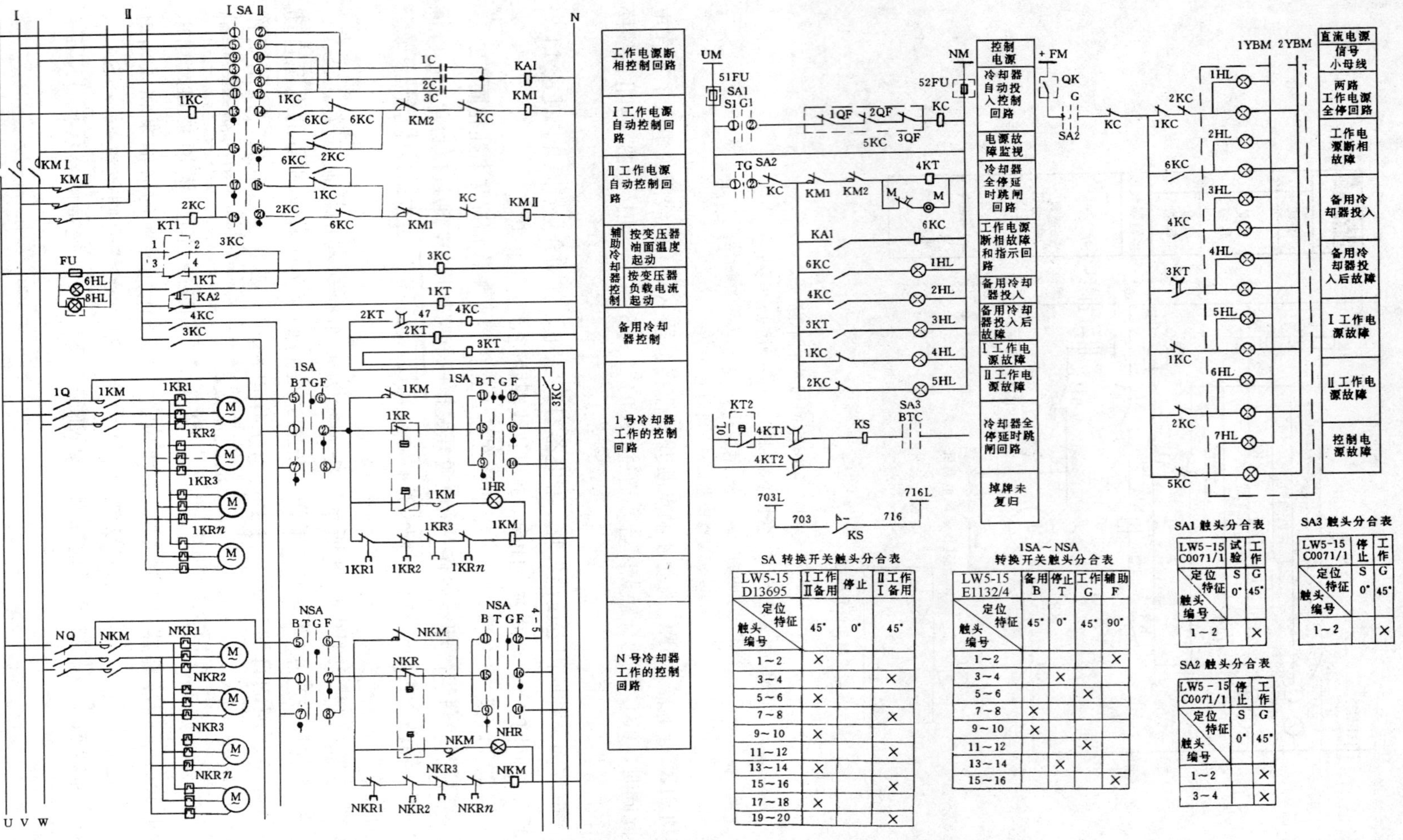

图4-8 强迫油循环风冷变压器的冷却器和风扇电动机二次回路

SA、SA1、SA2、SA3、1SA～NSA—转换开关；KMⅠ、KMⅡ、1KM～NKM—接触器；KC、1KC～6KC—中间继电器；KT1、KT2—温度继电器；KA1、KA2—电流继电器；KS—信号继电器；1KR1～NKRn—热继电器；1KR～NKR—流动继电器；HR—红灯；HL—信号光字牌；1Q～NQ—自动开关；1KT～4KT—时间继电器；QK—刀开关 * 本图适用于三绕组变压器；当为双绕组变压器时改为1QF触点。

工作冷却器运行后，工作冷却器中的变压器油开始流动，当流速达到规定值时，装在冷却器联管上的流动继电器（1KR～NKR 中相应的流动继电器）动作，其相应的动合触点闭合，使相应的红色信号灯（1HR～NHR 中相应的信号灯）亮，显示该冷却器运行正常[1SA 冷却器运行信号灯回路：交流电源 U→1Q 动合主触点→$1SA_{5-6}$→流动继电器动合触点 1KR→动合触点 1KM→红色信号灯 1HR→交流电源零线 N]。

如果将工作冷却器的控制开关手柄置于“停止”位置，冷却器起动控制回路断开，则工作冷却器停止运行。

2）辅助冷却器控制。将确定为辅助冷却器的控制开关（1SA～NSA 中相应的控制开关）手柄置于“辅助”位置，并将确定为辅助冷却器的电源自动开关（1Q～NQ 中相应的自动开关）合上。变压器投入运行后，当变压器过负荷到一定数值，或变压器上层油温上升到某数值，则辅助冷却器按过负荷电流或上层油温自动投入运行，辅助工作冷却器进行工作。所以，辅助冷却器按变压器上层油温和过负荷自动投入。

①辅助冷却器按温度投入。如图 4-8 所示，变压器运行中，当上层油温上升到第一上限的规定值时（一般整定为 75℃），温度继电器 KT1 的 1、2 触点闭合，但此时辅助冷却器不能起动。当油温上升到第二上限的规定值（80℃）时，温度继电器 KT1 的 3、4 触点闭合，中间继电器 3KC 线圈励磁，3KC 的动合触点闭合，接通辅助冷却器的起动回路，使辅助冷却器投入运行。如 NSA 冷却器为辅助冷却器，当 KT1 的 3、4 触点闭合后，3KC 线圈励磁，其动合触点 3KC 闭合，接通该组冷却器的 NKM 交流接触器的起动控制回路［起动回路：交流电源 U 相→熔断器 FU→动合触点 3KC→NSA_{1-2}（辅助位置为接通状态）→热继电器动断触点 NKR1～NKRn→交流接触器 NKM 线圈→交流电源零线 N］，使 NKM 线圈励磁，NKM 动合主触头闭合，接通 NKR1～NKRn 潜油泵和风扇电动机回路，将 NSA 辅助冷却器投入运行。

当变压器上层油温下降到稍低于第二上限的规定值时，KT1 的 3、4 触点断开，但 3KC 线圈仍处于励磁状态（自保持回路 $KT1_{1-2}$—动合触点 3KC 仍处于接通状态），辅助冷却器仍继续运行，直到上层油温下降到稍低于第一上限的规定值时，KT1 的 1、2 触点断开，使 3KC 线圈失磁，3KC 的动合触点断开辅助冷却器的起动控制回路，使辅助冷却器停止运行。

②辅助冷却器按负荷投入。如图 4-8 所示，当变压器过负荷电流达到规定值时，电流继电器 KA2 动合触点闭合，起动时间继电器 1KT，1KT 延时闭合的动合触点经一定延时闭合，起动中间继电器 3KC，将辅助冷却器投入运行，起动回路同上。

当负荷电流下降到一定数值时，电流继电器 KA2 动合触点返回，使 3KC 线圈失磁，辅助冷却器停止运行。

3）备用冷却器控制。将确定为备用冷却器的相应控制开关手柄置于“备用”位置，并将确定为备用冷却器的电源自动开关合上。当工作冷却器或辅助冷却器运行中发生故障、工作冷却器或辅助冷却器运行中油路堵塞使油流速不正常、辅助冷却器起动不成功等均会自动投入备用冷却器。

①运行中的冷却器故障，自动投入备用冷却器。如图 4-8 所示，设 1SA 为工作冷却器，NSA 为备用冷却器，当 1SA 冷却器运行中发生故障（潜油泵或风扇发生故障），潜油泵或风扇电动机回路的热继电器 1KR1～1KRn 中之一动作（如 1KR1 动作），其动断触点 1KR1 断开，将 1SA 冷却器的控制回路断开［该控制回路为：交流电源 U 相→1Q 自动开关（在

合闸位置）→$1SA_{5-6}$（工作位置为接通状态）→热继电器动断触点 1KR1～1KRn→交流接触器 1KM 线圈→交流电源零线 N]，使交流接触器 1KM 线圈失磁，其 1KM 动合触点打开，使 1SA 冷却器的潜油泵和风扇电动机断电而停止运行。此时，NSA 备用冷却器自动投入运行。自动投入的过程如下：

1SA 冷却器停运后，其交流接触器 1KM 线圈失磁，动断触点 1KM 返回闭合，与此同时，该冷却器的油流速度为零，流动继电器 1KR 动断触点也返回闭合（动断触点 1KM、1KR 并联）。于是，使时间继电器 2KT 线圈励磁［起动回路为：交流电源 U→1Q 自动开关（在合闸位置）→$1SA_{5-6}$（工作位置为接通状态）→动断触点 1KM、1KR（两并联触点均返回闭合）→$1SA_{11-12}$（工作位置为接通状态）→时间继电器 2KT 线圈→交流电源零线 N]。然后，2KT 延时闭合的动合触点经延时闭合，使中间继电器 4KC 线圈励磁（4KC 线圈与 2KT 线圈并联，通路同上），4KC 动合触点闭合，又使备用冷却器的交流接触器 NKM 线圈励磁［起动回路为：交流电源 U 相→熔断器 FU→动合触点 4KC→NSA_{7-8}（备用位置为接通状态）→热继电器动断触点 NKR1～NKRn→NKM 线圈→交流电源零线 N]。于是，NKM 动合主触点闭合，接通 NSA 备用冷却器的潜油泵和风扇电动机电路，使 NSA 备用冷却器运行。

②运行中的冷却器油流不正常，自动投入备用冷却器。如图 4-8 所示，设 1SA 冷却器油流速度不正常，NSA 冷却器备用，当 1SA 冷却器内油流速度低于规定值时，虽该冷却器继续运行，但该冷却器的流动继电器 1KR 动合触点打开，该组冷却器运行红色指示灯 1HR 灭，表明该组冷却器油流不正常。同时，流动继电器的动断触点 1KR 返回闭合，自动投入 NSA 备用冷却器（起动过程及起动回路同上）。

③辅助冷却器起动不成功自动投入备用冷却器。如图 4-8 所示，设 1SA 为辅助冷却器，NSA 为备用冷却器。当变压器上层油温或过负荷值达到规定值时，起动 1SA 辅助冷却器运行，但 1SA 冷却器起动后因故跳闸，NSA 冷却器立即自动投入，其自动投入过程如下：

1SA 辅助冷却器按油温或过负荷起动时，中间继电器 3KC 线圈始终处于励磁状态，3KC 动合触点始终处于闭合，当 1SA 辅助冷却器因故障起动不成功时，则时间继电器 2KT 线圈励磁［起动回路为：交流电源 U 相→1Q 自动开关（在合闸位置）→$1SA_{1-2}$（辅助位置为接通状态）→动断触点 1KM、1KR→$1SA_{15-16}$（辅助位置为接通状态）→动合触点 3KC（3KC 线圈在励磁状态，其触点为闭合）→2KT 线圈→交流电源零线 N]，延时闭合的动合触点 2KT 经一定延时闭合，使中间继电器 4KC 线圈励磁，4KC 动合触点闭合，起动 NSA 备用冷却器（起动回路同前）。

④备用冷却器投入后故障。设 NSA 为备用冷却器，当工作冷却器或辅助冷却器运行中故障，自动投入备用冷却器后，NSA 备用冷却器又故障不能运行，此时，发出“备用冷却器投入后故障”的光字牌信号（起动发信号的回路为：交流电源 U 相→熔断器 FU→动合触点 4KC→NSA_{7-8}→动断触点 NKM→NKR→NSA_{9-10}→时间继电器 3KT 线圈→交流电源零线 N)，3KT 励磁后，其延时闭合的动合触点 3KT 经一定延时闭合，光字牌 4HL 亮发“备用冷却器投入后故障”光字牌信号。

（3）冷却器全停保护回路。当冷却器两回工作电源发生故障时，冷却器全停，时间继电器 4KT 起动，10min（变压器容量为 120MVA 以上者）或 20min（变压器容量为 120MVA 以下者）后，4KT 延时闭合的动合触点闭合。此时，若变压器上层油温达到 75℃，则温度继电器 KT2 动合触点闭合，接通变压器跳闸回路。若变压器上层油温未达到 75℃，则变压器可继续运行 60min，之后，4KT2 延时闭合的动合触点闭合，接通变压器跳闸回路（上述变压器运行时间与温度各制造厂规定有差异，可根据制造厂提供的数值修正）。

（4）信号回路。在风扇冷却器控制箱内，除装设工作电源监视灯、风扇冷却器正常工作状态或故障的监视灯外，还设有故障信号光字牌（HL）。为了实现远距离控制，在控制室内装设同样信号。

（三）冷却装置的运行方式

1. 油浸风冷冷却装置运行方式

如图 4-7 所示，将冷却风扇的控制开关 SA 投于自动位置，冷却风扇按变压器上层油温或变压器的负荷电流控制自动投入或切除；若温度起动或电流起动回路不正常，将控制开关 SA 拧至手动位置，手动起动冷却风扇运行。

油浸风冷变压器在风扇停止工作时，允许的负荷和运行时间，应遵守制造厂的规定，若上层油温不超过允许值，允许无风扇带额定负荷运行。

2. 强迫油循环风冷冷却装置运行方式

（1）冷却器电源。如图 4-8 所示，冷却器的两路电源Ⅰ和Ⅱ应为：Ⅰ路工作，Ⅱ路备用；或Ⅱ路工作，Ⅰ路备用，由电源切换控制开关 SA 切换实现。冷却器的Ⅰ、Ⅱ两路电源每月切换一次。改变冷却器动力电源自动运行方式前，应检查所属回路及电源正常。

（2）控制电源。正常运行时，“辅助”及“备用”冷却器自动投入，控制回路开关 SA1 应在“工作”位置；冷却器信号及全停延时跳闸起动回路的控制开关 SA2 应在“工作”位置；冷却器全停延时跳闸回路至出口的控制开关 SA3 应在“工作”位置。

（3）各组冷却器工作状态的安排。强迫油循环变压器运行时，冷却器必须投入运行，各组冷却器的电源自动开关必须投入，根据负荷情况，安排工作冷却器、辅助冷却器和备用冷却器台数。通常“辅助”和“备用”冷却器各安置一组，如果环境温度高，不安置辅助冷却器只安置一组备用冷却器。各组冷却器所处运行方式应定期切换。当变压器退出运行时，冷却器需继续运行一段时间，待温度不再上升后再停止运行。

（4）冷却器全停允许运行时间。当冷却系统发生故障（如电源、油泵故障），冷却器全部停止工作，变压器允许在额定负荷下运行 20min。20min 后上层油温未达到 75℃，则允许继续运行到上层油温上升到 75℃。但冷却器全停后，任何情况下最长运行时间不得超过 1h。

课题二　变压器正常运行监视与维护

一、变压器的正常运行

变压器正常运行包括以下几个方面：

（1）变压器完好。变压器完好体现在如下方面：本体完好，无任何缺陷；辅助设备（如冷却装置、调压装置、套管、气体继电器、油枕、压力释放器、呼吸器、净油器等）完好无损，其状态符合变压器运行要求；变压器各种电气性能符合规定，变压器油的各项指标符合标准，变压器运行时的油位、油色正常，运行声音正常。

（2）变压器运行参数满足要求。变压器运行时的电压、电流、容量、温度、温升等满足要求；冷却装置工作电压、控制回路工作电压也满足要求。

(3) 变压器各类保护处于正常运行状态。储油柜、呼吸器、净油器、压力释放器、气体继电器及其他继电保护等均处于正常运行状态。

(4) 变压器运行环境符合要求。运行环境要求包括：变压铁芯及外壳接地良好；各连接头紧固；各侧避雷器工作正常；变压器周围无易燃易爆及其他杂物，变压器的消防设施齐全。

二、变压器正常运行的监视与维护

1. 变压器正常运行的监视

变压器运行时，运行值班人员应根据控制盘上的仪表（有功表、无功表、电流表、电压表、温度表等仪表）来监视变压器的运行情况，使负荷电流不超过额定值，电压不得过高，温度在允许范围内，并要求每小时记录一次表计指示值。对无温度遥测装置的变压器，在巡视检查时抄录变压器上层油温。若变压器过负荷运行，除应积极采取措施外（如改变运行方式或降低负荷），还应加强监视，并在运行记录中记录过负荷情况。

2. 变压器正常运行的维护

(1) 油浸变压器正常巡视检查项目。运行值班人员应定期对变压器及其附属设备进行全面检查，每班至少一次（发电厂低压厂变每天检查一次，每周进行一次夜间检查），检查项目如下：

1) 检查变压器声音应正常。

2) 检查油枕和充油套管的油位、油色应正常，各部位无渗漏油现象。

3) 检查油温应正常。变压器冷却方式不同，其上层油温也不同，但上层油温不应超过规定值。运行值班人员巡视检查时，除应注意上层油温不超过规定值外，还应根据当时的负荷情况、环境温度及冷却装置投入情况，与以往数据进行比较。以判明引起温度升高的原因。

4) 检查变压器套管应清洁、无破损、无裂纹和放电痕迹。

5) 检查引线接头接触应良好。各引线接头应无变色、无过热、发红现象，接头接触处的示温蜡片应无熔化现象。用快速红外线测温仪测试，接触处温度不得超过 70℃。

6) 检查呼吸器应完好、畅通，硅胶无变色。油封呼吸器的油位应正常。

7) 防爆门隔膜应完好无裂纹。

8) 检查冷却器运行正常。冷却器组数按规定启用，分布应合理，油泵和风扇电机无异音和明显振动，温度正常，风向和油的流向正确，冷却器的油流继电器应指示在“流动位置”各冷却器的阀门应全部开启，强油风冷或水冷装置的油和水的压力、流量应符合规定，冷油器出水不应有油。

9) 检查气体继电器。气体继电器内应充满油，无气体存在。继电器与油枕间连接阀门应打开。

10) 检查变压器铁芯接地线和外壳接地线。接地线无断线，接地良好，用钳形电流表测量铁芯接地线电流值应不大于 0.5A。

11) 检查调压分接头位置指示应正确，各调压分接头的位置应一致。

12) 检查电控箱和机构箱。箱内各种电器装置应完好，位置和状态正确，箱壳密封良好。

(2) 油浸变压器特殊巡视检查项目。当系统发生短路故障或天气突然发生变化（如大风、大雨、大雪及气温骤冷骤热等）时，运行值班人员应对变压器及其附属设备进行重点检查。

1）变压器或系统发生短路后的检查。检查变压器有无爆裂、移位、变形、焦味、烧伤、闪络及喷油，油色是否变黑，油温是否正常，电气连接部分有无发热、熔断、瓷质外绝缘有无破裂，接地引下线有无烧断。

2）大风、雷雨、冰雹后的检查。检查引线摆动情况及有无断股，引线和变压器上有无搭挂落物，瓷套管有无放电闪络痕迹及破裂现象。

3）浓雾、毛毛雨、下雪时的检查。检查瓷套管有无沿表面放电闪络，各引线接头发热部位在小雨中或落雪后应无水蒸气上升或落雪融化现象，导电部分应无冰柱，应及时清除。

4）气温骤变时的检查。气温骤冷或骤热时，应检查油枕油位和瓷套管油位是否正常，油温和温升是否正常，各侧连接引线有无变形、断股或接头发热发红等现象。

5）过负荷运行时的检查。检查并记录负荷电流，检查油温和油位的变化，检查变压器的声音是否正常，检查接头发热应正常，示温蜡片无熔化现象，检查冷却器投入数量应足够，且运行正常，检查防爆膜、压力释放器应未动作。

6）新投入或经大修的变压器投入运行后的检查。在4h内，应每小时巡视检查一次，除了正常巡视项目外，应增加检查内容：①变压器声音是否正常，如发现响声特大、不均匀或有放电声，则可认为内部有故障；②油位变化应正常，随温度的提高应略有上升；③用手触及每一组冷却器，温度应正常，以证实冷却器的有关阀门已打开。④油温变化应正常，变压器带负荷后，油温应缓慢上升。

（3）干式变压器巡视检查项目。干式变压器以空气为冷却介质，整个器身均封闭在固体绝缘材料之中，没有火灾和爆炸的危险。运行巡视应检查下列项目：

1）高低压侧接头无过热，出线电缆头无漏油、渗油现象。

2）绕组的温升，根据变压器采用的绝缘等级，其温升不超过规定值。

3）变压器运行声音正常、无异味。

4）瓷瓶无裂纹、无放电痕迹。

5）变压器室内通风良好，室温正常，室内屋顶无渗、漏水现象。

（4）变压器分接开关的运行维护。变压器无载分接开关和有载分接开关按要求进行维护。

无载分接开关的维护：

无载分接开关变换分接头时，变压器必须停电，做好安全措施后，在运行值班人员的配合下，由检修人员进行。在切换分接开关触头时，一般将分接开关各正、反方向转动5圈，以消除触头上的氧化膜和油污，使触头接触良好。分接头切换完毕，应检查分接头位置是否正确，检查是否在锁紧位置。同时，还应测量绕组档位的直流电阻应合格，并作好分接头变换记录。之后，方可拆除安全措施，进行送电操作。

有载分接开关的维护：

有载分接开关的运行维护，应按制造厂的规定进行，无制造厂规定，可参照下列执行。

1）有载调压时应遵守下列规定：

①有载分接开关切换调节时，应注意分接开关位置指示、变压器电流和母线电压变化情况，并做好记录。

②有载调压时应逐级调压，有载分接开关原则上每次只操作一档，隔 1min 后再进行下一档的调节。严禁分接开关在变压器严重过负荷（超过 1.5 倍额定电流）的情况下进行切换。

③单相变压器组和三相变压器分相安装的有载分接开关，应三相同步电动操作，一般不允许分相操作。

④两台有载调压变压器并联运行时，其调压操作应轮流逐级进行。

⑤有载调压变压器与无激调压变压器并联运行时，有载调压变压器的分接位置应尽量靠近无激变压器的分接位置。

2）电动操动机构应经常保持良好状态。分接开关的电动控制应正确无误，电源可靠；各接线端子接触良好，驱动电机运转正常，转向正确；控制盘上电动操作按钮和分节开关、控制箱上的按钮应完好；电源和行程指示灯应完好；极限位置的电气闭锁应可靠；大修（或新装）后的有载分接开关，应在变压器空载下，用电动操作按钮至少操作一个循环（升一降），观察各项指示应正确，极限位置电气闭锁应可靠，之后再调至调度要求的分接头档位带负荷运行，并加强监视。

3）有载分接开关的切换箱应严格密封，不得渗漏。如发现其油位升高或异常或满油位，说明变压器与有载分接开关切换箱窜油。应保持变压器油位高于分接开关切换箱的油位，防止分接开关切换箱的油渗入变压器本体内，影响其绝缘油质，如有此况，应及时停电处理。

4）有载分接开关箱内绝缘油的试验与更换。每运行 6 个月取油样进行工频耐压试验一次，其油耐压值不低于 30kV/2.5min；当油耐压在 25～35kV/2.5min 之间时，应停止使用自动调压装置；若油耐压低于 25kV/2.5min 时，应禁止调压操作，并及时安排换油；当运行 1～2 年或切换操作达 5000 次后，应换油，且切换的触头部分应吊出检查。

5）有载分接开关装有气体保护及防爆装置，重气体动作于跳闸，轻气体动作于信号，当保护装置动作时，应查明原因。

（5）强油风扇冷却装置的运行维护。冷却装置运行时，应检查冷却器进、出油管的蝶阀在开启位置；散热器进风通畅，入口干净无杂物；检查潜油泵转向正确，运行中无杂音和明显振动；风扇电动机转向正确，风扇叶片无擦壳；冷却器控制箱内分路电源自动开关闭合良好，无振动及异常响声；检查冷却系统总控制箱正常；冷却器无渗、漏油现象。

（6）胶袋密封油枕的维护。为了减缓变压器油的氧化，在油枕的油面上放置一个隔膜或胶囊（又称胶袋），胶囊的上口与大气相通，而使油枕的油面与大气完全隔离，胶囊的体积随油温的变化增大或减小。该油枕的运行维护工作主要有下述两方面：

1）在油枕加油时，应注意尽量将胶囊外面与油枕内壁间的空气排尽；否则，会造成假油位及瓦斯继电器动作，故应全密封加油。

2）油枕加油时，应注意油量及进油速度要适当，防止油速太快，油量过多时，可能造成防爆管喷油，释压器发信号或喷油。

（7）净油器的运行维护。在变压器箱壳的上部和下部，各有一个法兰接口，在此两法兰接口之间装有一个盛满硅胶或活性氧化铝的金属桶（硅胶用于清除油中的潮气、沉渣、油和绝缘材料的氧化物及油运行中产生的游离酸）。其维护工作主要有：变压器运行时，检查净油器上下阀门在开启位置，保持油在其间的通畅流动。净油器内的硅胶较长时间使用后应进行更换，换上合格的硅胶（硅胶应干燥去潮、颗粒大小在 3～3.5mm 左右，硅胶用筛子筛净微粒和灰尘）。净油器投入运行时，先打开下部阀门，使油充满净油器，并打开净油器上部排气小阀，使其内空气排出，当小阀门溢油时，即可关闭小阀门，然后打开净油器上阀门。

课题三 变压器操作

一、变压器送电前的准备工作

(1) 检查变压器及其相关回路的检修工作已结束，检修工作票终结，并收回。

(2) 与检修有关的临时安全措施（短接线、接地线、标示牌）已拆除，接地隔离开关已拉开，恢复常设遮栏和标示牌。

(3) 测量绝缘电阻。任何变压器送电前必须测量其绝缘电阻合格。对发变组单元接线的主变压器，其间无隔离开关，可与发电机绝缘一并测量。测量前，为避免高压侧感应电压的影响，应先将变压器高压侧接地。测量结果不符合要求时，可将主变压器与发电机分开，分别测量，直至查出原因并恢复正常后方可投入运行。发电机与主变压器之间装有隔离开关时，可单独测量。

测量绝缘前，应拉开变压器各侧隔离开关、中性点隔离开关，验明无电后再进行测量。测量时用合格的摇表，测量变压器绕组对地和各侧之间的绝缘电阻。

油浸电力变压器绕组的绝缘电阻允许值见表4-7。同一变压器绕组的绝缘电阻，换算至同一温度下，与上次测量结果相比，降低不得超过40%；在10～30℃条件下，所测得的吸收比（R_{60}/R_{15}）应不小于1.3。绝缘电阻可按以下公式进行温度换算

测量时温度比前次高　　$R_{t1}=R_{t2}\cdot K$

测量时温度比前次低　　$R_{t1}=R_{t2}/K$

式中 R_{t1}——换算至前次温度下的此次绝缘电阻值；

R_{t2}——此次测量温度下的实测绝缘电阻值；

t_1——前次测量时的温度,℃；

t_2——此次测量时的温度,℃；

K——油浸变压器绝缘电阻的温度换算系数，按两次测量温度差绝对值查表4-8取值。

表4-7　油浸电力变压器绕组绝缘电阻允许值

高压绕组电压等级（kV）＼绝缘电阻（MΩ）＼绕组温度（℃）	10	20	30	40	50	60	70	80
3～10	450	300	200	130	90	60	40	25
20～35	600	400	270	180	180	80	50	35
60～220	1200	800	540	360	240	160	100	70

表4-8　油浸电力变压器绝缘电阻温度换算系数

温度差绝对值（℃）	5	10	15	20	25	30	35	40	45	50	55	60
换算系数 K	1.2	1.5	1.8	2.3	2.8	3.4	4.1	5.1	6.2	7.5	9.2	11.2

干式变压器绝缘电阻的测量，可参照上述规定执行。强迫油循环风冷和油浸风冷变压器大、小修后投入运行前，应测量潜油泵和风扇电机的绝缘电阻，使用500V摇表测得的绝缘电阻值应不低于0.5MΩ。

(4) 检查变压器一次回路。检查范围从母线到变压器出线，包括各电压等级一次回路中的设备。检查项目包括变压器本体、冷却器、有载调压回路、无载分接开关的位置、各电压侧断路器、隔离开关、电流互感器及其他部件。所有一次设备均应处于良好备用状态（各项目检查要求按现场规程执行）。

(5) 检查冷却器装置并投入运行。变压器投入运行前，应对变压器的冷却装置进行检查，检查正常，再将冷却装置投入运行。

1) 检查项目。检查项目包括：测量冷却装置电机的绝缘电阻合格；检查每组冷却器进出油蝶阀在开启位置；潜油泵转向正确，运行中无异音和明显振动，电机温升正常；油流继电器动作正常；风扇电动机转向正确，运行中无异音和明显振动，电机温升正常；自动启动冷却器的控制系统动作正常，启动整定值正确；冷却器备用电源切换正常；冷却器控制箱内各分路电磁开关合闸正常，无明显噪声和跳跃现象，冷却系统总控制箱内开关状态和信号正确。在变压器投入运行前，将全部冷却器装置投入运行，以排除残余空气。运转1h后，再按规定将辅助和备用冷却器停运。当变压器长期低负荷运行时，可以切除部分冷却器。开启冷却器的台数与可带负荷大小的关系按下式计算

$$S_n=\sqrt{\frac{P_k}{P_k'}}\cdot S_N$$

$$P_k=n\cdot P-P_0$$

$$P=(P_0+P_k)/(N-1)$$

式中 S_n——变压器开启 n 组冷却器可带负荷，kVA；
S_N——变压器额定容量，kVA；
P_0——变压器额定频率下的空载损耗，kW；
n——实际开启的冷却器台数；
N——实际冷却器台数；
P_k——变压器绕组温度为75℃时的额定短路损耗，kW；
P_k'——变压器开启 n 组冷却器允许的短路损耗，kW；
P——变压器额定容量下运行时，每组冷却器的热负荷，kW。

变压器开启部分冷却器时，应监视上层油温和温升不超过规定值。

2) 冷却器投入注意事项。冷却装置投入时应注意下列事项：①在投入强油风冷装置时，严禁先起动潜油泵，后开启该组散热器上下联管的阀门。停止强油风冷装置时，严禁在未停下潜油泵的情况下，关闭其阀门。这是为了防止将大量空气抽入变压器本体内或损坏潜油泵轴承及叶轮。②在投入强油水冷装置时，必须先起动潜油泵，待油压上升后才可开启冷却水门，且保持油压高于水压，以免冷却器泄漏时水渗入油中，影响油的绝缘性能，进而造成变压器的故障。冷却装置停用时的操作顺序相反。③若变压器运行中投入某组强油风冷装置时，为防止气体保护误动作，应将其短时退出运行（重气体保护由跳闸改投信号）。

(6) 变压器投入运行前的冲击试验。变压器正式运行前要做空载全电压合闸冲击试验。做空载合闸冲击试验的目的是：

1）检查变压器及其回路的绝缘是否存在弱点或缺陷。拉开空载变压器时，有可能产生操作过电压。在电力系统中性点不接地或经消弧线圈接地时，过电压幅值可达4～4.5倍相电压；在中性点直接接地时，过电压幅值可达3倍相电压。为了检验变压器绝缘强度能否承受全电压或操作过电压的作用，故在变压器投入运行前，需做空载全电压冲击试验。若变压器及其回路有绝缘弱点，就会被操作过电压击穿而加以暴露。

2）检查变压器差动保护是否误动。带电投入空载变压器时，会产生励磁涌流，其值可达6～8倍额定电流。励磁涌流开始衰减较快，一般经0.5～1s即可减到0.25～0.5倍额定电流，但全部衰减完毕时间较长，中小型变压器约几秒，大型变压器可达10～20s，故励磁涌流衰减初期，往往使差动保护误动，造成变压器不能投入。因此，空载冲击合闸时，在励磁涌流作用下，可对差动保护的接线、特性、定值进行实际检查，并作出该保护可否投入的评价和结论。

3）考核变压器的机械强度。由于励磁涌流产生很大的电动力，为了考核变压器的机械强度，故需做空载冲击试验。

全电压空载冲击试验次数，新产品投运前应连续做5次，大修后的变压器应连续做3次。每次冲击试验间隔时间不少于5min，操作前应派人到现场对变压器进行监视，检查变压器有无异音异状，如有异常应立即停止操作。

(7) 变压器送电前，其继电保护应全部投入。

二、变压器的运行操作

变压器的运行操作包括冷却器装置的投入与停用，变压器分接头的切换，变压器停、送电等。下面主要介绍冷却器装置的投入与停用和变压器的停、送电操作。

（一）冷却装置的投入与停用操作

1. 油浸风冷变压器冷却装置的投入与停用

如图4-7所示，冷却装置投入和停用的操作如下：

1）检查冷却器工作电源已送电。

2）装上冷却器装置的电源熔断器1FU～3FU。

3）将转换开关SA的手柄置于“手动”位置，冷却风扇投入运行。将SA置于“停止”位置，冷却风扇停止运行。

4）将SA手柄置于“自动”位置，冷却风扇按变压器上层油温度或按变压器负荷电流起动运行或停止运行。

2. 强迫油循环风冷变压器冷却装置的投入和停用

1）冷却装置的投入。如图4-8所示，冷却装置投入的操作步骤如下：

①检查冷却器继电器定值正确。

②检查风扇电动机、潜油泵试运转正常。

③打开油回路系统内的阀门（滤油室和潜油泵进出门，打开上集油室上的排气塞）。

④打开下蝴蝶阀门，使油缓慢注入散热器，散热器注满油后，关闭排气塞（排气塞有油溢出时关闭）。

⑤打开上蝴蝶阀门，开足下蝴蝶阀门。

⑥检查冷却装置的两路工作电源已送电。

⑦将冷却装置电源切换开关SA切至Ⅰ路电源工作位置，Ⅱ路电源联动备用。

⑧装上所有控制和信号熔断器（FU、51FU、52FU、合上信号刀开关 QK）。

⑨将转换开关 SA1、SA2、SA3 的手柄置于“工作”位置（接通控制和信号电源）。

⑩合上各组冷却器的电源自动开关 1Q～*N*Q。

⑪将冷却器的转换控制开关（1SA～*N*SA）手柄置于“工作”位置，全部冷却器的风扇及潜油泵运转。

⑫全部风扇运行 1h 后将辅助、备用冷却器的控制开关分别置于“辅助”“备用”位置。工作冷却器继续运行。

2）冷却装置的停用。个别工作冷却器停止运行操作步骤如下：

①将该冷却器的控制开关（1SA～*N*SA 相关的控制开关）手柄置于“停止”位置。

②将该冷却器的电源自动开关（1Q～*N*Q 相关的自动开关）断开。

③关闭该冷却器的上、下蝴蝶阀门。

全部冷却器停止运行，操作顺序与起动操作顺序相反。

3. 强迫油循环水冷变压器冷却装置的投入和停用

如图 4-5 所示，冷却装置投入操作基本顺序如下：

（1）打开各冷却器油管道的上、下蝴蝶阀门。

（2）启动潜油泵，打开潜油泵的出口门。

（3）检查潜油泵出口压力正常，流量表流量正常。

（4）打开冷却器出水总门。

（5）依次打开各冷却器出水门和进水门。

（6）缓慢打开冷却器总进水门，维持油压大于水压。

水冷却装置停用与起动操作顺序相反。

4. 冷却装置起动和停运注意事项

（1）变压器投入运行前，应先投入冷却装置运行；变压器停运后，冷却器按规定运行一段时间后再停止运行。

（2）投入强迫油循环冷却装置时，应先开启冷却器的上、下蝴蝶阀门，后起动冷却器潜油泵；停用强迫油循环冷却装置时，应先停止潜油泵运行，再关闭其上、下蝴蝶阀门。这是为了防止将大量空气抽入变压器本体内或损坏潜油泵轴承及叶轮。

（3）对于强迫油循环的水冷却器，在投入运行时，应先起动潜油泵建立起油压后，才可开启冷却水门，操作时应缓慢进行，且油压大于水压，以避免冷却器有泄漏时，水渗到油中，影响变压器油的绝缘性能。

（4）水冷却装置使用的水质应不含腐蚀物质，防止因腐蚀造成冷却器泄漏。

（5）水冷却器在冬季停止运行时，应将冷却器水室和进、出水管剩水放尽，以免冻坏设备。

（二）变压器停送电操作

前面第三单元介绍了发电厂 6kV 厂用变压器的操作，这里主要介绍大容量变压器的操作。

1. 发电厂起动/备用变压器的停送电操作

图 4-9 所示为某发变机组一次系统，300MW 机组处于冷备用状态，发电机起动前，应先由起动/备用变压器 T3 向机组 6kV 厂用电供电，然后起动机组。现就起备变 T3 运行于

WBⅡ母线及带负荷的操作步骤简述如下：

（1）投入冷却器装置运行（起动潜油泵和冷却风扇）。

（2）检查 QS61、QS62、QF6、QF5、QF4、QF3、QF2 在断开位置。

（3）投入变压器 T3 的全部继电保护连接片，并检查其接触良好和位置正确。

（4）合上隔离开关 QS63，并检查 QS63 已合好。

（5）投入隔离开关 QS62 的操作电源，就地电动合上 QS62。

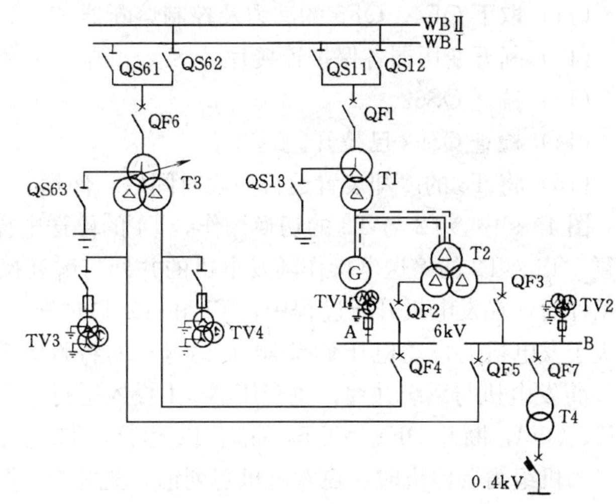

图 4-9　电气一次系统

（6）装上 QF6 的动力及控制熔断器，检查信号指示正确，无报警信号出现。

（7）合上 QF6，向变压器 T3 充电。

（8）检查信号及仪表指示（电流表、功率表、电能表）等显示正常，无保护掉牌，检查 QF6 合闸良好。

（9）投入 TV3、TV4（同期合闸用）。

（10）装上 QF4、QF5 的动力及控制熔断器。

（11）合上 QF4 的同期控制开关 SA1、同期切换开关 SA2、同期闭锁开关 SA3。

（12）合上 QF4。

（13）检查 QF4 合闸良好。

（14）合上 QF5 的 SA1、SA2、SA3。

（15）合上 QF5。

（16）检查 QF5 合闸良好。

（17）拉开 QS63（QS63 是否接地运行由系统调度决定）。

至此，起备变 T3 的送电及带负荷的操作完毕。

T3 变压器停电的操作步骤简述如下：

（1）合上隔离开关 QS63 并检查已合好。

（2）断开 QF4。

（3）检查 6kV A 段电压为零。

（4）断开 QF5。

（5）检查 6kV B 段电压为零。

（6）断开 QF6。

（7）检查 QF6 已断开。

（8）停用 TV3、TV4。

（9）取下 QF6 的动力及控制熔断器。

（10）将 QF4、QF5 小车开关拉出开关间隔（或拉至试验位置）。

（11）取下 QF4、QF5 的动力及控制熔断器。

（12）断开变压器各保护连接片。

（13）拉开 QS62。

（14）检查 QS62 已拉开。

（15）将 T3 的冷却装置运行一段时间后，停运。

图 4-9 中，T2 与 T3 的切换操作，T4 的停送电操作在第三单元中已有讲述，这里不再重复。T1、T2 的停送电操作随发电机的并列与解列操作同时进行。当发电机起动且具备并列条件后，在发电机升压过程中，T1 和 T2 同时升压，T1 和 T2 电压的起始值及上升速率取决于发电机的自动电压调节器（AVR）的特性。升压正常后，经准同期装置用断路器 QF1 将发电机与系统并列，主变压器 T1 投入运行。当机组所属热力系统工况正常后，合上 QF2、QF3，断开 QF4、QF5，此时 T2 运行，T3 充电联动备用。

当机组需要停机时，在发电机解列前，先将 T2 倒换为 T3 运行（见第三单元厂用变压器切换操作），然后按发电机正常解列程序断开 QF1，使发电机与系统解列。T1 和 T2 的外加电压随发电机机端电压降低而相应下降，直至灭磁后，电压为零，T1 和 T2 停止运行。

2. 变电站主变压器的停送电操作

（1）主变压器的送电操作。图 4-10 为某变电站的电气主接线，110kV 和 220kV 母线通过输电线路与系统电源相连，110kV 与 220kV 母线之间有大量功率穿过，10kV 母线向附近用户供电。主变压器 T1 停电检修完毕，准备送电，T1 送电的操作步骤如下：

1）检查 T1 检修工作票已收回。

2）拆除 T1 的 4、5、6 号接地线。

3）拆除 T1 检修临时遮栏，摘下警告牌，恢复 T1 的常设安全措施。

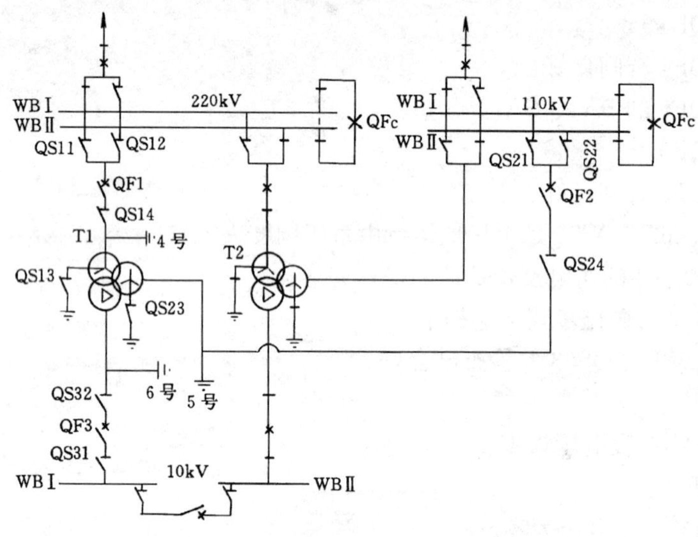

图 4-10 地区变电站电气主接线

4）对 T1 本体外观及各部件进行检查无异常，对 T1 各侧一次电路各电气元件检查无异常，测量 T1 的绝缘电阻合格。

5）检查 T1 各侧的断路器和隔离开关 QF1、QF2、QF3、QS11、QS12、QS13、QS14、QS21、QS22、QS23、QS24、QS31、QS32 均在断开位置。

6）将 T1 的冷却装置投入运行。

7）投入 T1 的全部继电保护连接片，并检查其接触良好和位置正确。

8）合上隔离开关 QS13（变压器送电时必须先合上中性点接地隔离开关）。

9）检查 QS13 已合好。

10）合上隔离开关 QS23（同上）。

11）检查 QS23 已合好。

12）投入隔离开关 QS11 的操作电源，就地电动合上 QS11。

13）投入隔离开关 QS14 的操作电源，就地电动合上 QS14。

14）装上 QF1 的动力及控制熔断器。

15）合上 QF1（经同期合闸），向变压器 T1 充电（含冲击试验）。

16）检查信号及仪表指示（电流表、功率表、电能表）等显示正常，无保护掉牌，检查 QF1 合闸良好。

17）投入 QS21 的操作电源，就地电动合上 QS21。

18）投入 QS24 的操作电源，就地电动合上 QS24。

19）装上 QF2 的动力及控制熔断器。

20）同期合上 QF2。

21）检查信号及仪表指示等显示正常，无保护掉牌，检查 QF2 合闸良好。

22）合上 QS31。

23）检查 QS31 已合好。

24）合上 QS32。

25）检查 QS32 已合好。

26）装上 QF3 的动力及控制熔断器。

27）合上 QF3。

28）检查信号及仪表指示等显示正常，无保护掉牌，检查 QF3 合闸良好。

29）拉开 QS13（由系统调度决定）。

30）检查 QS13 已拉开。

31）拉开 QS23（由系统调度决定）。

32）检查 QS23 已拉开。

（2）主变压器的停电操作。如图 4-10 所示，主变压器 T1 停电检修的操作步骤如下：

1）合上 T1 中性点的隔离开关 QS23（变压器停电时必须先合上中性点接地隔离开关）。

2）检查 QS23 已合好。

3）合上 T1 中性点的隔离开关 QS13（同上）。

4）检查 QS13 已合好。

5）断开 QF3。

6）检查 T1 的 10kV 侧回路电流表指示为零。

7）断开 QF2。

8）检查 T1 的 110kV 侧回路电流表指示为零。

9）断开 QF1。

10）检查 T1 的 220kV 侧回路电流表指示为零。

11）拉开 QS31。

12）检查 QS31 已拉开。

13）拉开 QS32。

14）检查 QS32 已拉开。

15）取下 QF3 的动力及控制熔断器。

16）拉开 QS21。

17）检查 QS21 已拉开。

18）拉开 QS24。

19）检查 QS24 已拉开。

20）取下 QF2 的动力及控制熔断器。

21）拉开 QS11。

22）检查 QS11 已拉开。

23）拉开 QS14。

24）检查 QS14 已拉开。

25）取下 QF1 的动力与控制熔断器。

26）拉开 QS23（变压器停电检修时，中性点接地隔离开关看成可能来电的电源回路）。

27）检查 QS23 已拉开。

28）拉开 QS13（同上）。

29）检查 QS13 已拉开。

30）在主变压器 T1 的 220kV 侧与 QS14 之间、110kV 侧与 QS24 之间、10kV 侧与 QS32 之间分别挂 4、5、6 号接地线（防止变压器检修时突然来电）。

课题四　变压器异常事故处理

一、变压器的异常运行及处理

变压器异常运行主要表现在：声音不正常，温度显著升高，油色变黑，油位升高或降低，变压器过负荷，冷却系统故障及三相负荷不对称等。当出现以上异常现象时，应按运行规程规定，采取措施将其消除，并将处理经过记录在异常记录簿上。

1. 变压器声音不正常

变压器运行时，应为均匀的“嗡嗡声”。这是因为交流电流通过变压器绕组时，在铁芯中产生周期性变化的交变磁通，随着磁通的变化，引起铁芯的振动而发出均匀的“嗡嗡声”。如果变压器产生不均匀声音或其他异音，都属于变压器声音不正常。引起不正常声音的原因有以下几点：

（1）变压器过负荷。过负荷使变压器发出沉重的“嗡嗡声”。

（2）变压器负荷急剧变化。如系统中的大动力设备（如电弧炉、汞弧整流器等）起动，使变压器的负荷急剧变化，变压器发出较重的“哇哇声”，或随负荷的急剧变化，变压器发出“割割割、割割割”的突发间歇声。

（3）系统短路。系统发生短路时，变压器流过短路电流使变压器发出很大的噪声。出现上述情况，运行值班人员应对变压器加强监视。

(4) 电网发生过电压。如中性点不接地系统发生单相接地或系统产生铁磁谐振，致使电网发生过电压，使变压器发出时粗时细的噪声。这时可结合电压表的指示作综合判断。

(5) 变压器铁芯夹紧件松动。铁芯夹紧件松动使螺栓、螺丝、夹件、铁芯松动，使变压器发出"叮叮当当"和"呼……呼……"等锤击和类似刮大风的声音。此时，变压器油位、油色、油温均正常，运行值班人员应加强监视，待大修时处理。

(6) 内部故障放电打火。内部接头焊接或接触不良，分接开关接触不良，铁芯接地线断开故障，使变压器发出"哧哧"或"噼啪"放电声。此时，变压器应停电处理。

(7) 绕组绝缘击穿或匝间短路。如绕组绝缘发生击穿，变压器声音中夹杂不均匀的爆裂声；绕组匝间短路，短路处严重局部过热，变压器油局部沸腾，使变压器声音中夹杂有"咕噜咕噜"的沸腾声。此时，应将变压器停电处理。

(8) 外界气候引起的放电。如大雾、阴雨天气或夜间，变压器套管处有蓝色的电晕或火花，发出"嘶嘶"或"嗤嗤"的声音，这说明瓷件污秽严重或设备线卡接触不良，此情况应加强监视，待停电时处理。

2. 变压器油温异常

在正常负荷和正常冷却条件下，变压器上层油温较平时高出10℃以上，或变压器负荷不变而油温不断上升，则应认为变压器温度异常。变压器温度异常可能是下列原因造成的。

(1) 变压器内部故障。如绕组匝间短路或层间短路，绕组对围屏放电，内部引线接头发热，铁芯多点接地使涡流增大而过热等。这时变压器应停电检修。

(2) 冷却装置运行不正常。如潜油泵停运，风扇损坏停转，散热器管道积垢使冷却效果不良，散热器阀门未打开。此时，在变压器不停电状态下，可对冷却装置的部分缺陷进行处理，或按规程规定调整变压器负荷至相应值。

3. 变压器油色不正常

变压器油有新油和运行油两种。新油呈亮黄色，运行油呈透明微黄色。运行值班人员巡视时，发现变压器油位计中油的颜色发生变化，应取样分析化验。当化验发现油内含有炭粒和水分、酸价增高、闪光点降低、绝缘强度降低时，说明油质已急剧下降，容易发生内部绕组对变压器外壳的击穿事故。此时，该变压器应停止运行。若运行中变压器油色骤然变化，油内出现碳质并有其他不正常现象时，应立即停用该变压器。

4. 变压器油位不正常

为了监视变压器的油位，变压器的油枕上装有玻璃管油位计或磁针式油位计。油枕采用玻璃管油位计时，油枕上标有油位监视线，分别表示环境温度为－20、＋20、＋40℃时变压器正常的油位；如果采用磁针式油位计，在不同环境温度下，指针应停留的位置由制造厂提供的油位——温度曲线确定。

变压器运行时，正常情况下，变压器的油位随变压器油温度的变化而变化，而油温取决于变压器所带的负荷多少、周围环境温度和冷却系统运行情况。变压器油位异常有如下三种表现形式：

(1) 油位过高。油位因油温升高而高出最高油位线，有时油位到顶而看不到油位。油位过高的原因是：变压器冷却器运行不正常，使变压器油温升高，油受热膨胀，造成油位上升；变压器加油时，油位偏高较多，一旦环境温度明显上升，引起油位过高。如果油位过高是因冷却器运行不正常引起，则应检查冷却器表面有无积灰堵塞，油管上、下阀门是否打开，管道有否堵塞，风扇、潜油泵运转是否正常合理，冷却介质温度是否合适，流量是否足够。如果油位过高是因加油过多引起，应放油至适当高度；若油位看不到，应判断为油位确实高出最高油位线，再放油至适当高度。

（2）油位过低。当变压器油位较当时油温对应的油位显著下降，油位在最低油位线以下或看不见时，应判断为油位过低。造成油位过低的原因是：变压器漏油；变压器原来油位不高，遇有变压器负荷突然下降或外界环境温度明显降低时，使油位过低；强迫油循环水冷变压器油漏入冷油器时间较长，也全使油位过低。油位过低，会造成轻气体保护动作，若为浮子式继电器，还会造成重气体保护跳闸。严重缺油时，变压器铁芯和绕组会暴露在空气中，这不但容易受潮降低绝缘能力，而且可能造成绝缘击穿。因此，变压器油位过低或油位明显降低，应尽快补油至正常油位。如因漏油严重使油位明显降低，应禁止将气体保护由跳闸改为信号，消除漏油，并使油位恢复正常。若大量漏油，油位低至气体继电器以下或继续下降，应立即停用该变压器。

运行中的变压器补油时，应注意下列事项：

1）补入的新油应与变压器原有的油同型号，防止混油，且新补入的油应经试验合格。

2）补油前，应将重气体保护改接信号位置，防止误跳闸。

3）补油后要注意检查气体继电器，及时放出气体，24h后无问题再将重瓦斯投入跳闸位置。

4）补油量要适量，油位与变压器当时的油温相适应。

5）禁止从变压器下部截门补油，以防止将变压器底部沉淀物冲起进入线圈内，影响变压器绝缘的散热。

（3）假油位。如果变压器油温的变化是正常的，而油标管内油位不变化或变化异常，则该油位是假油位。造成假油位的原因可能有：当非胶囊（胶囊也称胶袋）密封式油枕油标管堵塞、呼吸器堵塞或防爆管气孔堵塞时，均会出现假油位。当胶囊密封式油枕内存有一定数量的空气、胶囊受阻呼吸不畅、胶囊装设位置不合理及胶囊袋破裂等也会造成假油位。处理时，应先将重瓦斯保护解除。

变压器运行时，一定要保持正常油位。运行值班人员应按时检查油位计的指示。油位过高时（如夏季），应及时放油；在油位过低时（如冬季），应及时补油，以维持正常油位，确保变压器安全运行。

5．变压器过负荷

运行中的变压器过负荷时，警铃响，出现“过负荷”和“温度高”光字牌信号，可能出现电流表指示超过额定值，有功、无功表指示增大。运行值班人员发现上述现象时，按下述原则处理：

（1）停止音响报警，汇报值班长、值长，并做好记录。

（2）及时调整运行方式，调整负荷的分配，如有备用变压器，应立即投入。

（3）属正常过负荷或事故过负荷时，按过负荷倍数确定允许运行时间。若超过允许运行时间，应立即减负荷，并加强对变压器温度的监视。

（4）过负荷运行时间内，应对变压器及其相关系统进行全面检查，发现异常应立即处理。

6. 变压器不对称运行

运行中的变压器，造成不对称运行的原因有：

(1) 三相负荷不一致，造成变压器不对称运行。如变压器带有大功率的单相电炉、电气机车、电焊变压器等。

(2) 由三台单相变压器组成三相变压器。当其中一台损坏而用不同参数的变压器来代替时，造成电流和电压不对称。

(3) 变压器两相运行。如三相变压器一相绕组故障；三相变压器某侧断路器一相断开；三相变压器的分接头接触不良；三台单相的变压器组成三相变压器，其中一台变压器故障，两台单相变压器运行等。

变压器不对称运行，会造成变压器容量降低，同时，对变压器本身有一定危害，因电流、电压不对称，对用户也造成影响。另外，对沿线通信线路造成干扰，对电力系统的继电保护工作条件也造成影响。因此，变压器出现不对称运行，应分析引起的原因，并针对引起的原因，尽快消除。

7. 变压器冷却装置故障

变压器冷却装置的常见故障有冷却装置工作电源全部中断、部分冷却装置电源中断、潜油泵故障或风扇故障使部分冷却装置停运、变压器冷却水中断。当冷却装置故障时，变压器发出“备用冷却器投入”和“冷却器全停”信号。冷却装置故障的一般原因为：

(1) 供电电源熔断器熔断或供电电源母线故障。

(2) 冷却装置工作电源开关跳闸。

(3) 单台冷却器的电源自动开关故障跳闸或潜油泵和风扇的熔断器熔断。

(4) 潜油泵、风扇损坏及连接管道漏油。

当冷却系统发生故障时，可能迫使变压器降低容量运行，严重者可能使变压器停运，甚至烧坏变压器。因此，当冷却系统发生故障时，针对故障原因，迅速处理。

对于油浸风冷变压器，当发生风扇电源故障时，应立即调整变压器所带的负荷，使之不超过70%额定容量。单台风扇发生故障，可不降低变压器的负荷。

对于强迫油循环风冷变压器，若冷却装置电源全部中断，应设法于10min内恢复1路或2路电源。在进行处理期间，可适当降低负荷，并对变压器上层油温及油枕、油位严密监视。因冷却装置电源全停时，变压器油温和油位会急剧上升，有可能出现油从油枕中溢出或从防爆管跑油现象。如果10min内，冷却装置电源能恢复，当冷却装置恢复正常运行后，油枕油位又会急剧下降。此时，若油位下降到油标－20℃以下并继续下降时，应立即停用重气体保护。如果10min内冷却装置电源不能恢复，则应立即停用变压器。

如果冷却器部分损坏或1/2电源失去，应根据冷却器台数与相应容量的关系，立即调整变压器负荷至相应允许值，直至冷却器修复或电源恢复。由于大型变压器一般设有辅助和备用冷却器，在变压器上层油温升到规定值时，辅助冷却器会自动投入，在个别冷却器故障时，备用冷却器会自动投入，故无需调整变压器的负荷。但来“备用冷却器投入”信号后，运行值班人员应检查备用冷却器投入运行是否正常。

8. 轻气体保护动作报警

变压器装有气体继电器，重气体保护反应变压器内部短路故障，动作于跳闸；轻气体保护反应变压器内部轻微故障，动作于信号。由于种种原因，变压器内部产生少量气体，这些气体积聚在气体继电器内，聚积的气体达一定数量后，轻气体保护动作报警（电铃响，“轻气体动作”光字牌亮），提醒运行值班人员分析处理。

轻气体保护动作的可能原因是：变压器内部轻微故障，如局部绝缘水平降低而出现间隙放电及漏电，产生少量气体；也可能是空气浸入变压器内，如滤油、加油或冷却系统不严密，导致空气进入变压器而聚积在气体继电器内；变压器油位降低，并低于气体继电器，使空气进入气体继电器内；二次回路故障，如直流系统发生两点接地或气体继电器引线绝缘不良，引起误发信号。

运行中的变压器发生轻气体保护报警时，运行值班人员应立即报告当值调度，复归信号，并进行分析和现场检查，根据变压器现场外部检查结果和气体继电器内气体取样分析结果作相应的处理：

（1）检查变压器油位。如果是变压器油位过低引起，则设法消除油位过低，并恢复正常油位。

（2）检查变压器本体及强油循环冷却系统是否漏油。如有漏油，可能有空气浸入，应消除漏油。

（3）检查变压器的负荷、温度和声音等的变化，判明内部是否有轻微故障。

（4）如果气体继电器内无气体，则考虑二次回路故障造成误报警。此时，应将重气体保护由跳闸改投信号，并由继电保护人员检查处理，正常后再将重气体保护投跳闸位置。

（5）变压器外部检查正常，轻气体保护报警系继电器内气体聚积引起时，应记录气体数量和报警时间，并收集气体进行化验鉴定，根据气体鉴定的结果再作出如下相应处理：

1）气体无色、无味、不可燃者为空气。应放出空气，并注意下次发出信号的时间间隔。若间隔逐渐缩短，应切换至备用变压器供电。短期内查不出原因，应停用该变压器。

2）气体为可燃且色谱分析不正常时，说明变压器内部有故障，应停用该变压器。

3）气体为淡灰色，有强烈臭味且可燃，说明为变压器内绝缘材料故障，即纸或纸板有烧损，应停用该变压器。

4）气体为黑色、易燃烧，为油故障（可能是铁芯烧坏，或内部发生闪络引起油分解），应停用该变压器。

5）气体为微黄色，且燃烧困难，可能为变压器内木质材料故障，应停用该变压器。

（6）如果在调节变压器有载调压分接头过程中伴随轻气体保护报警，可能是有载调压分接头的连接开关平衡电阻被烧坏，应停止调节，待机停用该变压器。

根据上述分析，对运行中的变压器应注意以下事项：

1）变压器在运行中进行加油、放油及充氮时，应先将气体保护改投信号。特别是大容量变压器，以上工作结束后，应检查变压器油位正常、气体继电器内无气体且充满油后，方可将重气体保护投跳闸位置。

2）变压器运行中带电滤油、更换硅胶、冷油器或油泵检修后投入、在油阀门或油回路上进行工作等，均应事先将重气体保护改投信号，工作结束待 24h 后无气体产生时，方可投入跳闸。

3）遇有特殊情况（如地震等），可考虑暂时将重气体保护改投信号。

4）收集气体继电器内气体时，应注意人身安全，弄清楚气体继电器内的检验按钮和放气按钮的区别，以免错误操作使气体保护误跳闸。在收集气体过程中，不可将火种靠近气体继电器顶端，以免造成火灾。

二、变压器的事故处理

1. 变压器常见的故障部位

(1) 绕组的主绝缘和匝间绝缘故障。变压器绕组的主绝缘和匝间绝缘是容易发生故障的部位。其主要原因是：由于长期过负荷运行，或散热条件差，或使用年限长，使变压器绕组绝缘老化脆裂，抗电强度大大降低；变压器多次受短路冲击，使绕组受力变形，隐藏着绝缘缺陷，一旦遇有电压波动就有可能将绝缘击穿；变压器油中进水，使绝缘强度大大降低而不能承受允许的电压，造成绝缘击穿；在高压绕组加强段处或低压绕组部位，因统包绝缘膨胀，使油道阻塞，影响散热，使绕组绝缘由于过热而老化，发生击穿短路；由于防雷设施不完善，在大气过电压作用下，发生绝缘击穿。

(2) 引线绝缘故障。变压器引线通过变压器套管内腔引出与外部电路相连，引线是靠套管支撑和绝缘的。由于套管上端帽罩（将军帽）封闭不严而进水，引线主绝缘受潮而击穿，或变压器严重缺油使油箱内引线暴露在空气中，造成内部闪络，都会在引线处发生故障。

(3) 铁芯绝缘故障。变压器铁芯由硅钢片叠装而成，硅钢片之间有绝缘漆膜。由于硅钢片紧固不好，使漆膜破坏产生涡流而发生局部过热。同理，夹紧铁芯的穿芯螺丝、压铁等部件，若绝缘破坏，也会发生过热现象。此外，若变压器内残留有铁屑或焊渣，使铁芯两点或多点接地，都会造成铁芯故障。

(4) 变压器套管闪络和爆炸。变压器高压侧（110kV 及以上）一般使用电容套管，由于瓷质不良故而有沙眼或裂纹；电容芯子制造上有缺陷，内部有游离放电；套管密封不好，有漏油现象；套管积垢严重等，都可能发生闪络和爆炸。

(5) 分接开关故障。变压器分接开关是变压器常见故障部位之一。分接开关分无载调压和有载调压两种，常见故障的原因是：

1) 无载分接开关。由于长时间靠压力接触，会出现弹簧压力不足，滚轮压力不均，使分接开关连接部分的有效接触面积减小，以及连接处接触部分镀银层磨损脱落，引起分接开关在运行中发热损坏；分接开关接触不良，引出线连接和焊接不良，经受不住短路电流的冲击而造成分接开关被短路电流烧坏而发生故障；由于管理不善，调乱了分接头或工作大意造成分接开关事故。

2) 有载分接开关。带有载分接开关的变压器，分接开关的油箱与变压器油箱一般是互不相通的。若分接开关油箱发生严重缺油，则分接开关在切换中会发生短路故障，使分接开关烧坏。为此，运行中应分别监视两油箱油位应正常；分接开关机构故障有：由于卡塞，使分接开关停在过程位置上，造成分接开关烧坏；分接开关油箱密封不严而渗水漏油，多年不进行油的检查化验，致使油脏污，绝缘强度大大下降，以致造成故障；分接开关切换机构调整不好，触头烧毛，严重时部分熔化，进而发生电弧引起故障。

2. 重气体保护动作的处理

运行中的变压器，由于变压器内发生故障或继电保护装置及二次回路故障，引起重气体保护动作，使断路器断闸。重气体保护动作跳闸时，中央事故音响发出笛声，变压器各侧断路器绿色指示灯闪光，“重气体动作”和“掉牌未复归”光字牌亮，重气体信号灯亮，变压器表计指示为零。此时，运行值班人员对变压器应进行如下的检查和处理：

(1) 检查油位、油温、油色有无变化，检查防爆管是否破裂喷油，检查呼吸器、套管有无异常，变压器外壳有无变形。

（2）立即取气样和油样作色谱分析。

（3）根据变压器跳闸时的现象（如系统有无冲击，电压有无波动）、外部检查及色谱分析结果，判断故障性质，找出原因。在重气体保护动作原因未查清之前，不得合闸送电。

（4）如果经检查未发现任何异常，而确系二次回路故障引起误动作，可将差动及过流保护投入，将重气体保护投信号或退出，试送电一次，并加强监视。

3. 变压器自动跳闸的处理

当运行中的变压器自动跳闸时，值班人员应迅速作出如下处理：

（1）当变压器各侧断路器自动跳闸后，将跳闸断路器的控制开关操作至跳闸后的位置，并迅速投入备用变压器，调整运行方式和负荷分配，维持运行系统及其设备处于正常状态。

（2）检查掉牌属何种保护动作及动作是否正确。

（3）了解系统有无故障及故障性质。

（4）若属以下情况并经领导同意，可不经检查试送电：人为误碰保护使断路器跳闸；保护明显误动作跳闸；变压器仅低压过流或限时过流保护动作，同时跳闸变压器下一级设备故障而其保护却未动作，且故障已切除，但试送电只允许一次。

（5）如属差动、重气体或电流速断等主保护动作，故障时有冲击现象，则需对变压器及其系统进行详细检查，停电并测量绝缘。在未查清原因之前，禁止将变压器投入运行。必须指出，不管系统有无备用电源，也绝对不准强送变压器。

4. 变压器着火

变压器运行时，由于变压器套管的破损或闪络，使油在油枕油压的作用下流出，并在变压器顶盖上燃烧；变压器内部发生故障，使油燃烧并使外壳破裂等。变压器着火，应迅速作出如下处理：

（1）断开变压器各侧断路器，切断各侧电源，并迅速投入备用变压器，恢复供电。

（2）停止冷却装置运行。

（3）主变压器及高压厂用变压器着火时，应先解列发电机。

（4）若油在变压器顶盖上燃烧时，应打开下部事故放油门放油至适当位置。若变压器内部故障引起着火时，则不能放油，以防变压器发生爆炸。

（5）迅速用灭火装置灭火。如用干式灭火器或泡沫灭火器灭火。必要时通知消防队灭火。

小　　结

1. 变压器的允许运行方式

凡符合厂家规定的运行方式，称为允许运行方式。变压器的允许运行方式包括：允许温度和温升，外加电源电压允许变化范围，允许的过负荷，冷却装置的运行方式等。变压器运行时，除满足允许温度要求外，还必须满足温升要求，任何过负荷情况下，变压器温升不允许超过规定。变压器运行的外部电源电压应在规定的变化范围内，外加电源电压过高，使变压器过激励，会使铁芯的温度升高，影响变压器的使用寿命。变压器冷却装置的运行方式分两种情况：油浸风冷变压器，其冷却装置按上层油温或负荷电流起停。当上层油温或负荷电流上升到规定值或下降至规定值时，冷却风扇自动投入或退出运行；强油风冷变压器，其冷却器安排为几组工作，一组辅助，一组备用。当变压器上层油温或变压器负荷电流达到规定值时，则辅助冷却器自动投入，当工作冷却器或辅助冷却器故障停运时，则备用冷却器应自动投入。

2. 变压器的运行操作

变压器在操作之前，应做好一切准备工作。包括工作票的收回；检修临时安全措施的拆除，恢复常设安全措施；测量变压器的绝缘电阻；检查变压器及其一次回路；检查冷却装置并投入运行等。变压器的操作有分接开关的切换，冷却装置的投入与停用，变压器的停送电操作等。在进行变压器的操作时，应遵守有关原则和注意事项。

3. 变压器运行中的监视与维护

变压器运行中的监视主要是通过有关表计监视变压器的运行参数，使运行参数保持在允许范围内，同时，对运行参数定时记录，从而保证变压器长期、正常运行。

变压器运行中的维护工作，包括运行巡视检查和日常维护两个方面。运行巡视检查主要是对变压器本体和附件的运行情况进行检查，及时发现设备异常运行及设备缺陷；运行维护体现在变压器操作的全过程，也体现在对设备的认真巡视检查，不遗漏存在的问题和缺陷，检查中和检查后及时对发现的问题及缺陷进行处理。为保证变压器安全运行，处理时应遵守有关的规定和注意事项。因此，运行监视和运行维护，能使变压器处于良好的运行状态。

4. 变压器的异常运行及事故处理

变压器异常运行包括声音不正常，油温异常，油色和油位不正常，变压器过负荷，变压器不对称运行，冷却装置故障，轻气体保护动作等。变压器的事故有断路器自动跳闸，变压器着火等。引起变压器异常运行和事故的原因有多种，应针对具体情况，按规定进行处理。

习　　题

一、名词解释

1. 绝缘老化

2. 允许温升

3. 6℃规则

4. 正常过负荷

5. 事故过负荷

二、填空题

1. 油浸自冷或风冷变压器运行时，环境温度为 40℃，上层油温一般为__________，最高上层油温为__________。

2. 强油风冷变压器运行时，冷却介质最高温度为 40℃，上层最高油温为__________；强油水冷变压器运行时，冷却介质最高温度为 30℃，上层最高油温为__________。

3. 变压器的温度继电器或过负荷电流继电器能自动起、停__________。

4. 油浸风冷变压器的冷却风扇由__________自动投入或停止运行。

5. 在__________情况下辅助冷却器自动投入，在__________情况下备用冷却器自动投入。

6. 无载分接开关分接头切换完毕，应检查__________，还应测量__________。

7. 切换调节有载分接开关时，应注意__________位置指示，还应注意__________的变化。切换调节每次只能操作__________，隔__________时间再进行下一档的调节，严禁分接开关在__________情况下的切换操作。

8. 强油风扇冷却器运行时，应检查__________转向正确。

9. 变压器正常运行的声音为__________，过负荷运行的声音为__________，负荷发生急剧变化发出的声音为__________，流过短路电流时发出的声音为__________，系统发生单相接地过电压或铁磁谐振过电压时发出的声音为__________，变压器铁芯夹件松动发出的声音为__________，变压器内部故障放电发出的声音为__________，变压器绕组击穿或匝间短路发出的声音为__________。

三、判断题（对的在括号内打“√”，错的打“×”）

1. 变压器的工作冷却器故障跳闸，辅助冷却器能自动投入。（　　）
2. 当冷却器全停时，变压器各侧断路器经延时跳闸。（　　）
3. 强油风冷冷却器的流动继电器故障，则该组冷却器停止运行。（　　）
4. 变压器工作冷却器故障停止运行，备用冷却器即自动投入。（　　）
5. 变压器停电操作时，先停电源侧，后停负荷侧。（　　）
6. 冷却装置投入运行时，先起动潜油泵，后开启散热器的上下联管阀门。（　　）
7. 变压器停、送电时，均应先合上各侧中性点接地隔离开关。（　　）
8. 切换两台并联运行变压器的中性点接地隔离开关时，先合中性点未接地的隔离开关，后拉开中性点接地的隔离开关。（　　）

四、问答题

1. 变压器运行时，为什么要同时监视上层油温度和温升？
2. 外加电源电压过高对变压器运行有什么影响？
3. 变压器允许正常过负荷运行的依据是什么？
4. 结合图4-7说明冷却风扇手动或自动起动的工作原理。
5. 说明图4-8中Ⅰ路工作电源故障，Ⅱ路工作电源如何自动投入？并说明该冷却装置的运行方式。
6. 变压器正常过负荷运行应注意哪些事项？
7. 变压器送电前为什么要作冲击合闸试验？
8. 变压器运行时，怎样判断温度异常？造成温度异常的原因是什么？
9. 变压器运行时，正常和特殊巡视检查的项目有哪些？
10. 变压器冷却器故障的一般原因有哪些？如何处理？
11. 变压器运行时，轻气体保护动作的原因是什么？如何处理？重气体保护动作应作哪些检查和处理？

五、操作题

1. 写出图4-8中强油风冷变压器冷却装置投入的操作步骤。
2. 写出图4-9中T3送电的操作步骤。
3. 写出图4-10中T1的送电操作步骤。

六、模拟演练

(1) 题目：在仿真机上模拟变压器的异常运行和变压器自动跳闸，并作出故障处理。

(2) 演练目的及要求：通过模拟演练，了解故障现象和处理方法。演练前拟定好演练项目，演练时做好记录，当场提出处理方法，并写出演练报告。

(3) 演练时间：每个演练项目讲解、演练共2h。

电 动 机 运 行

内 容 提 要

本单元主要介绍电动机的允许运行方式，电动机的运行监视和维护、操作，异常运行及事故处理。

课题一　电动机运行方式和要求

一、电动机的允许温度和温升

电动机在运行中产生的各种能量损耗（铜损、铁损、机械损耗等）都转化为热量，引起电动机绕组、铁芯和轴承等温度的升高。若电动机绝缘材料的运行温度超过了规定值，将使电动机的使用寿命因绝缘材料的迅速老化而减少，因此，规定了电动机运行的最高允许温度。最高允许温度由电动机使用的绝缘材料等级和温度测量方法来决定。

考虑电动机的绝缘寿命，电动机还规定了最高允许温升。电动机的允许温升系指在一定环境温度下（一般规定为35℃或40℃），电动机温度与周围环境温度的差值。即

$$\theta = t - t_n$$

式中　t——允许温度；

t_n——环境温度。

电动机的允许温升由其所使用的绝缘材料来决定，不同绝缘等级的绝缘材料有不同的允许温升。常用的绝缘材料等级有A、E、B、F级，对应的耐热极限温度分别为105、120、130℃及155℃，如规定环境温度为35℃，一般还留有5℃的裕度（测出的温升为绕组的平均温升，而绕组的最高温升要比平均温升高，故留有5℃温升裕度），故上述绝缘等级绝缘材料的允许温升分别为65、80、90℃及115℃。

不同绝缘等级电动机的最高允许温度和温升见表5-1。

表5-1　　电动机最高允许温度和温升

<table>
<tr><th rowspan="3">电动机
各部件名称</th><th colspan="10">各绝缘等级的允许温度和温升（℃）</th><th rowspan="3">测定方法</th></tr>
<tr><th colspan="2">A　级</th><th colspan="2">E　级</th><th colspan="2">B　级</th><th colspan="2">F　级</th><th colspan="2">H　级</th></tr>
<tr><th>t</th><th>θ_N</th><th>t</th><th>θ_N</th><th>t</th><th>θ_N</th><th>t</th><th>θ_N</th><th>t</th><th>θ_N</th></tr>
<tr><td>定子绕组</td><td>105</td><td>70</td><td>120</td><td>85</td><td>130</td><td>95</td><td>155</td><td>120</td><td>180</td><td>145</td><td>电　阻　法</td></tr>
<tr><td>转子绕组</td><td>105</td><td>70</td><td>120</td><td>85</td><td>130</td><td>95</td><td>155</td><td>120</td><td>180</td><td>145</td><td></td></tr>
<tr><td>定子铁芯</td><td>105</td><td>70</td><td>120</td><td>85</td><td>130</td><td>95</td><td>155</td><td>120</td><td>180</td><td>145</td><td rowspan="4">温度计法</td></tr>
<tr><td>滑　　环</td><td colspan="10">t=105℃　θ=70℃</td></tr>
<tr><td>滚动轴承</td><td colspan="10">t=100℃　θ=65℃</td></tr>
<tr><td>滑动轴承</td><td colspan="10">t=80℃　θ=45℃</td></tr>
</table>

注　环境冷却空气温度为35℃，表中t为最高允许温度，θ_N为最高允许温升。

电动机运行时，环境空气温度的高低，对其各部分的温度有很大影响。所以，运行中的电动机，还应考虑周围空气温度变化时，其负荷应控制在相应的范围内。表 5 - 2 为 A 级绝缘的电动机，当周围空气温度变化时，允许负荷变化的百分数（对额定负荷而言）。

表 5 - 2　　周围空气温度变化时允许电动机负荷变化范围

周围空气温度（℃）	允许负荷变化百分数（%）	周围空气温度（℃）	允许负荷变化百分数（%）
25 及以下	+10	40	−5
30	+5	45	−10
35	额定负荷	50	−15

由表 5 - 2 可知，当周围空气温度的额定值为 35℃时，电动机可以在电源电压、频率正常的情况下带额定负荷长期运行。当周围空气温度高于额定值时，电动机的出力应相应降低；当周围空气温度低于额定值时，其出力允许升高，但不能超过额定负荷的 10%。对于大容量的高压电动机，如采用空气冷却器时，其入口温度不得低于 5℃，入口冷却水量以不使空气冷却器出现凝结水珠为标准，以防止电动机定子绕组端部绝缘变脆。

二、电动机电源电压、频率允许变化范围

1. 电压的允许变化范围

电动机的电磁转矩与外加电源电压的平方成正比，因此，外加电源电压的变化直接影响电动机的运行工况。当电机机起动时，若电压太低，起动转矩小，使电动机的起动时间长，甚至不能起动；对运行中的电动机，若运行电压下降，电动机转矩变小，由于机械负荷不变，电动机转速下降，引起电动机定子电流增大，使电动机发热增大，严重时会烧坏定子绕组。若电压大幅度下降，也可能造成电动机停转和烧坏定子绕组。

与上述相反，电源电压稍高于电动机的额定电压，对电动机运行无大的影响，但电源电压过高，因磁路高度饱和，激磁电流急剧上升，使铁芯严重发热，将对电动机的绝缘也会造成危害。

此外，三相电源电压不平衡，引起电动机三相电流不平衡，这将导致电动机温升增加和电磁力矩减小（因为负序电流产生的负序磁场对电动机转子产生了制动作用，电动机从电网得到的一部分功率变成了损耗，形成额外发热），同时，三相电压不平衡还会产生振动和噪声。

基于上述原因，对电动机电源电压变化范围有如下规定：

（1）电动机电源电压在额定值的−5%～+10%范围内变化时，其额定出力不变。当电源电压提高+10%时，电动机的电流应减少 10%。

（2）电动机额定运行，三相电源电压的不平衡度（任一相电压与三相电压平均值之差，与三相电压平均值之比的百分数）不超过 5%，或相间电压不平衡不超过额定值的 5%。

（3）三相电压不平衡引起的三相不平衡电流不超过额定电流的 10%，且任一相电流不超过额定值。

2. 频率的允许变化范围

电源频率发生变化也影响电动机的运行工况。当电源电压为额定值时，电源频率降低对电动机的运行会产生如下影响：

（1）影响电动机的出力。由电动机的电势公式 $E=4.44Kf_1W\Phi_m$ 可知，式中 W、K 为常数，故 $E\propto f_1\Phi_m$。由于 $E\approx U$ 保持不变，则当电源频率 f_1 下降时，磁通 Φ_m 将增加。Φ_m 的增加使定子励磁电流增加，电动机无功消耗增加，则电动机的功率因数降低，故电动机出力降低。另外，由于电动机的异步转速 $n=(1-s)60f_1/p$，当电源频率 f_1 下降时使转速 n 下降，电动机机械负载的出力一般与转速有关（如火电厂的给水泵、风机等），若负载力矩不变，则电动机的输出功率将因转速 n 的降低而明显降低。

（2）降低电动机的散热效果。当电源频率降低时，电动机的转速降低，电动机风扇的风量减小，影响电动机的散热效果，从而使电动机的温度上升。

基于上述原因，电动机对电源频率的变化有如下规定：我国交流电源额定频率为 50Hz，当电源电压为额定值时，电源频率与额定频率的偏差不得超过±1%，即电源频率允许在 49.5～50.5Hz 范围内变化，电动机出力可维持额定值。如果频率过低，电动机定子电流增加，功率因数下降，效率降低，故不允许电动机在过低频率下运行。

三、电动机振动与串动允许值

运行中的电动机有时振动及串动过大。振动及轴向串动值过大，可能损坏设备，甚至损坏电动机，故规定运行中的电动机，其振动及串动值不得超过表 5-3 的规定值。当振动与串动值超过规定值时，应停止电动机运行，并查明原因予以处理。

表 5-3　　电动机振动和串动允许值

额定转速（r/min）	3000	1500	1000	750 及以下
振动值（双振幅，mm）	0.05	0.085	0.10	0.12
串动（mm）	2～4			

四、电动机绝缘电阻允许值

检修后的电动机、停电时间长达 7 天以上的电动机，在送电前必须测量电动机的绝缘电阻。处于备用状态的电动机也必须定期测量其绝缘电阻。以防投入运行后，因电动机绝缘受潮发生相间短路或对地击穿。

电动机绝缘电阻合格的标准是：

高压电动机用 2500V 摇表测量绝缘电阻，其绝缘电阻应不低于 1MΩ/1kV。高压电动机的绝缘电阻，在相同环境温度下测量，一般不应低于上一次测量值的 $\frac{1}{3}\sim\frac{1}{5}$，否则，应查明原因。还应测量吸收比（$R_{60}/R_{15}$），其值应大于 1.3。

380V/220V 交、直流电动机，用 500～1000V 摇表测量绝缘电阻，其绝缘电阻值应不低于 0.5MΩ。

运行中的电动机因长期运行使绕组积满灰尘或碳化物，可能使绝缘下降，绝缘电阻合格与否应与原始记录相比较，当绝缘电阻较以前同样情况下（温度、电压、使用摇表的额定电压均相同）降低 50%以上时，则应认为不合格。

课题二　电动机操作、运行监视与维护[1]

一、电动机的起动方式

1. 直接起动

在额定电压下合上电动机的电源开关，使电动机直接起动。

直接起动的电动机，其起动电流大，起动电流可达额定电流的 4～7 倍，这对电动机及其供电系统会产生不利影响。因此，能否采用直接起动，这要根据电动机的电源容量、电动机容量、起动的频繁程度及电源允许的干扰程度来决定。一般情况下，不经常起动且单机容量不大于供电变压器额定容量 30%的电动机、经常起动且单机容量不大于供电变压器额定容量 20%的电动机，都可以采用直接起动的方法起动。

2. 降压起动

降压起动是将电动机定子绕组经过起动专用设备，使加到定子绕组上的电压降低的起动方法。降压起动可以减小电动机的起动电流。待电动机的转速达到或接近额定转速时，再将电动机通过控制设备切换到额定电压下运行。

异步电动机常见的降压起动方法有以下几种。

（1）Y-△转换起动法。正常运行时定子绕组接成△形的电动机，在起动时利用转换开关将定子绕组接成 Y 形（起动电压为正常运行电压的 $1/\sqrt{3}$，减小了起动电流），待起动过程结束，再利用转换开关将定子绕组改接成△形运行，见图 5 - 1（a）。

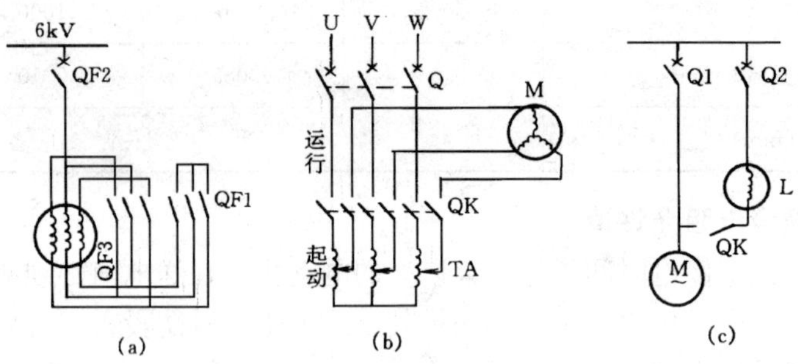

图 5 - 1　异步电动机降压起动原理图

（a）Y-△起动；（b）用自耦变压器起动；（c）用电抗器起动

（2）用自耦变压器起动法。由自耦变压器构成的起动设备，称补偿器。补偿器手柄在“起动”位置时，电动机接到自耦变压器的低压分接头上以降压起动。起动过程结束，手柄推至“运行”位置，电动机被施加全电压运行，见图 5 - 1（b）。

（3）用电抗器起动法。起动时，在定子回路中串接电抗器，起动过程结束，将电抗器短接，电动机被施加全电压运行，见图 5 - 1（c）。

3. 在转子回路中串入附加电阻的起动

这种起动方式适用于绕线式异步电动机的起动。由电机学可知，绕线式异步电动机转子三相绕组回路串入外加电阻能使电动机起动转矩增加，同时又使起动电流减小。起动时，通

[1] 电动机的操作可在“实践教学”中边讲边练。

过转子电刷和滑环将起动变阻器的全部电阻串入转子绕组回路，随着转速的逐步升高，利用控制器将串入的电阻逐段短接，至起动过程结束，起动电阻被全部短接，转速达到正常，见图5-2。

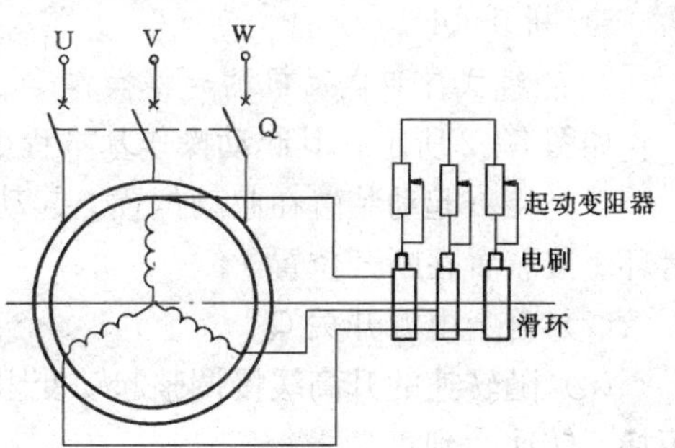

图5-2 绕线式电动机的起动

二、电动机的起停操作

1. 起动前的检查

电动机起动前，应检查下列项目：

（1）测量电动机的绝缘电阻应合格。

（2）检查电动机上和其附近应无杂物、无人工作，接地线良好，各部螺丝紧固，靠背轮连接良好，保护装置安装牢固。

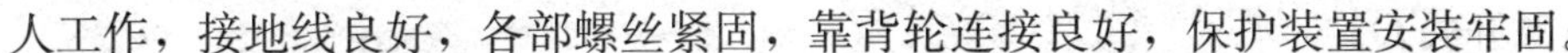

（3）检查电动机所带动的机械具备起动条件。

（4）检查轴承和起动装置中是否有油，油位和油色是否正常。轴承为压力油润滑和用水冷却者，应先将油系统和水系统投入运行。

（5）对绕线式转子的电动机，应检查起动装置是否在起动位置，电刷与滑环的接触应紧密，起动电阻应全部投入，滑环短接装置在断开位置。

（6）对有冷却器的电动机，应开用冷却水。

（7）检查电动机的继电保护已投入。

2. 鼠笼式异步电动机的起、停操作

（1）用“Y-△”起停操作。如图5-1（a）所示，起动操作基本程序为：

1）合上断路器QF1。

2）合上断路器QF2，电动机按Y形接法起动。

3）转速达到或接近额定转速后断开QF1，合上QF3，电动机绕组按△形接法运行。电动机停转操作基本程序为：

①断开QF2。

②断开QF3。

（2）用自耦变压器起停操作。如图5-1（b）所示，起动操作基本程序为：

1）将开关QK推至“起动”位置，电动机接到自耦变压器TA的低压分接头上，电源引接线接自耦变压器高压侧。

2）合上电源开关Q，电动机降压起动。

3）转速达到或接近额定转速后，将QK推至“运行”位置，此时TA被切除。

电动机停转操作基本程序为：

1）断开Q。

2）将QK推至起动位置。

（3）用电抗器起停操作。如图5-1（c）所示，起动操作基本程序为：

1）合上刀开关QK。

2）合上开关Q2，电动机定子绕组串接电抗器L起动并加速。

3）转速达到或接近额定转速后，合上开关Q1。

4）断开Q2。

5）断开 QK。

3. 绕线式异步电动机的起停操作

如图 5-2 所示，其起动操作基本程序如下：

（1）检查起动装置在起动位置。起动变阻器的全部电阻已接入，电刷与滑环接触紧密，滑环短接装置在断开位置。

（2）合上电源开关 Q。

（3）随转速的升高缓慢调整起动变阻器电阻。将起动电阻逐段短接，直至起动电阻全部短接，转速达到正常。

（4）用滑环短接装置将转子绕组短接，并把电刷举起离开滑环，以减少电刷磨损。

电动机停转操作基本程序如下：

（1）断开电源开关 Q。

（2）待电动机停转后，调整起动变阻器，将起动电阻调整到全部投入位置。

（3）将滑环短接装置断开，电刷放下。

4. 异步电动机起动注意事项

（1）对大、中容量的电动机，起动前应通知值长和值班长，并采取必要措施，以保证电动机顺利起动。如几台电动机共用一台变压器，应按容量由大到小、按顺序一台一台地起动。

（2）电动机起动应严格执行规定的起动次数和起动间隔时间，避免频繁起动，尽量减少起动次数。因电动机直接起动，起动电流可达额定电流的 4～7 倍或更大，这样大的起动电流对电动机及其供电系统会产生很大影响。其一，频繁起动，电动机多次流过较大电流，造成热量的积累，使电动机绝缘过热老化，缩短使用寿命；其二，起动电流的电动力对电动机绕组（特别是对端部绕组）有冲击作用，频繁起动可能使绕组变形或绝缘损坏，这不仅影响电动机使用寿命，而且影响电动机安全运行；其三，由于起动电流大，使电动机供电电源线路产生较大线路电压降，从而影响负载端的电压，特别是大功率电动机起动，会使电动机电源母线上的电压明显下降，这不仅使该电动机起动困难，而且影响与该电动机同电源的其他电动机的起动与运行。因此，对各类电动机的起动次数和起动间隔时间有如下规定：

1）正常情况下，鼠笼式电动机的起动次数应遵照制造厂的规定。无制造厂的规定时，电动机在冷态下（电动机任何部分与周围空气温度之差不超过 3℃或停用 4h 及以上）允许起动 2 次，每次间隔时间不小于 5min。在热态下（电动机停机后热量未散发完）允许起动 1 次。大容量电动机的起动间隔时间不得小于 0.5～1h。

2）事故处理时及起动时间不超过 2～3s 的鼠笼式电动机，允许比正常情况下多起动一次。

3）对绕线式异步电动机，其起动次数不作限制。因绕线式异步电动机的转子回路内接入了起动电阻，这不仅减小了起动电流，而且还增大了起动转矩，改善了起动特性。

4）电动机作动平衡试验时，起动间隔时间为：200kW 以下电动机，不小于 0.5h；200～500kW 的电动机，不小于 1h；500kW 以上的电动机，不小于 2h。

（3）电动机起动时，应按电流表监视起动全过程。起动过程结束后，应检查电动机的电流是否超过额定值，必要时应根据情况对电动机本体及所带的机械负载进行检查及调整。

（4）电动机接通电源后，转子不转或转速很慢、声音不正常、传动机械不正常，起动升速过程中在一定时间内电流表指示迟迟不返回至正常值，应立即切断电源进行检查，待查明原因并排除故障后方可重新起动。

（5）起动后电动机冒烟、强烈振动或着火，应切断电源，停止运行，并通知检修人员检查处理。

（6）对新装或检修后初次起动的电动机，注意转向应与设备上标定的方向一致，否则应停电纠正。

三、电动机的运行监视与检查

电动机运行时，一般电动机由该电动机所带机械的值班人员进行监视检查。重要的电动机，如给水泵、风机等，由电气值班人员进行监视检查。监视检查的内容如下：

（1）正常运行时，电流、电压不应超过允许值。电流变化正常，电动机的最大不平衡电流值一般应不超过10%；允许电压波动为额定电压的±5%，最大不得超过10%；三相电压的不平衡值不得超过5%。

（2）电动机的温度、温升在规定范围内，测温装置完好。

（3）电动机的声音、振动应正常，无异常气味。电动机绕组温度过高时，会发出较强的绝缘漆气味或绝缘的焦煳味和烟气，手摸电机外壳，手感非常烫手；正常运行时，电动机振动和串动应符合规定；正常运行时的声音应均匀，无杂声和特殊叫声，轴承的声音用听针听也正常。如温度过高、振动或声音异常，应停机检查。

（4）电动机轴承润滑正常。轴承油位、油色正常，油环转动灵活，强力润滑油系统工作正常。

（5）电动机冷却系统（包括冷却水系统）正常。

（6）电动机周围应清洁、无杂物、无漏水、无漏油和无漏气等现象。

（7）电动机各护罩、接线盒、接地线、控制箱应完好无异常。

四、电动机的运行维护

（1）经常保持电动机本体及周围清洁无杂物。

（2）按规定定时巡视检查电动机，对巡视检查发现的各种异常、缺陷应作记录，并及时处理。

（3）对危及电动机安全运行的漏水、漏气应及时处理，并采取一定措施，防止电动机进水和受潮，危及电动机的绝缘。

（4）为保持备用电动机健康水平和真正起到备用作用，按规定对电动机应定期进行轮换运行；对停用和备用的电动机定期检查绝缘，绝缘不合格者应及时处理。

（5）对绕线式异步电动机应注意电刷与滑环的接触、电刷的磨损及火花情况，火花严重时，必须及时清理滑环表面，校正电刷弹簧压力。

课题三 电动机异常运行及事故处理[1]

一、电动机异常运行

1. 电动机不能起动只发出响声，或起动后达不到正常转速

电动机接通电源后，转子不转动，只发出嗡嗡声，或能转动但转速慢，其可能的原因是：

---

[1] 本课题内容可在“实践教学”中边讲边练。

（1）定子回路一相断线。如供电变压器的低压侧一相断电；低压线路一相断线；熔断器一相熔断；电动机的电缆头、闸刀、开关等一相松脱或接触不良造成一相断电；电动机绕组一相断线或接线盒内接触不良而烧断等。

（2）转子回路断线或接触不良。如鼠笼式电动机，转子鼠笼条与端环间的连接部分已断开；绕线式异步电动机，转子变阻器回路已断开，起动设备与转子回路间的电缆连接点已断开，电刷与滑环接触不良。

（3）电动机转子或被拖动的机械被卡死。如转子和定子有相碰的部位。

（4）电动机定子回路接线错误。如将△形接线误接为Y形，或将Y形接线的三相绕组一相接反。

（5）电动机电源电压过低。因转矩与电压的平方成正比，电压太低，使电动机无法起动。

根据上述可能的原因，首先检查电源是否正常，然后检查开关、闸刀、熔断器及一次回路接线，检查起动设备及回路是否正常，并逐一消除缺陷。如系电动机内部故障，应立即检修处理。

2. 电动机运行温度过高或冒烟

电动机运行时，其绕组及铁芯有时温度过高，用手摸电机外壳，感到烫手，有时还会出现电动机冒烟现象。运行温度过高或冒烟的可能原因有：

（1）电源方面。电源电压过高或过低，两相运行。

（2）电动机本身。绕组接地或相间、匝间短路；定、转子铁芯相擦，或装配质量不好引起卡转；绕线式转子绕组接头松脱或鼠笼转子断条。

（3）负载方面。机械负载过重或卡死。

（4）通风散热方面。环境温度过高，散热困难；电动机绕组灰尘太多，影响散热；风扇损坏或装反；通风孔堵塞，进风不畅；电动机冷却器有故障，进水量不足，出水门误关闭，冷却器有堵塞等。

3. 电动机轴承运行温度过高

轴承运行温度过高的原因及处理方法是：

（1）轴承损坏，应更换轴承。

（2）轴承润滑不良。润滑油过少、过多或有杂质。处理方法是增、减润滑油或更换润滑油。

（3）轴承中心偏斜不正或轴承油环被卡住，应检修处理。

（4）皮带过紧或靠背轮安装不符合要求。应适当放松皮带或校正靠背轮。

4. 电动机运行发出异常噪声或强烈振动

电动机运行发出异常噪声或强烈振动的原因是：

（1）定、转子相擦或所拖动机械有严重磨损变形。

（2）电动机或所拖动机械部分的地基、地脚不符合要求。如地基不平，基础不坚固或地脚螺丝松动等。

（3）电动机与所拖动机械的轴中心未对准，转轴弯曲，靠背轮连接松动。

（4）转子偏心，如转子不平衡或所拖动机械不平衡，轴承偏心等。

（5）轴承缺油或损坏。

(6) 鼠笼转子导体条断裂或绕线转子绕组断开。

(7) 两相运行或过负荷运行；定子绕组断线，三相电路不平衡。

出现上述情况，应停机检修处理。

二、电动机的事故处理

1. 电动机自动跳闸的处理

运行中的电动机通常因定子回路发生故障，如一相断线、绕组层间短路、绕组相间短路或系统电压下降超限，使电动机的电源开关自动跳闸。

当电动机自动跳闸后，应立即起动备用电动机，若已断开的重要电动机无备用电动机或不能迅速起动备用电动机时，为保证机、炉安全，允许已跳闸的电动机再重新强送电一次，但下列情况除外：

(1) 电动机本体、电动机起动调节装置或电源电缆线上有明显的短路或损坏现象。

(2) 发生需要停机的人身事故。

(3) 电动机所拖动的机械损坏，无法维持运行。

2. 必须立即切断电源的事故

发生下列情况之一者，必须立即切断电动机的电源。

(1) 电动机电气回路及其拖动机械部分发生人身事故。

(2) 电动机及其相关电气设备冒烟着火。

(3) 电动机所带机械损坏至危险程度。

(4) 电动机强烈振动和窜动，危及电动机的安全运行。

3. 必须立即停止运行的故障

发生下列情况之一者，必须立即停止电动机的运行。

(1) 电动机中有异常声音或绝缘有烧焦气味。

(2) 电动机内或起动装置内出现火花或冒烟。

(3) 定子电流超过正常值。

(4) 电动机铁芯温度超过正常，经采取措施无效。

(5) 轴承温度超过规定值，处理无效。

(6) 受水灾威胁。

(7) 起动或运行中的电动机，转子与定子有摩擦声。

(8) 直流电动机发生严重环火，经处理无效。

4. 电动机着火

电动机着火时，先断开电源，然后使用电气设备专用的灭火器进行灭火。使用干粉灭火器时，应注意不使粉尘落入轴承内，必要时也可用消防水喷射成雾状的水珠灭火，禁止大股水注入电动机内。

小　　结

1. 允许运行方式

电动机允许运行方式包括以下几个方面：

(1) 运行温度和温升不超过允许值。这是因为运行温度和温升超过允许值，会使电动机绝缘老化速度加快而减少使用寿命。各种不同绝缘等级的电动机都规定了相应的允许温度和温升。

（2）外加电源电压及频率不超过允许变化范围。电源电压过高或过低，对电动机运行均造成不利影响，故规定其变化范围；频率过低对电动机运行也带来不利影响，故规定电源频率允许变化范围。电源电压或频率超过允许变化范围，电动机应停止运行。

（3）电动机运行的振动与串动不应超过允许值。振动或串动过大，可能损坏设备和电动机，故运行中的振动和串动值不应超过规定值。

（4）电动机投运前，其绝缘电阻应满足要求。为防止电动机投入运行后发生相间短路或对地击穿，电动机投入运行前必须测量绝缘合格，高、低压电动机的绝缘电阻合格标准都有具体规定。对停用或备用电动机的绝缘电阻测量也作了要求。

2. 电动机的起动、起动次数和起动间隔时间

异步电动机的起动方式有直接起动、降压起动、转子回路串接附加电阻起动等三种方法，其中降压起动有 Y-△转换起动、用补偿起动器起动和用电抗器起动等三种方法。不同容量、不同结构的电动机，其起动应选用不同的方法。各种起动方法都有相应的接线方式和操作要求。

电动机的起动次数和起动间隔时间是一个容易被忽视的问题。频繁多次起动或不遵守起动间隔时间，又被起动的电动机本身，对供电电源系统及在运行中或需要起动的其他电动机都有不利影响，特别是对被起动的电动机，多次频繁起动，可能烧坏电动机绕组绝缘。因此，应限制起动次数和起动间隔时间，不同的电动机都有具体规定。

3. 电动机的运行监视及维护

运行监视与维护是值班人员的日常工作。为保证电动机正常运行和使用寿命，运行人员应定期按项目对电动机进行巡视检查和监视，对发现的缺陷及时处理，根据情况调整电动机的运行工况并按项目做好维护工作，使电动机经常处于良好状态。

4. 电动机异常运行及事故处理

电动机常见异常运行状况有电动机起动声音沉闷，送电后不转或达不到正常转速；起动时电动机冒烟；运行中温度过高或冒烟；轴承温度过高；运行中振动过大或发出异常噪声，针对不同异常情况应作相应处理。

电动机运行中也可能发生如自动跳闸、电动机着火等事故，应按规定作相应处理。

习　　题

一、填空题

1. 规定电动机允许温度的依据是__________，规定允许温升的依据是__________。

2. 电动机电源电压允许变化范围为__________，三相电源电压不平衡值不应超过__________；电动机三相不平衡电流不应超过__________。

3. 电动机额定运行，其电源频率的允许变化范围为__________。

4. 测量高压电动机的绝缘电阻，其合格标准为__________，低压电动机的绝缘电阻，其合格标准为__________。

5. 绕线式异步电动机转子绕组串入起动电阻的作用是__________。

6. 在正常情况下，鼠笼式异步电动机在冷态下允许起动__________次，每次起动间隔时间不应小于

______ min；在热态下允许起动__________次；处理事故时及起动时间不超过 2～3s 的电动机，允许起动__________次。大容量电动机每次起动间隔时间不应小于__________ min。

二、判断题（对的在括号内打“√”，错的打“×”）

1. 三相电源电压不平衡，使电动机温升增加和电磁力矩减小。（　）

2. 在相同环境温度下测量高压电动机的绝缘电阻，若测量值不低于上次测量值的$\frac{1}{3}$～$\frac{1}{5}$，则可认为绝缘电阻合格。（　）

3. 不经常起动，且单机容量不大于供电变压器额定容量 30%的电动机，可以直接起动。（　）

4. 经常起动，且单机容量不大于供电变压器额定容量 20%的电动机，可以直接起动。（　）

5. 有大、中、小容量的电动机 3 台，其起动顺序应为：①小→中→大。（　）；②大→中→小。（　）；③随意起动，不分先后。（　）

6. 电动机起动时，因起动电流很大，电动机的电流表指示迟迟不返回正常值是起动过程中的正常现象。（　）

三、问答题

1. 电源电压变化对电动机运行有什么影响？
2. 电源频率变化对电动机运行有什么影响？
3. 电动机运行时振动过大的原因是什么？
4. 写出图 5-1、图 5-2 异步电动机起动程序。
5. 电动机频繁起动有什么危害？
6. 电动机运行时应做哪些维护工作？
7. 电动机不能起动或起动后达不到正常转速的原因是什么？
8. 电动机运行温度过高的原因是什么？
9. 电动机轴承运行温度过高的原因是什么？
10. 运行中的电动机自动跳闸应如何处理？

配电装置运行

内容提要

本单元主要介绍高压断路器、GIS组合电器、母线及隔离开关、互感器、消弧线圈、电抗器及电缆等的运行、维护、异常运行和常见故障的分析处理等内容。

课题一　高压断路器运行

一、高压断路器的允许运行方式

高压断路器是发电厂、变电站中重要的开关设备，在正常情况下，用于接通或断开电路，在事故情况下，与继电保护相配合，自动断开有故障的电路，以保证系统及其他部分正常运行。由于断路器是重要的控制电器，它的正常运行直接影响电网及电气设备的安全运行，为此，断路器应保持正常运行状态。高压断路器的正常运行状态为：在规定的外部环境条件（电压、气温、海拔高度）下，可以长期连续通过额定电流及开断铭牌规定的短路电流。在此情况下，断路器的瓷件、介质质量、压力、温度以及机械部分等均应处于良好状态。

为了保证高压断路器处于良好运行状态，高压断路器运行时，应按下列允许方式运行。

1. 断路器运行参数

各种高压断路器允许按断路器铭牌规定的额定技术参数长期运行。断路器铭牌上标有额定电压、额定电流、额定开断电流、额定开断容量等参数。在正常运行条件下，断路器的运行电压不得超过铭牌的最高工作电压，通过的负荷电流一般不得超过铭牌的额定电流；在事故情况下，断路器的过负荷电流也不得超过额定值的 10%，且时间不宜超过 4 小时。当断路器通过短路电流时，除应满足动稳定和热稳定条件外，其开断电流和开断容量均不得超过铭牌额定值。

2. 油断路器的运行油位和油色

运行中的油断路器，其正常油位应在油位计的两条红色油位监视线之间，不得高于或低于上、下两条红色监视线。超越上、下两条红色监视线，都会给断路器运行带来不利影响。

运行中的油断路器油位过高，使断路器油面以上的缓冲空间减少。当断路器开断短路电流时，由于缓冲空间减少，切断电弧产生的高压油气混合气体可能冲出缓冲空间，形成断路器喷油。由于缓冲空间的减少，高压油气混合气体排入缓冲空间后，使缓冲空间的压力增高，如果此压力超过缓冲空间容器的极限强度，断路器也可能发生爆炸；另外，油位过高会使吹弧时的预排气（即打通灭弧室吹弧油道）所需时间相应延长，使燃弧时间延长，可能造成灭弧装置烧伤。

油位过低则断路器内的油量不足，影响灭弧性能。当切断电弧时，由于冷却电弧的油道路径变短，对电弧的冷却效果差，致使断弧时间延长或电弧难于熄灭，其结果可能造成烧坏触头和灭弧室，也可能使弧光冲出油面进入缓冲空间，缓冲空间中的氢氧混合物（油被电弧气化产生的 H_2 与缓冲空间的空气混合）在电弧的作用下，可能造成断路器爆炸。另外，油位过低，断路器内的绝缘部件露在空气中易受潮，也会降低断路器的绝缘水平。

油断路器油位变化受断路器内油量多少和油温高低的影响，而油温又随环境温度和负荷的变化而变化。气候突然变热或变冷，则油位随之升高或降低；负荷增大或减小，则油位随之升高或降低。此外，油位的变化还与断路器进水和渗、漏油相关。因此，断路器油位过高或过低时，应进行综合判断，然后决定放油或补油。

运行中的油断路器，正常油色应透明不发黑，新油呈淡黄色，运行后的油呈浅红色。

凭油色虽不能直接准确地判断油质是否合格，但可粗略判断油质变化的优劣程度。运行中的油断路器，其油色应鲜明、不变质。如油色在短期内突然变深、变暗或变成深褐色，这可能是由于断路器内部发热、出现酸性反应、耐压降低所致。如触头（或接头）严重发热，触头温度升高，使油分解炭化。所以，油色的变化是监视油断路器触头接触是否良好的有效办法。

3. 断路器运行温度

断路器本体与引线接头运行温度不应超过允许值。对于油断路器，其箱体、导电杆、触指等部件，允许最高温升不超过 40～60℃。

SF_6 断路器及其组合电器（GIS），周围环境温度为 40℃时，导体允许最高温升为 65℃，外壳允许最高温升为 30℃（在日照下，GIS 的外壳温升一般为 15℃，允许最高为 25℃）。导体的温升与负荷电流有关。一般认为，导体的温升 T（℃）与负荷电流 I（A）的 1.7 次方成正比，即

$$T=\mathrm{k}I^{1.7}$$

外壳的温升也按这一关系计算，然后将计算结果与出厂试验数据比较，以判断外壳温升是否正常。

对于真空断路器，动、静触头主导电回路的温升，在长期通电的情况下，不应超过规定值。在产品设计已定型的条件下，对温升考核的唯一方法就是测量主导电回路的电阻值，如果电阻值在规定范围内，则温升不会超过允许值。

4. 断路器开断次数

断路器达到规定的事故开断次数，则应停电解体大修。一般情况下，禁止将超过规定开断次数的断路器继续投入运行。

通常，对装有自动重合闸的油断路器，规定在切断 3 次短路电流后，应将重合闸停用。在切断 4 次短路电流后，应对断路器进行大修。每次切断短路电流后，都应检查断路器的油色和损坏情况，如油色变黑，有明显的炭黑悬浮物或断路器有明显损坏，也应停止运行，进行大修。以免断路器再次切断短路电流时，造成断路器的损坏或爆炸。

对 SF_6 断路器或 SF_6 组合电器，各制造厂对允许开断次数规定差别较大。例 FA4 型 SF_6 断路器，开断额定电流 1500 次，开断 100％短路电流（50kA）14 次，开断 50％短路电流 90 次以上，才进行检修。检修周期按制造厂的规定执行。

对真空断路器，如 3AF 型真空断路器，其断弧不需采取冷却措施，而金属蒸气等离子

体具有高导电性，因此电弧电压很小，其触头及灭弧室的电气寿命较长，其允许开断额定短路电流可达100次，开断额定电流可达2000次。

5. 断路器的操作能源

断路器无论采用何种操动机构（电磁式、弹簧式、气动式、液压式），均应经常保持足够的操作能源。①电磁式操动机构，合闸电源应保持稳定，电压满足规定值要求（0.85～1.1倍额定操作电压），脱扣线圈的动作电压应在规定值范围内；②弹簧操动机构在分合闸操作后，均应能自动再次储能；③液压或气动式操动机构，其工作压力应保持在规定的范围内。如LW6-500型SF_6断路器配用的液压操动机构，其额定油压为32.6MPa，油泵起动压力为31.6MPa，油泵停止压力为32.6MPa，液压合闸闭锁压力为27.8MPa，液压分闸闭锁压力为25.8MPa，油泵电源自动切除时的压力为18.0MPa。由于漏油，液压机构的油压降至31.6MPa时，液压机构的油泵自起动，将油压升至32.6MPa，油泵自动停止。当油压降至27.8MPa时，液压机构的微动开关动作，使合闸连锁继电器动作，将断路器合闸回路闭锁，防止断路器慢合闸。当油压降至25.8MPa时，将断路器的分闸回路闭锁，防止断路器慢分闸。如果油压降至18.0MPa或为零，必须将油泵电源切断，防止油泵起动升油压时，引起断路器慢分闸。

液压操动机构油箱内的油位线也应在刻度范围内，以免缺油或看不见油位时，油泵起动，将空气压到高压油回路中，造成油泵内有空气存在，使液压压力建立不起来，同时，由于高压油中有大量空气存在，造成断路器动作特性不稳定，影响断路器技术性能，甚至造成事故。

6. 气体灭弧介质的运行压力

用气体介质（空气、SF_6）灭弧的断路器，在正常条件下运行时，气体灭弧介质的运行压力应在制造厂规定的允许范围内。气体灭弧介质的压力对断路器开断性能和绝缘性能都有很大影响。为了保证断路器的开断能力和绝缘强度，当气体压力下降到一定数值时，应对断路器的动作进行闭锁，并发出信号。如LW6-500型SF_6断路器，其SF_6气体额定运行压力为0.6MPa，补气压力为0.52MPa，分、合闸闭锁压力为0.5MPa。当气体压力降低到第一报警值（0.52MPa）时，漏气相密度继电器的触点闭合，直接发出对应相断路器需要补气的信号。如果气体压力继续下降到第二报警值（0.5MPa——保证分闸的最低压力）时，漏气相密度继电器的另一触点闭合，从而使合闸闭锁和分闸闭锁继电器得电动作，将断路器闭锁在原先的位置上（也可动作于跳闸）。

7. 断路器的绝缘电阻

绝缘电阻能反映断路器的绝缘缺陷（如受潮），在投入运行前，应测量其绝缘，测量时，应在合闸状态下测量导电部分对地的绝缘和分闸状态下测量断口之间的绝缘。

各种断路器的绝缘电阻应符合规程规定才能投入运行。油断路器用1000～2500V绝缘电阻表测量，绝缘电阻应不低于表6-1规定值；其操作回路用500V绝缘电阻表测量，绝缘电阻应不小于1MΩ。SF_6断路器，如为220kV的SF_6断路器用2500V绝缘电阻表测量，绝缘电阻应不小于5000MΩ；其操作回路用500V绝缘电阻表测量，绝缘电阻不小于5MΩ；其油泵电动机用500V绝缘电阻表测量，绝缘电阻不小于1MΩ。对真空断路器绝缘电阻的要求，与油断路器相同。不同电压等级，不同类型的高压断路器，其绝缘电阻值在运行规程中都有具体规定。

表 6-1 油断路器绝缘电阻（使用 2500V 绝缘电阻表测量）

额定电压（kV）	6～10	35～110	220
绝缘电阻（MΩ）	500	1000	1500

二、高压断路器的操作❶

1. 操作规定

（1）经检修或停止运行达一周以上的断路器，在投入运行前必须做一次远方控制的分、合闸试验。以保证断路器可靠合闸和分闸。试验时，断路器两侧的隔离开关应拉开，或小车断路器应在试验位置，以防止试验时误送电。

（2）断路器操作合闸时，若发生非全相合闸，应立即将已合上的相断开，重新操作合闸一次，如仍不正常，则应断开并查明原因。在分闸时发生非全相分闸，应立即拉开控制电源，用手动断开拒动相并查明原因。在缺陷未消除前，均不得进行第二次合、分闸操作。

（3）所有断路器禁止带工作电压用手动机械进行分、合闸，或带工作电压就地操作按钮分、合闸。此项规定是考虑操作人员的人身安全。当断路器带工作电压用手动机械就地操作合闸时，断路器动、静触头未接触之前，触头间会发生预击穿。若断路器合闸于有短路故障的电路，则短路电流流过动、静触头，短路电流产生的巨大电动力会阻止断路器的合闸。如果手动操作力不足，使断路器刚合速度小，在电动斥力作用下，断路器合闸可能不到位，于是又减少了断路器再分闸时的刚分速度。刚分速度过小，在一定熄弧距离条件下，会延长燃弧时间，使触头、灭弧室烧坏，甚至切不断电弧，造成断路器喷油或爆炸。另外，由于手力不足，合闸时的刚合速度小，在电动斥力作用下，断路器可能合不上，造成合闸过程的电弧长时间燃烧，也会烧坏触头和灭弧室，甚至发生爆炸，危及人身和设备安全。

用手动机械分闸时，由于手力不足，刚分速度小，在一定燃弧距离条件下，延长燃弧时间，致使触头、灭弧室烧坏，甚至切不断电弧，造成断路器爆炸。

当断路器远方遥控跳闸失灵或发生人身及严重设备事故而来不及遥控断开断路器时，允许用手动机械分闸，或者就地操作按钮分闸（但油色、油位、液压机械的油压应正常）。

如液压机构的油断路器，当远方遥控分闸失灵时，可手动打跳分闸阀跳闸。对于 6kV 小车断路器，当远方遥控分闸失灵和发生人身及设备严重事故时，可用手动机械分闸或就地操作按钮分闸。

（4）液压操动机构，如因油压异常导致断路器分、合闸被闭锁时，不准擅自解除闭锁进行操作。以防止断路器慢分、慢合，造成断路器爆炸。

2. 操作方法

用控制开关进行远方电动合闸时，先将控制开关顺时针方向扭转 90°至“预合闸”位置；待绿灯闪光后，再将控制开关顺时针方向扭转 45°至合闸位置；当红灯亮、绿灯灭后，手松开控制开关，控制开关自动反时针方向返回 45°，合闸操作完成。当用控制开关远方分闸时，先将控制开关反时针方向扭转 90°。至“预分闸”位置；待红灯闪光后，再将控制开关反时针方向扭转 45°至“分闸”位置；当红灯灭、绿灯亮后，手松开控制开关，控制开关自动顺

❶ 本内容可在“实践教学”中完成。

时针方向返回 45°，完成分闸操作。

应指出的是，操作控制开关时，操作应到位，停留时间适当，以信号灯亮、熄为准，不要过快松开控制开关，防止分、合闸操作失灵。操作控制开关时，不要用力过猛，以免损坏控制开关。由微机选择控制的断路器，应通过操作微机进行分、合闸。

3. 断路器操作后的位置检查

断路器操作完毕，应检查其实际位置。判断断路器分、合实际位置的方法是：根据分合闸机械位置指示器的指示，确认断路器分、合闸位置状态，同时还应检查分、合闸弹簧的状态及断路器传动机构水平拉杆或外拐臂的位置变化，以确认断路器分、合闸实际位置。

三、高压断路器的运行维护

高压断路器的运行维护工作主要是运行中的巡视检查，并对巡视检查中发现的问题及时处理，以便保持断路器的良好运行状态。巡视检查的方法及项目如下。

（一）巡视检查的一般方法

巡视高压断路器时，一般用目测、耳听、鼻嗅的方法进行巡视检查。

（1）目测法。运行值班人员用肉眼观察断路器的各个部位，是否有异常现象。如变色、变形、破裂、松动、打火冒烟、闪络、渗漏油、油位过高或过低以及气压过低等等，都可通过目测检查出来。

（2）耳听法。高压断路器正常运行时是无声音的，如果巡视时听到断路器内有异常声音，则应立即反映给值班负责人（值长、值班长），并作出相应的处理。

（3）鼻嗅法。巡视检查时，如果闻到焦臭味，应查找焦臭味来自何处，观察断路器本体过热部位，查看断路器端子箱，直至查明原因，并作出相应的处理。

必须注意，并不是所有的电气设备都可采用上述所提到的几种方法，实际使用中应当根据设备的基本类型来进行合理的选择。

高压断路器本体外壳，往往带有高电压，运行人员巡视检查时，千万不要触摸其外壳。室内开关柜的门不要随意打开检查。注意保持人体与带电体的安全距离，防止人身触电。

（二）油断路器的运行维护

投入运行和处于备用状态的断路器，运行值班人员应定期进行巡视检查，特殊情况下（如异常、事故跳闸）应增加检查次数，以保证断路器安全可靠地运行。油断路器运行时的巡视检查项目如下：

（1）断路器位置指示的检查。断路器分、合闸位置指示器指示应正确，与当时实际运行方式相符。

（2）油位和油色的检查。应检查三相每个断口的油位，所有断口的油位应在油标上、下监视线之间。油色应透明，且无炭黑悬浮物。若长期运行，发现油位不变，油色陈旧，则可能为假油位。

（3）渗漏油检查。断路器各部位应无渗、漏油现象。

（4）运行温度的检查。断路器外壳、引线接头运行温度不应超标。示温蜡片不熔化，变色漆不变色，外壳温度与环境温度相比无较大差异，内部无异常响声，则运行温度正常。

（5）套管、绝缘子的检查。套管或绝缘子应无裂纹、破损，无放电痕迹，无放电声和电晕声。

（6）操动机构的检查。操动机构的所有部件应完好。弹簧机构的储能弹簧应储能正常；

液压机构无渗、漏油现象，油位、油压正常，活塞杆行程及微动开关位置正常，油泵起动次数正常（一般为1次/日），加热器应能根据环境温度变化正常投、切。

（三）真空断路器的运行维护

真空断路器运行时，应巡视检查以下项目：

（1）检查断路器的分、合闸机械位置指示器指示正确，与当时实际运行位置相符。

（2）检查绝缘子应清洁、无裂纹、无破损、无放电痕迹和闪络现象。

（3）检查接头接触部位应无过热现象，无异常音响。

（4）检查灭弧室完好无漏气现象。正常情况下，玻璃泡应清晰，屏蔽罩内颜色应无变化。开断电路时，分闸弧光呈微蓝色。当运行中屏蔽罩出现橙红色或乳白色辉光时，则表明灭弧室的真空已失常，应停止使用并更换灭弧室。当灭弧室漏气，真空皮下降后，真空断路器的开断性能会劣化。为使运行中不出现真空失常，运行一段时间后，应检查其真空度下降情况，即在检修状态，对动、静触头间隙作工频耐压试验，若无放电或击穿现象，则灭弧室真空度正常，可继续使用。否则应更换灭弧室。

（5）检查断路器绝缘拉杆应完整无断裂现象，各连杆应无弯曲，断路器在合闸位置，弹簧应在储能状态。

（6）检查断路器开关柜有无掉牌。

（7）当环境温度低于5℃时，应检查开关柜加热器是否已投入运行。

（8）检查运行环境无滴水、化学腐蚀气体及剧烈振动。

（四）SF_6断路器的运行维护

运行中的SF_6断路器应巡视检查下列项目：

（1）断路器本体检查。本体应清洁，无严重污秽现象；绝缘子完好，无破损、无裂纹、无放电痕迹和闪络现象。

（2）运行声音的检查。断路器内无噪声和放电声；断路器各部分通道应无漏气声和振动声。

（3）SF_6气体压力的检查。断路器内SF_6气体的压力应正常，其额定压力一般为0.4～0.6MPa（20℃）。运行中的SF_6断路器，每班应定时记录SF_6气体的压力和环境温度，并与制造厂的“压力温度”关系曲线（见图6-1）进行比较。

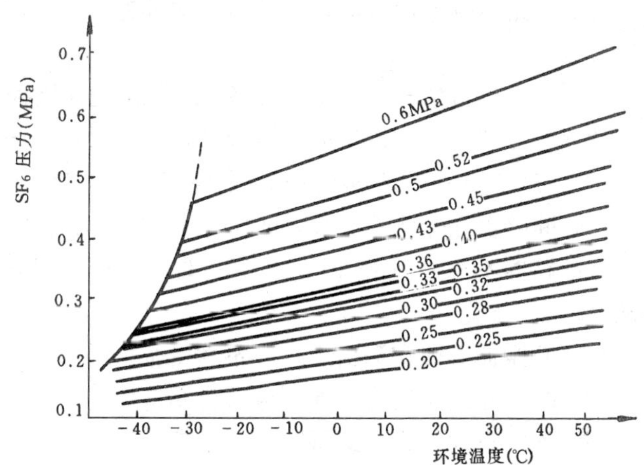

图6-1 SF_6压力与环境温度的关系曲线

在某一环境温度下，由表计测出的SF_6气体压力值与该温度在“压力—温度”曲线中查出的压力值比较，可大致判断断路器漏气程度。压力测量值符合关系曲线的，则为额定值或表计指示值在标准范围内。压力测量值与关系曲线值相差较大时，则可能为漏气。在一定环境温度下，SF_6断路器气体的压力也可按式（6-1）计算

$$P_t=\frac{(0.1+P_{20})(273+t)}{293}-0.1 \tag{6-1}$$

式（6-1）中 t 为环境温度（℃），P_t 为环境温度为 t 时的压力（MPa），P_{20} 为制造厂给出的、环境温度为20℃时的压力（MPa）。

如果断路器无漏气，则表计指示值与计算值应近似相等。在同一环境温度下，两次记录的表计压力值之差超过规定值，则说明有漏气现象，应及时查漏并消除之。

（4）断路器运行温度的检查。断路器接头处及流通部位应无过热及变色发红现象。否则应停止运行，待消除后方可投入运行。

（5）操动机构及位置指示的检查。操动机构应完好，液压机构油压、油位应正常，无渗、漏油现象，油泵起、停及运转正常，防潮保温加热器按规定环境温度投入或断开；断路器的机械位置指示器指示应正确，与断路器实际分、合位置相一致。

（6）检查控制、信号电源应正常，控制方式选择开关在“遥控”位置。

（7）断路器防潮。断路器运行时，应严格防止潮气进入断路器内，以免水与电弧作用产生的硫化物和氟化物，造成对断路器结构材料的腐蚀。故运行中的 SF_6 断路器应定期测量 SF_6 气体的含水量，新装或大修后的 SF_6 断路器，每3个月测量一次，待含水量稳定后，每年测量一次。在梅雨季节、在相对湿度大于80%及以上，或雨后24h内，在室外温度低于10℃及以下等情况下，应投入加热驱潮装置。

（五）SF_6 全封闭组合电器的运行维护

SF_6 全封闭组合电器是指除变压器外，将电气一次系统中的高压元件（断路器、隔离开关、接地隔离开关、互感器、母线、避雷器、电缆头等），按电气主接线的连接方式组合在一起，并全部装在充有 SF_6 气体的封闭金属壳内，形成一封闭的高压开关装置，简称GIS。

1. GIS运行的规定

（1）断路器投入运行前，必须做一次远方分、合闸试验。试验时，断路器两侧隔离开关必须拉开。

（2）正常运行情况下，SF_6 断路器的操作应在网控盘上进行，断路器的方式选择开关应置于“远方”位置。在调试或事故处理时，才允许就地操作。

（3）SF_6 气体、操动机构的液压油和氮气均应满足质量要求。

（4）断路器在合闸运行状态时，若液压机构失压，不得重新打压。应将断路器退出运行，在断路器不承受工作电压条件下重新打压，以避免断路器失压后再打压时的慢分闸事故。

（5）断路器必须在退出运行、不承受工作电压时，才能进行慢分、慢合闸操作。

（6）断路器液压机构的油压应符合制造厂的规定。正常油压为额定值，油压降低时，油泵自动起动、自动停止、运行时间应正常；油压降低，闭锁分、合闸应正常；各种信号发出应正常；油压升高，安全阀动作应正常。

（7）SF_6 气体压力。断路器间隔和其他间隔的 SF_6 气体压力应符合制造厂规定。如断路器间隔额定气压为0.655MPa，当气体降低至规定值时应能闭锁分、合闸，断路器间隔或其他间隔气压降低至某定值时，应能发出“SF_6 压力异常”光字牌信号。

2. GIS的运行监测

为了提高GIS运行可靠性和降低运行费用，防止偶发性事件和故障的发生，使设备能按计划进行维修，目前国内外比较重视GIS体外诊断技术，即在设备不停电情况下，对设备进行在线检测与诊断。一般监测项目主要有以下几项：

(1) 导电性能监测。主要是监测接触状态是否良好。使用的方法是：通过各种温度传感器、X射线诊断、气压监测等方法监测局部过热，通过外部加速度传感器和计算机加以处理，检测触头接触状态是否良好，是否有接触电压变化、触头软化等现象。

(2) 开断特性监测。主要是监测操作特性，如开断速度、行程、时间等参数及变化，也涉及到触头、喷口烧损情况及接触状态、气体密度、累计开断电流的监测与计算机处理等。

(3) 避雷器特性监测。主要是通过监测泄漏电流是否增大以判断避雷器的性能是否恶化。

(4) 绝缘性能监测。该项目主要是监测GIS的局部放电，其次，还可监视SF_6气体的密度；这是GIS故障诊断和在线监测最重要的内容之一。根据对局部放电产生的物理化学现象的不同，局部放电检测方法分为声、电、光、化四种，而诊断价值较高的是声、电两种。

3. GIS的日常巡视检查

(1) 断路器和隔离开关的检查。断路器、隔离开关、接地开关、快速接地开关的位置指示器是否正常，闭锁装置是否正常；隔离开关、接地开关从窥视孔检查，其触头接触是否正常。

(2) 信号指示灯的检查。各种指示灯、信号灯指示是否正常。

(3) SF_6气体压力的检查。GIS的断路器、隔离开关、母线等各个气室均装设有气体压力监视设备。带温度补偿的压力开关（密度继电器）可对SF_6气体密度进行自动监视，还可以通过压力表进行辅助监视。日常巡视检查时，应检查密度继电器和压力表的指示，并记录好各气室的SF_6气体压力及当时环境温度，并定期汇总，这样可做到如下两点：

1) 在SF_6气体压力降低到报警压力之前，能及时发现GIS漏气现象。

2) 能够定量地计算出GIS的漏气量，判断漏气对GIS运行的影响程度（是否要停止运行）。

SF_6气体压力日常检查记录表如表6-2所示，其记录方法如下：

1) 在温度—SF_6气体压力记录表上用“·”号标出实测环境温度下各气室SF_6气体压力。

2) 将“·”号沿等密度线移到−30℃线上。

3) 将“·”号继续垂直下移至相应记录日期栏中，并用“·”号标出。

4) 将“·”联系起来。如果连线呈倾斜状（如记录表6-2例1所示）则表明该气室漏气；如果连线大致平行于温度轴（如记录表6-2例2所示），则表明该气室密封良好。

5) SF_6气体压力下降值的计算。以记录表6-2中例1为例，把5℃时SF_6气体压力0.45MPa换算为15℃时的气体压力0.47MPa，与最初记录的SF_6气体压力比较，即可求出90天内SF_6气体压力下降了0.03MPa。

6) 预测SF_6气体压力下降至报警值的时间（判断补气的紧急程度）。以记录表6-2中例1为例，假定SF_6气体压力比额定值低0.05MPa时发出压力降低警报信号，按例1的漏气速度，60天后就会发出警报信号。则可在此期间内选择停电方便的时间，查明漏气部位并进行修理。

表 6-2　　SF$_6$ 气体压力的日常检查记录表

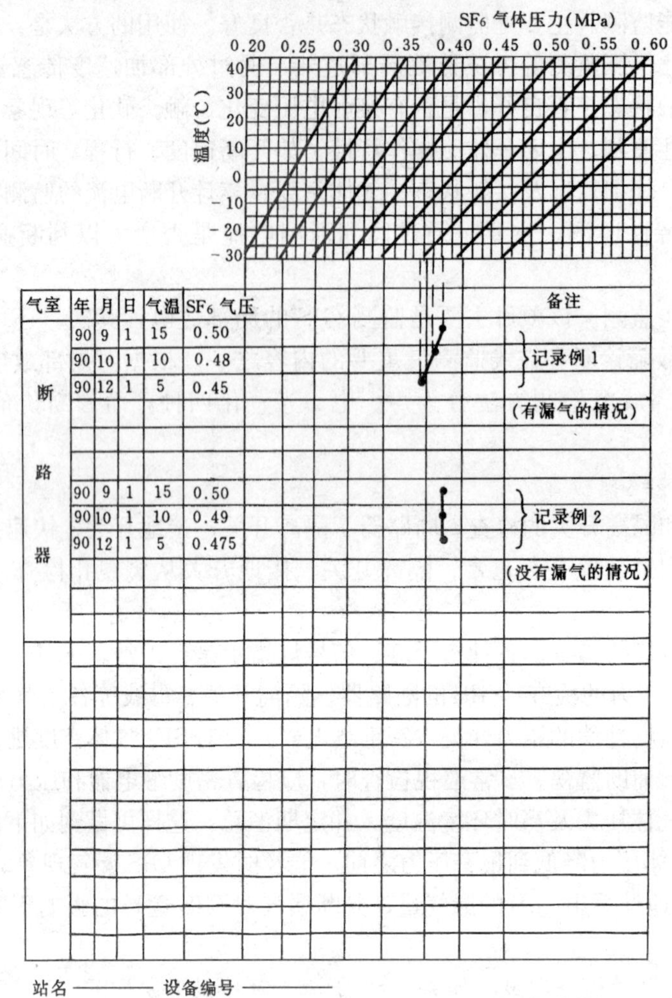

气室	年	月	日	气温	SF$_6$ 气压	备注
断路器	90	9	1	15	0.50	记录例 1（有漏气的情况）
	90	10	1	10	0.48	
	90	12	1	5	0.45	
	90	9	1	15	0.50	记录例 2（没有漏气的情况）
	90	10	1	10	0.49	
	90	12	1	5	0.475	

站名———— 设备编号————

（4）异常声音的检查与判别。当 GIS 内部出现局部放电时，会通过 SF$_6$ 气体和外壳传出具有某些特征的声音。由于电流通过导体产生的电磁力、静电力而出现的微振动、螺母松动等，都会从外壳传出的声音变化反映出来。巡视检查时，应留心辨别音质特性的变化、持续时间的差异，并判别出是否有异常声音。

1）放电声。GIS 内部的局部放电声类似小雨落在金属罐上的声音。由于局部放电声相当于或低于基底噪声水平，并且局部放电声的音质与基底噪声不同，所以不难判别。不过有时必须将耳朵贴在外壳上才能听到（或用探针听）。如果放电声微弱，分不清放电声来自 GIS 内部还是外部，或者无法判断是否是放电声，可通过局部放电测量、噪声分析和采用气相色谱仪进行气体分析来检测 GIS 内部的绝缘状况。确认放电声来自 GIS 内部时，应停电解体检修。

2）励磁声。励磁声是 GIS 外壳等金属结构件在电磁力和静电力的作用下产生微振动时发生的声音。当 GIS 主回路通过电流时，周围就存在磁场，该磁场使 GIS 外壳、金属台架等励磁，并使它们之间反复吸引，产生频率为工频倍数的振动。同时，由于电场的存在，也会使外壳在静电力的作用下产生振动。电场是按工频变化的，而静电力的变化频率则是工频的倍数。所以，GIS的励磁声与变压器的励磁声相似，GIS励磁声的基波频率是工频的2倍，即为100Hz（或120Hz）。此外，电流互感器、电压互感器、交流继电器的线圈等也是励磁声的来源。

在日常巡视检查时，如果发现励磁声不同于平时听到的声音，说明存在螺栓松动等情况，应进一步检查。通常控制箱、柜的门和外罩等薄板结构件在100～120Hz时发生共振产生的声音尤为显著。由于其音质随固紧螺栓的松紧程度而变化，因而比较容易判别。如果怀疑CIS内部元件有异常变化，应估计到放电声会同时发生，进行局部放电测量将有助于故障分析。

励磁声可用噪声计和加速度计进行定量测定。

(5) 发热和异常气味的检查。正常运行时，GIS外壳温升应不超过允许值。当GIS内导体接触不良时会导致过热，并使邻近的外壳出现温升异常现象。外壳间连接导体接触不良会使外壳产生异常温升。因此，巡视检查时应注意辨别外壳、扶手等处温升是否正常，有无过热、变色，有无异常气味。

怀疑温升异常时，应测量温度分布，查明发热部位。将发热部位的温升与出厂试验值或其他相温升值比较，判断温升是否正常。怀疑GIS内部导体接触不良时，可在停电后测定主回路电阻，以判定接触状况。

(6) 对金属部件生锈的检查。生锈是由潮湿引起的。生锈会导致金属部件的腐蚀、动作不灵活、接触不良等。根据环境条件的不同（温度、湿度及腐蚀性气体等），生锈程度亦有很大差别。当发现生锈时，必须采取应急措施，防止生锈的发展。

对于金属外壳、台架等结构，主要检查法兰、螺栓、接地导体的外部连接部分有无生锈。对操作箱和控制柜，应检查门密封垫的密封情况，换气口是否渗水，电线管有无渗水，防结露的加热器是否投入使用。特别是操作箱下部控制线的引入部分应密封良好，以免潮气上升时在操作箱内结露。

(7) 分、合闸指示器和动作计数器的检查。检查动作计数器的指示状态和动作情况；检查分、合闸指示器及指示灯显示应符合实际。

(8) 其他部件的巡视检查。检查操作机构的联板、连杆有无脱落下来的开口销、弹簧、挡圈等连接部件；检查压缩空气系统和油压系统中储气（油）罐、控制阀、管路系统密封是否良好，有无漏气、漏油痕迹，油压和气压是否正常；检查操作箱的防水、防尘作用，内部有无水迹、尘埃痕迹；检查结构是否变形、油漆是否脱落、气体压力表有无生锈和损坏、SF_6气体管路和阀门有无变形，阀门开、闭位置是否正常，以及导线绝缘是否完好，加热器是否按规定投入或切除。

4. GIS及SF_6断路器运行维护注意事项

(1) 进入GIS室及SF_6断路器室巡视检查时，必须两人巡检（不得单人巡检），且先开启通风设备，按规定经一定时间通风后，方可进入室内检查。

(2) 巡视检查时，发生SF_6气体分解物逸入GIS室事故，运行人员应立即撤离现场，并立即投入全部通风设备，事故发生15min内，运行人员不得进入室内，在事故30min～4h之内，运行人员进入现场，一定要穿防护服及戴防毒面具，4h之后进入室内进行护理时，仍须遵守上述安全措施。

(3) 在巡视中发现 SF_6 气体压力下降，若有异声或严重异味，眼、口、鼻有刺激症状，运行人员应尽快离开现场，若因操作不能离开，应戴防毒面具和防护手套，并报告上级采取措施。

(4) 巡视检查时，在 GIS 室内低凹处，运行人员在低凹处蹬下检查的时间不要过长，防止低凹处因 SF_6 分解物泄漏致人窒息事故。

(5) 用过的防毒面具、防护服、橡皮手套、鞋子及其他等物均须用小苏打溶液洗净后再用，防止人员中毒。

四、断路器的异常运行及事故处理❶

(一) 油断路器的异常运行及事故处理

1. 油断路器运行中过热

过热运行的油断路器有如下现象显示：油箱外部的颜色异常，油位异常升高，有焦臭气味，油色异常，接头处示温蜡片熔化，内部声音异常等。

油断路器过热运行的原因如下：

(1) 断路器过负荷。负荷电流超过额定值或断路器达不到厂家铭牌容量。

(2) 触头接触电阻过大。由于断路器触头表面烧伤或氧化、动触头插入行程不够而合闸不到位、动触头压力不够、触指歪斜、触指压紧弹簧松弛及支持环裂开或变形等原因，使动、静触头接触不好，造成触头接触电阻过大。

(3) 周围环境温度升高。周围环境温度高于断路器的额定环境温度，而运行电流仍为额定电流，造成运行过热。

油断路器过热运行会使油温过高，造成油质氧化、产生沉淀物，使油的酸价升高，绝缘强度降低，灭弧能力差。如果发热严重，灭弧室内压力增大，易引起断路器喷油；另外，过热运行使绝缘材料加速老化，金属零件机械强度降低，弹簧退火，触头氧化加剧，使发热更严重。

当断路器出现过热运行时，应与调度联系，降低负荷。若温度仍不下降或过热发生喷油，断路器应停止运行并检修。

2. 断路器运行发出不正常响声

断路器运行发出不正常响声，可能是由于以下原因造成的：

(1) 套管和支持瓷柱严重破损发生连续放电。

(2) 套管内或油箱内有起泡声和放电声。

(3) 电气连接部位烧红变色而出现放电。

(4) 二次接线接触不良出现放电声或着火。

运行中出现不正常响声，应查清故障部位和故障程度，并汇报调度紧急停电处理。

3. 断路器运行中严重缺油

断路器运行中严重缺油时，其油位看不见，且有明显漏油现象。断路器严重缺油多半是其部件密封不良或密封件老化而出现大量漏油所致。可按下述方法处理：

---

❶ 本内容可在“实践教学”中完成。

(1) 取下断路器的操作熔断器，在该断路器的操作把手上挂“不许拉闸”警告牌，并闭锁其机构。不允许严重缺油或无油的断路器分闸。

(2) 如果主接线为双母线或带旁路母线的接线，可用母联断路器代替其工作，或进行倒旁路操作，用旁路断路器代替其工作。

(3) 将缺油断路器加油至正常油位。不能带电加油者，应待负荷转移后停电加油。

(4) 发电机的断路器缺油，且无代替其工作的断路器。应将发电机的负荷降至零后，断开断路器再加油至正常油位。

4. 操动机构故障

油断路器的异常运行也常表现在操动机构故障。油断路器的操动机构一般有液压式、弹簧式和电磁式。断路器运行时，各类操动机构的主要故障如下：

(1) 液压操动机构。其主要故障有：①油泵频繁起动。频繁起动的可能原因为：管路接头渗、漏油；储能筒的活塞杆密封不严；一、二级阀密封不严，从泄油孔渗油；高压放油阀关闭不严；工作缸活塞密封圈密封不严等。以上原因引起油压降低，使油泵频繁起动。②液压机构的压力异常升高或降低。压力异常升高的原因为：储能筒的活塞密封圈或筒壁磨损，致使液压油进入氮气中；控制油泵停转的微动开关失灵，使油泵电动机在储能筒活塞到达规定位置时未停转；压力表指示失常；中间继电器触点“粘住”断不开等。压力异常降低的原因除环境温度变化外，主要是机构内部漏油或漏氮而引起。

对于油泵频繁起动的处理，主要是对液压油系统查漏，若为合闸阀漏油，则只能停电处理合闸阀；液压机构压力异常时，应做好安全措施进行处理。压力过低，不得操作断路器，压力恢复正常后方可操作，也可用旁路断路器代替其运行。

(2) 弹簧操动机构。其故障一般表现为：离合器在弹簧能量释放后不闭合，储能完毕后离合器分不开；储能电动机轴或手摇储能轴弯曲；储能电动机拒绝起动等。

处理时应视具体情况，检查调节一字拐臂、合闸弹簧及电动机电源回路等，而后停电分别按不同情况予以处理。

(3) 电磁操动机构。其故障一般表现为分、合闸失灵。如直流控制熔断器熔断，断路器辅助触点转换不到位或接触不良，分、合闸线圈断线、短路或其两个线圈串接时极性反接等。

处理时，应在停电状态下更换熔断器，更换断路器辅助开关，更换或改接分、合闸线圈。

油断路器运行的故障处理如下。

1. 油断路器拒绝合闸

将控制开关扭至合闸位置时，喇叭响，绿灯闪光，而断路器合不上闸。拒绝合闸的原因及处理方法如下：

(1) 合闸电源电压不正常引起拒合闸。合闸电源电压过低，合闸时电磁机构的铁芯不到位，使挂钩不能挂住；合闸电源电压过高，合闸时电磁机构的铁芯发生强烈冲击，使挂钩不能挂住。待调整好操作电压后再合闸。

(2) 操作电源中断引起拒合闸。如操作熔断器熔断、合闸动力熔断器熔断（有弹簧储能电源、油泵电源、电磁机构合闸电源等），使断路器不能合闸。经检查并更换熔断器后再合闸。

（3）操作及合闸回路故障引起拒合闸。如控制开关触头、断路器辅助动断触头、合闸接触器主触头、操作及合闸动力熔断器等接触不良；中间继电器触点熔焊；合闸接触器线圈断线或短路；合闸线圈断线或短路或烧坏；防跳继电器故障；断路器的远方/就地选择开关未置于相应位置；同期开关未投入；操作及合闸回路连接导线脱落、断线等原因，使断路器不能合闸。待处理上述缺陷后再合闸。

（4）操动机构卡住拒绝合闸。如操动机构部分不灵活或调整不准确、挂钩脱扣造成合闸后又跳闸；因振动使跳闸机构脱扣，使断路器合不上闸。待机构处理好后再合闸。

（5）合闸时间太短引起拒合闸。手动操作控制开关合闸时，控制开关在合闸位置未合到底，或合到底停留时间太短就松手，让控制开关自动返回，致使断路器合闸后挂钩未挂住，合闸回路电源就断开而跳闸。正确做法是：控制开关在合闸位置应合到底，待红灯亮后再松手，让控制开关返回。

（6）弹簧操动机构的弹簧储能未到位，液压操动机构的油压低于合闸油压被闭锁，使断路器不能合闸。待弹簧储能到位及液压达到正常油压后再合闸。

2. 油断路器拒绝分闸

断路器运行时，断路器一次回路发生故障，来保护动作信号掉牌、光字牌亮、电流表指示剧增、电压表指示大为降低，而断路器拒绝分闸。或将断路器用控制开关手动分闸时，红灯闪光，但断路器拒分闸。运行中的断路器拒分闸对系统安全运行威胁很大。当发生拒分闸时，可能造成上一级断路器越级跳闸，甚至造成系统解列，故“拒分闸”比“拒合闸”有更大的危害。

（1）断路器拒分闸的一般原因。

1）操作电源故障。如操作电源中断。操作电源电压过低，如因电网故障引起硅整流装置直流电源电压波动，直流过负荷引起操作电源电压降低，交流消失由直流代替交流，使操作电源电压降低。

2）操作回路故障。如控制开关触点、断路器的辅助动合触点、操作熔断器等接触不良；操作熔断器熔断；跳闸线圈断线、短路或烧坏；中间继电器（防跳跃继电器、手动跳闸继电器）线圈断线或烧坏；跳闸回路连接导线脱落、断线；断路器远方/就地选择开关未置于相应位置等。

3）操动机构故障。如跳闸铁芯卡住或顶杆脱落、合闸支点过低使铁芯动作不能脱扣、操动机构失灵、液压机构分闸系统故障等。

4）手动操作分闸时间短。手动操作控制开关至分闸位置时，控制开关分闸不到位就松手返回，使断路器因分闸时间太短而不能分闸。

5）继电保护拒动。如出现继电保护整定值不正确、保护接线错误、保护回路断线、互感器回路故障、保护连接片接触不良及跳闸继电器触点闭合接触不良等缺陷，在一次回路短路故障的情况下，继电保护拒动，使断路器不能分闸。

（2）断路器拒分闸处理方法。

1）正常情况下拒分闸。正常情况下，断路器的红色信号灯亮，表示跳闸回路完好，当操作控制开关分闸时，断路器拒分闸，如果控制电源电压正常，则为操动机构故障。此时，可按下述三种情况处理：

①联络线断路器拒分闸。可先断开联络线对侧断路器，再至现场，手动打跳拒分闸断路

器（该断路器操动机构的液压或气压均正常），然后拉开该断路器两侧的隔离开关，再对操动机构的故障进行查找和处理，按这种方式，处理速度较快。另外，也可采用倒母线的方法，空出一组母线，由母联断路器串接拒分闸断路器，再由母联断路器分闸，然后，手动打跳拒分闸断路器，拉开该断路器两侧隔离开关，或解除“防误操作闭锁装置”，拉开该断路器两侧隔离开关，再对操动机构的故障进行查找和处理。此种处理，要经较复杂的倒母线操作，处理时间长。

②馈线断路器拒分闸。馈线是直接送到用户的线路。一般与用户的联系较困难，故不易由馈线的对侧断路器断开该线路，但本侧断路器拒动，不能用手动打跳的方式带负荷打跳本侧断路器，故只能倒母线。按上述方式，用母联断路器断开馈线。拉开拒分闸断路器两侧隔离开关后，再对操作机构的故障进行查找和处理。

③发电机—变压器组回路断路器拒分。当发电机—变压器组停机解列时，发电机—变压器组回路断路拒分闸，此时，只能倒母线，空出线一组母线，由母联断路器串接拒分闸断路器，再由母联断路器分闸解列，然后再按上述方式处理操作机构故障。

2）事故情况下拒分闸。当一次电路（如线路）发生短路故障时，线路断路器拒分闸，但线路对侧的断路器分闸，拒分闸断路器的失灵保护动作，将母联断路器及故障线路所连母线上的其他进、出线断路器全部分闸，该母线失压。此时，运行人员处理的思路是：先查明是继电保护拒动，还是断路器及操动机构本身拒动，然后再判别是电气二次回路故障，还是操动机构故障。为此，事故情况下断路器拒分闸，可按下述情况及方法处理：

①事故情况下断路器拒分闸，但保护动作、信号掉牌。该情况显然属跳闸回路或操动机构存在故障。处理时，可操作控制开关，将断路器分闸一次。操作之前，若红灯亮，则表明跳闸回路完好，操作后，若断路器拒分闸，则属于操动机构故障（或控制开关触点接触不良）。此时，将拒分闸断路器手动打跳，再拉开断路器两侧隔离开关，如果用手动打跳，断路器仍不分闸，可解除防误操作闭锁装置，手动拉开断路器两侧隔离开关，然后，先恢复失压母线的供电和母联断路器的运行，再对操动机构的故障及控制开关的触点进行处理；手动分闸操作前，若红灯不亮，则跳闸回路有故障。如果短时间内不能消除跳闸回路故障，则先手动打跳断路器或解除“防误闭锁装置”，拉开拒分断路器两侧隔离开关，恢复失压母线的供电和母联断路器的运行，再处理跳闸回路缺陷，跳闸回路故障消除后，手动分闸一次，若断路器分闸，则证实跳闸回路故障引起拒分闸，若断路器仍拒分闸，则操动机构也存在故障，并处理操动机构故障。

②事故情况下断路器拒分闸，无保护动作及信号掉牌。该况显然属继电保护拒动。处理时，将断路器手动分闸一次，操作前，红灯亮，则表明跳闸回路完好，操作后，断路分闸（红灯熄，绿灯亮），则证实继电保护拒动引起断路器拒动。然后拉开断路器两侧隔离开关，恢复失压母线供电和母联断路器的运行，再按继电保护拒动的原因查找和处理故障；手动分闸时，若断路器仍拒分闸，则操动机构也存在故障，此时，手动打跳断路器或解除“防误闭锁装置”拉开断路器两侧隔离开关，恢复失压母线供电和母联断路器运行，然后按操动机构故障原因查找和处理故障（由检修人员处理）。

3. 油断路器着火

油断路器着火，可能有以下原因：

（1）油面过高使油箱内缓冲空间不足，事故分闸时断路器喷油；

（2）油面过低，事故跳闸时弧光冲出油面。

为了防止断路器着火事故发生，应经常使断路器油面保持在允许范围内，断路器本体及周围应保持清洁。

当发生油断路器着火事故时，应按以下方式处理：断开油断路器及两侧隔离开关；将着火区域与邻近运行设备隔开；用适合熄灭电气火灾的灭火器进行灭火（如四氯化碳、干粉、1211 灭火器、灭火弹等）。落在地面上的油，用砂子铺盖。高压室内灭火，应注意启动通风机排烟，打开房门散烟。为防止人员中毒和窒息，应戴防毒面具（或口罩）。

（二）真空断路器的异常运行及事故处理

真空断路器的异常运行主要有以下几方面。

1. 真空灭弧室真空度失常

真空断路器运行时，正常情况下，其灭弧室的屏蔽罩颜色应无异常变化，真空度正常。若运行中或合闸之前（一端带电压）真空灭弧室出现红色或乳白色辉光，说明真空度下降，影响灭弧性能，应更换灭弧室。

2. 真空断路器运行中断相

真空断路器接通高压电动机时，有时会出现断相，使电动机缺相运行而烧坏电动机。真空断路器出现合闸断相的可能原因是：

（1）断路器超行程（触头弹簧被压缩的数值）不满足要求，影响该相触头的正常接触。这可通过调节绝缘拉杆的长度，并重复测量多次，才能保证其超行程的正确性和接触的稳定性。

（2）断路器行程不满足要求；在保证超行程的前提下，通过调节分闸定位件的垫片，使三相行程均满足要求，并三相同步。

（3）由于真空断路器的触头为对接式，触头材料较软，在分、合闸数百次后触头易变形，使断路器超行程变化，影响触头的正常接触。

3. 真空断路器合闸失灵

合闸失灵的原因是：

（1）电气方面的故障。电气方面的故障主要有：合闸电压过低（操作电压低于 0.85 倍额定电压）或合闸电源整流部分故障；合闸电源容量不够；合闸线圈断线或合闸线圈匝间短路；二次接线接错等。

（2）操动机构故障。操动机构的故障主要有：合闸过程中分闸锁扣未扣住；分闸锁扣的尺寸不对；辅助开关的行程调得过大，使触片变形弯曲，接触不良。

处理完上述缺陷后再合闸。

4. 真空断路器分闸失灵

分闸失灵的原因主要是：

（1）电气方面的故障。主要故障有：分闸电压过低（操作电压低于 0.85 倍额定电压）；分闸线圈断线；辅助开关接触不良。

（2）操动机构故障。主要故障有：分闸铁芯的行程调整不当；分闸锁扣扣住过量；分闸锁扣销子脱落。

上述缺陷应逐一检查消除。

（三）SF_6 断路器的异常运行及事故处理

一般来说，SF_6 断路器运行可靠，维护工作量小，检修周期长。但运行中有时也会出现一些异常运行和故障情况，可能发生的异常运行和故障分述如下。

1. 液压机构油压过高或过低

SF_6 断路器运行时，其液压机构的油压有时过高或过低。油压过高的原因主要是：液压机构的微动开关失灵，当油泵起动油压升至额定值时，微动开关不能切断油泵电动机电源，造成油泵持续打压；储能筒的活塞密封不严或筒壁磨损，液压油进入氮气中，使油压升高；液压机构压力表失灵或指示数据不真实。处理时，应调整或更换微动开关，检查并检修储能筒，检查校验压力表。

油压过低的原因主要是：由于焊缝焊接不良或连接管路接头密封不严，造成大量漏油；分、合闸阀钢球密封不严；储能筒或储压缸漏气或漏油；低油压起动油泵的微动开关失灵。处理时，检查并处理液压油系统漏油点，调整或更换微动开关。

2. 油泵起动频繁和打压时间过长

由于液压机构的高压油系统漏油（如管路接头漏油、高压放油阀关闭不严、合闸阀内部漏油、工作缸活塞不严等），油泵本身有缺陷，引起液压油压力降低，使油泵频繁起动打压。遇有油泵频繁起动，应立即查漏，消除频繁起动现象。有时油泵打压时间过长（超过 3～5min），应检查高压放油阀是否关严，安全阀是否动作，机构是否有内漏外泄，油面是否过低，吸油管有无变形，油泵低压侧有无气体等，针对以上缺陷进行相应处理。

3. 液压机构建不起油压

断路器投入运行前，其液压机构应建立正常油压。有时，油压建立不起来，其原因可能是：

（1）油泵内各阀体高压密封圈损坏，或逆止阀阀口密封不严（此时用手摸油泵，油泵可能发热）；油泵柱塞间隙配合过大；油泵柱塞组装时没注入适量的液压油或柱塞及柱塞座没擦干净，影响油泵出力，甚至使油泵打压件磨损。

（2）油泵低压侧有空气存在。

（3）油箱过滤网有脏物，油路堵塞。

（4）高压放油阀没有关严，高压油泄漏到油箱中。

（5）合闸阀一、二级阀口密封不严，高压油通过排油孔泄掉。

消除上述缺陷后，再打压。

4. 断路器 SF_6 气体泄漏

运行中的 SF_6 断路器，有时来“补气”信号，这说明断路器漏气。漏气的原因可能是：断路器安装时遗留漏气点（如连接座内拉杆、气管焊口、本体、密度继电器、气压表接头连接密封处等易形成漏气点）。当断路器来“补气”信号时，其处理方式如下：

（1）检查气体压力。若属断路器气体压力降低，则需将断路器停电补气。

（2）检查密度继电器。SF_6 断路器运行时，由密度继电器监视其气体的运行压力，当气体压力降低到第一报警值时，其触头闭合发“补气”信号，此时，可用压力检测专用工具，检测密度继电器动作值是否正确。

（3）确认 SF_6 气体泄漏时，联系检修人员检修处理。

5. 断路器合后即分

当操作断路器合闸时，出现“合后即分”现象。合后即分的原因可能是：合闸阀的二级阀杆不能自保持；分闸阀的阀杆卡涩，不能很快复位。

6. 断路器拒动

操作断路器分、合闸时，断路器拒动。拒动的原因主要有：分、合闸电磁铁线圈断线、匝间短路或线圈线头接触不良；电磁铁行程太小，使分、合闸阀钢球打不开；操作回路故障，如断线、熔断器熔断、端子排接头和辅助开关触点接触不良或接线错误；二级阀杆锈死；灭弧室动、静触头没对准；中间机构箱卡涩；操作电压过低等。

上述缺陷必须消除后，断路器才允许投入运行。

（四）GIS的异常运行及事故处理

GIS运行可靠性高、维护工作量小，检修周期长。由于一次设备密封在压力容器中，而且容器内充有一定压力、绝缘性能和灭弧性能优良的 SF_6 气体，因而GIS内部几乎不受大气的影响。此外，制造厂对GIS均进行过充分的性能试验，以组件形式出厂，在现场进行拼装，这些都给GIS的安全可靠运行创造了有利条件。根据GIS的运行情况，可能有下列常见故障出现：

（1）气体泄漏。这种故障在我国较为常见。轻者，使GIS经常补气；重者，使GIS被迫停止运行。向外泄漏气体通常发生在密封面、焊缝和管路接点处；内部泄漏常发生在盆式绝缘裂缝和 SF_6 气体与油的交界面（SF_6 电缆头）。

（2）SF_6 气体含水量太高。SF_6 气体含水量太高引起的故障几乎都是绝缘子或其他绝缘件闪络，表面闪络的绝缘子需要彻底清洗或更换。这种故障常发生在气温突变或设备补气之后。

（3）杂质使GIS闪络。GIS安装后，其内部可能留有一些导电杂质，这给运行带来不利影响，消除导电杂质影响的有效办法是：当GIS安装完毕后，采用小容量电源施加高于运行电压的交流电压，如果杂质很小，它可能在放电中烧毁；如果杂质较大，在交流电压作用下，它会运动到低场强区。运行中的GIS，如果闪络多次重复发生，通常是由自由导电杂质引起的，特别是在母线的水平与垂直部分的交叉处更是如此。这类故障的处理是清扫或更换受影响的部件。

（4）电接触不良。在GIS内部有些金属部件是用来改善电场分布的，在实际运行中，这些部件并不通过负荷电流。这些部件经常使用铝质的弹性触头与外壳或与高压导体进行电气连接，运行中可能因松动而导致接触不良。这些接触不良的部件的电位取决于它与导电体间的耦合电容，这样，该部件与外壳或导体间的微小间隙便会很快击穿。多次放电不仅会侵蚀触头弹簧，也会因产生金属微粒、氟化铝及其他杂质等，而导致GIS的内部闪络。

对于50Hz（或60Hz）交流系统，这种故障的放电频率为100次/s（或120次/s），从设备的外部可听到"嗡嗡"声，因而易于发现此类故障。

（5）绝缘子击穿。GIS中支撑绝缘子的使用场强是一个重要的设计参数。目前，环氧树脂浇注绝缘子的使用场强可高达6kV/mm而不致发生击穿，如果使用场强高达10kV/mm，由于绝缘子使用场强太高，起初可能仍无局部放电现象，但运行几年后，便可能会发生击穿。

（6）相对地击穿。由于插接式触头未完全插入触座，可能会造成故障。一旦触头有问题，大多可导致相对地击穿。

（7）误操作。在GIS的运行中，操作不当引起的故障是多方面的，如将接地隔离开关合到带电相上，如果故障电流很大，即使是快速接地隔离开关也会损坏。因此，出现这类误操作后，应检查触头，如果需要，应更换某些部件。

低速接地隔离开关开断距离不够或带负荷拉闸，电弧可能持续到断路器断开为止。如果故障电流很大（10kA以上），不仅是触头损坏，而是整台接地隔离开关需更换或彻底检修。

课题二 母线及隔离开关运行

隔离开关又称隔离刀闸，在倒闸操作中常称刀闸，是高压开关电器的一种。因为它没有专门的灭弧装置，所以不能用来切断负荷电流和短路电流。使用时应与断路器配合，只有在断路器断开后才可进行操作（倒母线除外）。它的主要作用是：用于隔离电源，使检修设备与电源之间有一明显的断开点；配合断路器进行倒闸操作；拉、合小电流电路。

母线是一种既简单但又非常重要的设备，它的作用主要是用于汇集和分配电能。常用的母线型式有硬母线和软母线。下面介绍母线及隔离开关有关的运行情况。

一、母线、隔离开关的允许运行方式

母线运行时，其绝缘子应完好无损，无放电现象，硬母线无变形，软母线无散股及断股现象，在额定条件下，能够长期、连续流过额定电流，在短路情况下，能满足动稳定和热稳定要求，这种运行状态为母线的正常运行状态。

隔离开关在运行时，其绝缘瓷柱应完好无损，无放电现象，结构部件完好无变形，在额定条件下，能够长期、连续流过额定电流，在短路情况下，能满足动稳定和热稳定要求，这种运行状态为隔离开关的正常运行状态。

为使母线、隔离开关运行时保持正常运行状态，其运行应在允许的运行方式下运行。

1. 允许运行参数

（1）运行电压和运行电流。最高工作电压不得超过额定电压的1.15倍，最大持续工作电流不得超过其额定电流。

（2）运行温度。一般情况下，母线和隔离开关的运行温度不宜超过70℃。最高允许运行温度不得超过以下规定：一般载流部分为115℃；用螺栓紧固连接部分为80℃；用弹簧压紧的连接部分为75℃。当母线的接触面处有锡的可靠覆盖层时为85℃；母线接触面有银的可靠覆盖层时为95℃；母线在闪光焊接时为100℃；封闭母线最高允许温度为90℃，外壳最高允许温度为60℃。

2. 绝缘电阻

对母线和隔离开关的绝缘电阻要求，与对断路器绝缘电阻的要求相同。

二、母线、隔离开关的运行维护

（一）隔离开关的操作

1. 允许操作范围

（1）拉、合无故障的电压互感器和避雷器。

（2）拉、合无故障的母线和连接在母线上的设备的电容电流。

（3）在系统无接地故障的情况下，拉、合变压器中性点的接地隔离开关和拉开变压器中性点的消弧线圈。

（4）断路器在合闸位置时，接通或断开断路器的旁路电流。

（5）拉、合电容电流不超过5A的空载线路。如10km以内的35kV空载架空线路和

10km 以内的空载电缆线路。

(6) 拉、合励磁电流不超过 2A 的空载变压器。如拉合 35kV、1000kV·A 及以下和 10kV、320kV·A 及以下的空载变压器。

(7) 拉、合电压在 10kV 及以下、电流在 70A 以下的环路均衡电流。

2. 隔离开关操作时的注意事项

(1) 操作隔离开关之前，应检查与隔离开关连接的断路器确实处在断开位置，以防带负荷拉、合隔离开关。

(2) 手动合隔离开关时，先拔出连锁销子，开始要缓慢，当刀片接近刀嘴时，要迅速果断合上，以防产生弧光。但在合到终了时，不得用力过猛，防止冲击力过大而损坏绝缘子。

(3) 手动拉闸时，应按“慢—快—慢”的过程进行。开始时，将动触头从固定触头中缓慢拉出，使之有一小间隙。若有较大电弧（错拉），应迅速合上停止操作；若电弧较小，则迅速将动触头拉开，以利灭弧。拉至接近终了，应缓慢，防止冲击力过大，损坏隔离开关绝缘子和操动机构。但在切断空载变压器、空载线路、空载母线或拉系统环路时，应快而果断，使电弧迅速熄灭。

(4) 隔离开关手动拉闸操作完毕，应锁好定位销子，防止滑脱引起带负荷切合电路或带地线合闸。

(5) 远方操作的隔离开关，不得在带电压下就地动手操作，以免失去电气闭锁，或因分相操作引起非对称开断，影响继电保护的正常运行。

(6) 装有电气闭锁的隔离开关，禁止随意解除闭锁进行操作。

(7) 隔离开关操作完毕，应检查其开、合位置，三相同期情况及触头接触深度均应正常。以免因传动机构或控制回路（指远方操作隔离开关）有故障，出现隔离开关拒合或拒分。合闸后，工作触头应接触良好，拉闸后，断口张开的角度或拉开的距离应符合要求。

（二）母线、隔离开关的巡视检查

1. 母线的巡视检查项目

为了保证各电压等级配电装置母线的安全运行，运行值班人员应定期巡视检查母线。正常巡视检查的项目有：

(1) 母线绝缘子的检查。检查母线绝缘子、穿墙套管、支柱绝缘子应清洁、无破损、无裂纹和放电痕迹。

(2) 母线线夹的检查。检查软母线耐张线夹和硬母线（矩形、槽形、管形）T 型线夹应无松动、脱落。

(3) 母线的检查。检查软母线应无断股，铝排和管形母线应无弯曲变形，母线无烧伤。

(4) 母线接头的检查。伸缩接头应无断裂、放电、母线上螺丝应无松动。

(5) 母线运行温度的检查。母线和接头运行温度应正常，温度不超过允许值，无发热变红的现象。

特殊检查项目如下：

(1) 大风时，软母线的摆动应符合安全距离要求，母线上应无异常飘落物。

(2) 雷电后，检查绝缘子有无放电闪络痕迹。

(3) 雨雪天气，检查接头处是否冒汽或落雪立即融化。

（4）气温突变时，母线有无张弛过大或收缩过紧现象。

（5）雾天，检查绝缘子有无污闪。

2. 隔离开关的巡视检查项目

触头是隔离开关上最重要的部分，不论哪一类隔离开关，在运行中其触头弹簧或弹簧片都会因锈蚀或过热使弹力减低；隔离开关在断开后，触头暴露在空气中，容易发生氧化和脏污；在操作过程中，电弧会烧坏触头的接触面，各联动部件也会发生磨损或变形，因而影响了接触面的接触；在操作过程中用力不当，会使接触面位置不正，造成触头压力不足等。上述情况均会造成隔离开关的触头接触不紧密，因此应把检查三相隔离开关每相触头接触是否紧密作为巡视检查的重点。

隔离开关运行时，其正常巡视检查项目如下：

（1）触头、接点的检查。触头或接点处应清洁，接触良好，无螺丝断裂或松动现象，无严重发热和变形现象，无烧伤痕迹、运行温度应不超过允许值（可定期用红外测温仪检测触头、接点的温度）。

（2）绝缘子的检查。瓷绝缘子表面应清洁，无裂纹、无破损、无电晕和放电现象。

（3）本体部件的检查。隔离开关本体、连杆、转轴等机械部分无变形；各部件连接良好，位置正确。

（4）引线的检查。引线无松动、无严重摆动和烧伤断股现象，均压环牢固且不偏斜。

（5）操动机构的检查。操动机构各部件应完好无损，各部件紧固、无锈蚀、无变形、无松动、无脱落；操动机构箱、端子箱和辅助触点盒应关闭且密封良好，能防雨防潮。操动机构箱、端子箱内应无异常，熔断器、热耦继电器、二次接线、端子连接、加热器等应完好；液压机构的管路完好，无渗、漏油现象，油位、油压指示正常。

（6）闭锁装置的检查。防误闭锁装置应良好，电磁锁或机械锁无损坏，其辅助触点位置正确、接触良好。隔离开关的辅助切换触点安装牢固，切换正确，接触良好，防雨罩壳密封良好。

（7）接地开关的检查。带有接地刀闸的隔离开关，刀片、刀嘴应接触良好，闭锁应正确。

三、母线、隔离开关的异常运行及事故处理❶

（一）母线的异常运行及事故处理

1. 母线电压消失

母线电压消失是发电厂、变电站最严重的事故之一，它将造成大面积停电。母线电压消失的主要原因有：母线保护范围内的设备发生故障，使母线停电，如母线支持绝缘子接地，断路器、隔离开关、电压互感器、避雷器发生故障；母线保护误动使母线停电；线路故障但线路断路器拒动，越级跳闸使母线停电；误操作、误碰保护或断路器操动机构，使母线停电；母线电源消失造成母线失电。

母线电压消失后的处理，前面第二单元对发电厂母线电压消失后的处理作了介绍，这里对变电站母线电压消失的处理作简要介绍。

1）母线失压的现象。母线失去电压时，中央音响装置动作，喇叭响，保护动作及相应

❶ 本内容可在“实践教学”中完成。

信号掉牌，光字牌亮，跳闸断路器绿灯闪光，母线电压表指示为零，母线上各线路的电流表、功率表指示为零。

2）事故处理。按下述原则处理：

①检查母线及母线一次系统，并将检查结果汇报给系统调度员，当确定为非本变电站设备故障引起，则保持本变电站设备原始状态不变，按系统调度令恢复送电。

②检查结果系本变电站母线故障引起，则处理母线故障后，按系统调度令恢复母线供电。

③检查若系主变压器故障或系母线上的线路故障，因其断路器拒分闸，引起越级跳闸使失母线失压，则应将拒分闸断路器及其两侧隔离开关拉开，按调度令恢复母线供电。

④若本变电站低压（或中压）母线失压，则检查低压母线及其各出线设备，若系该母线上的线路故障，但该线路断路器拒分闸引起母线失压，则断开拒分闸断路器及其两侧隔离开关后，再按调度令恢复母线供电。

2. 母线运行过热

母线运行时，下述原因会引起母线过热：母线严重过负荷；母线之间或母线与引线间接触不良；母线上所连接的隔离开关接触不良。判断母线及接头过热的方法有：观察母线变色漆有无变色，若变色漆变黄、变黑，则说明母线严重过热；观察示温蜡片，若试温蜡片变色、软化、位移、发亮或熔化，则为母线过热；雨雪天气观察室外母线及接头，若冒汽或落雪立即融化，则为母线过热；低压母线用温度计或用半导体点温计测温，高压母线用红外线测温仪测温，便可知母线的运行温度是否超过允许值。

若发现母线及接头运行温度过高，应汇报调度，减少负荷。若母线及接头发热烧红，应迅速减少负荷，并倒换运行方式，将该母线停电检修。

3. 母线绝缘子破损、放电

母线的支柱或悬式绝缘子一旦破损，则绝缘降低，或绝缘降至零值，将造成绝缘击穿放电烧坏母线，或造成母线接地、相间短路，故应定期检测绝缘子的绝缘。

若发现母线绝缘子破损、放电、应加强监视，并汇报调度，尽快停电处理。

4. 母线电压不平衡

母线运行时，有时出现母线三相电压不平衡。此时，应根据不同原因分别处理：

(1) 小电流接地系统发生单相接地，使三相电压不平衡，可在 2h 运行时间内查找并消除接地故障点。

(2) 母线电压互感器一次或二次侧熔断器熔断，查找并更换熔件。

(3) 输电线路长度与消弧线圈分接头调整不匹配，出现假接地现象。因正常运行时，中性点对地电压值与消弧线圈补偿程度有关，为使正常运行时中性点对地电压不致过高而出现假接地现象，所以应调整消弧线圈的匝数，使消弧线圈尽量在较大的过补偿或欠补偿方式下运行（但不应影响熄灭电弧）。

5. 硬母线变形

硬母线变形，除外力造成的机械损伤外，母线过热或通过较大短路电流都会使母线变形。母线变形会威胁母线的安全运行，当母线故障后，发现母线变形，应尽快报告系统调度员，要求停电处理。

（二）隔离开关的异常运行及事故处理

1. 隔离开关触头过热

触头过热时，刀片和导体接头变色发暗，接触部分变色漆变色或示温蜡片变色、软化、位移、发亮或熔化；户外隔离开关触头过热，在雨雪天气可观察到接头处有冒汽或落雪立即融化现象；若触头严重过热，刀口可能烧红，甚至发生熔焊现象。

隔离开关运行触头过热可能是下述原因引起的：

（1）合闸不到位，使电流通过的截面大大缩小，因而出现接触电阻增大，亦产生很大的斥力，减少了弹簧的压力，使压缩弹簧或螺丝松弛，更使接触电阻增大而过热。

（2）因触头紧固件松动，刀片或刀嘴的弹簧锈蚀或过热，使弹簧压力降低；或操作时用力不当，使接触位置不正。这些情况均使触头压力降低，触头接触电阻增大而过热。

（3）刀口合得不严，使触头表面氧化、脏污；拉合过程中触头被电弧烧伤，各连动部件磨损或变形等，均会使触头接触不良，接触电阻增大而过热。

（4）隔离开关过负荷，引起触头过热。

母线、隔离开关触头过热的处理方法如下：

（1）用红外测温仪测量过热点的温度，以判断发热程度。

（2）如果母线过热，根据过热的程度和部位，调配负荷，减少发热点电流，必要时汇报调度协助调配负荷。

（3）若隔离开关触头因接触不良而过热，可用相应电压等级的绝缘棒推动触头，使触头接触良好，但不得用力过猛，以免滑脱扩大事故。

（4）若隔离开关因过负荷引起过热，应汇报调度，将负荷降至额定值或以下运行。

（5）在双母线接线中，若某一母线隔离开关过热，可将该回路倒换到另一母线上运行，然后，拉开过热的隔离开关。待母线停电时再检修该过热隔离开关。

（6）在单母线接线中，若母线隔离开关过热，则只能降低负荷运行，并加强监视，也可加装临时通风装置，加强冷却。

（7）在具有旁路母线的接线中，母线隔离开关或线路隔离开关过热，可以倒至旁路运行，使过热的隔离开关退出运行或停电检修。无旁路接线的线路隔离开关过热，可以减负荷运行，但应加强监视。

（8）在 3/2 接线中，若某隔离开关过热，可开环运行，将过热隔离开关拉开。

（9）若隔离开关发热不断恶化，威胁安全运行时，应立即停电处理。不能停电的隔离开关，可带电作业进行处理。

2. 隔离开关绝缘子损坏或闪络

运行中的隔离开关，有时发生绝缘子表面破损；龟裂、脱釉，绝缘子胶合部位因胶合剂自然老化或质量欠佳引起松动，以及绝缘子严重积污等现象。由于绝缘子的损坏和严重积污，当出现过电压时，绝缘子将发生闪络、放电、击穿接地。轻者使绝缘子表面引起烧伤痕迹，严重时产生短路、绝缘子爆炸、断路器跳闸。

运行中，若绝缘子损坏程度不严重或出现不严重的放电痕迹时，可暂时不停电，但应报告调度尽快处理。处理之前，应加强监视。如果绝缘子破损严重，或发生对地击穿，触头熔焊等现象，则应立即停电处理。

3. 隔离开关拒绝分、合闸

用手动或电动操作隔离开关时，有时发生拒分、拒合，其可能原因如下：

（1）操动机构故障。手动操作的操动机构发生冰冻、锈蚀、卡死、瓷件破裂或断裂、操作杆断裂或销子脱落，以及检修后机械部分未连接，使隔离开关拒绝分、合闸。若是气动、液压的操动机构，其压力降低，也使隔离开关拒绝分、合闸。隔离开关本身的传动机构故障也会使隔离开关拒绝分、合闸。

（2）电气回路故障。电动操作的隔离开关，如动力回路动力熔断器熔断，电动机运转不正常或烧坏，电源不正常；操作回路如断路器或隔离开关的辅助触点接触不良，隔离开关的行程开关、控制开关切换不良，隔离开关箱的门控开关未接通等均会使隔离开关拒分、合闸。

（3）误操作或防误装置失灵。断路器与隔离开关之间装有防止误操作的闭锁装置。当操作顺序错误时，由于被闭锁隔离开关拒绝分、合闸；当防误装置失灵时，隔离开关也会拒动。

（4）隔离开关触头熔焊或触头变形，使刀片与刀嘴相抵触，而使隔离开关拒绝分、合闸。

隔离开关拒绝分、合闸的处理：

（1）操动机构故障时，如属冰冻或其他原因拒动，不得用强力冲击操作，应检查支持销子及操作杆各部位，找出阻力增加的原因；如系生锈、机械卡死、部件损坏、主触头受阻或熔焊应检修处理。

（2）如系电气回路故障，应查明故障原因并做相应处理。

（3）确认不是误操作而是防误闭锁回路故障，应查明原因，消除防误装置失灵。或按闭锁要求的条件，严格检查相应的断路器、隔离开关位置状态，核对无误后，解除防误装置的闭锁再行操作。

4. 隔离开关自动掉落合闸

隔离开关在分闸位置时，如果操动机构的机械装置失灵，如弹簧的锁住弹力减弱、销子行程太短等，遇到较小振动，便使机械闭锁销子滑出，造成隔离开关自动掉落合闸。这不仅会损坏设备，而且也易造成对工作人员的伤害。如某变电所35kV一隔离开关自动掉落，引起系统带接地线合闸事故，使一台大容量变压器烧坏，而且，接地线烧断，电弧对近旁的控制电缆放电，高电压传到控制室，烧坏了许多二次设备，险些危及人身安全。

5. 误拉、合隔离开关

在倒闸操作时，由于误操作，可能出现误拉、误合隔离开关。由于带负荷误拉、合隔离开关会产生异常弧光，甚至引起三相弧光短路，故在倒闸操作过程中，应严防隔离开关的误拉、误合。

当发生带负荷误拉、合隔离开关时，按隔离开关传动机构装置型式的不同，分别按下列方法处理：

（1）对手动传动机构的隔离开关，当带负荷误拉闸时，若动触头刚离开静触头便有异常弧光产生，此时应立即将触头合上，电弧便熄灭，避免发生事故。若动触头已全部拉开，则不允许将动触头再合上。若再合上，会造成带负荷合隔离开关，产生三相弧光短路，扩大事故。

（2）对电动传动机构的隔离开关，因这种隔离开关分闸时间短（如GW6-200型只需6s），比人力直接操作快，当带负荷误拉闸时，应将最初操作一直继续操作完毕，操作中严禁中断，禁止再合闸。

（3）对手动蜗轮型的传动机构，则拉开过程很慢，在主触点断开不大时（2～3mm以下）就能发现火花。这时应迅速作反方向操作，可立即熄灭电弧，避免发生事故。

（4）当带负荷误合隔离开关时，即使错合，甚至在合闸时产生电弧，也不允许再拉开隔离开关。否则，会形成带负荷拉刀闸，造成三相弧光短路，扩大事故。只有在采取措施后，先用断路器将该隔离开关回路断开，才可再拉开误合的隔离开关。

课题三　互感器运行

互感器包括电压互感器（TV）和电流互感器（TA），它是将电路中的大电流变为小电流、将高电压变为低电压的电气设备。它作为测量仪表、继电保护和自动装置的交流电源，又是实现仪表测量、继电保护和自动装置必不可少的设备。互感器的一次侧与一次设备相连，二次侧与二次设备相连，它又是一次系统和二次系统之间的联络元件（只有磁的联系，而无电的联系），能可靠地将一、二次设备隔开。由于互感器的运行既影响一次系统，又影响二次系统，故要求互感器的运行有更高的可靠性。

一、互感器的允许运行方式

1. 电压互感器的允许运行方式

（1）允许运行容量。电压互感器运行容量不超过铭牌规定的额定容量可以长期运行。铭牌上标有多个准确度等级及其相应的二次额定容量。为了保证电压互感器测量误差不超过准确度等级，应根据二次负荷对准确度等级的要求，使其二次负荷运行容量不超过与准确度等级相应的二次额定容量。

（2）允许运行电压。电压互感器允许在不超过其1.1倍额定电压下长期运行。在小接地电流系统中，当发生一相接地时，非接地相电压升高$\sqrt{3}$倍。由于电压互感器制造时，能承受1.9倍额定电压8h运行无损伤，故小电流接地系统一相接地时，其运行时间不作规定。

（3）绝缘电阻允许值。电压互感器投入运行之前，测量其绝缘电阻应合格。电压互感器一次侧额定电压在3kV及以上的，均使用2500V绝缘电阻表测量，其绝缘电阻应不低于1MΩ/kV；二次侧使用500～1000V绝缘电阻表测量，其绝缘电阻应不低于1MΩ，且一、二次侧绝缘电阻均不低于前次测量值的1/3。电压互感器二次侧中性点采用绝缘击穿保险器接地时（小电流接地系统中采用），绝缘击穿保险器采用500V绝缘电阻表测量，其绝缘电阻应不小于0.5MΩ。

（4）运行中电压互感器的二次侧不能短路。因电压互感器二次侧接入的是一些阻抗很大的二次负荷，正常运行时，其二次电流很小，接近变压器的空载运行状态。当二次侧短路时二次阻抗大大减小，会出现很大的短路电流，使二次绕组严重发热而烧毁。

（5）二次绕组必须有一点接地。二次绕组必须有一点接地，且只能有一点接地。这是为了防止一、二次绕组之间的绝缘击穿时，高电压窜入低压侧，危及二次设备和人身安全。

（6）油位及吸湿剂应正常。油浸式电压互感器装有油位计和呼吸器，正常运行时，电压互感器的油位应正常，呼吸器内的吸湿剂颜色应正常（否则应更换吸湿剂）。凡新装的

110kV 及以上的油浸式电压互感器，都应采用全密封式或带微正压的金属膨胀器。凡有渗油的，应及时处理或更换。

2. 电流互感器的允许运行方式

(1) 允许运行容量。电流互感器应在铭牌规定的额定容量范围内运行。如果超过铭牌额定容量运行，则使准确度降低，测量误差增大，表计读数不准，这一点与电压互感器相同。

(2) 一次侧允许电流。电流互感器一次侧电流允许在不大于 1.1 倍额定电流下长期运行。如果长期过负荷运行，会使测量误差加大，并使绕组过热或损坏。

(3) 绝缘电阻允许值。电流互感器在投入运行之前，测量其绝缘电阻应合格。电流互感器一次侧额定电压在 3kV 及以上的，均使用 2500V 绝缘电阻表测量，其绝缘电阻应不低于 1MΩ/kV，且不低于前次测量值的 1/3；二次侧使用 500～1000V 绝缘电阻表测量，其绝缘电阻应不低于 1MΩ，且不低于前次测量值的 1/3。

(4) 运行中电流互感器的二次侧不能开路。如果运行中的电流互感器二次侧开路，则二次侧会出现高电压，从而危及二次设备和人身安全。若工作需要断开二次回路（如拆除仪表）时，在断开前，应先将其二次侧端子用连接片可靠短接。

(5) 二次绕组必须有一点接地。理由同电压互感器。

(6) 油浸式电流互感器的油位、油色应正常。

二、互感器的运行维护

（一）电压互感器的运行维护

1. 电压互感器投入运行前的检查

(1) 送电前，有关工作票应收回，拆除全部临时检修安全措施，恢复固定安全设施，并测量其绝缘电阻合格。

(2) 定相。大修后的电压互感器（含二次回路更动）或新装电压互感器投入运行前应定相。所谓定相，就是将两个电压互感器一次侧接在同一电源上，测定它们的二次侧电压相位是否相同。若相位不正确，会造成如下结果：破坏了同期的正确性；倒母线时，两母线的电压互感器会短时并列运行，此时二次侧会产生很大的环流，造成二次侧熔断器熔断，使保护装置误动或拒动。

(3) 检查一次侧中性点接地和二次绕组一点接地是否良好。

(4) 检查一、二次侧熔断器，二次侧快速空气开关是否完好和接触正常。

(5) 检查外观是否清洁，绝缘子无破损、无裂纹，周围无杂物；充油式电压互感器的油位、油色是否正常，无渗、漏油现象；各接触部分连接是否良好。

2. 电压互感器运行时的巡视检查

(1) 检查绝缘子应清洁，无破损、无裂纹，无放电现象。

(2) 检查油位应正常，油色应透明不发黑，无渗，漏油现象。

(3) 检查呼吸器内的吸湿剂颜色应正常，无潮解，吸湿剂变色超过 1/2 应更换。

(4) 检查内部声音应正常，无放电及剧烈电磁振动声，无焦臭味。

(5) 检查密封装置应良好，各部位螺丝应牢固，无松动。

(6) 检查一次侧引线接头连接应良好，无松动，无过热；高压熔断器限流电阻及断线保护用电容器应完好；二次回路的电缆及导线应无腐蚀和损伤，二次接线无短路现象。

(7) 检查电压互感器一次侧中性点接地及二次绕组接地应良好。

(8) 检查端子箱应清洁，未受潮。

(二) 电流互感器的运行维护

1. 电流互感器投入运行前的检查

(1) 检查绝缘电阻是否合格。

(2) 检查二次回路有无开路现象。

(3) 检查二次绕组接地线是否完好无损伤，接地牢固。

(4) 检查外表是否清洁，瓷套管无破损、无裂纹，周围无杂物。

(5) 充油式电流互感器的油位、油色是否正常，无渗、漏油现象。

(6) 各连接螺栓应紧固。

2. 电流互感器运行时的巡视检查

(1) 检查瓷质部分应清洁，无破损、无裂纹、无放电痕迹。

(2) 检查油位应正常，油色应透明不发黑，无渗、漏油现象。

(3) 检查电流互感器应无异常声音和焦臭味。

(4) 检查一次侧引线接头应牢固，压接螺丝无松动，无过热现象。

(5) 检查二次绕组接地线应良好，接地牢固，无松动，无断裂现象。

(6) 检查端子箱应清洁、不受潮、二次端子接触良好，无开路、放电或打火现象。

三、互感器的异常运行及事故处理❶

(一) 电压互感器的异常运行及事故处理

1. 电压互感器的常见故障及分析

(1) 铁芯片间绝缘损坏。故障现象：运行中温度升高；产生故障的可能原因：铁芯片间绝缘不良、使用环境条件恶劣或长期在高温下运行，促使铁芯片间绝缘老化。

(2) 接地片与铁芯接触不良。故障现象：运行中铁芯与油箱之间有放电声。产生故障的原因：接地片没插紧，安装螺丝没拧紧。

(3) 铁芯松动。故障现象：运行时有不正常的振动或噪声。产生故障的原因：铁芯夹件未夹紧，铁芯片间松动。

(4) 绕组匝间短路。故障现象：运行时，温度升高，有放电声，高压熔断器熔断，二次侧电压表指示不稳定，忽高忽低。产生故障的原因：系统过电压，长期过载运行，绝缘老化，制造工艺不良。

(5) 绕组断线。故障现象：运行时，断线处可能产生电弧，有放电响声，断线相的电压表指示降低或为零。产生故障的原因：焊接工艺不良，机械强度不够或引出线不合格，而造成绕组引线断线。

(6) 绕组对地绝缘击穿。故障现象：高压侧熔断器连续熔断，可能有放电响声。产生故障的原因：绕组绝缘老化或绕组内有导电杂物，绝缘油受潮，过电压击穿，严重缺油等。

(7) 绕组相间短路。故障现象：高压侧熔断器熔断，油温剧增，甚至有喷油冒烟现象。产生故障原因：绕组绝缘老化，绝缘油受潮，严重缺油。

(8) 套管间放电闪络。故障现象：高压侧熔断器熔断，套管闪络放电。产生故障原

❶ 本内容可在“实践教学”中完成。

因：套管受外力作用发生机械损伤，套管间有异物或小动物进入，套管严重污染，绝缘不良。

2. 电压互感器回路断线及处理

当运行中的电压互感器回路断线时，有如下现象显示：“电压回路断线”光字牌亮、警铃响；电压表指示为零或三相电压不一致，有功功率表指示失常，电能表停转；低电压继电器动作，同期鉴定继电器可能有响声；可能有接地信号发出（高压熔断器熔断时）；绝缘监视电压表较正常值偏低，正常相电压表指示正常。

电压回路断线的可能原因是：高、低压熔断器熔断或接触不良；电压互感器二次回路切换开关及重动继电器辅助触点接触不良。因电压互感器高压侧隔离开关的辅助开关触点串接在二次侧，与隔离开关辅助触点联动的重动继电器触点也串接在二次侧，由于这些触点接触不良，而使二次回路断开；二次侧快速自动空气开关脱扣跳闸或因二次侧短路自动跳闸；二次回路接线头松动或断线。

电压互感器回路断线的处理方法如下：

（1）停用所带的继电保护与自动装置，以防止误动。

（2）如因二次回路故障，使仪表指示不正确时，可根据其他仪表指示，监视设备的运行，且不可改变设备的运行方式，以免发生误操作。

（3）检查高、低压熔断器是否熔断。若高压熔断器熔断，应查明原因予以更换，若低压熔断器熔断，应立即更换。

（4）检查二次电压回路的接点有无松动、有无断线现象，切换回路有无接触不良，二次侧自动空气开关是否脱扣。可试送一次，试送不成功再处理。

3. 高、低压熔断器熔断及处理

运行中的电压互感器发生高、低压熔断器熔断时，有如下故障现象显示：对应的电压互感器“电压回路断线”光字牌亮，警铃响；电压表指示偏低或无指示，有功功率表、无功功率表指示降低或为零。

处理方法：复归信号。检查高、低压熔断器是否熔断，若高压熔断器熔断，应拉开高压侧隔离开关并取下低压侧熔断器，经验电、放电后，再更换高压熔断器。测量电压互感器的绝缘并确认良好后，方可送电。若低压熔断器熔断，应立即更换。更换熔丝后若再次熔断，应查明原因，严禁将熔丝容量加大。

4. 电压互感器本体故障的处理

运行中的电压互感器有下列故障现象之一者，应立即停用：

（1）高压熔断器连续熔断 2～3 次（说明高压绕组有短路故障）；

（2）内部有放电声或其他噪声（说明内部有故障）；

（3）电压互感器冒烟或有焦臭味（说明其连接部位松动或其高压侧绝缘损伤）；

（4）绕组或引线与外壳间有火花放电（说明绕组内部绝缘损坏或连接部位接触不良）；

（5）运行温度过高（内部故障所致，如匝间短路、铁芯短路等产生高温）；

（6）电压互感器漏油（封闭件老化，或内部故障产生高温，油膨胀产生漏油）。

在停用电压互感器时，若电压互感器内部有异常响声、冒烟、跑油等故障，且高压熔断器又未熔断，则应该用断路器将故障的电压互感器切断，禁止使用隔离开关或取下熔断器的方法停用故障的电压互感器。

(二) 电流互感器的异常运行及事故处理

1. 电流互感器运行时的常见故障

(1) 运行过热。有异常的焦臭味，甚至冒烟。产生此故障的原因是：二次开路或一次负荷电流过大。

(2) 内部有放电声，声音异常或引线与外壳间有火花放电现象。产生此故障的原因是：绝缘老化、受潮引起漏电或电流互感器表面绝缘半导体涂料脱落。

(3) 主绝缘对地击穿。产生此故障的原因是：绝缘老化、受潮、系统过电压。

(4) 一次或二次绕组匝间层间短路。产生此故障的原因是：绝缘受潮、老化、二次开路产生高电压，使二次匝间绝缘损坏。

(5) 电容式电流互感器运行中发生爆炸。产生此故障的原因是：正常情况下其一次绕组主导电杆与外包铝箔电容屏的首屏相连，末屏接地。运行过程中，由于末屏接地线断开，末屏对地会产生很高的悬浮电位，从而使一次绕组主绝缘对地绝缘薄弱点产生局部放电。电弧将使互感器内的油电离气化，产生高压气体，造成电流互感器爆炸。

(6) 充油式电流互感器油位急剧上升或下降。产生此故障的原因是：油位急剧上升是由于内部存在短路或绝缘过热，使油膨胀引起；油位急剧下降可能是严重渗、漏油引起。

2. 二次开路及处理

当运行中的电流互感器二次开路时，有如下现象显示：铁芯发热，有异常气味或冒烟；铁芯电磁振动较大，有异常噪声；二次导线连接端子螺丝松动处，可能有滋火现象和放电响声，并可能伴随有有关表计指示的摆动现象；有关电流表、功率表、电能表指示减小或为零；差动保护“回路断线”光字牌亮。

二次回路断线可能是由下述原因引起的：

(1) 安装处有振动存在，因振动使二次导线端子松脱开路。

(2) 保护或控制屏上电流互感器的接线端子连接片因带电测试时误断开或连接片未压好，造成二次开路。

(3) 二次导线因机械损伤断线，使二次开路。

电流互感器二次开路的处理方法如下：

(1) 停用有关保护，防止保护误动。

(2) 值班人员穿绝缘靴、戴绝缘手套，将电流互感器的二次接线端子短接。若系内部故障，应停电处理。

(3) 二次开路电压很高，若限于安全距离人员不能靠近，则必须停电处理。

(4) 若系二次接线端子螺丝松动造成二次开路，在降低负荷和采取必要安全措施的情况下（有人监护、有足够安全距离、使用有绝缘柄的工具），可以不停电拧紧松动螺丝。

(5) 若内部冒烟或着火，需用断路器开断该电流互感器电路。

课题四　消弧线圈运行

在中性点不接地系统（60kV 及以下）中，当发生单相接地时，接地点会流过接地电容电流，该电流超过一定数值时，接地点会产生稳定性电弧电流或产生间隙性电弧电流。稳定性电弧电流不易熄灭，易烧坏设备，间隙性电弧电流会产生间隙电弧过电压，危及整个电网的绝缘。为此，当中性点不接地系统中的接地电容电流超过规定值时，在系统变压器中性点与地之间，接入消弧线圈，以补偿接地点的电容电流，使接地电流不超过规定值，从而避免稳定性电弧电流和间隙性电弧电流带来的危害。但是，消弧线圈运行不当，也会带来负面影响，为此消弧线圈的运行应遵守有关规定。

一、消弧线圈的允许运行方式

1. 消弧线圈的补偿方式

消弧线圈是一个带有空气间隙铁芯的可调电感线圈，线圈的电阻很小，电抗很大，接在系统中发电机或变压器的中性点与大地之间。正常运行时，中性点对地电压为零，消弧线圈中没有电流流过；当系统中发生单相接地时，中性点对地电压接近或等于相电压，消弧线圈在该电压作用下，有电感电流流过，电感电流流过接地点，对接地故障点的全电网电容电流进行补偿，使接地点的接地电流限制在允许范围内（10kV 及以下的系统小于 30A，35～60kV 系统小于 10A），防止间歇电弧和稳定电弧的产生，有利于接地电弧的熄灭。

消弧线圈有以下三种补偿方式：

（1）全补偿。消弧线圈的补偿电感电流 I_L 等于接地点的电网全电容电流 I_C，使接地点的接地电流为零。

（2）欠补偿。消弧线圈的补偿电感电流 I_L 小于接地点的电网全电容电流 I_C，使接地点的接地电流呈容性。

（3）过补偿。消弧线圈的补偿电感电流 I_L 大于接地点的电网全电容电流 I_C，使接地点的接地电流呈感性。

2. 电网的调谐度、脱谐度及补偿度

为表明消弧线圈对接地点电网全电容电流的补偿情况，特引出电网的调谐度、脱谐度及补偿度的概念。

（1）调谐度。流过消弧线圈的补偿电感电流 I_L 与电网全电容电流 I_C 的比值，用等式表示为

$$K=\frac{I_L}{I_C}$$

（2）脱谐度。电网全电容电流 I_C 与流过消弧线圈的电感电流 I_L 之差与电网全电容电流 I_C 的比值，即

$$U=\frac{I_C-I_L}{I_C}=1-K$$

（3）补偿度。流过消弧线圈的电感电流 I_L 与电网全电容电流 I_C 之差，与电网全电容电流 I_C 的比值，即

$$P=\frac{I_L-I_C}{I_C}=K-1$$

3. 消弧线圈的允许运行方式

（1）在正常运行方式下，消弧线圈经隔离开关接入规定变压器的中性点（如两台变压器公共一台消弧线圈，按正常运行方式，将消弧线圈接入某台变压器的中性点上）。

（2）在正常运行方式下，补偿系统各台消弧线圈均应投入运行，以满足补偿系统发生单相接地时补偿的需要。

（3）在正常运行条件下，消弧线圈不得超过其铭牌额定参数运行；当补偿系统发生单相

接地时，消弧线圈继续运行时间不超过 2h。

(4) 消弧线圈正常调谐值选择，即：

1) 选择调谐值时，应使电容电流 I_C 过补偿或欠补偿后，剩余电感电流或电容电流（即残余电流 I_L-I_C）有一定差值。

2) 补偿网络在正常或事故情况下，中性点位移电压（即对地电压）不超过下列数值：①补偿网络正常，消弧线圈长期运行，中性点位移电压不超过额定相电压的 15%；②操作过程中，一小时运行中性点位移电压不超过额定相电压的 30%；③补偿网络发生单相接地故障时，中性点位移电压不超过额定相电压的 100%。

(5) 允许补偿方式。调节消弧线圈的匝数（即分接头），可以改变消弧线圈的补偿方式。对于补偿系统中变压器中性点的消弧线圈，一般采用过补偿运行方式，只有在消弧线圈容量不足，不能满足过补偿运行时，可采用欠补偿运行方式，且操作必须遵守有关的规定，不论正常或运行方式改变，消弧线圈不得采用全补偿运行方式。其原因是：全补偿运行时，系统参数和消弧线圈参数满足$\frac{1}{\omega L}=3\omega C$，而实际上，系统三相不可能完全对称，系统三相对地电容 C 也不可能完全相等或断路器操作时三相不同期，均使系统中性点对地有一位移电压，由于此时 $X_L=X_C$，在位移电压作用下，使正常运行的补偿网络产生串联谐振过电压；同理，欠补偿运行时，当系统操作切除部分线路，也可能出现$\frac{1}{\omega L}=3\omega C$（即 $X_L=X_C$）的情况，同样会引起补偿网络串联谐振过电压。而过补偿不会出现电网串联谐振现象。

(6) 改变消弧线圈运行台数时，应相应改变继续运行中的消弧线圈分接头位置，以满足改变后运行方式下调谐电流值。

二、消弧线圈的运行操作

1. 消弧线圈的起用

(1) 起用条件：

检修工作票已收回；检修时的临时安全措施已全部拆除，恢复了固定安全设施；消弧线圈良好；根据接地信号指示，电网内确实无接地故障存在。

(2) 起用操作：

1) 起用连接消弧线圈的主变压器。

2) 检查消弧线圈分接头确在所需工作位置。

3) 合上消弧线圈的隔离开关，并检查已合好。

4) 检查仪表与信号装置。偏移电压 U_0 及补偿电流 I_L 表计指示在规定值内，信号正常。

2. 消弧线圈的停用

(1) 停用条件：消弧线圈故障；消弧线圈检修或更换分接头；系统需停用消弧线圈。

(2) 停用操作：

1) 正常运行需停用消弧线圈，只需拉开消弧线圈的隔离开关即可。

2) 运行中的变压器与所带的消弧线圈一起停电，则先拉开消弧线圈的隔离开关，后停用变电器。

3) 消弧线圈本身有故障需停用时，应先断开连接消弧线圈的变压器各侧断路器，然后再拉开消弧线圈的隔离开关。禁止用隔离开关停用有故障的消弧线圈。

3. 消弧线圈的切换操作

如图6-2所示，消弧线圈L接于变压器T1的中性点运行，若将L由T1的中性点切至T2的中性点运行时，其操作程序为：先拉开隔离开关QS1，后合上隔离开关QS2。操作过程中，不可使L同时接于T1和T2的中性点，更不能使L同时接入T1和T2的中性点长期运行。其原因是：

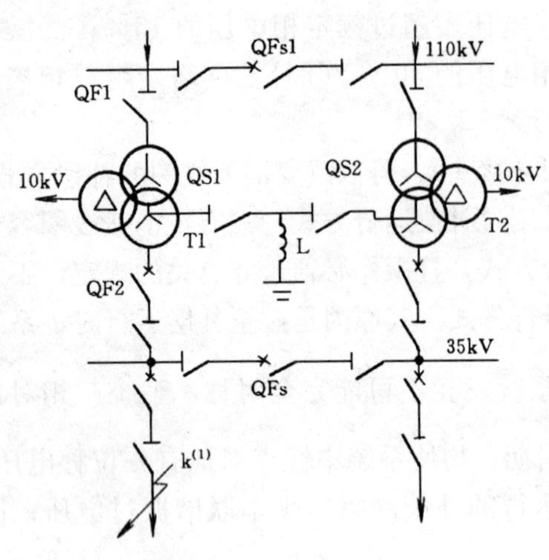

图6-2　35kV补偿网络图

（1）因T1和T2两变压器的各项参数不完全相同，如果L通过QS1、QS2并列于T1和T2的中性点运行，则两变压器中性点回路可能形成一定的环流。

（2）若L同时接于T1和T2的中性点，当补偿网络内发生单相接地［如$k^{(1)}$点］时，T1的中性点出现较大的偏移电压U_0。U_0同时加于T1和T2的中性点，U_0使补偿网络各分开部分（QFs断开）的相电压发生完全相同的变化，故难于分辨接地故障发生在补偿网络的哪一部分。

（3）由于T1和T2铁芯饱和的程度可能不同，因此，使相电压中有高次谐波。相电压中的高次谐波通过变压器中性点和相对地电容形成通道。当补偿网络的自振频率与谐波中的某一频率相合时，补偿网络将出现谐振现象，且谐振电流很大，使相电压的波形发生畸变。

（4）当两台变压器电源侧不同期运行时，接地部分出现的中性点偏移电压U_0和该部分的相电压同期，其频率为f_1，而U_0与非接地部分（T2的补偿网络部分）的频率f_2不同期，此时，U_0相对于未接地补偿网络的相电压以$\omega_0=2\pi\times(f_1-f_2)$的脉振角速度旋转。$U_0$可能和未接地补偿网络各相电压$U_U$、$U_V$、$U_W$相重合，使未接地补偿网络的相电压按相序发生由0～2倍相电压的周期性变化（如图6-3所示）。不仅改变了该网络的相电压相位，同时，也改变了相电压的数值，形成未接地补偿网络的“虚幻接地”。因而影响设备的绝缘并可能导致值班人员的误判断和误操作。

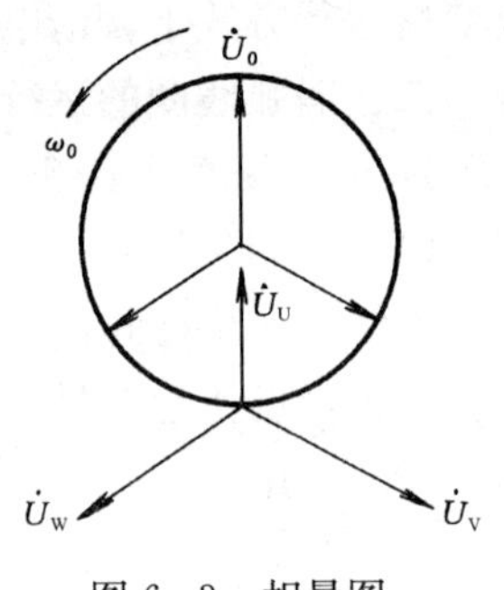

图6-3　相量图

4. 消弧线圈分接头的调整

当补偿网络因运行方式的改变使其线路总长度增加或减少时；补偿网络中某台消弧线圈退出运行时；由于补偿网络分成几部分而引起网络电容电流改变时，都应根据新的调谐值，调整消弧线圈的分接头，使其补偿适应运行方式改变后的要求。

消弧线圈分接头的调整，应在停电的状态下进行，其操作顺序如下：

（1）拉开消弧线圈的隔离开关。

（2）在隔离开关的下端装临时接地线。

（3）将分接头调整到需要位置，并左右转动，使之接触良好。

（4）拆除隔离开关下端的临时接地线。

（5）用万用表欧姆档测量分接头接触是否良好，若万用表指针不到零位，则为接触不良；若指针至零位，则为接触良好。

（6）合上消弧线圈的隔离开关，使消弧线圈投入运行。

调整消弧线圈分接头的注意事项如下：

（1）分接头应按调度命令所规定的调谐值调整。

（2）调整分接头前，消弧线圈的隔离开关必须断开，防止调整分接头时发生接地，造成分接头开关电弧闪络及烧坏线圈，且保证人身安全。

（3）分接头调整完毕，应测量分接头接触电阻，以防接触不良。

（4）若消弧线圈采用过补偿运行，当增加线路长度时，应先提高分接头，使之适合线路长度增加后的过补偿，然后再投入线路；当减少线路长度时，应先将线路断开，然后再降低分接头，使之适合线路长度减少后的过补偿度。

（5）若消弧线圈采用欠补偿运行，当增加线路长度时，应先投入线路，再提高分接头；当减少线路长度时，应先将分接头降低，再停线路。

（6）电网中存在接地故障时，决不可更改消弧线圈的分接头位置。

三、消弧线路的运行维护

1. 消弧线圈运行的一般规定

（1）消弧线圈运行及操作时，中性点位移电压不超过规定值（见运行方式）。

（2）正常运行中，当消弧线圈的端电压超过额定相电压的15%时，不管消弧线圈信号是否动作，都应按接地故障处理，寻找接地点（若为操作某台消弧线圈引起中性点电压位移，而使其他消弧线圈动作除外）。

（3）补偿网络正常运行时，消弧线圈必须投入，补偿网络中有操作或有接地故障时，不得停用消弧线圈。由于寻找故障或其他原因，使消弧线圈带负荷运行，应对消弧线圈上层油温加强监视，其上层最高油温不得超过95℃，带负荷运行时间应不超过铭牌规定，否则应切除故障线路。

（4）不允许将一台消弧线圈同时投入两台变压器的中性点运行（包括切换操作）。

（5）在进行消弧线圈的起、停用和调整分接头操作时，操作其隔离开关之前，应查明补偿电网内确无单相接地故障。

（6）消弧线圈有故障需立即停用时，不能用隔离开关切除带故障的消弧线圈。

（7）消弧线圈动作或异常，应及时向调度汇报并记录动作时间，中性点位移电压、电流及三相对地电压。

2. 消弧线圈的运行监视

（1）监视消弧线圈的绝缘电压表、补偿电流表及温度表指示应在正常范围内，并定时记录。

（2）监视中性点位移电压，应不超过规定值。

（3）当补偿网络发生单相接地故障时，值班员应监视各仪表指示值及信号灯的变化，以判断接地发生在哪一相，做好记录并向调度汇报。

3. 消弧线圈运行时的巡视检查

消弧线圈运行时，应定期巡视检查下列项目：

（1）油位应正常，油色应透明不发黑。

（2）油箱清洁，无渗、漏现象。

（3）套管及隔离开关的绝缘子应清洁，无破损、无裂纹，防爆门完好。

（4）各引线牢固，外壳接地和中性点接地应良好。

（5）上层油温不超过85℃（极限值为95℃）。

（6）正常运行时应无声音，系统出现接地故障时，消弧线圈有“嗡嗡”声，但无杂音。

（7）呼吸器内的吸潮剂不应潮解。

（8）接地指示灯及信号装置应正常。

（9）气体继电器内无空气，有空气应放尽。

4. 消弧线圈动作后的巡视检查与处理

运行中的消弧线圈，当补偿网络发生单相接地；补偿网络发生串联谐振；补偿网络中性点位移电压超过整定值时，则消弧线圈动作（带负荷运行）。消弧线圈动作有如下现象显示：警铃响及消弧线圈动作光字牌亮；中性点位移电压表及补偿电流表指示值增大；消弧线圈本体指示灯亮；单相接地时，绝缘监视电压表指示接地相电压为零或接近于零，未接地相电压大于相电压或为线电压。

消弧线圈动作后应进行下述检查和处理：

（1）检查仪表指示、继电保护和信号装置动作情况。

（2）巡视检查母线、配电装置、消弧线圈及其所连接的变压器。

（3）确认消弧线圈动作无误后，向系统调度员汇报。报告接地相别、接地性质（永久性、瞬间性及间歇性）、仪表指值、继电保护和信号装置动作情况。

（4）检查、监视消弧线圈上层油温，若油温超过极限值95℃，并超过允许运行时间，则按消弧线圈故障进行处理。

（5）查找系统接地故障。消弧线圈动作后，允许运行2h，在允许运行时间内，查找系统接地故障点和处理接地故障，不得进行消弧线圈隔离开关的操作。

（6）若消弧线圈动作后，消弧线圈本体有故障，则按消弧线圈故障进行处理。

（7）监视各表计指示变动情况，并做好记录。

四、消弧线圈的异常运行及事故处理❶

1. 消弧线圈的异常运行及处理

消弧线圈运行时，发生下述缺陷之一者，则为消弧线圈发生异常。

（1）油位异常。油标内的油面过低或看不见油位。造成油面过低的原因可能是：渗漏油；修试人员放油后未补油；天气突然变冷，且原来油枕中油量不足。

（2）接地线折断或接触不良。接地线腐蚀或机械损伤断线，接地线螺丝松动造成接触不良。

（3）分接开关接触不良。消弧线圈多次调整匝数及检修安装不良，造成分接头松动，压力不够，使接触不良。

（4）消弧线圈的隔离开关严重接触不良或根本不接触。由于隔离开关本身存在多方面的缺陷，使其触头接触不良或根本不接触。

处理上述缺陷时，应查明补偿网络运行正常，无接地故障，在得到调度的同意后，拉开

---

❶ 本内容可在“实践教学”中完成。

消弧线圈的隔离开关（变压器继续运行），然后处理上述缺陷。

2. 消弧线圈的事故处理

消弧线圈运行时，发生下述故障之一者，则为消弧线圈发生事故。

(1) 消弧线圈防爆门破裂，向外喷油；

(2) 消弧线圈动作（带负荷运行）后，上层油温超过 95℃，且超过允许运行时间；

(3) 消弧线圈本体内有强烈不均匀的噪声或放电声；

(4) 消弧线圈冒烟或着火；

(5) 消弧线圈套管放电或接地。

处理上述故障时，应先向系统调度员汇报，在得到调度的同意后，拉开有接地故障的线路，再停用与故障消弧线圈相连的变压器（断开变压器各侧断路器），最后拉开消弧线圈的隔离开关。严禁在消弧线带负荷且本身有故障的情况下，直接拉开其隔离开关进行处理。

课题五 电 抗 器 运 行

一、电抗器及其作用

电抗器按其用途可分为并联电抗器（补偿电抗器）和串联电抗器（限流电抗器），它们是电力系统中的重要设备。

并联电抗器并联接在高压母线或高压输电线路上。它是一个带间隙铁芯（或空心）的线性电感线圈，它的铁芯和线圈浸泡在盛有变压器油的油箱中。因此，它是采用油冷却的、外形似变压器的油浸电抗器。

串联电抗器串联接在高压电路中。它是一个不带铁芯（空心）的线性电感线圈，串联电抗器的线圈绕在干燥的、表面涂有漆的水泥支柱上，水泥支柱用支柱绝缘子与地绝缘，摆放在室内。因此，它是一个用空气冷却的干式电抗器。

并联电抗器和串联电抗器的作用分述如下：

1. 并联电抗器的作用

(1) 降低工频电压升高。超高压输电线路一般距离较长，可达数百公里，由于线路采用分裂导线，线路的相间和对地电容均很大，在线路带电的状态下，线路相间和对地电容中产生相当数量的容性无功功率（即充电功率），且与线路的长度成正比，其数值可达 200～300kvar，大量容性功率通过系统感性元件（发电机、变压器、输电线路）时，末端电压将要升高，即所谓“容升”现象。在系统为小运行方式时，这种现象尤为严重。在超高压输电线路上并联接入并联电抗器后，明显降低了线路末端工频电压的升高。

(2) 降低操作过电压。操作过电压产生于断路器的操作，当系统中用断路器接通或切除部分电气元件时，在断路器的断口上会出现操作过电压，它往往是在工频电压升高的基础上出现的，如甩负、单相接地等均产生工频电压升高，当断路器切除接地故障，或接地故障切除后重合闸时，又引起系统操作过电压，工频电压升高与操作过电压叠加，使操作过电压更高。所以，工频电压升高的程度直接影响操作过电压的幅值。加装并联电抗器后，限制了工频电压升高，从而降低了操作过电压的幅值。

当开断带有并联电抗器的空载线路时，被开断线路上的剩余电荷沿着电抗器泄入大地，使断路器断口上的恢复电压由零缓慢上升，大大降低了断路器断口发生重燃的可能性，因此降低了工频电压的升高，故降低了操作过电压。

(3) 避免发电机带空长线出现自励过电压。当发电机经变压器带空载长线路起动，空载发电机全电压向空载线路合闸，发电机带线路运行线路末端甩负荷等，都将形成较长时间发电机带空载线路运行，于是形成了一个 L-C 电路，当空长线电容 C 的容抗值 X_C 合适时（即 $2X_C=X_d+X_q$），能导致发电机自励磁（即 L-C 回路满足谐振条件产生串联谐振）。

自励磁会引起工频电压升高，其值可达 1.5～2.0 倍的额定电压，甚至更高，它不仅使得并网时的合闸操作（包括零起升压）成为不可能，而且，其持续发展也将严重威胁网络中电气设备的安全运行。并联电抗器能大量吸收空长线上的容性无功功率，从而破坏了发电机自励磁条件。

(4) 有利于单相自动重合闸。为了提高运行可靠性，超高压电网中常采用单相自动重合闸，即当线路发生单相接地故障时，立即断开该相线路，待故障处电弧熄灭后再重合该相。由于超高压输电线路线间电容和电感（互感）很大，故障相断开短路电流后，非故障相电源（电源中性点接地）将经这些电容和电感向故障点继续提供电弧电流（即潜供电流），使故障处电弧难于熄灭。如果线路上并联三相 Y 形接线的电抗器，且 Y 形接线的中性点经小电抗器接地，就可以限制或消除单相接地处的潜供电流，使电弧熄灭，有利于重合闸成功。这时的小电抗器相当于消弧线圈。

2. 串联电抗器的作用

(1) 限制短路电流。在大容量的发电厂和电力系统中，短路电流可能达到很大的数值，以致必须选用重型设备，甚至无法选用设备，当系统中采用了限流电抗器后，使短路电流减小，从而选用轻型设备和截面较小的母线和电缆。

(2) 保持母线具有较高的残余电压。当母线与母线之间、母线的出线上装有限流电抗器时，若相邻母线或母线出线的电抗器线路侧发生短路，则非故障母线上保持一定的残余电压，使非故障母线上的设备仍能运行，从而提高了系统运行的稳定性。

二、电抗器的接入方式

1. 串联电抗器的接入方式

串联电抗器与电路串联，直接接入电路。

2. 并联电抗器的接入方式

早期的并联电抗器都是低压的（35kV 及以下），只能接在发电机的母线上或变压器低压侧，用以补偿母线上的容性电流，不能降低线路中因容性无功功率引起的电压升高。目前，大容量的并联电抗器已广泛用于超高压输电线路，而 35kV 及以下母线上的并联电抗器已用得很少或不用。

并联电抗器的接线形式，一般接成星形接线，星形接线的中性点经一小电抗器接地。

并联电抗器接入线路的方式主要有以下三种：

(1) 通过断路器、隔离开关将电抗器接入线路。这种接入方式投资大，但运行方式较灵活。在线路重载时，能方便地切除部分电抗器，以保证系统的电压。

(2) 通过隔离开关或直接将电抗器接入线路。采用这种接入方式，当电抗器故障或保护误动时，会使线路随之停电。在线路传输很大容量时，适量电抗器需退出运行，因此只有将线路短时停电，方能将电抗器退出，这往往比较困难。

(3) 将电抗器通过放电间隙接入线路。放电间隙应能耐受一定的工频电压（一般为

$1.35U_N$），它被一个开关S所并接，如图6-4所示。正常情况下，开关S断开，电抗器退出运行。当该处电压达到间隙放电电压时，开关S就立即动作，电抗器自动投入，工频电压随即降至额定值以下。故该接入方式是比较好的接入方式。

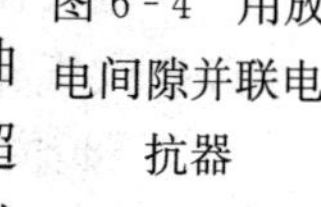

图6-4　用放电间隙并联电抗器

顺便指出，并联电抗器在投入和退出时会出现过电压，应装设避雷器加以保护。

三、电抗器正常运行方式

1. 并联电抗器正常运行方式

（1）允许温度和温升。采用A级绝缘材料的并联电抗器，其油箱上层油温度一般不超85℃，最高不超过95℃；运行时的允许温升为：绕组温升不超过65℃，上层油温升不超过55℃，铁芯本体、油箱及结构件表面温升不超过80℃。当上层油温度达到85℃时报警，105℃时跳闸。

（2）允许电压和电流。并联电抗器运行时，一般按不超过铭牌规定的额定电压和额定电流长期连续运行。运行电压的允许变化范围为：额定值的±5%。当运行电压超过额定值时，在不超过允许温升的条件下，电抗器过电压允许运行时间应遵守表6-3的规定，当运行电压低于$0.95U_N$时，应考虑退出部分并联电抗器运行，以保证系统的电压水平。

表6-3　550kV并联电抗器最大允许过电压时间

过电压倍数（U/U_N）	1.05	1.12	1.14	1.16	1.18	1.28	1.45	1.5
最大允许时间	连续	60min	20min	10min	3min	20s	8s	6s

（3）直接并联接在线路上的电抗，线路与并联电抗器必须同时运行，不允许线路脱离电抗器运行。

2. 串联电抗器正常运行方式

（1）运行电压一般不超过铭牌规定的额定电压，运行电压的允许变化范围为额定值的±5%。

（2）运行电流一般不超过铭牌规定的额定电流，电抗器不得长时间超过额定电流运行。

（3）电抗器绝缘电阻用2500V绝缘电阻表测量，其值不低于1MΩ/1kV且不低于前次测量值的30%。

（4）分裂电抗器运行时，两臂的负荷基本相等，且两臂负荷变化小，不得单臂运行。

（5）电抗器运行环境温度不超过35℃。

四、电抗器的运行维护

（一）并联电抗器的运行维护

1. 正常巡视检查

（1）检查并记录油箱上层油温度、环境温度和负荷（无功负荷），上层油温度不超过85℃，校核温升不超过允许值。

（2）检查电抗器油枕油位、油色正常（各电抗器相互比较），油温与油位的对应关系符合要求；各套管油位指示正确，无明显变化。

（3）检查电抗器油箱无渗、漏（如本体密封处、阀门、表计、气体继电器、套管、法兰连接处、冷却器等）。

（4）检查套管无破裂损伤、无严重污垢、无放电现象、电晕是否严重。

（5）检查电气接头，接头接触良好，无异常和明显过热现象。

（6）检查呼吸器内的矽胶的颜色变红程度（变红 2/3 以上应更换）。

（7）检查压力释放装置无喷油现象。

（8）检查电抗器本体无异常噪声和振动。

2. 特殊巡视检查

（1）每次跳闸后应进行检查。

（2）电抗器过电压和异常运行，每小时至少检查一次。

（3）天气异常和雷雨后。

（二）串联电抗器的运行维护

1. 正常巡视检查

（1）检查电抗器本体清洁无污垢，线圈无变形。

（2）检查电抗器室内应清洁、无杂物、无磁性杂物存在（电抗器外部短路时，短路电流大、磁场强、磁性物体易吸入至电抗器绕组上，使电抗器损坏）。

（3）检查水泥支柱完整无裂纹、油漆无脱落；检查电抗器支柱绝缘子无裂纹、无破损、无放电痕迹、无倾斜不稳，地面完好无开裂下沉。

（4）检查电抗器的换位处接线良好，接头无过热现象。

（5）检查电抗器室内通风设备完好，无漏水现象，门栅关闭良好。

（6）检查电抗器噪声和振动无异常，无放电声及焦臭味。

2. 特殊巡视检查

每次发生短路故障后，检查电抗器是否有位移，水泥支柱有无破碎，支柱绝缘子是否有破损，引线有无弯曲，有无放电及焦臭味。

五、电抗器的异常运行及事故处理❶

（一）并联电抗器的异常运行及事故处理

1. 并联电抗器的常见故障

（1）一般故障。一般常见缺陷有：电抗器油枕油位与温度对应值不符合规定（超过规定的 10%范围）；套管一般破损，但能继续运行；套管污染灰垢较严重；金具连接螺丝少量松脱；油枕呼吸器管道堵塞，油封杯油位缺油，矽胶变色超过 70%；油箱渗油。

（2）重大故障。重大的常见故障有：正常负荷下，电抗器上层油温超过 85℃，油温升超标；正常负荷情况下，引出线断股、抛股，引出线接头严重发热，超过 70℃；油枕油位低于正常油位的$\frac{3}{4}$；套管油位降低至$\frac{1}{4}$；套管严重破损，但不放电；气体继电器内含有气体；电抗器试验不合格，能暂时运行；压力释放装置漏油；本体严重漏油。

（3）紧急故障。正常负荷下，油温急剧上升或超过 105℃；正常负荷下，引线接头发红或引线断脱落；油枕油位指示为零；本体内部有异常声音或放电、爆炸声；电抗器冷却装置油路堵塞（包括阀门故障）；套管油位无指示；套管严重破损，并有放电闪络现象；电抗器主保护跳闸；压力释放装置、温度监视测量装置任一动作或跳闸；电抗器爆炸、着火或本体

❶ 本内容可在“实践教学”中完成。

喷油；电抗器试验严重不合格，不能继续运行。

2. 并联电抗器的异常运行及事故处理

并联电抗器存在缺陷（或故障）但能继续运行，且不满足正常运行的要求，则为异常运行，并联电抗器运行中出现故障，使其跳闸，则为事故跳闸，下面就并联电抗器主要的常见故障介绍其异常运行及事故处理情况。

(1) 电抗器温度高告警。电抗器“温度高”告警时，应立即检查电抗器的电压和负荷(无功功率)；到现场检查电抗器上的温度计指示，并与控制屏上远方测温仪表指示值相对照；对电抗器的三相进行比较，以查明原因；同时检查电抗器的油位、声音及各部位有无异常；如果现场温度并未上升，而远方指示温度上升，则可能测温回路有问题，如果现场和远方温度指示都未上升而来“温度高”告警时，可能是温度继电器或二次回路故障，应立即向调度报告，申请停用温度保护，以免误跳闸。如果检查电抗器本体无异常，可继续运行，但应加强监视，注意油温上升及运行情况。

(2) 电抗器轻气体动作告警。电抗器轻气体动作告警时，应检查其温度、油位、外观及声音有无异常，检查气体继电器内有无气体，用专用的注射器取出少量气体，试验其可燃性。如气体可燃，可断定电抗器内部有故障，应立即向调度报告，申请停用电抗器。在调度未下令将其退出之前，应严密监视电抗器的运行状态，注意异常现象的发展与变化。

气体继电器内的大部分气体应保留，不要取出，由化验人员取样进行色谱分析。

如气体继电器内并无气体，可能是轻气体误动，应进一步检查误动原因，如振动、二次回路短路等。

(3) 电抗器跳闸。电抗器自身组件保护动作跳闸时，处理方法如下：

1) 立即检查电抗器是否仍带有电压，即线路对侧是否跳闸。如对侧未跳闸，应报告调度通知对侧紧急切断电源。

2) 立即检查电抗器温度、油面及外壳有无故障迹象，压力释放阀是否动作；根据检查情况进行综合判断：如气体、差动、压力、过电流保护有两套或以上同时动作，或明显有故障迹象，应判断内部有短路故障，在未查明原因并消除前，不得将电抗器投入运行。

气体继电器保护动作，按前述步骤检查；差动保护动作，如无其他故障迹象，应检查电流互感器二次回路端子有无开路现象；压力保护动作，应检查有无喷油现象，压力释放阀指示器是否射出。

(4) 电抗器着火。电抗器着火时，应立即切断电源（包括线路对侧电源），并用灭火器快速进行灭火，如溢出的油使火在顶盖上燃烧，可适当降低油面，避免火势蔓延。如电抗器内部起火，则严禁放油，以免空气进入引起严重的爆炸事故。

(5) 下列情况应停用电抗器：

1) 电抗器内部有强烈的爆炸声和放电声；

2) 压力释放装置向外喷油或冒烟；

3) 在正常情况下，电抗器的温度不断上升，并超过 105℃；

4) 电抗器严重漏油使油位下降，并低于油位计的指示限度。

停用时，应向调度报告，按调度令，先断开对侧断路器，后断开本侧断路器。

(二) 串联电抗器的异常运行及事故处理

(1) 电抗器局部过热。发现局部过热时，用试温蜡片或专用测温计测试其温度，判明发热程度，必要时，可加装强力通风机加强冷却或减低负荷，使温度下降。若无法消除严重发热或发热程度有发展，应停电处理。

（2）支柱绝缘子裂纹接地。支柱绝缘子因短路裂纹接地，或线圈凸出和接地或水泥支柱损伤，均应停电处理。

（3）电抗器断路器跳闸。如电抗器保护动作跳闸，应查明保护装置动作是否正常，检查水泥支柱和引线支柱瓷瓶是否断裂，电抗器的部分线圈是否烧坏。电抗器断路器跳闸后，若未查明原因，禁止送电，由检修人员处理合格后方可送电运行。

电抗器故障后，应立即隔离故障点，恢复母线正常运行，并加强监视。

课题六　电力电缆运行

电力电缆绝大部分都敷设于地下。与架空线路相比较，电力电缆具有成本高、敷设后不易变动、寻找故障点困难及修复时间长等缺点。因此，对电力电缆的维护和防止电力电缆事故显得相当重要。

一、电力电缆的正常运行方式

（1）运行电压。运行电压一般不超过额定电压，最高运行电压不超过额定值的15%。

（2）运行电流。运行电流一般不超过额定电流。在负荷紧张或事故情况下，允许过负荷运行。

（3）运行温度。电缆运行时，电缆线芯及电缆皮最高允许温度不超过表6-4的规定。

表6-4　　铝芯及铜芯电缆线芯及电缆皮最高允许温度

电缆额定电压（kV）	3及以下	10	110
电缆线芯温度（℃）	80	60	75
电缆皮温度（℃）	60	45	

（4）绝缘电阻。电缆线路投入运行前应测量其绝缘电阻。低压电缆用500V绝缘电阻表测试，其绝缘电阻不低于0.5MΩ，高压电缆用2500V的绝缘电阻表测试，其绝缘电阻不低于1MΩ/1kV。

二、电力电缆的运行维护

1. 运行监视

电力电缆运行时，通过电流表、电压表监视其运行电流、电压不超过规定值。通过测温计测量电缆的外皮温度。外皮运行温度不超过规定值。

2. 巡视检查

（1）电缆头的检查。电缆头应清洁；无渗、漏油；无发热、放电现象；引出线紧固可靠、无松动、断股现象。户外电缆头，冬季无挂冰。

（2）检查引线接头。引线接头无过热变色、无烧熔现象。

（3）检查电缆外皮。电缆外皮完好无机械损伤，无腐蚀；外皮接地良好；外皮无过热（夏季或最大负荷时，在电缆排列最密集的地方测量外皮温度）；外皮无渗、漏油；

（4）检查电缆支架。支架应牢固，无松动，无锈蚀；

（5）检查电缆运行环境。电缆附近无易燃物，无腐蚀物，电缆沟（或廊道）内无积水，无污染物；电缆沟盖板应完好，应盖好。

三、电力电缆的异常运行及事故处理[1]

1. 电力电缆的异常运行

（1）电压异常。电力电缆运行电压超过额定电压的15%，此时易造成电缆绝缘击穿。应进行电压调整，使运行电压在允许范围内。

（2）温度异常。电力电缆运行时，运行温度超过了允许值，造成电缆运行温度过高的原因，可能是过负荷、系统短路、环境温度过高以及散热不良。电缆运行温度过高会加速电缆的绝缘老化，缩短使用寿命并可能造成事故。

当运行中的电缆温度过高时，应减小负荷，使电缆温度降低到允许范围内；小电流接地系统发生永久性接地时，该系统中的电力电缆允许继续运行的时间不超过2h。

（3）过负荷。在负荷紧张的情况下或事故情况，电力电缆会过负荷运行，过负荷运行可能使其温度过高，为此，应遵守下述规定：

1）事故情况下，3kV及以下的电缆允许过负荷10%连续运行2h；10kV及以上的电缆允许过负荷15%连续运行2h。

2）在负荷紧张的情况下，可按表6-5运行。

表6-5　负荷紧张时，电力电缆允许过负荷倍数及过负荷时间

过负荷前5h平均负荷率	0%		50%		70%	
截面为120～240mm² 允许过负荷倍数	1.25		1.2		1.15	
截面为240mm² 以上允许过负荷倍数	1.45	1.2	1.4	1.15	1.3	
允许过负荷时间（min）	30	60	30	60	30	

注　负荷率=平均有功功率/最大有功功率。

（4）电缆头漏油。运行中的油浸纸电缆，常常发生电缆头漏油，漏油的原因可能是：电缆头密封不严；电缆两端落差大产生静压力；电缆运行线芯温度高，内部绝缘油膨胀，油压增大，油从电缆头溢出，电缆内部短路，产生冲击油压，使油从电缆头溢时，有时产生电缆爆炸。漏油严重，时间较长，会使内部产生气隙，导致电缆干枯，潮气进入，影响电缆的安全运行。

电缆头漏油应停电重新做电缆头。

2. 电力电缆的事故处理

（1）电缆头电晕放电。产生电晕放电的原因是：电缆三芯分支处距离太小；电缆分支表面及三叉处集灰、脏污、集垢使绝缘降低；电缆头处潮湿、积水、通风不良引起放电。

采用瓷套管的电缆头，闪络放电的主要原因有：电缆头引线距离太近及接头接触不良造成过热或电缆头渗漏油使潮汽进入，导致闪络及绝缘击穿放电。

（2）电缆头冒烟。电缆头引线接头接触不良，脱焊，使接头处的包扎的绝缘材料发热冒烟。

（3）电缆机械损伤造成短路。埋入地下的电缆在施工挖土时，将电缆绝缘保护层挖破造成短路，电缆弯曲半径太小，使绝缘损坏短路。

[1] 本内容可在“实践教学”中完成。

（4）电缆着火和爆炸。电缆短路、长期过载、电缆漏油、电缆处明火作业，电焊焊渣掉入电缆沟内以及外界火源均会引电缆着火及火灾。

凡发生上述情况，均立即断开电源进行处理。

小　结

1. 高压断路器的运行

高压断路器运行时，必须按允许的运行方式运行，其中包括：允许运行参数、允许运行油位和油色、允许运行温度、允许开断故障次数、气体灭弧介质允许运行压力、操动机构允许运行油压或气压、断路器的允许绝缘电阻等。

断路器送电前，应在试验位置进行拉、合闸试验，以保证断路器运行时动作可靠。操作断路器时，禁止对带有工作电压的断路器用手动机械分、合闸，防止手力不足引起断路器爆炸，危及人身安全。

断路器的巡视检查应按规定的项目进行。特别是断路器的油位和油色、气体灭弧介质的压力、操动机构的油压或气压均应特别注意，这些都会影响断路器的可靠开断和安全运行。

断路器异常运行有：运行中过热，发出不正常响声，严重缺油，真空断路器真空失常或断相，SF_6 断路器漏气，操动机构故障及液压、气压失常。多见故障为拒绝分、合闸。对断路器的异常运行和故障应查明原因，然后处理。

2. 母线和隔离开关的运行

母线和隔离开关运行时，其电流应不超过额定值，电压应不超过额定电压的 1.15 倍，运行温度一般应不超过 70℃，绝缘电阻要求同断路器。母线和隔离开关运行时，应定期巡视检查，检查按规定项目进行。

由于隔离开关无灭弧装置，不能直接用于接通或断开负荷电流，故操作时，一般在断路器断开的情况下进行。当发生误拉、合隔离开关时，为防止事故的扩大，误拉的隔离开关不许再合上，误合的隔离开关不许再拉开。

3. 互感器的运行

互感器用来作为一、二次设备联系的桥梁，是一种重要的特殊变压器。互感器运行时，都规定了相应的运行方式和巡视检查项目，互感器运行中发生故障时，都有相应的处理方法，值得指出的是：电压互感器运行二次侧不能短路；电流互感器运行二次侧不能开路，否则会损坏互感器和危及人身安全。

电压回路断线是电压互感器常见故障之一，应熟悉故障现象、原因及处理方法；二次开路是电流互感器最危险的故障，运行中一定要防止发生。

4. 消弧线圈的运行

消弧线圈接在变压器的中性点（或发电机的中性点），当补偿网络发生单相接地时，补偿接地点的容性接地电流，使接地电流减小，有利于接地点电弧电流的熄灭。消弧线圈运行时，一般按过补偿方式运行，当补偿容量不够时，可按欠补偿方式运行，但操作时应遵守有关规定，过补偿运行方式在任何情况下不会发生串联谐振。消弧线圈运行时，一台消弧线圈不能同时接入两台变压器的中性点运行，这样会带来不良后果。操作消弧线圈时，无故障的消弧线圈可直接操作其隔离开关停用消弧线圈，消弧线圈有故障时，必须先停用变压器后拉开其隔离开关。

5. 电抗器的运行

限流电抗器串接于电路中，对短路电流起限制作用，并联电抗器并联接入线路，对线路的充电功率起补偿作用，限制线路电压的升高。并联电抗器和串联电抗器都有其相应的正常运行方式，电抗器运行时都规定了巡视检查的内容和项目，当电抗器发生故障时，应按相应的方法进行处理。

6. 电力电缆的运行

输电线路包括电力电缆线路，电力电缆的正常运行关系到用户的安全供电，因此电力电缆的正常运行也非常重要。电力电缆运行时规定了其正常运行方式，正常运行维护方法及异常运行、事故处理的方法。

电力电缆运行温度异常、电缆头漏油是较常见的故障，电缆着火是较危险的事故，故运行中一定要正常方式运行，做好运行维护工作。

习　题

一、填空题

1. 在正常运行条件下，断路器运行电压应不超过____________，负荷电流应不超过____________，油断路器正常油位在____________位置，正常油色为____________。

2. 真空断路器考核温升的唯一方法是____________。

3. 油断路器切断短路电流的次数一般不超过____________次就应停电大修。

4. 电磁机构的操作电压应保持在____________范围；弹簧机构分、合闸操作后，均能____________；液压机构的油压应保持在____________范围；SF_6 断路器气体压力降低到一定数值应闭锁____________。

5. 母线和隔离开关的运行温度一般应不超过____________℃，隔离开关运行电压不得超过____________。

6. 互感器的允许运行容量应不超过____________，若超过允许运行容量，其准确度会____________。

7. 消弧线圈运行时，一般采用____________运行方式。正常运行时，消弧线圈所接中性点的电压位移一般不应超过____________；操作消弧线圈时，中性点位移电压不应超过____________；补偿网络发生单相接地故障时，中性点位移电压不应超过____________。

二、判断题（对的在括号内打√，错的打×）

1. 油色变化是监视油断路器触头接触是否良好的有效办法。（　）

2. 油断路器箱体最高温升不应超过 40～60℃。（　）

3. 环境温度为＋40℃时，SF_6 断路器外壳最高温度为 30℃。（　）

4. 环境温度为＋40℃时，GIS 外壳最高温升为 25℃。（　）

5. 断路器在正常情况下可以用手动机构分、合闸。（　）

6. 手车断路器就地分、合闸按钮是用于断路器就地停、送电用的。（　）

7. 220kV 油断路器有四个断口，只要每相有一个断口的油位在油标上、下监视线以内，则油位正常。（　）

8. 为防止事故的扩大，误拉的隔离开关应再合上。（　）

9. 为防止事故的扩大，误合的隔离开关不应再拉开。（　）

10. 电压互感器运行时，其二次侧不能开路。（　）

11. 电流互感器运行时，其二次侧可以开路。（　）

12. 一台消弧线圈可同时接于两台变压器的中性点运行。 （ ）

13. 消弧线圈运行中可以切换分接头。 （ ）

14. 当补偿网络中的线路跳闸后强送电时，消弧线圈应停用。 （ ）

三、问答题

1. 油位过高或过低对油断路器运行有什么影响？
2. 断路器为什么禁止带工作电压用手动机构分、合闸？
3. 如何判断断路器实际分、合闸位置？
4. 以某种断路器为例，说明正常运行应巡视检查哪些项目？
5. SF_6 断路器运行时，如何判断其气体压力是否正常？
6. GIS运行应监测哪些项目？监测的目的是什么？
7. 如何判断油断路器运行过热？过热的原因是什么？
8. 真空断路器合闸时为什么会出现断相？
9. SF_6 断路器哪些部位易漏气？来“补气”信号如何处理？
10. 举例说明断路器拒绝分、合闸的原因。
11. 母线、隔离开关运行过热如何处理？
12. 母线运行应巡视检查哪些项目？
13. 电压互感器电压回路断线应如何处理？
14. 电压互感器一、二次侧熔断器熔断有什么现象？如何处理？
15. 电流互感器二次回路开路如何处理？
16. 如何起用和停用消弧线圈？如何进行消弧线圈的运行监视？
17. 如何调整消弧线圈的分接头？
18. 消弧线圈动作后如何处理？
19. 一台消弧线圈为什么不能同时接入两台变压器的中性点运行？
20. 说明并联电抗器和串联电抗器的正常运行方式？
21. 并联电抗器和串联电抗器运行局部过热如何处理？
22. 说明电力电缆的正常运行方式？
23. 如何进行电力电缆的运行维护？电力电缆温度异常、电缆头漏油的原因及处理方法？

四、模拟演练

（1）演练题目。在模拟电厂（或仿真机上）模拟电压互感器回路断线及处理过程。

（2）演练目的及要求。通过模拟演练熟悉电压互感器回路断线时的现象、产生断线的原因及处理方法。演练前，拟定出几种断线的方案，写出每个方案下的故障现象，以便演练时观察；写出方案的处理方法；演练完毕写出演练报告、体会。

（3）演练时间：2h。

直流系统及交流不停电电源（UPS）运行

内 容 提 要

本单元主要介绍蓄电池直流系统的基本接线、运行方式、运行维护、操作、直流系统的异常及事故处理；介绍电厂及变电站UPS的结构、作用以及运行要求。

课题一 蓄电池直流系统及运行方式

一、蓄电池直流系统

（一）直流系统的作用及要求

由蓄电池组和硅整流充电器组成的直流供电系统，称为蓄电池组直流系统。

为供给发电厂、变电站的开关操作、信号装置、继电保护装置、自动装置、远动装置、通信设备、事故照明、直流油泵、热工保护和自动控制、交流不停电电源装置（UPS）的用电，一般都装设专用的蓄电池组直流系统。

蓄电池组直流系统运行时，要求有足够的可靠性和稳定性，即使在全厂停电，交流电源全部消失的情况下，也要求直流系统能持续地向直流负载供电，特别是大容量机组对其运行的安全性和可靠性提出了更高的要求。我国中、小容量机组的发电厂，一般设置一套独立的全厂公用的蓄电池直流系统，根据需要，该直流系统装设2～3组蓄电池。对于300MW、600MW的火电机组，则每台机组设置一套独立的直流系统，每套直流系统由一组或两组蓄电池及充电装置组成。设置一组蓄电池时，机组的控制（断路器控制、信号回路、继电保护回路）和动力（断路器合闸回路）直流负荷合在一起供电，设置两组蓄电池时，控制和动力直流负荷分开供电。

（二）直流系统电压的选用

为了满足上述直流负载的供电要求，直流系统的电压一般按下述规定选用：

(1) 控制负荷、动力负荷、直流事故照明等公用的蓄电池组直流系统，电压采用220V或110V。如中、小容量机组电厂的直流系统，控制与动力负荷公用的300MW火电机组直流系统，电压一般都采用220V。

(2) 控制负荷专用的蓄电池组直流系统电压（含网控室直流事故照明）采用110V。

(3) 动力负荷和直流事故照明负荷专用的蓄电池组直流系统电压采用220V。

300MW及以上火电机组，其控制与动力直流负荷通常分开，故控制用与动力用直流系统电压分别采用110V和220V。

(4) 对强电回路（电压在100V及以上的回路），蓄电池组直流系统电压采用220V或110V；对500kV变电站弱电回路（电压在48V及以下，电流为毫安级的回路），直流电压采用48V。

二、蓄电池直流系统的运行方式

（一）蓄电池直流系统接线

1. 全厂公用的直流系统接线

如图 7-1 所示，220V 直流母线有两段，两段母线之间有联络刀开关 QKs，每段母线上分别装有一组蓄电池组和一台充电器。老式电厂直流母线上装有定期充电用的充电机（直流发电机）和用于浮充电的硅整器装置。目前采用的新式充电器既可用于浮充电，也可用于定期充电和均衡充电，故老式的充电机已经不采用。

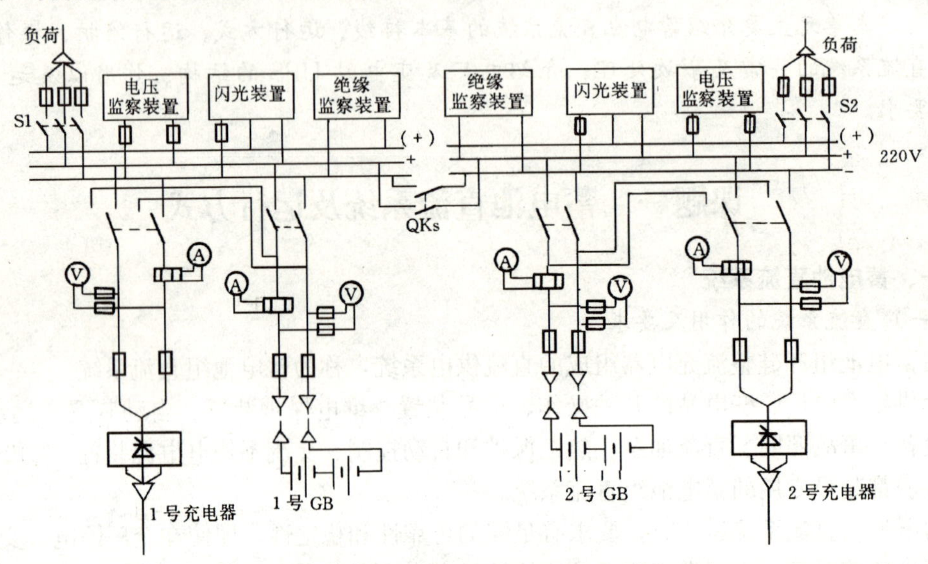

图 7-1　直流系统接线

2. 控制与动力直流负荷合用的直流系统接线

图 7-2 为 300MW 火电机组控制与动力直流负荷合用的直流系统。其接线为直流母线分成两段，两段母线之间设有联络刀开关 QK1、QK2，一组蓄电池通过刀开关同时接入两分段母线，两分段母线上各装一台充电器。

3. 控制与动力直流负荷分开的直流系统接线

300MW 汽轮发电机组多采用控制与动力直流负荷分开供电的直流系统，即将一套独立的直流供电系统分成 110V 控制负荷直流系统和 220V 动力负荷直流系统两部分。此两种直流系统的接线相同，如图 7-3 所示。其接线为直流母线为一段，母线上装有一组蓄电池和一台充电器，另一台充电器作两台机组的公共备用。当厂内有多台机组时，每段直流母线之间通过联络电缆和联络刀开关相连，可以互为备用。

（二）蓄电池直流系统正常运行方式

1. 全厂公用的直流系统运行方式

如图 7-1 所示，正常运行时，直流母线分段运行，分段刀开关 QKs 断开，每一母线上的充电器与蓄电池组并列运行，采用浮充电运行方式。直流系统按浮充电方式运行时，充电器一方面向直流母线供给经常性直流负荷（如信号灯），同时还以很小的电流向蓄电池组浮充电，以补偿蓄电池的自放电损耗。当直流系统中出现较大的冲击性直流负荷时（如断路器合闸时的合闸电流），由蓄电池组供给。冲击负荷消失后，母线负荷仍由充电器供电，蓄电

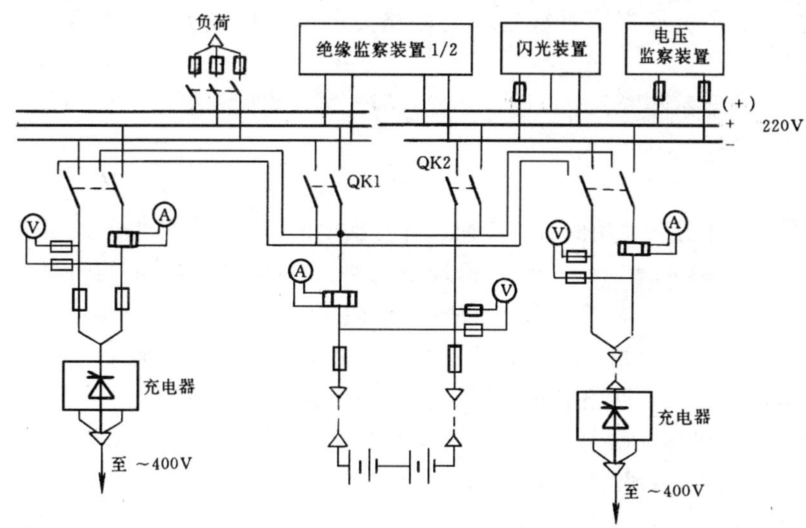

图 7-2　直流系统接线

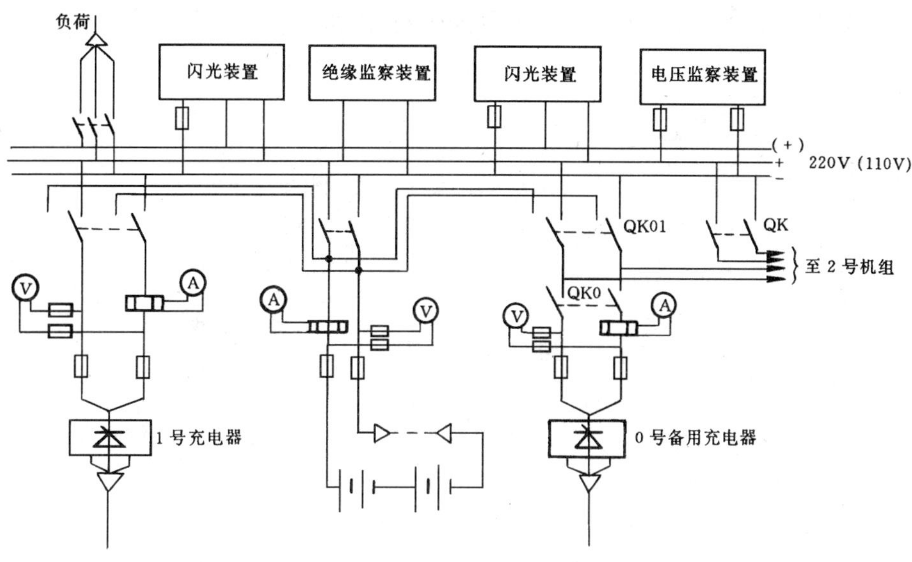

图 7-3　动力负荷（或控制负荷）直流系统接线

池组转入浮充电状态。

正常运行时，必须保证直流系统有足够的浮充电流。任何情况下，不得用充电器单独向各个直流工作母线供电。

直流系统每段母线均设有绝缘监察装置、电压监察装置、闪光装置，正常运行时均投入。

2. 控制与动力负荷分开的直流系统运行方式

如图 7-3 所示，正常运行时，机组的 110V 控制直流系统、220V 动力直流系统均按浮充电方式运行。1 号充电器投入浮充电运行、0 号备用充电器处于备用状态，分别作 1 号、2 号机组直流系统充电器的备用，0 号备用充电器与 1 号、2 号机组直流系统充电器之间的联络刀开关 QK01、QK02（在 2 号机组直流系统中）均处于断开位置。

1 号机组与 2 号机组直流系统之间的联络刀开关 QK 断开，两机组的直流系统互为备用。

母线上的绝缘监察装置、电压监察装置、闪光装置均投入运行。

（三）直流负荷的供电方式

1. 单回路集中供电方式

将事故照明、不经常使用的直流负荷、部分次要的直流负荷等由一条回路集中供电。如图 7 - 4 所示，通过 FU1 的回路为单回路集中供电的回路。

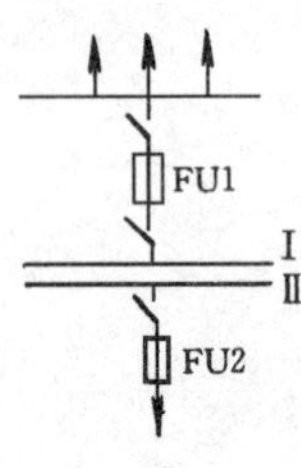

图 7 - 4　单回直流供电

影响直流系统正常运行的主要因素是直流电压和直流系统绝缘电阻，而直流系统绝缘电阻的大小取决于设备本身的绝缘电阻、负荷出线的回路数、回路电缆的长度。回路数愈多，回路愈长，导致系统绝缘下降的可能性愈大，故对于一些不重要的负荷，尽量采用单回路集中供电的方式，以提高直流系统的绝缘水平。

2. 单回路独立供电方式

对于不经常使用，但又非常重要的直流负荷，采用单回路独立供电。如汽轮机的直流油泵，全厂事故报警等直流负荷采用此供电方式（见图 7 - 4 通过 FU2 的回路）。

3. 双回路集中供电

对于操作、信号、保护等重要且比较集中的直流负荷，采用双回路集中供电。双回路取自同一直流母线的电源，电源侧的刀开关和熔断器均在接通位置，双回路在负荷端的某点用刀开关断开，即供电回路采用双回路开环运行。发电厂的主控制室、集中控制室和室外配电装置等均采用此供电方式。

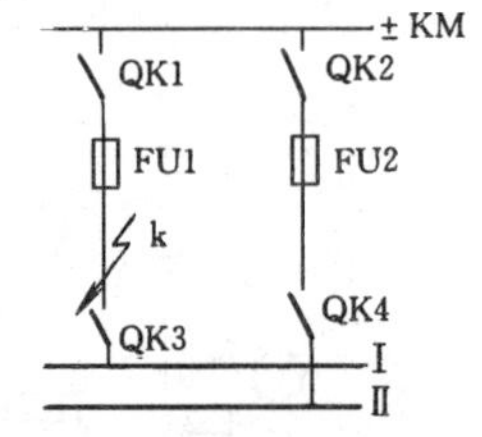

图 7 - 5　双回路集中供电直流回路

如图 7 - 5 所示，刀开关 QK1、QK2 合上，熔断器 FU1、FU2 装上，刀开关 QK3 合上，QK4 断开（或合上 QK4，断开 QK3）。当 k 点发生一极接地时，值班人员至现场拉开 QK3，合上 QK4，即恢复正常供电。然后拉开 QK1，取下 FU1，处理接地故障。

课题二　蓄电池直流系统运行维护和事故处理

一、蓄电池直流系统运行维护

（一）直流系统运行的规定

（1）蓄电池和充电器装置必须并列运行。充电器供直流母线上的正常负荷电流和蓄电池组的浮充电流，蓄电池组作为冲击负荷和事故负荷的供给电源。

（2）正常情况下，直流母线不允许脱离蓄电池组运行。

（3）充电器故障时，可短时由蓄电池组单独供给负荷。若短时不能恢复，必须退出故障的充电器，投入备用的充电器与蓄电池组并列运行。

（4）当两组直流系统均有接地信号时，严禁将其并列运行，也不宜将两组蓄电池长期并列运行。只有在特殊情况下，如直流接地选择、处理事故等，才允许短时并列运行。

（5）双回路供电且负荷侧有联络刀开关时，不论电源侧是否在同一母线上，均应在负荷侧的解列点断开，各自供电，不得并列。若置于两组直流母线之间的负荷环网回路必须倒换时，应先投母联刀开关后，方可进行不停电倒换。倒换完毕，还必须在断开点挂“解列点”标志牌。

（6）直流系统的任何并列操作，必须先在并列点处核对极性及电压差正常（电压差为2～3V）后，方可进行并列。

（7）充电器有“手动”、“自动”、“浮充”、“均充”四种切换方式。正常运行时应采用“自动”、“浮充”方式，若自动方式因故障不能运行时，则切换至备用充电器运行。“均充”运行方式只在对蓄电池组进行充放电时采用。“手动”、“浮充”方式一般不宜作为长期带负荷运行的方式，只有在“自动”、“浮充”方式及备用充电器均不能正常投入工作时，才允许按此方式短时间带负荷运行。

（8）在对一组蓄电池进行定期充放电期间，为保证直流系统的可靠运行，公用的备用充电器仍只能作备用，不允许将它用于对检修保养的蓄电池进行充、放电。

（二）直流系统的运行维护

1. 直流系统的运行监视

（1）直流母线电压监视。正常运行时，应监视并维持直流母线电压在规定范围。通常直流母线的运行电压比额定电压高3%～5%，即220V直流系统，母线运行电压为227～231V；110V直流系统，母线运行电压为113～116V。当母线电压过高或过低时，电压监察装置报警，此时应将母线电压调整在规定范围。

（2）浮充电流的监视。正常运行时，应监视浮充电流在规定值。浮充电流的大小决定蓄电池的使用寿命。浮充电流过大，使蓄电池过充电，造成正极板脱落物增加；浮充电流过小，使蓄电池欠充电，造成负极板脱落物增加及硫化，故浮充电流过大或过小都影响蓄电池的寿命。根据运行经验，浮充电流的大小以使单个电池的电压保持在2.1～2.2V为宜。当单个电池的电压在2.1V以下时，应增加浮充电流，超过2.2V时，应减少浮充电流。

浮充电流的大小也可按下式计算

$$I=(0.01\sim0.03)Q_N/36$$

式中　I——浮充电流，A；

Q_N——蓄电池的额定容量，Ah。

（3）直流系统的绝缘监视。利用直流绝缘监察装置监测直流系统的绝缘。值班人员接班前，都要通过直流绝缘监察装置测量正极和负极对地电压，根据测得的电压值大小，判断直流系统对地的绝缘状况。当绝缘监察装置报警时，则说明直流系统对地绝缘严重降低或接地，应及时查找接地故障点并处理。

（4）蓄电池容量的监视。蓄电池组装有“蓄电池容量监视装置”。蓄电池运行时，该装置监视其容量的变化，当该装置显示其容量低于额定值时，应及时加以补充。

2. 直流系统的维护与检查

（1）直流盘的检查。直流盘的检查内容有：检查盘上闪光装置动作应正常；各表计及指示灯指示应正常；盘内无异常响声及气味；盘面、盘内清洁无杂物；盘上各断路器、刀开关、熔断器完好。

（2）蓄电池的维护与检查。蓄电池的维护工作主要有：电解液的配制；向蓄电池加注蒸馏水或电解液，使电解液液面和密度保持在正常范围；蓄电池进行定期充、放电；蓄电池端电压、密度、液温的监视与测量，并做好记录；处理蓄电池内部缺陷（如极板短路、生盐、脱落）；保持蓄电池及室内清洁等。

蓄电池的检查项目有：检查蓄电池室应清洁、干燥、阴凉、通风良好、无阳光直射、室温为5～40℃、相对湿度不大于80%；检查电解液应透明、无沉淀、液面正常且无渗漏；电解液密度、温度、单电池电压正常；各连接头及连接线无松脱、短路、接地现象；极板颜色正常、无腐蚀变形现象；室内无火种隐患。

(3) 充电器的维护检查。起动前的检查项目有：检查装置有无异常，如紧固件有无松动，导线连接处有无松动，焊接处有无脱焊等；检查绝缘电阻应满足要求，主电路各部分用500～1000V绝缘电阻表测量，其绝缘电阻应不小于0.5MΩ；装置上的各表计、信号、指示灯、断路器、切换把手、刀开关等均应正常。

运行中的检查项目有：充电器各元件、接头无过热现象；运行中无异常响声、强振和放电现象；浮充电流在正常范围，充电母线电压在规定范围；表计指示及信号正确，各熔断器无熔断现象。

（三）直流系统的运行操作

1. 充电器浮充方式投入的操作

图7-6为充电器的模拟接线图。起动操作之前，对充电器装置进行全面检查应无异常，装置的断路器及刀开关均在断开位置，主回路电源熔断器、控制、测量及直流输出熔断器均完好，将表盘上的“电压调节”、“电流调节”旋钮反时针方向调至最小位置。充电器装置按“自动”、“浮充”方式与直流母线并列的操作步骤如下：

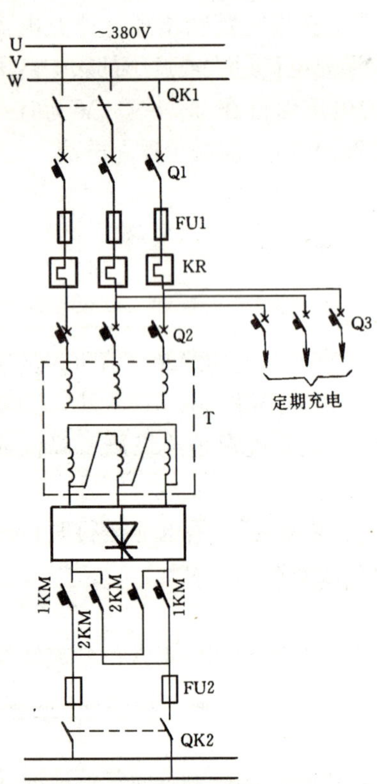

图7-6　充电器操作模拟图

(1) 装上充电器直流输出熔断器FU2。

(2) 装上充电器交流输入熔断器FU1。

(3) 合上交流电源刀开关QK1，并检查已合好。

(4) 装上电源开关Q1的控制熔断器，按下起动按钮，将Q1合上。

(5) 将充电器的“手动—自动”切换开关切至“自动”位置（自动稳压）。

(6) 检查充电器表盘上的“电压调节”、“电流调节”旋钮在最小位置。

(7) 合上充电器（可控硅整流器）的控制电源开关。

(8) 装上浮充开关Q2的控制熔断器后合上Q2。

(9) 调节“电压调节”旋钮，使电压平稳上升至正常值，待正常后再降至零值。

(10) 合上直流母线刀开关QK2，并检查已合好。

(11) 合上直流接触器1KM（逆变接触器2KM在断开位置）。

(12) 调节“电压调节”和“电流调节”旋钮（电流调节配合电压调节）至适当位置，使电压升至规定值。至此，充电器浮充方式投入的操作完毕。

如果该充电器用于对蓄电池组均衡充电或定期充电，则将上述的 Q2 断开，合上 Q3，便转为均衡充电或定期充电运行方式。

2. 充电器的停用操作

（1）将充电器的“电压调节”和“电流调节”旋钮反时针方向调至最小位置，检查电压、电流应回零。

（2）断开浮充开关 Q2，并取下其控制熔断器。

（3）断开充电器的控制电源开关。

（4）将充电器运行方式切换开关切至“停用”位置。

（5）断开直流接触器 1KM。

（6）拉开直流母线刀开关 QK2。

（7）断开交流电源断路器 Q1，并取下其控制熔断器。

（8）拉开交流电源刀开关 QK1。

（9）取下熔断器 FU1、FU2。

3. 充电器使用注意事项

（1）使用时，必须严格执行规程。

（2）在合交流电源开关之前，必须将电压、电流调节旋钮（即电位器）调至零位，预防输出电压或电流初始值设置过高，在给电瞬间产生过电压或过电流而损坏整流主电路元件或系统中其他电器设备。

（3）当装置出现故障时，保护动作并报警。为安全处理故障，可拉开交流电源断路器。若装置出现输出过电压或过电流故障时，可将电压、电流调节旋钮旋转到零位，按动两次报警、保护复归按钮后，装置自动解除保护功能，再重新旋转电压、电流旋钮，使装置输出达到实际使用值。

（4）不允许装置在低于 50%额定输出电压状态下，长期连续满负荷运行。否则，将导致晶闸管整流元件温升过高而损坏。

二、蓄电池直流系统的异常运行及事故处理

（一）直流系统的异常运行

1. 直流母线电压过高或过低

（1）故障现象：中央音响信号“警铃”响；“直流母线故障”光字牌亮；直流母线电压指示偏离允许值。

（2）故障处理：

1）检查电压监察装置的电压继电器动作是否正确。

2）观察充电器装置输出电压和直流母线绝缘监视仪表显示，或用万用表测量母线电压，综合判断直流母线电压是否异常。

3）调整充电器的输出，使直流母线电压和浮充电流恢复正常。

4）若直流母线电压异常，系充电器装置故障引起，则应停用该充电器，倒换为备用充电器运行。

2. 直流系统接地

（1）故障现象：中央音响信号“警铃”响；“直流母线故障”光字牌亮；直流系统绝缘监视装置的“绝缘降低”指示灯亮；测量直流母线正、负极对地电压，极不平衡。

（2）故障处理：为防止一点接地后又出现另一点接地，引起保护误动或拒动，或造成两极接地短路，烧坏蓄电池，故必须迅速消除直流系统一点接地故障。寻找接地点的方法、原则和顺序如下：

1）寻找接地点的方法。采用瞬时停电法寻找接地点，即瞬时拉开某直流馈线的开关，又迅速合上（切断时间不超过 3s）。拉开时，若接地信号消失，且各极对地电压指示正常，则接地点在该回路中。

2）寻找接地点的原则。①对于双母线的直流系统，应先判明哪一母线发生接地；②按先次要负荷后重要负荷、先室外后室内顺序检查各直流馈线，然后检查蓄电池、充电设备、直流母线；③对次要的直流馈线（如事故照明、信号装置、合闸电源）采用瞬停法寻找，对不允许短时停电的重要馈线（如跳闸电源），应先将其负荷转移，然后再用瞬停法寻找接地点。

（3）寻找接地点按以下顺序进行：

1）判明接地极性和接地程度。利用直流绝缘监察装置测量正、负极对地电压。绝缘良好时，正、负极对地电压相等或均为零；若正极对地电压升高或等于母线电压，负极电压降低或等于零，则为负极绝缘降低或接地；反之，为正极绝缘降低或接地。

2）检查检修设备或刚送电设备的直流馈线回路是否接地。

3）检查直流照明和动力回路是否接地。

4）检查闪光装置、直流绝缘监察装置回路是否接地。

5）检查控制、信号回路是否接地（先停用有关保护）。

6）检查充电装置和蓄电池是否接地。

7）经上述检查未找出接地点，则为母线接地。

3. 充电器装置故障

充电器的常见故障有：

（1）装置输出发生过电压与过电流。当装置输出发生过电压与过电流时，装置能够自动保护并发出声光报警信号。此时，应将电压、电流调节旋钮旋转到零位，按动两次报警、保护复归按钮，再重新调节电压、电流调节旋钮，使电压或电流达到实际使用值。

（2）交流输入故障。当输入交流出现故障时，装置能够自动保护并发出声光报警信号。此时，应拉开装置输入的电源开关，解除装置的警铃声响，待输入交流故障排除后，再合上电源开关，按正常操作程序重新起动装置。

（3）熔断器熔断。当装置整流变压器 T 的一次保护熔断器（或二次保护熔断器）熔断时，装置能够自动保护，并发出声光报警信号。此时，应拉开交流输入电源开关，查找熔断器熔断原因。排除故障后，更换与原熔断器容量相同的熔体，按正常操作程序重新起动装置。

（4）装置达不到额定标称电压。当装置达不到标称额定电压时，第一步检查装置三相交流输入的相序是否与装置要求相符；第二步检查整流变压器二次电压是否满足要求（即 $U=1.35U_2$。其中 U 为直流输出电压，U_2 为整流变压器输出电压，1.35 为三相整流系数）；第三步检查 6 路脉冲波形是否正常；第四步检查整流主电路 6 只晶闸管有无损坏。

（二）直流系统的事故处理

1. 充电器装置跳闸

（1）故障现象：充电器装置盘上的事故喇叭响；“整流装置交流失电”光字牌亮；充电

器装置输出电流为零；蓄电池组处于放电状态，直流母线电压下降。

（2）故障处理：

1）复归音响信号。

2）检查信号及保护动作情况，判明跳闸原因。

3）将充电器装置停电，并进行外部检查。

4）外部检查无异常，若系交流电源熔断器熔断引起，则更换熔断器后，按正常操作程序将充电器恢复运行。

5）若系直流电压高或低引起跳闸（伴随有“电压高”或“电压低”光字牌信号），则将信号复归后，再将装置起动，调整输出电压至正常值。

6）若起动后又跳闸，则应倒换至备用充电器运行。

2. 蓄电池出口熔断器熔断

（1）故障现象：中央音响动作，“蓄电池熔断器熔断”光字牌亮（或“蓄电池熔断器监视灯”灭）；直流母线电压波动；蓄电池的浮充电流为零。

（2）故障处理：

1）复归中央音响信号。

2）检查蓄电池出口熔断器已熔断；调整充电器装置的输出，保持直流母线正常供电；测量蓄电池出口电压和熔断器两端电压差，判明熔断器熔断原因并更换熔体，恢复正常运行。

3）一时不能查明原因或故障一时不能消除，则将该直流工作母线退出运行，倒换为另一直流母线供电。

3. 直流系统母线失压

（1）故障现象：失压母线电压至零；“直流母线故障”光字牌亮；充电器装置跳闸，输出电流到零；直流盘配电各路负荷、电源的监视灯均熄灭，该直流系统的控制盘信号灯全部熄灭。

（2）故障处理：

1）拉开母线上的所有负荷，检查母线是否正常。

2）检查蓄电池出口熔断器是否熔断。

3）检查充电器装置跳闸原因。

4）如系蓄电池故障引起，则应将该直流系统母线与另一台机组的直流系统联络运行。该故障蓄电池和对应的充电器装置退出运行。

4. 蓄电池室着火

蓄电池室着火时，将该蓄电池及其充电装置停止运行，并将该直流母线倒换由另一台机组直流系统供电。用二氧化碳或四氯化碳灭火器灭火。

课题三　UPS　运　行

一、UPS 简介

（一）UPS 的作用和功能

UPS 是交流不停电电源的简称。目前，它已成为发电厂计算机、热工保护、监控仪表及某些不能中断供电的重要负荷不可缺少的供电装置。它还广泛用于通信、信息处理系统、卫星地面站、数控系统及某些工厂的复杂控制检测系统。以上用电设备及系统对供电的可靠性、连续性及供电质量要求很高，一般电网及常规的保安电源已不能满足要求。特别是随着工矿企业用电量的增加，非线性负荷越来越多。这些负荷对电网产生种种干扰，致使电网波形畸变，电噪声日益严重。有时甚至突然中断供电，这将造成计算机停运，各种控制系统失灵等一系列严重后果。UPS装置就是为此而开发的。它的主要功能是：在正常、异常和供电中断事故情况下，均能向重要用电设备及系统提供安全、可靠、稳定、不间断、不受倒闸操作影响的交流电源。

（二）UPS的组成及工作原理

UPS由整流器、逆变器、隔离变压器、静态开关、手动旁路开关等设备组成，其系统原理接线见图7-7。

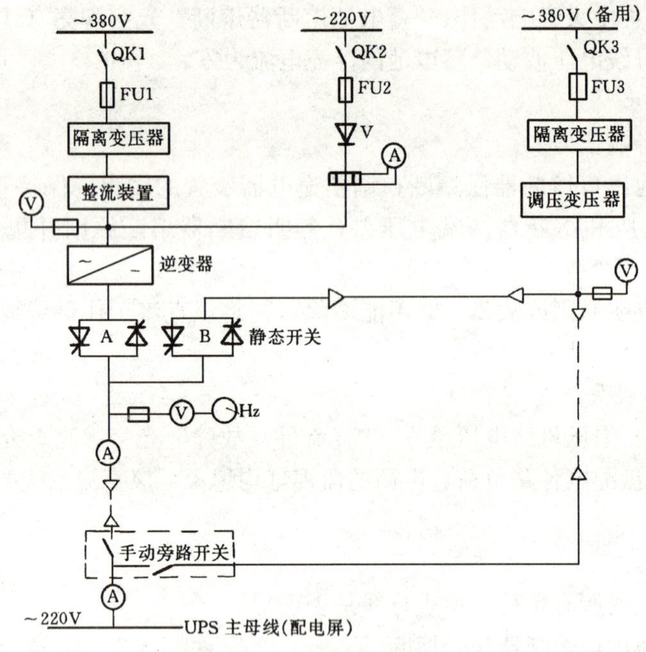

图7-7　UPS系统原理接线图

UPS的工作原理是正常工作状态下，由厂用电源向其输入交流，经整流器整流滤波为直流后再送入逆变器，变为稳频稳压的工频交流，经静态开关向负荷供电。当UPS的输入交流电源因故中断或整流器发生故障时，逆变器由蓄电池组供电，则仍可做到毫无间断地继续向负荷提供优质可靠的交流电。如果逆变器发生故障，还可自动切换至旁路备用电源供电。当负载起动电流太大时，UPS也可自动切换至备用电源供电，起动过程结束后，再自动恢复由UPS供电。

UPS的技术性能在很大程度上取决于逆变器的性能，它对UPS装置的输出波形及其谐波含量、装置效率、可靠性、对负荷变化的瞬态响应能力、噪声，甚至装置的体积、质量均有决定性影响。迄今为止，已能制造多种形式的逆变器。其中有代表性的逆变器型式有：方波型、纯正弦型、准方波型（QSW）、稳压变压器型（CVT）、阶梯波型（SW）、脉宽调制型（PWM）、脉宽调制阶梯波型（PWSW）、微处理器控制合成正弦波型。

（三）UPS系统原理接线图

图7-7为UPS系统原理接线图。图中，供电电源为3路，其中2路交流电源来自厂用保安段（或其中1路来自一独立的市电电源），这两路交流电源可经静态开关自动切换或经手动旁路开关手动切换。第三路电源来自220V的直流屏，由蓄电池组供电，经隔离二极管V引到逆变器前。3路电源配合使用，保证UPS系统在设备故障、电源故障乃至全厂停电时，均能不间断地向UPS配电屏的负荷供电。

（四）UPS组成元件简介

1. 整流装置

整流器又称充电器，按其接线有三相全控桥式整流形式，也有三相半控桥式整流形式。如为三相半控桥式整流器，当输入电压发生变化或负载电流发生变化时，它能向逆变器提供一稳定的直流电源。它由输入变压器、整流器及控制板、输出滤过器组成，其原理方框图如图7-8所示。

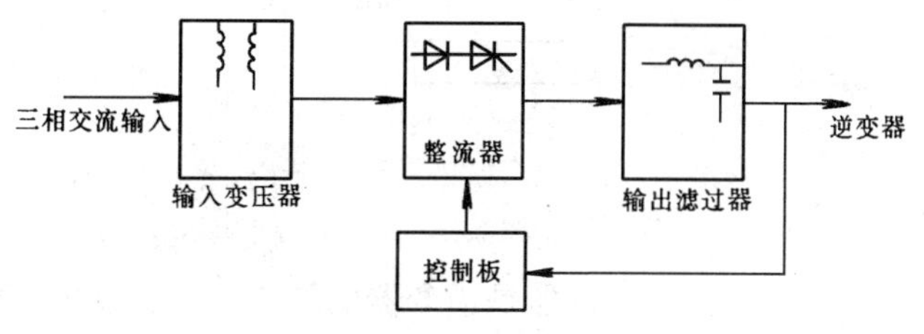

图7-8　三相半控桥整流装置原理框图

（1）输入变压器。用来改变交流电源输入电压的大小，以提供给整流器一个合适的电压值。

（2）整流器。由三个二极管和三个可控硅组成三相全波半控桥式整流电路。在每个半波内以固定的时间发出触发脉冲来调节可控硅的导通角（导通时间）。改变导通角的大小，使设备能随输入的变化而维持恒定的输出，一个较长的导通时间能增大直流输出电压。相反，一个较短的导通时间能降低直流输出电压。

（3）输出滤过器。用来减小整流器输出的波纹系数。该滤过器是由一个电感线圈和一组电容器组成的L型滤过器。

（4）控制板。用来提供触发可控硅的脉冲，脉冲的相位角是可控硅输出电压的一个函数。控制板把整流器输出的电压值与内部的给定值比较，产生一个误差信号。用这个误差信号调整整流器可控硅的导通角。如果整流器的输出下跌，控制板产生了一个相应的信号量去增大晶闸管的导通角，从而可以增加整流器的输出电压至正常值。控制板还有保护功能，若整流输出电压异常高，则能立即关闭触发脉冲。

2. 逆变器

以稳压变压器型（CVT）逆变器为例，它由输入回路、功率开关、振荡器、输出回路组成。

（1）输入回路。输入回路是一个直流电源滤过器，给功率开关提供稳定的直流电源。提供给逆变器的电源除交流电源（通过整流器整流的电源）外，还有蓄电池直流电源。这种逆变器的输入回路中还有一个逻辑二极管，由此二极管去控制蓄电池的投入或停用。

（2）功率开关。功率开关的交替反极性导通，将直流电源转换成功率很大的方波。它的工作过程可用机械开关来仿真，如图7-9（a）所示。

图7-9（a）中，开关1和1′操作起来是同步的，开关2和2′操作起来也是同步的。当开关1和1′闭合时，开关2和2′打开，负荷电流的方向如图中的箭头所示；开关2和2′闭合时，开关1和1′打开，负荷电流方向为逆反向。随着每一组开关交替地合上和打开，使负荷

电流反复颠倒极性，一个电流的交替正、反向就被电路实现了。图 7 - 9（b）表示机械仿真开关被一个电气开关（晶闸管）所代替。图 7 - 9（b）中的 L 和 C 分别表示换向电感和换向电容，其作用是：当相反的一对晶闸管导通时，能可靠地关闭另一对可控硅。V1、V1′、V2、V2′是相位二极管，其作用是使负荷电压近似等于电源电压的幅值。

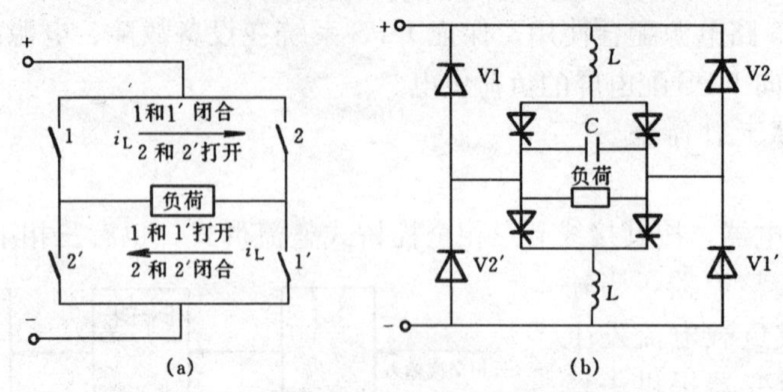

图 7 - 9 功率开关

（a）机械仿真功率开关；（b）电气功率开关

（3）振荡器。振荡器是逆变器的核心，由它发出一定频率的导通脉冲去控制功率开关电路。图 7 - 10 示出了一个振荡器的方框图。在图 7 - 10 中，由逆变器输入端取得的直流电源用于启动多谐振荡器，多谐振荡器的输出被微分后送入集成电路触发器，触发器的输出去控制功率开关。触发器的输出波形是一个方波，触发器输出的方波频率与功率开关的输出频率相同，所以功率开关的输出频率由多谐振荡器确定。为了保证功率开关可靠导通，触发器输出的方波必须经功率放大器放大至足够大的功率，而开关电路用来确保放大器在最初起动时，使触发电路能输出一个完整的脉冲。图 7 - 10 中的高频起动框图被用来重复多谐振荡器频率，以防止逆变器输出回路铁磁谐振稳压器的饱和。

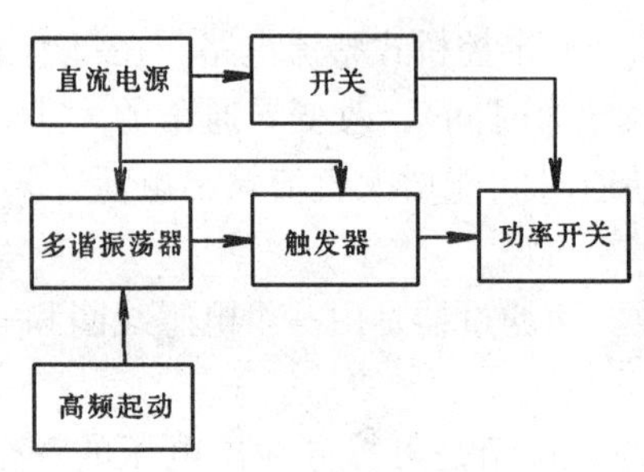

图 7 - 10 振荡器方框图

（4）输出回路。输出回路由恒压变压器及滤波电容器组成。其作用是滤去功率开关输出方波中的高次谐波，使输出波形近似于正弦波，并保持输出电压的恒定。

3. 静态开关

静态开关的电路如图 7 - 11 所示。静态开关的基本元件由可控硅组成。一般机械开关有固有动作时间，而静态开关的动作时间为零，所以，静态开关提供了有效的零秒切换。当晶闸管 V1、V2 导通时，由旁路电源向负荷供电。反之，由逆变器向负荷供电。由于静态开关的 V1、V2 和静态开关的 V3、V4 动作时间为零秒，而且静态开关还具有先闭合后断开的功能，故当由逆变器供电切换至旁路电源供电时，其间无供电中断，保证了供电的连续性。当然，静态开关的切换必须满足同步条件，即旁路电源与逆变器输出电压的频率和相位应相等。上述的一切过程都是自动完成的。

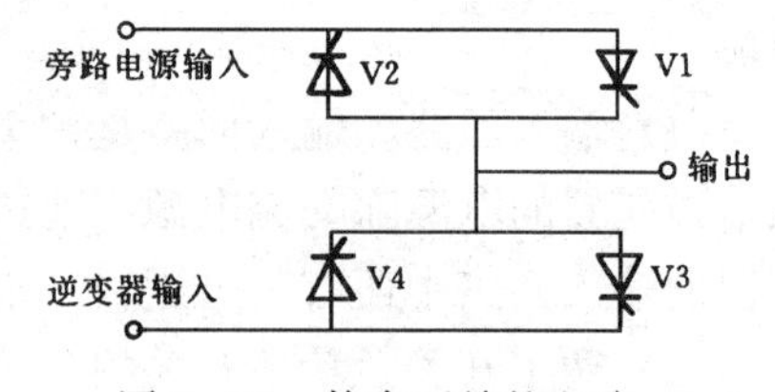

图 7 - 11 静态开关的电路

二、UPS 系统正常运行与维护❶

（一）UPS 系统运行方式

如图 7-7 所示，UPS 系统为单相两线制直接接地系统，输入电源为三相交流或直流，输出电压为单相交流。

1. 正常运行方式

正常运行时，刀开关 QK1 合上，熔断器 FU1 装上，电网三相交流电源（即电厂 380V 保安段）通过整流器整流后送给逆变器，经逆变器转换，输出 50Hz、220V 的单相交流电压，再经静态开关 A 向 UPS 配电屏供电。直流电源刀开关 QK2 合上，熔断器 FU2 装上，直流电源处于备用状态；旁路电源刀开关 QK3 合上，熔断器 FU3 装上，旁路电源、静态开关 B、手动旁路开关处于备用状态。

2. 非正常运行方式

（1）电网三相交流电源消失或整流器故障时，由直流电源供电。由于直流电源回路采用二极管切换，或逆变器输入回路采用逻辑二极管，由二极管控制直流电源的投入或停用。当整流器自动退出运行后，二极管能自动将 UPS 的电源切换至 220V 直流电源供电。经逆变器转换后，保持 UPS 母线供电不中断。当电网三相交流电源及整流器恢复正常时，则又自动恢复到 UPS 的正常运行方式。

（2）当 UPS 装置需要检修而退出运行时，由旁路电源经静态开关 B 直接向 UPS 配电屏供电，或静态开关故障，旁路电源用手动旁路开关向 UPS 配电屏供电。UPS 检修完毕，或静态开关故障处理完毕，退出旁路电源供电，恢复 UPS 正常运行方式。

（二）UPS 系统运行监视与维护

（1）监视 UPS 装置运行参数正常。如 1 相 50kVA 型的 UPS 装置，其输入交流电压为 380V，126A，50Hz；输入直流为 210～280V，245A；输出单相交流 220V，227A，50Hz，运行温度 0～40℃。正常运行时，监视运行参数应在铭牌规定的范围内。

（2）检查 UPS 系统开关位置正确，运行良好。

（3）保持 UPS 装置及母线室温度正常，清洁，通风良好。

（4）检查 UPS 装置内各部分无过热，无松动现象；各灯光指示正确。

（三）UPS 系统的操作

1. UPS 系统投入运行前的检查

（1）收回有关工作票，拆除与检修有关的临时安全措施，检查盘内应清洁、无杂物，检测绝缘应符合要求。对新投入和大修后的 UPS 整流器，在投运前还应核对相序和极性。

（2）检查系统接线正确，接头无松动。

（3）检查系统各开关应均在“断开”位置。

（4）检查 UPS 柜内整流器电源输入电压应正常。

（5）检查 UPS 各元件完好，符合投运条件。

（6）检查旁路调压器升、降压调节应灵活、完好。

2. UPS 系统投入运行的操作

经过投入运行之前的检查且一切正常之后，UPS 系统投入运行的操作按下列顺序进行

❶ 本课题中的操作可在“实践教学”中边讲边练。

(见图 7-7):

(1) 合上 UPS 系统控制、保护及信号电源小开关(或熔断器)。

(2) 合上 UPS 正常输入工作电源开关 QK1,装上电源熔断器 FU1。

(3) 按下“充电器运行”按钮(即整流器充电按钮),充电器投入,对应的状态指示灯亮。

(4) 合上直流电源(蓄电池组)至 UPS 系统的刀开关 QK2,装上直流电源熔断器 FU2,对应的指示灯亮。

(5) 按下“逆变器运行按钮”,逆变器运行灯亮,大约 10s 后向负荷供电。

(6) 合上 UPS 系统备用电源刀开关 QK3,装上备用电源熔断器 FU3,调整输出电压为规定值。

(7) 检查同步灯亮(表示旁路电源与逆变器输出的频率和相位相等,满足静态开关切换所必需的同步条件)。

(8) 全面检查 UPS 运行符合所需运行方式,各信号灯光指示正确。

3. UPS 系统退出运行的操作

(1) 断开备用电源刀开关 QK3,取下备用电源熔断器 FU3。

(2) 同时按下“逆变器停止”与“复归”按钮。使逆变器停止,全部报警器复位。

(3) 断开直流电源刀开关 QK2,取下直流电源熔断器 FU2。

(4) 按下“充电器停止”按钮,使充电器关机。

(5) 拉开正常交流工作电源进线刀开关 QK1,取下电源熔断器 FU1。

(6) 将手动旁路开关(手动备用开关)切换至“旁路位置”。

(7) 全面检查,灯光熄灭,电源均断开。

4. UPS 系统切至旁路的操作

(1) 检查 UPS 系统旁路回路正常,处于备用状态。

(2) 按下“手动备用开关”,使 UPS 转入备用电源供电。

(3) 8s 后,UPS 系统切至旁路运行。

(4) 检查灯光指示正确,输出电压正常。

(5) 拉开正常交流工作电源进线刀开关 QK1。

(6) 全面检查。

三、UPS 系统异常运行及事故处理❶

(一) 充电器故障

1. 故障现象

“充电器故障”红灯闪光;自动切换至 220V 直流电源向逆变器供电,“蓄电池运行”红灯闪光。

2. 故障原因

充电器短路、充电器断相、充电器晶闸管温度高。

3. 故障处理

(1) 按下“复归”按钮,先复位信号灯。

❶ 本课题内容可在“实践教学”中边讲边练。

（2）按下“手动备用开关”与“逆变器停止”控制按钮。

（3）检查UPS应已转至备用电源供电，逆变器已关机。

（4）按下“充电器停止”按钮。

（5）检查充电器关机。

（6）拉开UPS正常交流工作电源进线刀开关QK1，取下电源熔断器FU1。

（7）通知检修部门处理故障。

（二）逆变器故障

1. 故障现象

“逆变器故障”红灯闪光；静态开关动作，系统切换至旁路电源供电，“备用电源供电”红灯闪光。

2. 故障原因

逆变器输入电压超限；逆变器输出电压超限；逆变器晶闸管温度过高。

3. 故障处理

（1）按下“复归”按钮，复位各信号灯。

（2）按下“手动备用开关”，UPS切向备用电源供电。

（3）～（7）同于充电器故障处理的（3）～（7）。

（三）静态开关闭锁

1. 故障现象

“静态开关闭锁”红灯闪光。

2. 故障原因

系统切至备用电源后，静态开关多次（4min内连续8次）切向逆变器供电均未成功，静态开关闭锁在备用电源侧，不能实现从备用电源向逆变器供电的转换。

3. 故障处理

（1）按下“复归”按钮，复归信号灯亮。

（2）按下“手动备用开关”，系统切向备用电源供电。

（3）检查是否为过载引起，如系过载，则应减载。

（4）如非系过载所致，应查出原因并排除故障。

（四）其他异常故障

（1）由于充电器停止运行，转由蓄电池直流电源供电。

（2）三相交流输入、直流输入电源均失去，静态开关自动将系统切至旁路电源供电。

（3）逆变器输出过流，当过电流倍数为额定电流的1.2倍（可整定为1、1.2、1.3、1.5倍）时，静态开关自动将系统切至旁路备用电源供电。

（4）输入直流电压低于210V，整流器输出电压低于240V，旁路电源故障及冷却风机故障等均发报警信号。

小　　结

1. 直流系统的接线及运行维护

（1）直流系统接线。中、小容量电厂通常采用一套公用的直流系统，直流母线分段，采用一种电压等级（如 220V），每段母线上接有一组蓄电池和充电器；大容量机组，如 300MW 火电机组，每台机组采用一套独立的直流系统，通常，其控制和动力直流负荷分开，将一套直流系统分成 110V 控制直流系统和 220V 动力直流系统两部分。两部分接线相同。每段母线接入一组蓄电池和一台充电器。两台机组共用一台备用充电器。

（2）直流系统运行方式。不论直流系统采用何种接线，每段直流母线的蓄电池和充电器均并列运行，采用浮充电运行方式。

（3）运行维护。直流系统运行时，应监视直流母线的电压、浮充电流的大小、直流系统的绝缘和蓄电池容量的变化，并按规定项目定期巡视检查。

（4）运行操作。直流系统的操作有初充电、定期充放电、均衡充电和浮充电等操作。其中，充电器装置的浮充电操作在运行中进行得较多，操作中应严格按操作步骤进行，并应遵守操作注意事项。

2. UPS 的运行方式及维护

（1）UPS 系统的运行方式

UPS 系统有 3 路电源：正常工作电源、旁路备用电源和直流电源，其中前两者取自厂用事故保安段或其中一路取自市电其他电源，后者取自蓄电池直流电源。正常运行时，由正常工作电源经 UPS 向负荷供电，旁路备用电源和直流电源作备用。当充电器、逆变器故障，或 UPS 系统输出电压超限或过载，则自动切至旁路备用电源供电，全厂停电时，由直流电源供电。

（2）UPS 的运行维护

UPS 系统运行时，应监视其运行参数不超过允许值，运行中应检查 UPS 各开关位置是否正确，信号指示是否正常，装置通风是否良好，各元件应完好、无过热现象。

（3）UPS 的特性

UPS 充电器故障时能自动切至 220V 直流电源运行，逆变器故障能自动切至旁路备用电源运行，故障消除恢复正常后能自动切回原正常方式运行；当逆变器输出与旁路电源输出同步时，可手动由逆变器输出切换至旁路电源输出，亦可从旁路电源返切至逆变器输出；当逆变器需检修时，可用手动旁路开关切换至旁路电源供电，并断开 UPS 配电屏至静态开关之间的开关。所以，UPS 是非常可靠的交流不停电电源装置。

习　　题

一、填空题

1. 300MW 及以上火电机组，其控制与动力直流负荷一般分开供电，控制直流电压采用________ V，动力直流电压采用________ V。

2. 蓄电池直流系统一般采用________运行方式。

3. 发电厂双回供电的直流馈线应在________设置解列点。

4. 直流系统的任何并列操作，必须先在解列点核对________后，方可进行并列。

5. 直流系统接地时，中央信号警铃响，而且发________光字牌信号。

6. UPS 装置的功能是________。

7. 逆变器输出与旁路交流电源输出同步是指________。

8. 将 UPS 逆变器输出手动切至旁路电源输出必须满足________条件。

9. 在________情况，UPS 由直流电源供电。

二、判断题（对的在括号打“√，错的打“×”）

1. 直流系统的充电器可以单独向直流母线供电。 (　　)
2. 直流系统的蓄电池和充电器必须并列运行。 (　　)
3. 充电器故障，可长时间由蓄电池组供直流母线负荷。 (　　)
4. 如果需要，两组蓄电池可以长期并列运行。 (　　)
5. 充电器故障，UPS 自动切至直流电源供电。 (　　)
6. 逆变器故障，UPS 自动切至旁路电源供电。 (　　)
7. 逆变器输出和旁路电源输出，两者之间可以手动切换。 (　　)
8. UPS 在正常运行方式下运行时，可手动切至旁路电源运行。 (　　)

三、问答题

1. 说明图 7-3 直流系统正常运行方式。
2. 直流系统运行时应进行哪些监视？
3. 直流系统运行时应巡视检查哪些项目？
4. 如图 7-6 所示，写出充电器按浮充方式投入的操作步骤。
5. 直流系统运行时，母线电压过高或过低有什么现象？如何处理？
6. 直流系统发生一点接地故障时，如何查找接地点？
7. 充电器有哪些常见故障？其跳闸后应如何处理？
8. 直流系统母线失压时有什么现象？如何处理？
9. 说明 UPS 装置的工作原理。
10. UPS 系统有哪几种运行方式？哪一种为正常运行方式？
11. UPS 系统投入运行前应进行哪些检查？
12. 结合图 7-1 写出 UPS 系统投入运行的操作步骤。
13. 结合图 7-1 写出 UPS 系统退出运行的操作步骤。
14. 结合图 7-1 写出 UPS 系统切至旁路电源供电的操作步骤。
15. UPS 由正常工作电源供电自动切换至旁路电源供电，可能由哪些原因引起？

无功补偿设备运行

内容提要

本单元主要介绍调相机、并联电容器、静止补偿装置的正常运行、运行维护、异常运行及事故处理。

课题一　电力系统无功及无功平衡

一、电力系统的无功功率消耗

无功电源和有功电源一样，是保证电力系统电能质量和安全供电所不可缺少的。据统计，电力系统用户所消耗的无功功率大约是它们所消耗的有功功率的50%～100%。另外，电力系统中的无功损耗也很大，在变压器内和输电线路上所消耗掉的总无功功率分别可达用户消耗的总无功功率的75%和25%。因此，电力系统中各类无功电源供给的无功功率应为系统总有功功率的1～2倍。

二、无功功率对电网运行的影响

由无功功率的静态特性可知，无功功率与电压的关系较有功功率与电压的关系更为密切。从根本上来说，要维持整个系统的电压水平，就必须有足够的无功电源，无功不足会使系统电压降低，发、送、变电设备达不到正常出力，电网电能损失增大。电压降到60%～70%额定值时，用户电动机不能起动，甚至烧毁，并且降低了电力系统的稳定水平，往往导致电网发生严重的稳定性破坏事故。所以，电力系统的无功电源和无功负荷必须平衡。

三、电网的无功功率平衡

以往的中、小型电力系统，由于容量小、电压等级低、输电距离短和发电厂接近负荷中心，无功电源与无功负荷平衡比较容易实现。现代电力系统，由于容量大、电压等级高、输电距离远且大型发电厂一般远离负荷中心，不宜远距离输送无功（无功损耗大）。为了满足系统的无功需要，改善系统的电压水平和提高系统的功率因数，保证电网的安全、经济运行和用户的正常用电，现代电力系统中的无功电源和无功负荷都在各级电压电网的变电站和用户处逐级补偿，就地平衡。

系统中的无功电源有发电机、线路的充电功率及就地补偿的无功补偿设备。下面几个课题介绍各无功补偿设备的运行。

课题二　调相机运行

调相机是一个只发无功功率的发电机。当调节它的励磁电流为过励磁运行时，它向系统输送感性无功；欠励磁运行时，它从系统吸取感性无功。所以，改变调相机的励磁电流，可以平滑地改变它的无功功率大小及方向，从而能平滑地调节系统的电压。

一、同步调相机的运行方式

同步调相机实质上是空载运行的同步电动机，它既可作为无功电源发出无功功率、提高母线电压，又可作为无功负荷吸收无功功率、降低母线电压。

按制造厂规定的允许参数运行，即为调相机的允许运行方式。其允许运行的各参数均与发电机类似。

同步调相机根据励磁条件的不同，按照无功功率的发放情况，可以工作在三种不同的状态。

1. 平励磁状态

平励磁状态属于正常励磁状态。在该状态下，调相机电动势 $\dot{E}_0$ 与端电压 $\dot{U}$ 大小相等、相位相差 180°（忽略损耗），此时调相机既不发出无功功率，也不吸收系统的无功功率，其电压相量关系如图 8-1（a）所示。

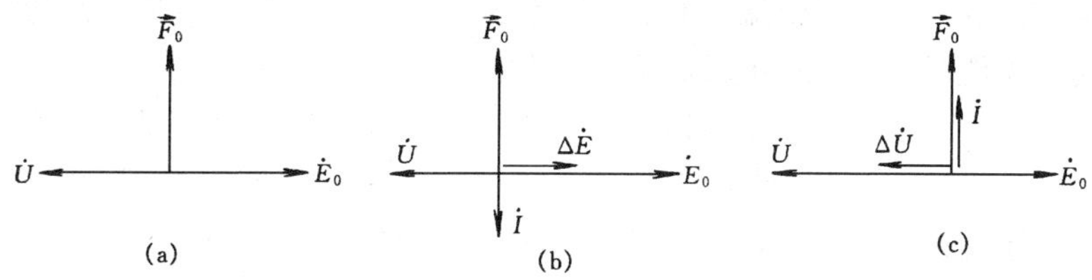

图 8-1　同步调相机运行电压相量图

（a）平励磁；（b）过励磁；（c）欠励磁

2. 过励磁状态

如果加大调相机的励磁电流，增大磁动势 $\vec{F}_0$，电动势 $\dot{E}_0$ 也相应地增大，但端电压 $\dot{U}$ 不变，在平衡电动势 $\Delta\dot{E}=\dot{E}_0-\dot{U}$ 的作用下，通过调相机绕组中电流 $\dot{I}$ 超前电压 U90°，这时，调相机发出无功功率，电压相量关系如图 8-1（b）所示。

3. 欠励磁状态

如果减小调相机的励磁电流，即减小磁动势 $\vec{F}_0$，电动势 $\dot{E}_0$ 也相应地减小，但由于端电压 $\dot{U}$ 不变，在平衡电压 $\Delta\dot{U}=\dot{U}-\dot{E}_0$ 的作用下，通过调相机绕组中电流 I 滞后电压 U90°，这时，调相机吸收无功功率，电压相量关系如图 8-1（c）所示。

二、调相机的运行维护

1. 同步调相机运行监视

同步调相机运行时，应监视各运行参数符合厂家规定。

（1）定子绕组的温度：①对烘圈式绝缘的定子绕组，最高允许温度达 130℃；②对沥青云母片连续绝缘的定子绕组，最高允许温度达 105℃；③对具有 B 级胶环氧云母带连续绝缘的定子绕组，最高允许温度达 130℃。

（2）铁芯温度：绕组绝缘若采用 A 级绝缘，当冷却器空气温度为 40℃时，其铁芯允许温度为 65℃；采用 B 级绝缘，铁芯允许温度为 85℃。

（3）转子绕组温度：转子励磁绕组的绝缘多采用云母绝缘胶漆，其最高允许温度为 130℃。

（4）轴承温度和进出风温：应按制造厂家给定的数值监视。

（5）油压及水压：轴瓦入口油压规定为 5×10^4Pa，出口总水压规定为 20×10^4Pa。空冷器和油冷器出入口水的温差不得超过3℃。

（6）电气参数：调相机运行时，监视定子电压、定子电流、转子电压、转子电流、同轴励磁机电压、电流、无功出力均不得超过允许值。

2. 同步调相机运行巡视检查

同步调相机运行巡视检查的项目有：

（1）运行中是否有因剧烈振动和摩擦而发出的异常声音。在额定转速下，振动不得超过0.05mm。

（2）各轴承油位、油温、油压是否正常，有无摩擦等异常声音。轴承的进出油温，冷油器的进出油温、油压、水压有无突然变化。

（3）整流子和滑环应正常（要求同发电机）。

（4）油、水系统是否漏水、漏油。

（5）从窥视孔检查定子绕组端部有无结露、流胶、局部变色、变形、膨胀等异常现象。

（6）通风系统是否漏风，进出风温是否正常。

（7）水泵、油泵、冷水器、冷油器等附属设备运行是否正常，驱动电动机有无发热。

（8）使用测量装置检查定子绕组、铁芯各部位温度，是否在允许范围内。

（9）使用绝缘监察装置检查转子绕组，有无接地现象。

3. 运行中的维护工作

运行中的维护工作内容如下：

（1）对油泵、水泵作连锁投入试验，检查其动作是否正确。

（2）用听针或测振仪检查主机各轴承有无振动超标和金属摩擦异常声音。

（3）用压缩空气［压力不超过294kPa（$3kg/cm^2$）、空气不含水分］吹净整流子和滑环上的灰尘。

（4）对机组外壳、轴承进行清扫。

（5）定期检查滑环、电刷及弹簧压力［电刷在滑环上的压力一般应为156.8～196kPa（1.6～$2kg/cm^2$）］。

（6）定期更换电刷的极性，以免滑环运行起槽。

三、调相机的运行操作❶

（一）调相机的起动方式

（1）工频异步降压起动。如用电抗器起动，电网电压经电抗器加于调相机定子出线端，在工频电压作用下，产生异步转矩，使转子转动起来。在转子接近同步转速时，给转子励磁，使调相机进入同步运行。

（2）电动机起动。用绕线式异步电动机起动调相机，在接近额定转速时，给转子励磁，然后将调相机同期并入系统。

（二）调相机的起动操作

1. 用电抗器起动的操作步骤

起动前，有关的工作票已收回，测量调相机绝缘电阻合格，对主机和辅机进行全面检

❶ 本内容可在“实践教学”中完成。

查，均应满足起动条件，然后才可进行起动并列操作。用电抗器起动调相机的接线如图8-2所示。其起动并列操作基本步骤如下：

（1）将调相机的保护加用。

（2）调节磁场变阻器 R_C 到终端位置（无功功率为零的位置）。

（3）检查小车断路器 QF1、QF2 在断开位置，将 QF1、QF2 推至工作位置，并检查插头已插好。

（4）合上隔离开关 QS，并检查已合好。

（5）装上 QF1、QF2 的操作和动力熔断器。

（6）合上 QF2，经延时装置动作，自动合上 QF1，QF1 联动合上灭磁开关 SD，再经延时装置动作，自动跳开 QF2，并检查 QF2 已断开。

（7）将 QF1、QF2、SD 的操作把手恢复至对应位置。

（8）调节磁场变阻器 R_C，使调相机带负荷，按规程规定逐步带上满负荷。

（9）拉开隔离开关 QS，并检查 QS 已断开。

（10）取下 QF2 的操作及动力熔断器。

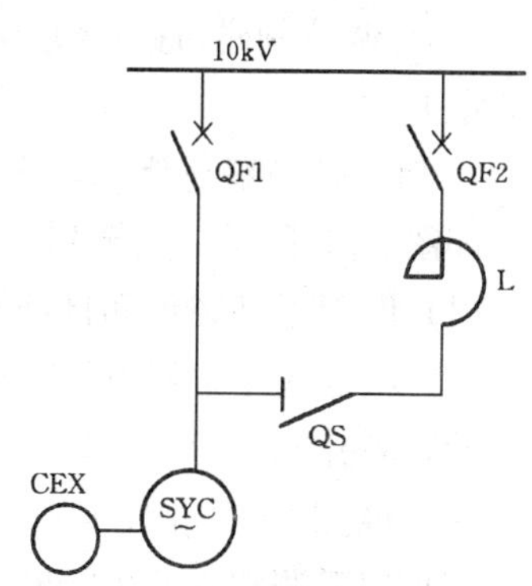

图 8-2　用电抗器起动调相机的接线

2. 用电动机起动的操作步骤

如图 8-3 所示，M 为绕线式异步电动机，其容量约为调相机额定容量的 2%；T 为起动变压器，由于调相机额定电压为 10.5kV，电动机额定电压为 6kV，故需增加一台起动变压器，其容量应不小于电动机容量的 1.5 倍；SYC 为调相机；CEX 为调相机的励磁机，R 为电动机转子串联附加电阻；CC 为自动脱离联轴器。其起动基本步骤如下：

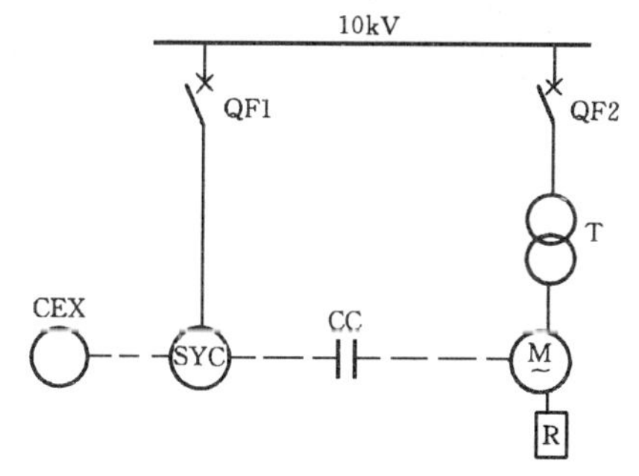

图 8-3　用电动机起动调相机的接线

（1）将小车断路器 QF1、QF2 的保护投入。

（2）检查 QF1、QF2 在断开位置，将 QF1、QF2 推至工作位置，并检查插头已插好。

（3）将调相机的磁场变阻器 R_C 调节至最终位置（无功功率为零的位置）。

（4）将电动机转子串联电阻 R 全部串入转子回路。

（5）装上 QF1、QF2 的操作和动力熔断器。

（6）将 QF1 的同期开关投入同期位置。

（7）合上 QF2（随串联电阻 R 逐级短接，转速逐渐升高，在 R 全部短接时，转速达同步转速的 99%以上）。

（8）合上灭磁开关 SD。

（9）电动机转子回路串联电阻 R 全部切除完毕（来信号显示）时，调节励磁机磁场变阻器 R_C，使调相机电压升至额定电压（与 10kV 母线电压相同）。

（10）当整步表指针缓慢接近红线时，合上 QF1（或自动同期合闸），QF2 自动跳闸。此时，调相机转速大于电动机转速，自动脱离联轴器 CC 将电动机自动脱开停转。

(11) 将 QF2 操作把手恢复到跳闸后的位置。

(12) 退出同期开关。

(13) 调节励磁机磁场变阻器 R_C，使调相机带无功负荷，并按规程规定，逐步调节负荷至额定值。

3. 调相机的解列停机操作

如图 8-3 所示，其解列停机操作步骤如下：

(1) 停用强励装置和自动电压调节器。

(2) 将磁场变阻器 R_C 调至最终位置（无功功率为零的位置）。

(3) 断开 QF1（并联跳灭磁开关 SD）并检查 QF1 已断开。

(4) 将 SD 操作把手复归。

(5) 记下调相机的惰行时间。

(6) 取下 QF1 的操作和动力熔断器。

(7) 停用调相机的保护。

四、调相机的异常运行及事故处理[1]

(一) 异常运行

1. 调相机过负荷

(1) 异常现象

1) 警铃响，"过负荷"光字牌亮。

2) 静子电流和转子电流超过规定值。

3) 无功负荷增加。

(2) 处理方法

1) 复归信号、记录时间，判断系何种原因引起过负荷。

2) 系统正常运行时，允许调相机过负荷运行，但过负荷电流倍数 $K(K=I/I_N)$ 与过负荷时间需符合规定。

2. 系统振荡或调相机失步

(1) 异常现象

1) 定子电压表、电流表、无功功率表向两侧剧烈摆动。

2) 转子电压表、电流表在正常值附近剧烈摆动。

3) 调相机发出有规律的鸣声，其节奏和表计摆动合拍。

4) 灯光闪烁，一明一暗。

(2) 处理方法

1) 若自动励磁装置投入，强行励磁动作后，不得调整励磁；如强行励磁未投入，则应增加励磁电流，创造恢复同期的有利条件。

2) 加强各部位监视，若系统振荡在 2min 内，调相机其他情况正常，不应解列。

3) 系统振荡超过 2min，在采取上述措施后，仍不能恢复同期时，则应将调相机解列。待系统稳定后，立即起动并入系统。

---

[1] 本内容可在"实践教学"中完成。

3. 定子电流三相不平衡

(1) 异常现象：定子电流三相不平衡。

(2) 处理方法

1) 若三相电流之差未超过额定值的10%，且最大一相的电流值也未超过额定值，允许继续运行，但应将情况向调度汇报。

2) 调相机最大的一相电流达到额定值，且三相不平衡电流又超过额定值的10%，则应立即减负荷运行，并向调度报告。

4. 调相机运转不正常

(1) 异常现象：调相机运转不正常有如下异常现象显示。

1) 突然发生剧烈振动，振幅超过0.05mm的规定值。

2) 调相机内有异常摩擦声。

(2) 处理方法

1) 故障严重时，应紧急停机。

2) 故障情况不严重时，报告有关领导。

5. 定子绕组和铁芯温度高于允许值

(1) 异常现象：用测温装置或就地温度计检查，温度高于允许值。

(2) 处理方法

1) 可适当降低无功负荷，使温度降低到允许值。

2) 加大风冷器的水流量或投入备用风冷器。

(二) 事故处理

1. 调相机失去励磁

(1) 故障现象：调相机失去励磁有如下故障现象显示。

1) 励磁电流接近于零或等于零。

2) 转子电压接近于零或等于零，调相机定子电压降低。

3) 无功表指示为零或为负值。

4) 母线电压表指示降低。

5) “调相机失磁”光字牌亮。

(2) 处理方法

1) 调整磁场电阻，增加励磁电流，若增加不上，说明励磁回路断线，应立即检查处理。若属于灭磁开关误动，应强送灭磁开关，在30min内不能恢复，应解列停机处理。

2) 失磁前，若调相机转子带接地故障运行，则应停机。

3) 失磁时，如定子电流冲击很大，应停机。

4) 由于失磁，又发生危及调相机的安全运行的其他异常现象，应解列停机。

2. 转子绕组接地

(1) 故障现象：“转子一点接地”光字牌亮，警铃响。

(2) 处理方法

1) 复归信号，记录接地时间。

2) 用绝缘检查开关检查是“+”极接地还是“-”极接地，并记录电压表读数。

3) 在励磁回路寻找接地点，确定接地点的部位，用压缩空气吹净整流子或滑环上灰尘，以恢复绝缘电阻。

4）一点接地点未找出时，一般不宜长时间运行，应转移负荷，申请停机处理。

3. 调相机自动跳闸

（1）故障现象

1）事故跳闸信号动作。

2）无功负荷降至零。

3）转子电流降至零。

（2）处理方法

1）将磁场变阻器 R_C 调至终端位置。

2）将断路器和灭磁开关的操作把手拧至跳闸后位置。

3）检查信号继电器掉牌，查明是何种保护动作跳闸。

4）如系误碰保护跳闸，可不作检查，立即起动调相机并入系统。

5）由于外部短路故障，所以应作外部检查，查明外部异常或故障所在并消除后，即可将调相机并入系统。

6）由于内部故障，故应作详细检查（内部是否烧伤、引出线是否短路），查明原因并处理好后，重新将调相机投入运行。

课题三 电力电容器的运行

电力电容器分为串联电容器和并联电容器，它们都有改善电力系统的电压质量和提高输电线路的输电能力，是电力系统重要的补偿设备。

一、电力电容器的作用

1. 串联电容器的作用

串联电容器串接在线路中，其作用如下：

（1）提高线路末端电压。串接在线路中的电容器，利用其容抗 x_C 补偿线路的感抗 x_L，使线路的电压降落减少，从而提高线路末端（受电端）的电压，一般线路末端电压最大可提高 10%～20%。

（2）降低受电端电压波动。当线路受电端接有变化很大的冲击负荷（如电弧炉、电焊机、电气铁道等）时，串联电容器能消除电压的剧烈波动。这是因为串联电容器在线路中对电压降落的补偿作用是随通过电容器的负荷而变化的，具有随负荷的变化而瞬时调节的性能，能自动维持负荷端（受电端）的电压值。

（3）提高线路输电能力。由于线路串入了电容器的补偿电抗 x_C，线路的电压降落和功率损耗减少，相应地提高了线路的输送容量。

（4）改善了系统潮流分布。在闭合网络中的某些线路上串接一些电容器，部分地改变了线路电抗，使电流按指定的线路流动，以达到功率经济分布的目的。

（5）提高系统的稳定性。线路串入电容器后，提高了线路的输电能力，这本身就提高了系统的静稳定。当线路故障被部分切除时（如双回线路被切除一回、单回线路单相接地切除一相），系统等效电抗急剧增加，此时，将串联电容进行强行补偿，即短时强行改变电容器串、并联数量，临时增加容抗 x_C，使系统总的等效电抗减少，提高了输送的极限功率

（$P_{max}=U_1U_2/x_L-x_C$），从而提高系统的动稳定。

2. 并联电容器的作用

并联电容器并联接在系统的母线上，类似于系统母线上的一个容性负载，它吸收系统的容性无功功率，这就相当于并联电容器向系统送出感性无功。因此，并联电容器能向系统提供感性无功功率，提高系统运行的功率因数，提高受电端母线的电压水平，同时，它减少了线路上感性无功的输送，减少了线路上的电压和功率损耗，因而提高了线路的输电能力。

二、电力电容器装置的接线

1. 串联电容器装置的接线

图 8-4（a）是串联电容器装置的接线，图 8-4（a）中，每相由多个串联电容器的支路并联（图中画出了 4 个并联支路），每个支路由多个电容器串联。每相并联的支路数按一相最大负荷电流来选择（并考虑过负荷），每支路串联电容器个数由补偿度（x_C/x_L）来决定。一个电容器的接线见图 8-4（b）。

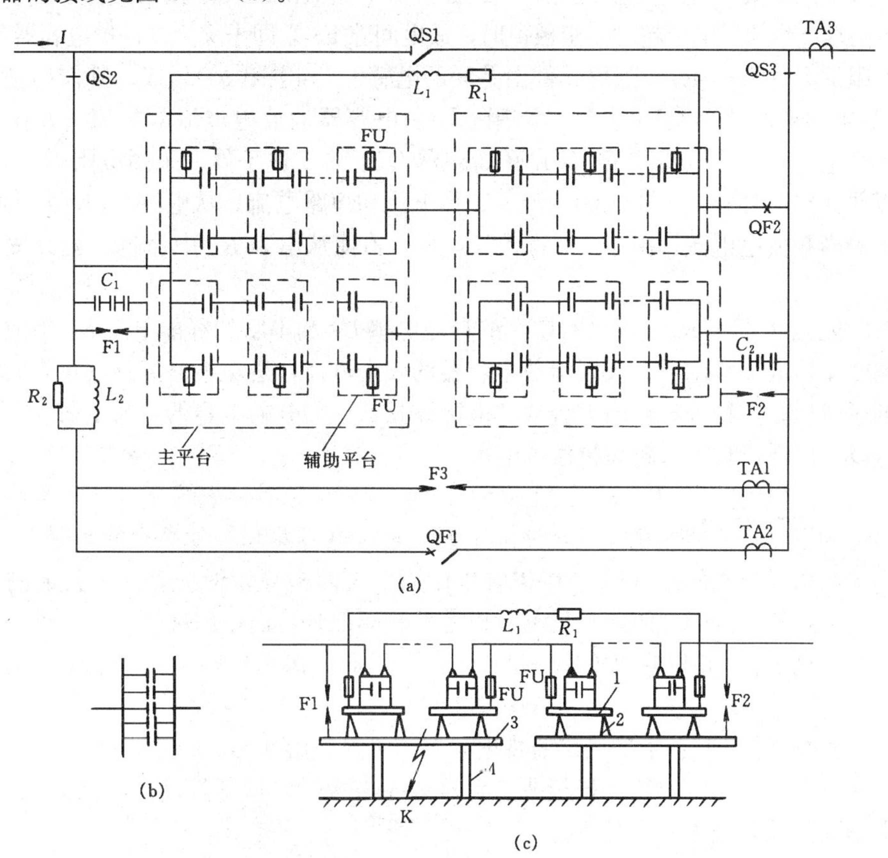

图 8-4　串联电容器装置接线及布置

（a）串联电容器装置接线；（b）一个电容器的接线；（c）串联电容器在绝缘平台上的布置

1—辅助平台；2—支持绝缘子；3—主平台；4—绝缘支柱

图 8-4（c）是串联电容器在绝缘平台上的布置。串联电容器装置布置在室外的绝缘平台上，主平台对地的绝缘水平与线路的绝缘水平相同，为了限制放电能量，同一绝缘平台上安置电容器的串联不能很多，为此需设辅助平台，把全部电容器分成若干群，每群安置在一个辅助平台上，再把若干辅助平台安置在一个主平台上［图 8-4（c）中设有 2 个主平台和

若干辅助平台]。

在图 8-4 中配置的主要设备有：隔离开关 QS1、QS2、QS3；断路器 QF1、QF2；阻尼元件 L_2—R_2；释能元件 L_1—R_1；引导放电间隙 F1、F2；放电间隙 F3；耦合电容 C_1、C_2；跌落熔断器 FU；电流互感器 TA1～TA3。下面介绍它们的作用：

（1）隔离开关 QS1～QS3：与并联断路器（QF1）配合，进行电容器组的投入或切除操作。

（2）并联断路器 QF1：与 QS1、QS2、QS3 配合，投入或切除电容器组；当系统故障时，若继电保护或线路断路器拒动，为防止保护间隙（F3）燃弧时间过长，经一定时间 QF1 合上，将保护间隙短接，保证 F3 熄灭。

（3）强补断路器 QF2：在强行补偿时使用（正常运行时，QF2 在合闸位置，系统故障强补偿时，继电保护将其跳闸，减少串联电容器组并联支路数，增大 x_C，达到强补偿）。

（4）放电间隙 F3：也称保护间隙，当线路发生短路故障或在不正常运行情况下，在串联电容器组两端产生的过电压超过一定数值时，放电间隙 F3 立即击穿，以保护电容器免遭破坏。

（5）阻尼元件 L_2—R_2：阻尼元件由并联的电感 L_2 和电阻 R_2 组成。其作用是当放电间隙 F3 击穿或并联断路器 QF1 合闸时，用以限制电容器的放电电流的幅值，并使其很快衰减，以减轻电容器、放电间隙 F3 和并联断路器 QF1 的工作条件，采用电阻 R_2 与电抗 x_{L2} 并联，以便使绝大部分的工作工频电流（工作电流和短路电流）从电感 L_2 中通过，减轻 R_2 的负担。对高频放电电流，由于 L_2 的感抗很大，迫使从电阻 R_2 中通过，充分发挥其阻尼作用。

（6）释能元件 L_1—R_1：由具有铁芯的释能电感 L_1 和串联的释能电阻 R_1 组成。其作用是：线路断路器故障跳闸后，及时泄放电容器的残余电荷，避免线路断路器重合时，产生幅值很高的过电压；实行强补偿时，释放非故障被强补偿部分的电容器残留电荷，避免强补偿断路器（QF2）合闸时，引起高幅值过电压。

（7）引导放电间隙（F1、F2）：在主平台发生接地故障时，如图 8-4（c）k 点短路，加到电容器上的电压为线路的相电压，该电压大大超过电容器和辅助平台的承受能力，此时，该主平台上的引导放电间隙（F1）在相电压作用下立即击穿，保护该主平台上的电容器和辅助平台免遭损坏。同时把故障点转移到电容器的端部，从而把内部故障引导外部故障，迫使放电间隙 F3 击穿，并迫使线路保护动作跳闸，因此，保护辅助平台的绝缘子及电容器免遭破坏。

（8）跌落熔断器 FU：主要用来监视电容器的绝缘。熔断器 FU 的一端接电容器的一极，另一端接辅助平台，当电容器的极板或套管对外壳击穿时，跌落熔断器与故障点形成回路，使熔断器熔断跌落，便于及时处理。

（9）耦合电容（C_1、C_2）：用来固定主平台的漂移电位，降低辅助平台的漂移电压。

（10）电流互感器（TA1～TA3）：TA1 为间隙电流互感器，用以检查放电间隙是否有电流流过，若有，则发信号，并使并联断路器 QF1 合上，之后，电流就从间隙支路转移到并联断路器 QF1 支路，当 QF1 支路中的电流互感器 TA2 测量到线路电流恢复到正常值时，就发出信号，使并联断路器 QF1 断开，使串联电容器重新接入线路。TA3 为过负荷电流互感器，当 TA3 流过过负荷电流时，过负荷保护动作发信号，并使并联断路器 QF1 闭合，使串联电容器组得到保护。当 TA3 中的电流恢复到安全值时，并联断路器 QF1 自动断开，将串联电容器重新接入线路。

2. 并联电容器装置的接线

我国的并联电容器补偿装置，其电压等级为10kV及以下、35kV和66kV，故并联电容器装置一般装设在变电站10kV及以下、35kV和66kV电压母线上。常用的并联电容器接线如图8-5所示，其配套的主要设备有断路器QF、串联电抗器L、避雷器F、电压互感器（放电装置）TV和熔断器FU。

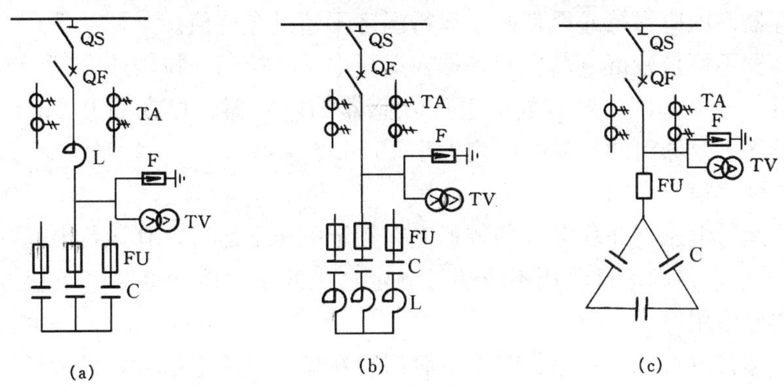

图8-5　并联电容器补偿装置接线

(a) 串联电抗器在电源侧星形接线；(b) 串联电抗器在中性点侧星形接线；(c) 电容器组三角形接线

(1) 断路器QF：用于投切电容器组C和切除短路故障。一般选用不重燃的真空断路器和SF_6断路器。

(2) 串联电抗器L：主要作用是限制电容器组投入时的涌流倍数和高频率谐波，抑制电容器组连接回路中产生高次谐波的谐振；减少电网中谐波源对电容器过负荷的影响，减少电容器组断路器两相重燃时的涌流以利灭弧；当串联电抗器接在母线侧时，可减少电容器的短路电流，限制由于一台电容器极间击穿时，其他电容器组对其短路放电。

(3) 避雷器F：若断路器性能不好，在切除电容器组因重燃可能产生高倍数的过电压，放电容器组一般需装设避雷器，作为过电压保护。

(4) 放电装置TV：电容器是储能元件，退出运行时，两极间最高电压可达$\sqrt{2}U_N$（峰值），最大储能为CU_N^2。这个能量不能在短时间内靠自身的高绝缘电阻放电至安全电压。如在此时合闸，必然产生很高的合闸过电压，危及设备和人身安全。故装设专用的放电装置，在断路器断开时，短时间内将电容器组的电压放电至安全电压。

(5) 熔断器FU：当电容器发生极间击穿或电容器套管闪络、极对壳击穿时，由熔断器切除故障电流。

根据运行实践的统计，三角形接线的电容器组，当极间击穿时相当于母线两相短路，故障电流很大，往往因切除故障不及时，造成电容器油箱爆炸，故系统电压在10kV以下，相间短路容量小的变电所或配电线路上装设容量小于2000kvar的电容器组，一般采用三角形接线；而10～66kV的中性点非直接接地和不接地系统，当电容器组容量在2000kvar及以上时，一般采用中性点不接地的单星形或双星形接线；110kV系统一般为直接接地系统，当需在110kV侧直接补偿无功时，电容器组可接成中性点直接接地的星形接线。

三、电容器补偿装置的允许运行方式

电容器的正常运行状态是指在额定条件下，在额定参数允许的范围内，电容器能连续运行，且无任何异常现象。

1. 电容器补偿装置运行的基本要求

（1）三相电容器各相的容量应相等。

（2）电容器应在额定电压和额定电流下运行，其变化应在允许范围内。

（3）电容器室内应保持通风良好，运行温度不超过允许值。

（4）电容器不可带残留电荷合闸，如在运行中发生掉闸、拉闸或合闸一次未成，必须经过充分放电后，方可合闸。对有放电电压互感器的电容器，可在断开 5min 后进行合闸操作。运行中投切电容器组的间隔时间应大于 15min。

2. 允许运行方式

（1）允许运行电压。并联电容器装置应在额定电压下运行，其运行电压一般不宜超过额定电压的 1.05 倍，最高运行电压不应超过额定电压的 1.1 倍。母线电压超过 1.1 倍额定电压时，电容器应停用。

（2）允许运行电流。正常运行时，电容器应在额定电流下运行，最大运行电流不得超过额定电流的 1.3 倍，三相电流差不超过 5%。

（3）允许运行温度。正常运行时，其周围额定环境温度为＋40～－25℃，电容器的外壳温度应不超过 55℃。

四、电容器装置的运行维护

1. 运行中的维护

（1）根据电容器环境温度的变化，运行时应随时注意开启通风机通风。电容器自身的热损耗较一般开关设备大得多，容易使户内环境温度升高。运行时，应根据环境温度变化，随时开启通风机通风散热，且应注意使每个电容器都通风良好、无死区，使电容器的运行温度均不超过规定值。室外串补电容器也应监视其运行温度不超过规定值，必要时也要加强通风冷却。

（2）清扫和更换损坏设备。电容器运行时，应对电容器定期清扫，清除表面灰尘和污渍，以保证绝缘水平；更换有缺陷的电容器；更换熔断的熔断器熔丝及消除其他缺陷，以保证电容器的正常运行。

2. 运行中的巡视检查

运行中的电容器装置，应巡视检查下列项目：

（1）检查电容器应在额定电压和额定电流下运行，三相电流应平衡。

（2）检查电容器无渗、漏油现象。

（3）检查电容器外壳应无变形及膨胀现象。

（4）检查电容器套管及支持绝缘子应无裂纹、无放电痕迹、内部无放电声或其他异常响声。

（5）各接线头应无松动，接头及母线无过热变色现象，示温蜡片无熔化脱落。

（6）检查室内环境温度应不超过 40℃，且通风良好。

（7）检查电容器的熔断器无熔丝熔断现象。

（8）检查并联电容器放电装置 TV 的二次信号灯应亮。

(9) 检查电容器的外壳接地应完好。

(10) 检查电容器的断路器、互感器、电抗器、避雷器等应无异常。

(11) 对串联电容器还应检查下列项目：

1) 检查放电间隙 F3 和引导放电间隙无异常；

2) 检查主平台、辅助平台绝缘子完好无破损和无放电痕迹；

3) 检查阻尼元件、释能元件、主平台耦合电器完好；

4) 检查主平台通道清洁无杂物、栏杆完好。

五、电容器装置的操作❶

下面主要介绍并联电容器装置的操作。

1. 投入前的检查

(1) 检查电容器外观应完好，试验合格。

(2) 检修后的电容器，其一次接线应正确，接线应牢固。

(3) 采用绝缘平台的电容器组（单套管电容器），其平台绝缘子应完好。

(4) 检查电容器外壳和构架（双套管电容器）接地良好。

(5) 检查三相电容之间的差值应不超过一相总容量的 5%。

(6) 检查电容器的断路器、互感器、避雷器、放电装置、熔断器等应完好无异常。

(7) 检查电容器的绝缘电阻（两极对外壳）应合格（摇绝缘后，电容器应充分放电）。

2. 并联电容器投入的操作

如图 8-5 (a) 所示。操作前，检修工作票已收回；检修临时安全措施已拆除，恢复常设安全措施；检查一次系统正常，断路器、隔离开关均在断开位置。电容器投入的基本操作步骤如下：

(1) 将电容器的保护投入。

(2) 装上电容器的保护熔断器 FU。

(3) 装上断路器 QF 的操作及动力熔断器。

(4) 推上电容器的隔离开关 QS，并检查 QS 已合好。

(5) 合上电容器的断路器 QF，并检查 QF 已合好。

(6) 检查电容器三相电流应平衡，电容器无异常。

3. 并联电容器停用检修的操作

电容器停电检修的基本操作步骤如下：

(1) 断开电容器的断路器 QF，并检查 QF 已断开。

(2) 拉开电容器的隔离开关 QS，并检查 QS 已断开。

(3) 放电。将电容器的电极及外壳对地放电，以防工作人员触电。

(4) 验电。可对电容器进出线两侧各相分别验电，检查电容器上确已无电压。

(5) 取下电容器的熔断器。

(6) 装接地线。

4. 操作注意事项

电容器的断路器断开后，若再次合闸起用，其间隙时间应不少于 5min，以防止合闸过

❶ 本内容可在“实践教学”中完成。

电压。规程规定：手动投切的电容器组放电装置，应能使电容器组上的剩余电压在5min内自额定电压降至50V以下。自动投切的电容器组上的剩余电压，在5s内自额定电压降至0.1倍额定电压以下。

六、电容器装置的异常运行及事故处理[❶]

下面主要介绍并联电容器装置的异常运行及事故处理。

（一）并联电容器的异常运行

1. 电容器渗、漏油

电容器渗、漏油，主要是由于外壳密封不严、电容器过负荷、环境温度高使箱壁压力增大等原因造成。

当运行中的电容器发生渗、漏油时，应减轻电容器的负载，或加强通风，降低环境温度，且不宜长时间运行。若运行时间过长，外界潮气渗入其内，使绝缘降低，导致发生电容器绝缘击穿。若渗、漏油严重，电容器应退出运行。

2. 电容器运行电压过高

电容器的运行电压是随电网负荷的变化而变化的。当电网负荷大时，电网的电压会降低，此时，电容器应投入，以补偿系统的无功不足；当电网负荷降低时，电网电压会升高，则电容器的运行电压也高。当电容器的运行电压超过1.1倍额定电压时，电容器应退出运行。另外，若电容器操作引起过电压，并有过电压信号报警，则应断开电容器的断路器，查明原因。

3. 电容器过流

正常运行时，电容器在额定电流下运行，由于运行电压的升高，或电源电压波形的畸变，故会引起电容器的电流过大。当电流超过额定电流的1.3倍时，应将电容器退出运行。因为过大的电流会形成热击穿，烧坏电容器。

（二）电容器的事故处理

1. 电容器断路器自动跳闸

电容器断路器自动跳闸一般为速断、过流、过压、失压或压差保护动作所致。

断路器跳闸后应首先检查保护的动作情况，然后检查一次回路，如检查电容器有无爆炸、喷油、鼓肚；检查断路器、放电装置、电力电缆有无故障。经上述检查若确认无故障，则为外部故障造成母线电压波动而跳闸，经过一定时间（大于5min）可再合闸。

2. 电容器外壳鼓肚

当电容器内部发生局部放电时，电弧使绝缘油产生大量气体，使电容器的外壳发生明显的膨胀变形。造成电容器内部局部放电的原因，主要是运行电压过高，长期过电流运行，或断路器重燃、操作过电压及电容器质量低所引起的，另外，环境温度过高(超过40℃)，导致电容器介质热击穿，也会引起外壳鼓肚。如电容器发生群体变形，应及时停用检查。

3. 电容器故障停用

发生下列故障之一者，电容器应停电：

---

❶ 本内容可在“实践教学”中完成。

(1) 电容器发生爆炸。

(2) 电容器套管破裂并有闪络放电。

(3) 电容器严重喷油或起火。

(4) 电容器过热，外壳示温蜡片熔化或接头严重过热。

(5) 电容器外壳明显鼓肚；有油质流出；三相电流不平衡超过5%；电容器和电抗器内部有放电声。

4. 变电站全停电时电容器的处理

变电站全停电或接有电容器的母线失去电压时，应先将该母线上的电容器断路器断开，然后再断开母线上的线路断路器。否则，如果电容器接在母线上，当母线恢复受电时，使母线带电容器残余电压空载合闸，母线上会产生很高的合闸过电压，使电容器因过电压而损坏。另外，当母线上的变压器空载投入运行时，若电容器接在母线上，其充电电流以三次谐波为主，这时若电容器的电容与变压器的电感构成共振条件，则充电电流可达额定电流的2～5倍，持续时间达1～30s，故可能引起变压器过流保护动作跳闸。因此，当变电站停电后，或空载的主变压器送电前，为避免受电母线电压的升高，或谐波电流的影响，必须先将电容器的断路器断开，以防电容器损坏。

当停电的变电站恢复受电后，应先将各线路送电，然后根据母线电压的高低，再决定电容器的投入。

课题四　静止无功补偿器（SVC）的运行

在500kV的超高压电网中，由于输电距离长，沿线路输送的无功会引起较大的有功损耗、无功损耗和电压损耗，故无功不宜长距离输送。系统的无功缺额由并联无功补偿装置在电网的枢纽点补偿。另外，500kV的电网，由于电压高、输电距离长、线路分布电容效应较大，线路电容产生的无功使系统电压升高，特别是在线路轻载的情况下，易使系统过电压，而线路末端电压更高。为抑制系统过电压和对系统无功进行调节，在系统枢纽点装设并联电抗器和静止补偿装置。电抗器用以吸收系统电容效应产生的多余无功，而静止补偿装置（含并联电容器和并联电抗器）既能向系统输送无功，也能吸收系统多余的无功（利用可控元件同步控制电容器和电抗器来实现）。

但在500kV变电站中，由于主变压器大多采用有载调压变压器，故可利用有载调压作为主手段，以无功补偿作为辅助手段来调节主变压器中压侧电压，使其在负荷发生改变时，按照逆调压方式维持在适当的电压水平，以保证负荷侧的电压质量。

另外，对于具有快速响应特性的静止无功补偿装置还具有如下作用：①能够抑制系统由于切负荷、输电线路充电或变压器投运产生的瞬时过电压；②能够保证系统电压和电流的对称性，减小其不平衡；③还能够抑制由于串联电容补偿或其他原因产生的系统次同步振荡。

一、静止补偿装置的构成及接线

静止补偿装置的构成及接线如图8-6所示。它主要由固定电容器组FC、晶闸管投切电容器组TSC、晶闸管控制电抗器TCR和降压变压器T1等部分组成。静止补偿装置接于500/220/35kV主变压器T的第三绕组。T1的容量为60MV·A，变比为35/8kV；TSC、TCR、FC的容量均为60Mvar。

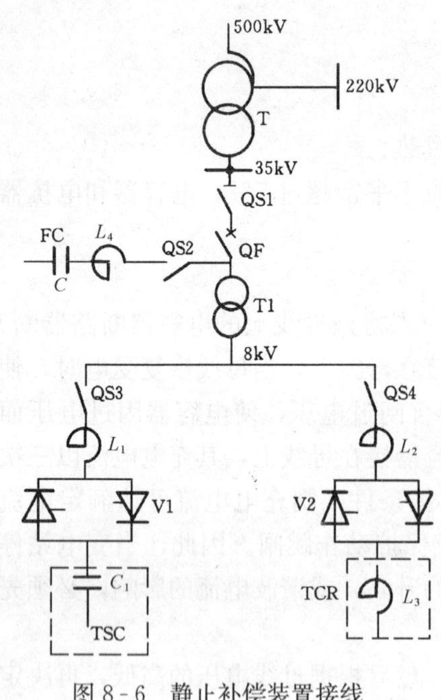

图 8-6　静止补偿装置接线

（1）变压器 T1。由于大功率晶闸管价格高，经技术经济比较，TSC 和 TCR 的电压宜选用 8kV，故 T1 选用 35/8kV，以满足晶闸管电参数优化的要求。

（2）固定电容器组 FC。固定电容器就是前面所述的并联电容器，能固定地向系统输送 60Mvar 的无功，FC 不受 SVC 的调节器的控制。

（3）晶闸管投切电容器组 TSC。其单相接线为电抗器 L_1、晶闸管 V1、电容器组 C_1 相串联，三个单相组接成△形后，再接于 T1 的低压侧。电抗器 L_1 有如下作用：降低电容器 C_1 投入时涌流的变化率（di/dt）；L_1 与 C_1 组成串联谐振滤波器，滤去系统的主要特征谐波，且限制故障电流，以保护晶闸管和电容器元件。

在稳定情况下，如果晶闸管门极没有触发脉冲，则电容器组 C_1 处于断开状态。当有触发脉冲时，晶闸管导通，则电容器 C_1 投入，当电流方向改变时，正反并联的另一晶闸管触发导通，维持电容器 C_1 的投入。TSC 由调节器控制投切。

（4）晶闸管控制电抗器 TCR。由晶闸管控制的电抗器 TCR 为空心式线性电抗器。TCR 的单相接线为两个电感量相同的电抗器 L_2 和 L_3 与晶闸管阀 V2 相串联（每相采用两电抗器的目的是为了限制短路电流）。三个单相组接成△形后，再接到 T1 的低压侧。

TCR 用来吸收系统多余无功，通过晶闸管导通使 TCR 投入运行。当晶闸管 V2 门极施加触发脉冲时，则晶闸管 V2 导通，TCR 投入；当电流过零，且不再施加门极触发脉冲时，晶闸管截止，则 TCR 退出。

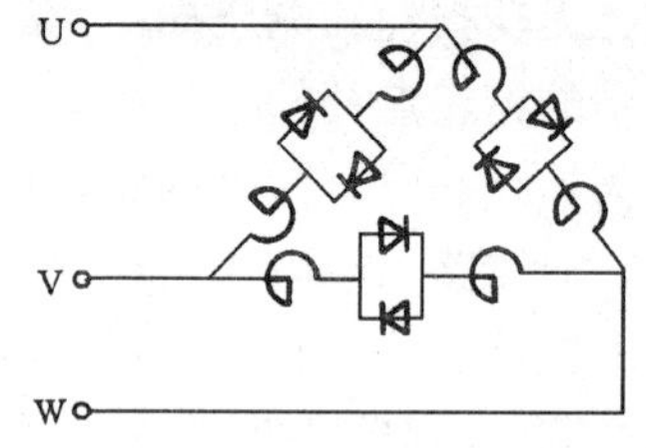

图 8-7　六脉冲电抗器基本接线

实际使用中的晶闸管控制电抗器多采用六脉冲电抗器。六脉冲电抗器基本接线如图 8-7 所示，它是将三个单相晶闸管电抗器按三角形接线连接到三相交流系统中，这也是静止补偿装置广泛采用的电抗器接线方式，晶闸管由六脉冲控制。

由于控制了晶闸管的触发角便控制了晶闸管的导通角，从而控制流过电抗器中电流的大小，所以，通过改变晶闸管的触发角，可以控制 TCR 从系统吸收无功的多少。这一控制是由 SVC 的自动电压调节器来完成的。而且 TCR 的调节是连续的，其调节范围为 0～60Mvar。

（5）自动电压调节器 AKR。图 8-8 为 SVC 的自动电压调节器示意图。SVC 受其控制系统的控制，而 AKR 是 SVC 的控制系统的组成部分。当系统无功及端电压发生变化时，通过 SVC 的控制系统的 AKR，调节其无功输出及系统端电压。故 SVC 是受其控制系统 AKR 控制的无功补偿装置和系统端电压控制器。在图 8-6 中，SVC 以 220kV 母线电压为基准，对 220kV 和 500kV 母线电压进行调节。

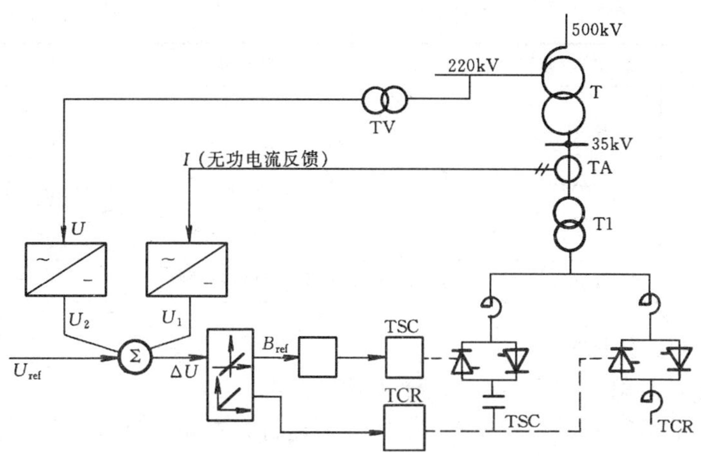

图 8-8　自动电压调节器示意图

AKR 对 SVC 具有控制作用，其简要工作过程如下：由图 8-8 可知，调节器的主输入量有三个：响应电压 U_2（或称基准电压，由 220kV 母线电压互感器 TV 取得）、参考电压 U_{ref}（或称整定电压）、斜率调节电压 U_1（相应于无功电流反馈），由电流互感器 TA 取得，使系统端电压与补偿电流成比例的变化（即具有一定的调差率）。三个量一起送到调节器的总加点，进行比较积分放大后，得到一个维持参考电压所需输出或吸收无功的参考导纳 B_{ref}，再由脉冲发生器产生与系统同步的触发脉冲，相应控制 TSC 的投切和 TCR 的导通角，以调节 SVC 的无功输出，从而调节系统端电压。

当 $U<U_{ref}$ 时，SVC 吸收系统无功；当 $U>U_{ref}$ 时，SVC 输出无功；当 $U=U_{ref}$ 时，SVC 无功输出为零。SVC 的调节斜率由系统情况决定，一般整定为 5%。

（6）双向晶闸管 V1（或 V2）。由两个晶闸管正、反并联即为双向晶闸管。在 SVC 装置中，由于晶闸管电压一定，需将数个双向晶闸管串联起来，以满足所要求的反向阻断电压（8kV）。晶闸管串联工作时所有晶闸管门极同时施加触发脉冲，晶闸管导通；停止施加触发脉冲，电流过零时，晶闸管截止。双向晶闸管为高电压大电流元件，工作时，一般采用水冷却。在 SVC 装置中，晶闸管采用三相立式组装，电磁式触发。

二、SVC 的运行方式

由图 8-6 可知，一台 SVC 装置有 FC、TSC、TCR 三条支路。FC 和 TSC 投入运行，均能向系统播送 60Mvar 的无功功率，TCR 投入运行，能吸收系统的无功功率一般为 0～60Mvar。根据变电站装设的 SVC 台数不同，可有不同的运行方式。

1. 单台 SVC 的运行方式

单台 SVC 的运行方式见表 8-1。

表 8-1　　　　**单台 SVC 的运行方式**

序号	组合方式	无功输出范围	调节方式	运行条件	伏-安特性
1	FC+TSC+TCR	0～120Mvar	自动连续	$U_{ref} \geq U_p > 0.95U_{ref}$	U_{ref}；$0.95U_{ref}$；(Mvar)；(Mavr)；$+\Delta Q$；120；0；$-\Delta Q$

续表

序号	组合方式	无功输出范围	调节方式	运行条件	伏-安特性
2	TSC+TCR	−60～0～+60Mvar	自动连续	$1.025U_{ref} \geqslant U_p \geqslant 0.975U_{ref}$	1.025 U_{ref} U_{ref} 0.975 (Mvar) 0 (Mvar) $+\Delta Q$ +60 −60 $-\Delta Q$
3	FC	+60Mvar	不能自动调节	U_p 由电网控制	

表 8-1 中，U_{ref} 为整定的参考电压；U_p 为 SVC 的工作电压（调节器调节后）；伏-安为 SVC 的运行特性，其斜率为 5%，决定于无功反馈电流。

除表 8-1 中的运行方式外，还有 FC+TCR 运行方式和 TCR 运行方式，但不推荐使用。

2. 2 台 SVC 的运行方式

2 台 SVC 同时运行时，2 台 SVC 应尽量保持相同的运行方式联合运行。

若 2 台 SVC 各以不同的方式联合运行，则一般采用以下运行方式：

（1）一台 SVC 为 FC 运行，另一台为 TSC+TCR 运行。

（2）一台 SVC 为 FC 运行，另一台为 FC+TSC+TCR 运行。

（3）一台 SVC 为 TSC+TCR 运行，另一台为 TSC+TCR+FC 运行。

2 台 SVC 若各自以其他不同组合方式联合运行，应有适当的安全措施，并报经调度同意。

为保证 SVC 的正常运行，运行人员应掌握各种运行方式及运行点控制。正常运行时，一般要求 SVC 可控调节的无功出力控制在额定容量的 50%～60% 范围内，使其有一定的无功储备来抑制系统的动态扰动。由于一般无功静止补偿装置没有安装无功储备控制器或运行点整定控制器，这就要求运行人员在运行中应根据系统工况，经调度同意，手动调节 SVC 的参考电压来控制静止补偿装置的运行点。同时，为保证其快速调压功能，运行中必须采用逆调压的方式来调节参考电压，即当系统处于高峰负荷时，应下调参考电压，使系统端电压升高；当系统处于低谷负荷时，应上调参考电压，使系统端电压降低。但应注意，参考电压的调节应使 SVC 的运行容量维持在原定的调压范围，以防止 SVC 超出力运行而误跳闸。由于 SVC 具有与变压器有载调压装置联动调压的功能，当 SVC 输出在额定容量的 75% 以上时，延时 1min 调节主变压器有载调压分接头开关。

三、SVC 的运行与维护

1. 一次设备的运行与维护

SVC 补偿装置中的一次设备主要包括电力电容器、电抗器和冷却系统等。

（1）电力电容器。SVC 无功补偿装置所使用的电容器组一般由标准电压、低耗、户外型电容器单元组成，按串、并联连接以产生所需要的额定容量和额定电压。

SVC 的电容器正常运行及维护与前述并联电容器的运行维护相同，这里不再重述。

（2）线性电抗器。SVC 补偿装置所采用的电抗器一般均为损耗较小的空心干式线性电抗器。在没有故障时，一般不需要定期检查，只进行定期清扫和修补表面脱漆。在运行巡视检查时应检查如下几方面：①绝缘支柱有无裂纹、破损；②引线头有无发热现象；③电抗器本体有无异常响声和放电声；④电抗器周围有无铁磁物体及其他杂物。

(3) 冷却系统。晶闸管阀的冷却系统主要有水冷和空气冷却两种型式。其中：水冷却效率高、噪声小，但维护比较复杂；空气冷却效率稍低、容易引起噪声，但其简单、可靠、并且所有阀元件都是直接冷却的。以下主要介绍水冷却系统。

水冷却系统分内冷水和外冷水两部分，内冷水为密闭循环系统，直接通过晶闸管的散热母板，再通过热交换器与外冷水进行热交换，一般要采用净化处理后的软化水（蒸馏水）作为补充水，可以减轻离子交换器的工作负担，延长交换树脂的使用年限。外冷水为开放冷却循环系统，由冷却塔将热量散入大气中。

冷却系统正常运行时应注意以下几点：①每天记录冷却水的洪水温度和回水温度，两者温差不应小于4℃；②内冷水水质和运行参数应符合标准；③电导率表的指示应与离子交换器的运行状况相适应；④内冷水水位应在高、低水位线之间；⑤马达运行是否正常，有无异常声音和过热；⑥水泵有无异常声音和发热以及有无漏水现象；⑦两台水泵每隔一定时间应轮换一次运转，不得一个泵长期运转，另一个长期停用，停用的泵应处于热备用状态；⑧必须在静止补偿装置投运前0.5h起动外冷水循环系统及水处理机，待内冷水的含氧量、电导率、水位均正常后才投入静止补偿装置。停运时，也必须在断路器分闸0.5h后再停内冷水处理机，最后停外冷水循环系统，不得在停静补的同时停水处理机。

2. 二次设备的运行与维护

SVC补偿装置中的二次设备主要包括控制系统、辅助电源、继电保护装置和晶闸管阀等。

(1) 控制系统。无功静止补偿装置的控制系统是否运行正常，可根据补偿装置输出的电流和连接点电压的变化情况来判断。正常时输出的电流不断地变化，而电压却基本保持不变，一般连接点的运行电压不能超过额定电压的1.1倍。当运行中发现电压频繁摆动应立即退出运行。另外，运行中应特别注意控制系统内部各保护应投入，特别是调差故障和220kV低电压保护。

对控制系统的定期维护主要内容有：①各功能插件的电位和波形测试、功能试验；②二次回路检查试验；③整组联调试验。

(2) 辅助电源。正常运行时，静止补偿装置的辅助电源主要包括交流380V及220V和直流110V电源，均要求不间断地供电。

对辅助电源的运行维护主要是使其满足下列要求：①交流380V电源采用两路电源供电，且可互相切换；②独立的直流电源系统，主要由直流晶闸管充电器和蓄电池组成，直流监视装置工作正常，直流晶闸管充电器正常带直流回路负荷，并对蓄电池进行浮充电；③交流220V电源采用逆变器供电，在直流110V异常时可瞬时切换到交流220V备用电源。注意：在定期检修时，应进行自动切换试验；逆变器的电源输入开关不宜频繁开闭，以免投入电源时的涌流使熔丝熔断，开关的关、闭间隔以1～2min为宜。

(3) 继电保护装置。正常运行时，无功静止补偿装置中各一次设备的继电保护应投入。

继电保护的定期维护工作主要包括定值核定、二次回路绝缘试验、回路整组试验等。

(4) 晶闸管阀。晶闸管阀是由一定数量的正、反向并联的晶闸管对组成，正常运行时应注意以下几方面：①晶闸管阀监视装置可监视每对晶闸管的状态，这种监视方法一般采用监视每对晶闸管上的电压，故只有在晶闸管关断情况下才能检出故障，所以在运行中应注意晶闸管阀的通、断状态；②晶闸管运行时的环境温度、相对湿度均不允许超标；③巡视晶闸管阀外观，有无异常气味、放电声、异常振动，冷却管道有无漏水，压力继电器是否正常等；④因串联连接的晶闸管具有一定的备用度，当出现个别晶闸管组件损坏时，晶闸管阀仍可运行一段时间，但不能超过该晶闸管阀限定的最高允许时间。

晶闸管阀正常维护内容有：清扫晶闸管阀；定期对阀座进行耐压试验；定期对晶闸管做参数测试试验；检查均压回路及触发脉冲等。

四、SVC 的事故处理❶

(1) 个别晶闸管损坏，晶闸管阀仍可运行一段时间，但不能超过该晶闸管阀限定的最长运行时间。

(2) 晶闸管故障跳闸时，首先记录相应的灯光指示信号和报警信号，并迅速向调度报告，再由专业人员排除故障。晶闸管故障未排除之前，不得投入 SVC。

(3) 晶闸管阀漏水、冒烟、着火，应立即断开 SVC 的断路器 QF，然后向调度报告，再行处理。

(4) 电抗器内部如有严重放电声，停止 SVC 运行，并向调度报告。

(5) 出现下列情况应断开电容器或保护动作跳闸后禁止合闸：

1) 电容器很多熔丝熔断，电容器组不平衡，平衡保护报警或跳闸，电容器上电压超过其允许极限值。

2) 由于谐波、谐振或短路引起电容器过流。

3) 电网发生大气过电压或操作过电压。

4) 系统电压低于 $0.5U_N$。

5) 环境温度超过 50℃或电容器大量漏油。

小　结

1. 调相机的运行

同步调相机实质上是空载运行的同步电动机。它既可作为无功电源，发出无功功率，提高母线电压；又可作为无功负荷，吸收无功功率，降低母线电压。

调相机运行时，应按制造厂规定的允许参数运行，调相机的运行监视、检查和维护基本与发电机相同。调相机的起动方式有工频异步降压起动和电动机起动。其中：工频异步降压起动有用电抗器起动、自耦变压器起动和用联络变压器起动三种方式，一般采用电抗器起动。电动机起动有用绕线式异步电动机和同轴交流励磁机起动、同轴直流励磁机起动等方式，一般采用绕线式异步电动机起动。调相机的异常运行和事故处理也与发电机基本相同。

2. 电力电容器的运行

电力电容器分串联电容器和并联电容器，它们都能改善电力系统的电压质量，提高线路的输电能力。

串联电容器运行时，通过隔离开关将其串接在线路中，串联隔离开关均合上，与电容器并联的并联断路器断开，当线路故障时，并联断路器合上，线路故障消除后，又自动断开；

❶ 本内容可在“实践教学”中完成。

并联电容器由断路器投入或退出运行。

串联电容器和并联电容器都应按铭牌规定的额定电压和额定电流运行。如果超过允许值，应退出运行，否则会引起电容器击穿或爆炸。电容器的投、切，其间隔时间一般不少于5min，否则，剩余电压很高，再次合闸会产生很高的合闸过电压。

3. 静止补偿器（SVC）的运行

静止补偿器（SVC）主要由固定电容器组 FC、可调电容器组 TSC 和可调电抗器 TCR 组成。

SVC 运行时，既能向系统输送无功，也能吸收系统的多余无功。在 500kV 系统，线路电容效应使系统过电压，SVC 中的 TCR 能连续可调的吸收线路电容效应产生的无功，对系统电容效应产生的过电压起抑制作用。当系统高峰负荷时，SVC 中的 TSC 投入运行（FC 也可能已投入运行），向系统输送无功，以维持电压中枢点的电压水平。

TSC 和 TCR 的投切受调节器的控制，根据系统电压和 SVC 的整定电压，通过调节器控制 TSC 的投切和 TCR 的导通角，从而可控制系统端电压。

SVC 运行时应按规定的运行方式运行，SVC 的可控无功调节输出必须留有一定的裕度，即可控调节的无功输出一般保持在±35Mvar（50%～60%Q_N）范围内变动，使 SVC 有一定的无功储备来抑制系统的动态扰动。

SVC 在运行中是通过调节 SVC 的参考电压来控制 SVC 的运行点的。在调节参考电压时，应防止 SVC 超出力运行，当每台 SVC 可控调节的无功输出容量整定到±45Mvar（75%Q_N）时，应调节主变压器有载调压分接开关，让主变参加联动调压。

习　　题

一、填空题

1. 调相机过励磁运行时，它向系统________；欠励磁运行时，它从系统________。

2. 并联电容器分闸与合闸的间隔时间不少于________，在这个时间内，电容器对________放电，电容器上的剩余电压值可降至________ V 以下。

3. 并联电容器的运行电压超过________时，电容器应退出运行，运行电流超过________时，电容器也应退出运行。

4. 串联电容器补偿装置中，阻尼元件的作用是________________。

5. SVC 无功输出的自动连续调节是通过调节________来实现的。

6. TSC 的功能是________，TCR 的功能是________。

7. 用调节 SVC 的________来控制 SVC 的运行点。

二、判断题（对的在括号内打√，错的打×）

1. 定期更换调相机电刷的极性，可以避免滑环运行时起槽。（　）

2. 运行的并联电容器分、合闸间隔时间太短，再次合闸时会引起合闸过电压。（　）

3. 当系统处于高峰负荷时，应上调 SVC 的参考电压，使系统端电压升高。（　）

4. 当系统处于低峰负荷时，应下调 SVC 的参考电压，使系统端电压下降。（　）

5. 改变 TSC 晶闸管的触发角可以调节 TSC 的无功输出。（　）

6. 改变 TCR 晶闸管的触发角可以改变 TCR 吸收系统无功的大小。（　）

7. 线路发生故障时，串联电容器补偿装置退出运行。（　）

8. 串联电容器补偿装置的主平台接地，其并联断路器自动合闸。（　）

三、问答题

1. 说明调相机的正常运行方式。

2. 调相机运行应巡视检查哪些项目?

3. 写出调相机用电抗器起动和用异步电动机起动的操作步骤。

4. 说明调相机过负荷时的现象及处理方法。

5. 说明调相机失磁的现象及处理方法。

6. 说明图 8-5（a）中各元件的作用。

7. 说明并联电容器装置的允许运行方式。说明图 8-4 中，串补电容器运行时，断路器和隔离开关的分、合状态。

8. 并联电容器装置运行时应巡视检查哪些项目?

9. 写出并联电容器装置投入与停用的操作步骤。

10. 变电站停电后，母线上的并联电容器应如何处理？为什么？

11. 说明单台 SVC 和两台 SVC 的运行方式。

12. SVC 运行时应做哪些维护工作?

13. SVC 运行时如何控制 SVC 的运行点?

14. 在串联电容器补偿装置中，说明并联断路器在什么情况下分、合闸?

15. 串补电容器装置中的阻尼元件及释能元件有什么作用?

继电保护、自动装置及二次回路运行

内 容 提 要

本单元主要介绍电厂、变电站继电保护、自动装置及二次回路的典型配置及其运行监视、运行操作、运行维护、异常及事故处理。

课题一 二次回路运行要求

一、保护、自动装置及二次回路的一般规定

发电厂、变电站的二次回路又称二次接线，是指电厂、变电站的测量仪表、监视装置、信号装置、控制和同期装置、继电保护和自动装置等所组成的电路。二次回路的任务是反映一次系统和设备的工作状态，对一次系统和设备进行监视和控制。在运行中，二次回路有如下基本规定。

(1) 正常运行时，全部良好的继电保护及自动装置根据上级或调度命令应投入运行。凡带电压的电气设备，一般不允许处于无保护运行状态。

(2) 运行设备使用的保护和相关二次回路应随时与运行方式一致，保护装置及相关二次回路要正确反映一次设备实际位置。

(3) 继电保护装置更改定值和变动接线、各种保护装置的停用与加用操作，必须有调度命令。厂用电或站用电设备保护的停用与加用应按本厂或本站继电保护规程规定执行。

(4) 在正常运行及交接班时，运行人员应对二次回路进行全面检查，特殊情况下还要进行特殊巡视检查。

(5) 凡现场接触二次回路的工作，均应携带相关图纸，严格履行工作票及监护制度，防止误碰、误动引起二次回路误动、拒动。

(6) 在保护装置投入前，应进行必要的检查，核对定值、检查连接片，证明保护装置是正常后，方可投入运行。

(7) 在运行中发现二次回路有不正常现象时，应及时汇报，同时运行人员可做如下处理：

1) 若发现二次回路中有引起误跳闸危险时，可立即退出有关保护。

2) 对确认为外部故障或其他原因可能引起有关保护的误动，应立即退出有关保护。

二、保护、自动装置及二次回路的运行检查

1. 正常巡视检查

(1) 检查直流系统的绝缘是否良好，各装置的工作电源是否正常。

(2) 检查各断路器位置与控制回路指示位置及灯光信号相对应。

(3) 检查信号回路正常。

(4) 检查各保护及自动装置连接片的投退、组合开关的位置与调度命令相符，各熔断

器、空气开关的位置与实际运行要求一致，信号显示正常。

（5）检查二次设备屏清洁、标识齐全、接线无脱落放电现象，运行声音正常。

（6）检查表计指示正常，无过负荷现象。

2. 特殊巡视检查

（1）高温季节应加强对微机保护及自动装置的巡视。

（2）高峰负荷及恶劣天气应加强对二次设备的巡视。

（3）当断路器跳闸后，应对保护及自动装置进行重点巡视检查，并详细记录保护及自动装置的动作情况。

（4）对某些二次设备进行定点、定期巡视检查。

3. 定期巡视检查

（1）检查二次设备屏内电压互感器、电流互感器回路有无异常。

（2）检查二次设备屏内照明和加热器是否完好和按要求投运。

（3）检查微机保护的定值和时钟。

（4）检查故障录波器的录波波形。

三、保护、自动装置及二次回路的操作

在正常运行中，继电保护、自动装置及二次回路的操作应根据调度命令，在有人监护的情况下进行。

保护、自动装置及二次回路与一次设备配合操作时，其操作的原则是：停电操作时，先停一次设备，后停继电保护、自动装置及二次回路；送电操作时，先投继电保护、自动装置及二次回路，后操作一次设备。

继电保护、自动装置及二次回路的投退操作一般采用加合用停用连接片的方法。对采用计算机监控的电厂或变电站，还可通过监控系统的软连接片进行操作。

继电保护、自动装置及二次回路在投入前必须对其回路进行周密检查。检查的内容包括：

（1）该回路无人工作，工作票已经结束、收回。

（2）继电器外壳盖好，全部铅封。

（3）保护定值符合规定数值。

（4）二次回路拆开的线头已恢复等。

值班人员若需投入继电保护和自动装置时，应先投入交流电源（如电压或电流回路等），后送上直流电源。

1. 继电保护、自动装置及二次回路投入操作

（1）检查保护、自动装置及二次回路电源正常，装置符合投入条件。

（2）接通跳闸出口回路。

（3）接通启动或闭锁重合闸回路。

（4）接通启动断路器失灵回路。

（5）接通相应自动装置动作回路。

2. 继电保护、自动装置及二次回路退出操作

（1）断开跳闸出口回路。

（2）断开启动或闭锁重合闸回路。

（3）断开启动断路器失灵回路。

（4）断开相应自动装置动作回路。

四、保护、自动装置及二次回路的运行维护

1. 继电保护、自动装置及二次回路的运行维护的要求

（1）在二次回路上工作必须办理工作票或下达口头命令，至少有两人一起工作。

（2）防止运行中的电流互感器二次侧开路，电压互感器二次侧短路。

（3）防止直流接地或直流短路。

（4）定期清扫。保护、自动装置屏外部由运行人员清扫，内部一般由专业人员定期清扫。清扫时应有专人监护，清扫工具应干燥，清扫时不得误碰装置及二次接线。

2. 继电保护装置运行注意事项

（1）继电保护装置在运行中，当发生异常情况时应加强监视，并立即向有关部门报告。

（2）继电保护动作跳闸后，应检查保护动作情况，并查明原因。

（3）运行值班人员对装置的操作，一般只允许断开或投入连接片、切换转换开关以及投退熔断器等。

（4）运行中保护退出或变更整定值时，必须得到运行主管部门的同意。

（5）在运行中的二次回路上工作时，必须遵守《电业安全工作规程》以及《继电保护和安全自动装置现场工作保安规定》。

3. 继电保护装置动作后的处理

（1）继电保护动作后，运行值班人员必须沉着、迅速、准确地进行处理。

（2）检查继电保护动作情况，并记录信号继电器掉牌情况。

（3）根据继电保护动作情况，分析可能是哪些电气设备故障，检查巡视该保护范围内一次设备有无故障现象。

（4）恢复送电前，应将所有掉牌信号全部复归。

（5）属当地供电部门调度管辖设备的继电保护动作，应迅速将继电保护动作情况和设备巡视情况汇报当值调度员，并应听从调度员的命令进行处理。

（6）事故处理过程中，应限制事故的发生，防止事故的扩大，解除对人身和设备的威胁，还应尽一切可能保持设备的继续运行。

五、保护、自动装置及二次回路的故障处理

1. 二次回路常见的异常和故障

（1）控制、信号回路熔断器熔断。信号回路熔断器熔断后，信号灯熄灭；控制回路熔断器熔断后，有预告信号和光字牌“控制熔断器熔断”出现。此时，值班人员应尽快更换熔断器。更换时注意应当使用同样电流的备用件熔断器。

（2）端子排连接松动。二次回路中任何端子排都应安装牢固，接触良好。若发现二次回路端子排连接松动以及有发热现象，应立即紧固。注意紧固时，不要误碰其他端子排，更不要造成端子间的短路。

（3）小母线引线松脱。小母线引线松脱是巡视检查中不易发现的缺陷。变电所中小母线很多，因此应根据仪表、信号灯、光字牌等出现的现象来分析、判断小母线引线接触不良的情况。

（4）指示仪表卡涩、失灵。指示仪表是运行人员的眼睛，如果指示错误，将会造成值班

人员的错误判断。仪表五指示的原因可能有：①回路断线，接头松动；②熔断器熔断；③表针卡死；④表针损坏。

(5) 继电保护及自动装置故障导致的异常信号，设备拒动、误动等。

2. 二次回路查找故障的一般步骤和方法

在二次回路中查找的故障工作时，必须遵守电业安全工作规程和现场规程中有关规定，同时应注意以下问题：

(1) 必须按符合实际的图纸进行工作。

(2) 在电压互感器二次回路上查找故障时，必须考虑对继电保护及装置的影响，防止因失去交流电压而使保护误动作。

(3) 拔直流电源熔断器时，应同时拔掉正负极熔断器，以利于分析查找。

(4) 带电用表计测量方法查找回路故障时，必须使用高内阻电压表（如万用表），防止误动跳闸，禁止使用灯泡查找故障。

(5) 防止电流互感器二次开路和电压互感器二次短路及接地。

(6) 使用工具应合格且绝缘良好，尽量使必须外露的金属部分减少（可包绝缘），防止发生接地或短路及人身触电。

(7) 拆动二次接线端子，应先核对图纸及端子标号，作好记录和明显标记，及时恢复所拆接线并核对无误，检查接触是否良好。

(8) 不许触动继电器的机械部分。二次回路故障查找，重在分析判断，有正确的分析判断，才能正确处理，少走弯路。先根据接线的情况、故障象征、设备状态及信号等情况分析、判断可能出现故障的范围，再用正确的方法步骤检查，以缩小范围。检查、测量中根据其结果和现象进行再一次分析判断，并加以恰当的方法和其他手段证实判断，从而准确无误地查出故障点。

确定检查顺序时，先查发生故障可能性大、较容易出问题的部分。如回路不通时，先查电源熔断器是否熔断或接触不良，可动部分、经常动作的元件及薄弱点等。

经上述检查未查出问题，则应用缩小范围法检查，缩小范围后再继续检查直至查明故障点。因此，二次回路查故障的一般步骤如下：

(1) 根据故障现象分析原因。

(2) 保持原状进行外部检查和观察。

(3) 检查故障可能性大的、易出问题、常出问题的部分和元件。

(4) 用“缩小范围法”缩小范围。

(5) 查明具体故障点并消除故障。

二次回路故障应根据现场不同的故障情况进行不同的处理，处理过程中要特别注意防止造成保护误动或拒动，防止造成二次设备短路烧毁二次设备。

课题二　输电线路继电保护运行

一、输电线路继电保护的配置

对于不同的电压等级的输电线路，其保护的配置各有不同。对于电压等级较低的输电线路，如10、35kV输电线路，一般仅配置阶段式过电流保护及零序保护，或反时限过电流保护及零序保护作为线路的主保护和后备保护；对 110kV 及以上的输电线路，则要求装设能实现全线速动的高频保护和阶段式距离保护、零序电流保护作为线路的主保护和后备保护，以便能快速切除故障，保证电网的稳定性。

110kV 及以上线路，根据系统稳定性或保护配合的需要，一般采用主保护双重化配置，即设置两套完整、独立的全线速动主保护，两套主保护的交流电流、电压回路和直流电源彼此独立，每一套主保护对全线路内发生的各种类型的故障均能无时限动作切除故障。

不同的主接线方式，线路保护的配置接线有所不同。

1. 单母线接线中线路保护的配置

如图 9-1 所示，输电线路保护装置从母线电压互感器（TV）二次侧获得电压，从线路电流互感器（TA）上获得电流。当输电线路上出现故障时，保护动作经出口连接片，作用于断路器控制回路使得断路器跳闸切除线路故障。线路保护的范围为输电线路。

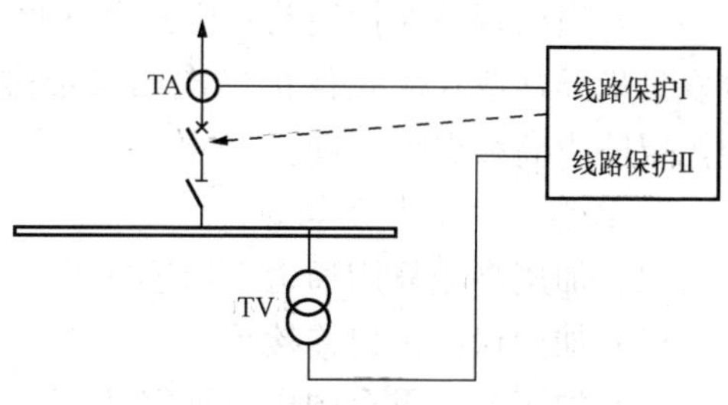

图 9-1　单母线接线中线路保护配置示意图

2. 双母线接线中线路保护的配置

如图 9-2 所示，输电线路保护装置根据线路所接母线的隔离开关辅助触点选择从母线电压互感器（TV1 或 TV2）二次侧获得电压，从线路电流互感器（TA）上获得电流。当输电线路上出现故障时，保护动作经出口连接片，作用于断路器控制回路使得断路器跳闸切除线路故障。

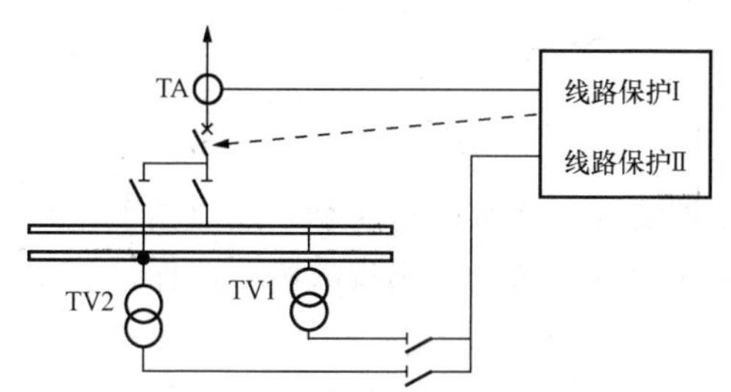

图 9-2　双母线接线中线路保护配置示意图

3. 3/2 接线中线路保护的配置

如图 9-3 所示，输电线路保护装置从线路电压互感器（TV）二次侧获得电压，从电流互感器（TA1）与电流互感器（TA2）上获得和电流作为线路电流。当输电线路上出现故障时，保护动作经出口连接片，作用于断路器控制回路使得两断路器跳闸切除线路故障。

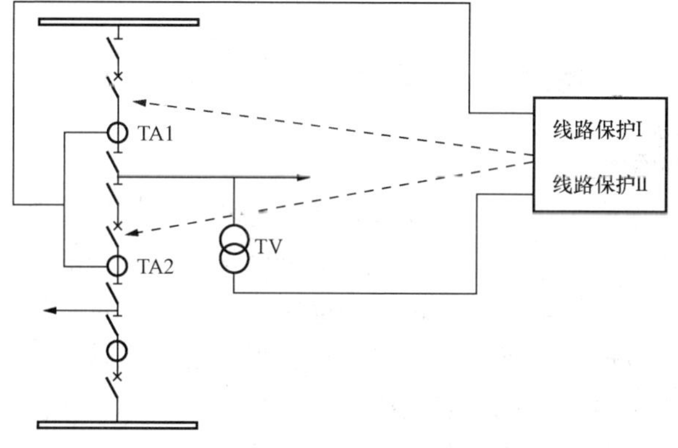

图 9-3　3/2 接线中线路保护配置示意图

二、输电线路继电保护的运行

输电线路正常运行时，保护装置必须投入运行，输电线路不允许无保护运行。

1. 运行人员正常巡视检查

（1）检查正常运行时无任何光字牌、异常信号显示。

（2）检查各保护连接片按调度命令正确投、退。

（3）检查重合闸的运行方式与调度指令一致。

2. 高频保护的运行

（1）高频保护正常巡视应注意检查高频通道设备处于正常状态。

（2）运行人员每天应进行一次通道数据测试，检查高频通道的完好性。

（3）当出现被保护线路一侧高频保护退出运行、一侧高频保护装置有故障、通道故障、收发信机异常或在高频保护二次回路上进行工作时，应汇报调度，按调度命令退出高频保护，以防止高频保护误动。

3. 线路保护的加用操作

（1）加用高频复用通道出口连接片。

（2）加用保护出口连接片。

（3）加用起动重合闸出口连接片。

4. 线路保护的停用操作

（1）停用保护出口连接片。

（2）停用起动重合闸出口连接片。

（3）停用高频复用通道出口连接片。

三、输电线路继电保护的异常及事故处理

输电线路保护装置异常或故障时，可能使得保护装置在正常运行误动，造成输电线路不必要的停电，甚至影响系统的稳定性；也可能造成在线路一次设备出现故障时，保护装置拒动，导致事故的扩大。因此在出现异常或故障时应及时处理。

（1）当出现TV断线时，在调度许可下将可能误动的保护退出运行。

（2）当收发信机或高频保护通道故障时，运行人员应申请停用相应的高频保护。

（3）当TA异常或故障、保护装置异常或故障时，运行人员应检查保护的运行情况，必要时，申请停用该保护进行检查处理。

课题三 发电机保护运行

一、发电机保护的配置

发电机保护配置的原则是当发电机故障时能迅速动作，保护发电机设备的安全；在异常情况下，应能在充分利用发电机自身能力的前提下确保机组本身的安全。

为保证保护的可靠性，发电机主保护通常也采用双保护配置。发电机保护出口通常有四个通道，即机组全停、发电机解列灭磁、发电机解列和发电机降负荷。

全停：当发电机出现严重的或短时间内难于恢复的故障时，保护动作出口将发电机励磁开关、发电机出口断路器跳闸，同时联跳相应动力系统（如锅炉、汽轮机），使整个机组停止工作。

解列灭磁：当发电机出现某种故障时，保护出口将发电机励磁开关、发电机出口断路器跳闸，相应动力系统仍可维持运行。

解列：当发电机出现某种故障时，保护出口将发电机出口断路器跳闸，发电机仍可维持运行。

降负荷（或减出力）：当发电机出现某种故障时，保护出口降低发电机有功或减励磁。

大型发电机配置的保护包括以下几种。

（1）发电机纵差保护：切除发电机定子相间短路，瞬时跳开机组，机组全停。

（2）发电机匝间保护：切除发电机定子匝间短路，机组全停。

（3）发电机定子接地保护：切除发电机100%定子单相接地故障，机组全停。

（4）发电机负序过电流保护：区外发生不对称性短路或非全相运行时，保护发电机转子不因过热而损坏，发信号或作用于发电机降负荷。

（5）发电机对称过电流保护：当区外发生对称过电流短路时，保护发电机定子不过热，作用于发信号或发电机降负荷。

（6）发电机过电压保护：反应发电机过电压，作用于降励磁。

（7）发电机过励磁保护：反应发电机过励磁，作用于发信号或降励磁。

（8）发电机失磁保护：反应发电机全部或部分失磁，作用于发电机解列灭磁。

（9）发电机失步保护：反应发电机和系统之间的失步，作用于发电机解列。

（10）发电机过电流、低压过电流、复合电压过电流、阻抗保护等：作为发电机的后备保护，作用于发信号或发电机解列。

（11）发电机过负荷保护：反应发电机过负荷，作用于发信号或发电机降负荷。

（12）转子一点接地保护：反应发电机转子一点接地，发报警信号。

（13）转子两点接地保护：反应发电机转子两点接地或匝间短路，作用于全停。

（14）励磁绕组过负荷保护：反应发电机励磁机过负荷，作用于发信号或减励磁。

（15）发电机逆功率保护：反应发电机逆功率，保护动力设备，作用于发电机解列。

（16）误上电保护：检查发电机在起停机期间可能的误合闸。

（17）起停机保护：在起停机过程中检测绕组的绝缘变化。

二、发电机保护的运行

发电机正常运行时，保护装置必须投入运行，发电机不允许无保护运行。

1. 运行人员正常巡视检查

（1）检查正常运行时无任何光字牌、异常信号显示。

（2）检查各保护连接片按调度命令正确投、退。

2. 发电机保护的加用操作

（1）正常运行时保护加用直接加用保护出口连接片。

（2）检修后保护装置投用顺序为：先送装置电源，测量连接片正常后再投保护连接片。

3. 发电机保护的停用操作

（1）正常运行时保护停用直接停用保护出口连接片。

（2）正常情况下保护装置交直流电源不退出，如果应检修要求或调度要求需要将保护装置停电时，停用顺序为：先停保护连接片，后停装置电源。

三、发电机保护的异常及事故处理

发电机保护装置异常或故障时，可能使得保护装置在正常运行时误动，造成停机事故，也可能造成在一次设备出现故障时，保护装置拒动，导致发电机设备损坏。因此在保护装置出现异常或故障时应及时处理。

(1) 当出现TV断线时，在调度许可下将可能误动的保护退出运行。

(2) 当TA异常或故障、保护装置异常或故障时，运行人员应检查保护的运行情况，必要时，申请停用该保护进行检查处理。

课题四 变压器保护运行

一、变压器保护的配置

变压器是电厂和变电站内的重要电气设备，其保护配置分为反应变压器内部故障的主保护和反应外部故障的后备保护两类。主保护又分为反应变压器油箱内部故障的气体保护和反应油箱外部的差动保护两种。大型变压器保护双重化配置。

变压器一般配置以下保护。

(1) 差动保护：反应变压器内部各种相间、接地短路故障，同时还能反应变压器引出线套管、引线等的短路故障，差动保护瞬时动作切除变压器各侧断路器。

(2) 气体（轻、重气体）保护：反应变压器内部各种短路故障和油面降低以及油位过高，轻气体报警，重气体瞬时动作跳开变压器各侧断路器。

(3) 零序电流保护：反应中性点直接接地系统中外部接地短路的零序电流保护，是变压器的后备保护。

(4) 过电流或复合电压过电流保护：反应变压器外部相间短路并作为主保护的后备。

(5) 过负荷保护：反应变压器过负荷。

(6) 过励磁保护：反应变压器过励磁。

二、变压器保护的运行

变压器正常运行时，保护装置必须投入运行，不允许无保护运行。

1. 运行人员正常巡视检查

(1) 检查正常运行时无任何光字牌、异常信号显示。

(2) 检查各保护连接片按调度命令正确投、退。

(3) 检查变压器差流正常。

2. 变压器保护的加用操作

(1) 正常运行时保护加用直接加用保护出口连接片。

(2) 变压器大修后，重气体保护按调度要求投信号或跳闸。

(3) 中心点零序保护的投退应与中性点运行方式一致。

3. 变压器保护的停用操作

(1) 正常运行时保护停用直接停用保护出口连接片。

(2) 正常情况下保护装置交直流电源不退出，如果应检修要求或调度要求需要将保护装置停电时，停用顺序为：先停保护连接片，后停装置电源。

三、变压器保护的异常及事故处理

变压器保护装置异常或故障时，可能使得保护装置在正常运行时误动，造成变压器跳闸事故；也可能造成在一次设备出现故障时，保护装置拒动，导致变压器设备损坏。因此在保护装置出现异常或故障时应及时处理。

（1）当出现 TV 断线时，在调度许可下将可能误动的保护退出运行。

（2）当 TA 异常或故障、保护装置异常或故障时，运行人员应检查保护的运行情况，必要时，申请停用该保护进行检查处理。

课题五 母线保护运行

一、母线保护的配置

母线是汇集和分配电能的重要元件。母线上发生故障，将使连接在故障母线上的所有元件停电。枢纽变电站的母线上发生故障，甚至会破坏整个电力系统的稳定。母线保护的装设一般遵循以下原则。

（1）220kV 及以上电压等级的母线，装设快速有选择地切除故障的母线保护，对 3/2 接线，每组母线一般装设两套母线保护。

（2）110kV 双母线、重要的 110kV 单母线或 35～66kV 母线，装设母线保护。

（3）对发电厂或变电站的 3～10kV 母线，一般不装设母线保护，而由发电机或变压器的后备保护实现对母线的保护。

母线保护采用差动原理构成，又称为母差保护。母线保护的范围包括连接在该母线上电流互感器范围内的所有元件。保护动作出口跳该母线上所有连接设备的断路器。

1. 单母线接线的母线保护配置

如图 9-4 所示，母线保护装置从线路电流互感器（TA）上获得电流，从母线电压互感器（TV）二次侧获得电压。当母线范围内出现故障时，保护动作经出口连接片，作用于断路器控制回路使得断路器跳闸切除母线上所接断路器。

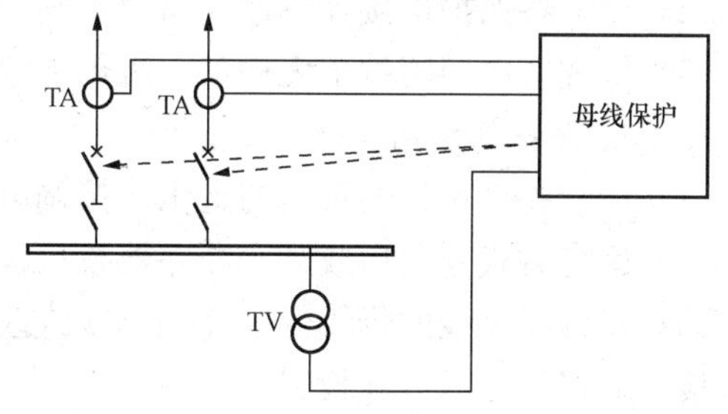

图 9-4 单母接线母线保护配置示意图

2. 双母线接线的母线保护配置

如图 9-5 所示，母线保护装置从线路电流互感器（TA）上获得电流，从母线电压互感器（TV）二次侧获得电压。当母线范围内出现故障时，保护动作，通过选择判断，经出口连接片，作用于断路器控制回路使得断路器跳闸切除母线Ⅰ或母线Ⅱ上所接断路器。

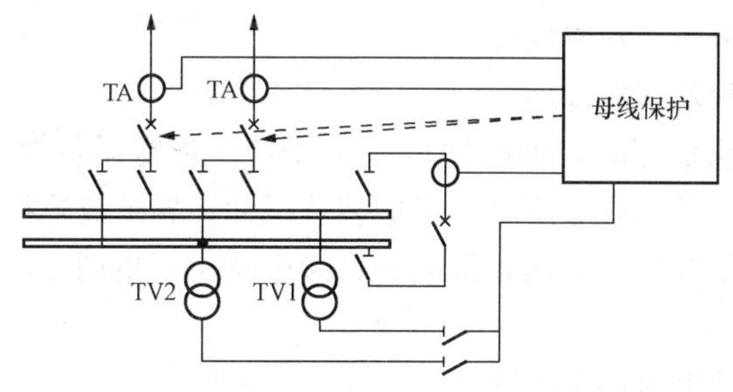

图 9-5 双母线接线中线路保护配置示意图

3. 3/2 接线的母线保护配置

如图 9 - 6 所示，母线保护装置从母线侧电流互感器（TA）上获得电流，从母线电压互感器（TV）二次侧获得电压。当母线范围内出现故障时，保护动作，经出口连接片，作用于断路器控制回路使得断路器跳闸切除母线上所接断路器。

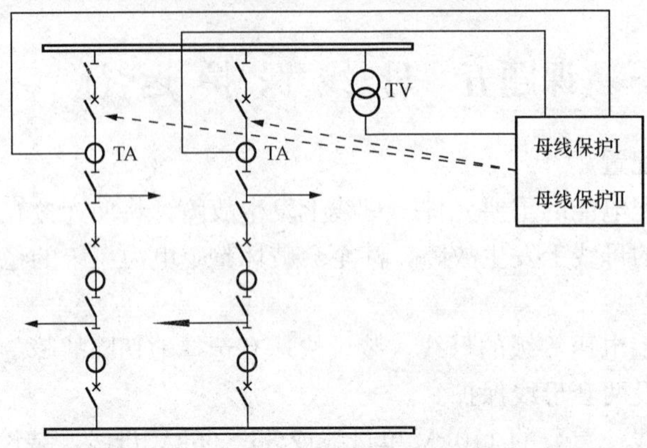

图 9 - 6　3/2 接线母线保护配置接线示意图

二、母线保护的运行

1. 运行人员正常巡视检查

（1）检查正常运行时无任何光字牌、异常信号显示。

（2）检查各保护连接片按调度命令正确投、退。

（3）检查二次回路端子无松动、过热现象。

2. 母线保护的加用操作

（1）母线差动保护的投运与退出应按调度命令执行，并要与一次设备的运行方式对应。

（2）运行方式变更后或某台断路器投入运行时，均应检查不平衡电流。

（3）双母线接线的母线保护在倒母线或改变运行方式时，母线保护的三极隔离开关或互联连接片应根据运行方式投退。

3. 母线保护的停用操作

（1）任何与母线连接的单元或间隔检修，如需在电流互感器两侧接地时，应将该单元或间隔母线差动保护用电流互感器二次回路与差动回路脱开。检修完毕后及时恢复。

（2）任何与母线连接的单元或间隔检修或试验，如需在电流互感器一次侧通大电流时，应将该单元或间隔母线差动保护用电流互感器二次回路与差动回路脱开；同时采用防止二次侧开路的措施。试验完毕后，及时恢复。

三、母线保护的异常及事故处理

母线保护装置异常或故障时，可能使得保护装置在正常运行时误动，造成母线跳闸事故；也可能造成在一次设备出现故障时，保护装置拒动，导致故障扩大，危害电力系统的安全和稳定。因此在保护装置出现下列异常或故障时应及时汇报调度，将母线保护退出进行检修处理：

（1）装置发生“交流电流回路断线”。

（2）装置发生“交流电流回路断线”、“直流电源消失”。

（3）检测的不平衡电流大于规定值等。

课题六　安全自动装置运行

一、自动重合闸装置的运行

自动重合闸是提高供电可靠性和电力系统暂态稳定水平的重要装置。自动重合闸有两种启动方式，即断路器控制开关位置与断路器位置不对应启动方式和保护启动方式。但在下述情况下应闭锁重合闸动作。

（1）手动跳闸。

（2）断路器失灵保护动作跳闸。

（3）远方跳闸。

（4）断路器机构异常或本体异常。

（5）母线保护动作跳闸。

（6）手动合闸于故障线路。

1. 自动重合闸装置的正常运行

正常运行时，重合闸装置电源指示、运行监视及充电指示均在正常状态；重合闸方式开关与调度命令一致。

2. 自动重合闸装置的操作

（1）线路投入运行后，加用重合闸出口连接片。

（2）线路停电后，停用重合闸出口连接片。

（3）重合闸装置故障时，停用重合闸出口连接片。

3. 自动重合闸装置的维护

自动重合闸装置运行时，运行人员应定期检查巡视重合闸装置，检查其开关是否在运行位置，各信号指示是否正确；

重合闸装置异常时，运行人员应申请调度退出重合闸，立即检修处理。

二、备用电源自动投入装置的运行

备用电源自动投入装置的作用是在工作电源故障跳闸后，能自动将备用电源投入工作，又称 ATS 装置，简称备自投装置。

备自投装置的动作条件是：工作电源跳闸，母线电压降低，备用电源正常，备自投装置在投入状态。上述条件满足时，备自投启动备用电源自动投入。

1. ATS 正常运行和操作

正常运行时，工作电源正常运行，备用电源有电，ATS 控制开关投入；备用电源运行时，ATS 控制开关退出。

2. ATS 的维护

正常运行时，运行人员应对 ATS 进行巡视检查。

（1）检查工作电源侧及母线 TV 二次回路是否完好，当出现 TV 二次回路断线或其他故障时，应及时处理，防止 ATS 误动；

（2）检查备用电源断路器二次回路完好，其保护及自动装置正常投入；

（3）检查工作设备的 ATS 装置方式控制开关在投入位置；

（4）若运行出现“交流电压回路断线”或“直流电源消失”信号，应停用 ATC 装置，申请检修。

(5) 若 ATC 应动作而未动作，运行人员可以申请试送备用电源；若 ATC 动作后不成功，不允许再进行试送。

三、远方切机、切负荷装置的运行

当系统故障时，系统稳定性受到破坏，如不及时进行调整，会导致系统失步。远方切机、切负荷装置是利用高频通道传送继电保护和自动装置信号，执行远方切机、切负荷指令，以实现系统功率的平衡，保证系统重新进入新的稳定状态。

1. 远方切网控部分输电线路停送电操作、母线停送电操作机、切负荷装置的运行

正常运行时，收发信机开关在合上位置，电源指示灯亮，收发信机电平指示正常。远切装置的出口连接片均按调度命令加用。

2. 远方切机、切负荷装置的维护

(1) 检查装置电源、收发信机正常；

(2) 当出现“远切装置故障”时，运行人员应检查通道是否正常，直流电源是否正常工作，收发信机运行是否正常，可按下装置复归按钮，若光字牌不熄灭，应通知调度合有关专业人员处理。

小　　结

1. 二次回路的运行要求

电气二次回路对一次系统和设备的运行进行控制、调节和监视、保护，二次回路是否正常工作，直接影响一次系统和设备的正常运行，因此要求二次回路的工作状态与一次系统和设备的运行方式相适应。一般来说，一次系统和设备投入运行之前，必须先将二次回路投入并运行正常，而一次系统和设备退出运行后，再根据情况将二次回路退出。同时，正常运行时运行人员应对二次回路进行巡视、检查和维护，防止因二次回路工作不正常或故障而影响一次系统和设备的正常运行。

2. 输电线路保护的运行

输电线路的保护根据电压等级和输电线路在系统中作用的不同配置的保护形式也不同，一般 110kV 及以上电压等级输电线路配有高频保护、距离保护、零序保护。正常运行时，应监视装置面板上各开关位置及运行监视灯指示正常。保护的投入和停用应按要求操作。配有高频保护的输电线路，还应对高频通道进行定期检查，以保证保护装置能正确可靠地工作。保护装置异常告警或出现故障时，应及时处理，防止线路保护误动或拒动对系统的运行造成影响。

3. 发电机保护的运行

发电机配置的保护比较多，以保证发电机及励磁系统不同位置发生异常或故障后能正确动作切除故障设备。发电机保护的出口形式有四种，即机组全停、发电机解列灭磁、发电机解列和发电机降负荷，同时发出报警或动作信号。正常运行时，运行人员应对保护装置进行定期巡视检查；装置异常或故障时，运行人员应及时处理，防止保护不正确动作造成发电机停机或造成发电机设备损坏。

4. 变压器保护的运行

大型变压器一般配置差动和重气体保护作为变压器的主保护，变压器的后备保护既可以作变压器主保护的后备，也可作变压器下级母线和其他设备的后备保护。正常运行时，变压器的主保护不允许退出运行。运行人员应对保护装置进行定期巡视检查，装置异常或故障时，运行人员应及时处理。

5. 母线保护的运行

母线保护是采用差动原理实现的。在双母线接线形式中，特别注意母线保护的投入及运行方式要与一次系统的运行方式对应，倒母线操作时，若隔离开关主触头与辅助触点不对应时，可能导致母线保护的不正确动作，因此在操作中要加强对母线保护的检查。正常运行时，运行人员也应对保护装置进行定期巡视检查；装置异常或故障时，运行人员应及时处理。

6. 安全自动装置的运行

对安全自动装置巡视检查时，应注意各装置开关位置及信号指示灯正常。ATS装置动作后，应检查一次设备负荷变动转移情况，防止过负荷。装置出现异常或告警时，应及时分析原因，做出相应处理。

习　　题

一、名词解释

1. 二次回路
2. 保护双重化配置
3. 发电机解列灭磁
4. 重合闸启动方式

二、填空题

1. 一、二次设备操作的原则是：一次设备停电操作时，先停________，后停________。送电操作时，先投________，后操作________。

2. 接于单母线接线上的输电线路，其保护装置从________获得电压，从________上获得电流。

3. 在二次回路上工作必须办理________，至少有________一起工作。

4. 母线差动保护的投运与退出应________执行，并要与________的运行方式对应。

5. 在自动重合闸装置的操作中当________后，加用________出口连接片。

三、问答题

1. 继电保护、自动装置及二次回路投入操作的顺序是什么？
2. 发电机保护出口的四个通道是什么？
3. 母线TV发生电压回路断线故障时，对哪些保护会产生影响？如何处理？
4. 保护装置异常或故障可能会带来什么后果？
5. 备用电源自动投入装置的动作条件是什么？

第十单元

发电厂与变电站典型操作及常见事故处理[1]

内 容 提 要

前面各单元已介绍了各设备的操作及事故处理，本单元的主要介绍发电厂、变电站典型的系统操作及常见事故的处理。

课题一 发电厂典型操作

发电厂最主要的操作是发电机及励磁系统的起停操作、厂用负荷的停送电操作、厂用变压器的停送电操作、厂用母线的停送电操作、厂用高压小车断路器的起停操作、大型电动机的起停操作以及网控部分输电线路停送电操作、母线停送电操作等。发电机及励磁系统的启停操作已在第三单元进行了介绍，网控部分输电线路停送电操作、母线停送电操作放在变电站典型操作进行介绍。

一、厂用负荷的停送电操作

下面以 300MW 火电机组厂用电为例，介绍厂用电负荷的停、送电操作。

1. 高压厂用电负荷的停送电操作

(1) 高压厂用电负荷的停电操作。如图 10-1 所示，6kV 母线上的负荷为厂用高压电动机和给厂用低压负荷供电的低压厂用变压器。高压厂用电动机的起、停操作由机械设备的值班员在远方进行，高压厂用电动机停运后，其电源的停电操作由电气值班员就地进行。以 1 号给水泵为例，其电源的停电操作顺序（操作票）如下：

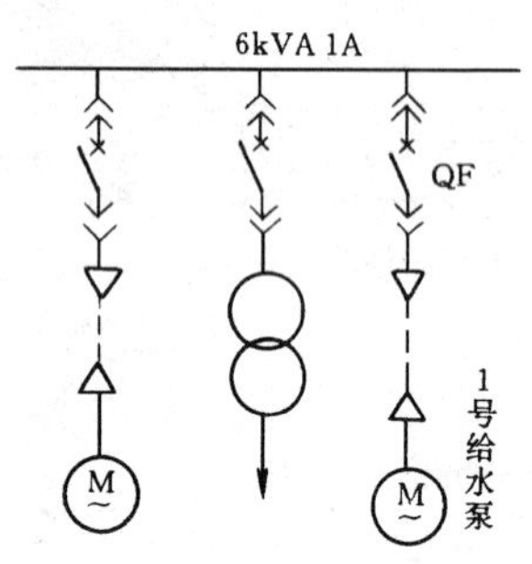

图 10-1 6kV 厂用负荷

1) 检查 1 号给水泵电源断路器 QF 确已在分闸位置。

2) 取下 QF 断路器的控制熔断器。

3) 拔出 QF 的二次 CK 插件（连通 QF 与开关柜之间二次回路的插头、插座）。

4) 将 QF 小车开关摇出（QF 的触头与一次回路脱离接触）。

下列情况，只需将 6kV 小车开关摇至“试验”位置，拔下其二次 CK 插件，取下控制直流熔断器。

1) 设备停电但无检修工作；

2) 断路器二次回路检修；

3) 仅机械负载检修。

二次回路检修、CK 插座检修，还必须取下断路器的动力熔断器。断路器本身或所在回路电气一次设备检修，该断路器必须拉至“检修”位置（即拉出开关柜间隔），取下其操作熔断器，拔出二次 CK 插件。

[1] 本单元可在“实践教学”中完成。

(2) 高压厂用电负荷的送电操作。如图 10-1 所示，1 号给水泵检修完毕，其送电的操作步骤如下：

1) 检查 1 号给水泵检修工作票已收回，临时安全措施已拆除，恢复固定安全设施。

2) 检查 1 号给水泵绝缘合格（使用 2500V 绝缘电阻表，其值不低于 6MΩ）。

3) 将 1 号给水泵的保护连接片加用。

4) 将 1 号给水泵的电源小车开关 QF 摇至"试验"位置。

5) 插入 QF 的二次 CK 插件，装上其控制、动力熔断器。

6) 试验合、断 QF 断路器正常后，检查 QF 断路器在分闸状态。

7) 取下 QF 的控制熔断器，拔出二次 CK 插件。

8) 将 QF 小车开关推至"工作"位置。

9) 检查 QF 一次插头插入正常、位置接点压入正常。

10) 插入 QF 的二次 CK 插件，装上 QF 的控制熔断器。

2. 低压厂用电负荷的停送电操作

(1) 同台低厂变供电的 MCC 盘双回供电一回停电的操作。如图 10-2 所示，一台低厂变向 400V PC 供电，400V MCC 配电盘（或配电箱）从 400V PC 引两回电源供电，按 MCC 盘正常运行方式的规定，FU1 回路运行，FU2 回路备用，FU1 回路停电检修的操作顺序如下：

1) 检查 MCC 盘备用回路（FU2 回路）在 400V PC 母线侧的隔离开关 QS3 在合闸位置，且合闸良好。检查 400V PC 母线侧熔断器 FU2 在工作位置。

2) 核实 MCC 配电盘两电源回路属同一台低厂变供电（在 MCC 盘备用回路的备用电源隔离开关 QS4 的两侧，测量线电压及同相间电压的电压差均为 0）。

3) 在 MCC 盘上合上备用回路的备用电源隔离开关 QS4。

4) 检查 QS4 已合好。

5) 拉开 MCC 盘待停电回路在 400V PC 母线侧隔离开关 QS1。

6) 检查 QS1 已拉开。

7) 取下待停电回路在 400V PC 母线侧的熔断器 FU1。

8) 检查 MCC 盘上电压指示正常。

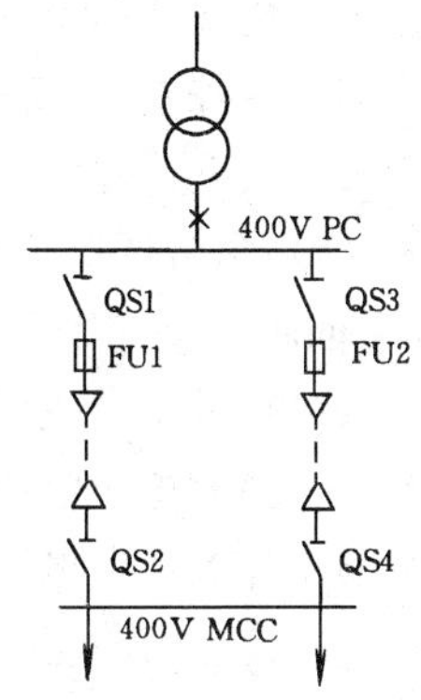

图 10-2　同台低厂变供电的 MCC 盘双回电源供电接线

(2) 同台低厂变供电的 MCC 盘由一回供电恢复为双回供电的操作。在图 10-2 中，FU1 回路检修完毕，MCC 盘恢复为正常的双回路供电，其操作顺序如下：

1) 测量待送电回路（FU1 回路）绝缘良好（用 500V 绝缘电阻表，其值不低于 0.5MΩ）。

2) 装上待送电回路在 400V PC 母线侧电源熔断器 FU1。

3) 合上待送电回路在 400V PC 母线侧隔离开关 QS1。

4) 检查 QS1 已合好。

5) 合上 MCC 盘上待送电回路的隔离开关 QS2。

6) 检查 QS2 已合好。

7) 拉开 MCC 盘上按正常运行方式规定的备用电源隔离开关 QS4。

8) 检查 QS4 已拉开，检查 MCC 盘上电压指示正常。

(3) 两台低厂变供电的MCC盘双回供电一回停电的操作。如图10-3所示，两台低厂变分别向400V ⅠAPC、ⅡAPC供电，400V MCC配电盘分别从400V ⅠAPC、ⅡAPC各引一回电源供电，按MCC盘正常运行方式的规定，FU1回路运行，FU2回路备用，FU1回路停电检修的操作顺序如下：

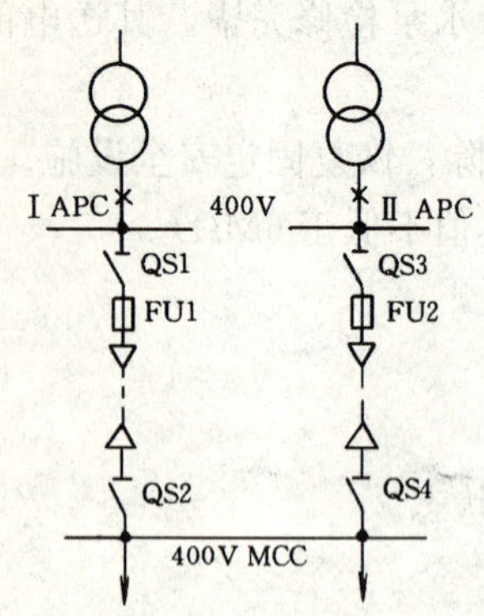

图10-3 两台低厂变供电的MCC盘双回供电接线

1）检查MCC盘备用回路（QFU2回路）在400VⅡAPC母线侧的隔离开关QS3在合闸位置，且合闸良好。检查400V ⅡAPC母线侧熔断器FU2在工作位置。

2）在MCC盘上备用回路的QS4隔离开关两侧测量线电压及同相间电压的电压差符合并列条件（均不大于10V）。

3）合上MCC配电盘上的备用电源隔离开关QS4。

4）检查QS4已合好。

5）拉开MCC盘上待停电回路的隔离开关QS2。

6）检查QS2已拉开，检查MCC盘上的电压指示正常。

7）拉开待停电回路在400V ⅠAPC母线侧的隔离开关QS1。

8）检查QS1已拉开。

9）取下待停电回路在400V ⅠAPC母线侧的熔断器FU1。

(4) 两台低厂变供电的MCC盘由一回供电恢复为双回供电的操作。在图10-3中，FU1回路检修完毕，MCC盘恢复为正常的双回供电，其操作顺序如下：

1）测量待送电回路（FU1回路）绝缘良好。

2）装上待送电回路在400V ⅠAPC母线侧的电源熔断器FU1。

3）合上待送电回路在400V ⅠAPC母线侧的隔离开关QS1。

4）检查QS1已合好。

5）在MCC盘上待送电回路的QS2两侧，测量线电压及同相间电压的电压差符合并列条件（均不大于10V）。

6）合上QS2。

7）检查QS2已合好。

8）按正常运行方式，拉开QS4，QS4作备用电源隔离开关。

9）检查QS4已拉开，检查MCC盘电压指示正常。

二、厂用变压器的停送电操作

1. 高压厂变切换为高压备用变供电的操作

如图10-4所示，1号高压厂变向6kV 1A、1B段供电，工作分支断路器61A1、61B1在合闸位置，01号起备变充电备用，备用分支断路器61A0、61B0断开处于联动备用状态，备用分支的ATS均投入。现1号机组正常停机（滑停），6kV 1A、1B段母线由1号高压厂变供电切换为01号起备变供电，其操作步骤如下：

(1) 检查处于备用状态的01号起备变运行正常。

(2) 调整01号起备变的分接头，使其符合并列要求。

(3) 检查1号机有功出力减至100MW左右（发电机有功出力减至100MW左右开始厂

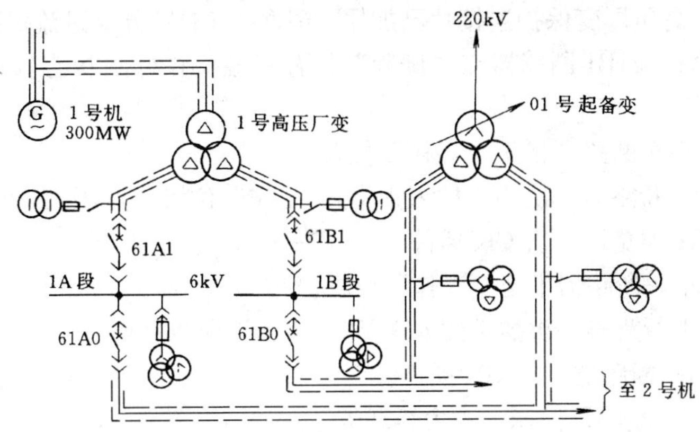

图 10-4　6kV 高压厂用电接线

用电切换操作)。

(4) 同期合上 61A0 断路器。

(5) 断开 61A0 的同期控制开关 SA。

(6) 检查 61A0 分支负荷分配正常，检查 61A0 断路器合闸正常。

(7) 断开 61A0 的 ATS 联动控制开关。

(8) 断开 61A1 断路器。

(9) 检查 61A1 断路器断开正常，6kV 1A 段母线电压正常。

(10) 同期合上 61B0 断路器。

(11) 断开 61B0 的同期控制开关 SA。

(12) 检查 61B0 分支负荷分配正常，检查 61B0 断路器合闸正常。

(13) 断开 61B0 的 ATS 联动控制开关。

(14) 断开 61B1 断路器。

(15) 检查 61B1 断路器断开正常，检查 6kV 1B 段母线电压正常。

(16) 恢复同期回路至正常备用状态。

(17) 取下 61A1 断路器控制、动力熔断器。

(18) 取下 61B1 断路器控制、动力熔断器。

(19) 拔出 61A1 断路器二次 CK 插件。

(20) 将 61A1 断路器拉至“试验”位置。

(21) 拔出 61B1 断路器二次 CK 插件。

(22) 将 61B1 断路器拉至“试验”位置。

2. 高压备用变切换为高压厂变供电的操作

在图 10-4 中，当 1 号机组起动开机时，01 号起备变作 1 号机组的起动电源，1 号机组的 6kV 1A、1B 段厂用负荷由 01 号起备变供电，其 6kV 1A、1B 段母线的备用分支断路器 61A0、61B0 在合闸位置，工作分支断路器 61A1、61B1 在分闸位置，备用分支的 ATS 均退出。1 号机组起动并网后，其接带负荷达到规定值，此时，6kV 1A、1B 段母线应由 01 号起备变供电切换为 1 号高压厂变供电，其操作步骤如下：

(1) 检查 1 号机有功出力不小于 100MW。

(2) 起动 1 号高压厂变冷却风扇运行。

(3) 检查1号高压厂变保护连接片已加用，61A1、61B1分支过流保护已加用。

(4) 检查61A1、61B1断路器在“试验”位置（触头在分闸状态），二次CK插件在拔出位置。

(5) 将61A1小车断路器推至“工作”位置。

(6) 检查61A1断路器一次插头插入正常，“工作”位置接点压入正常。

(7) 插入61A1断路器二次CK插件。

(8) 将61B1小车断路器推至“工作”位置。

(9) 检查61B1断路器一次插头插入正常，“工作”位置接点压入正常。

(10) 插入61B1断路器二次CK插件。

(11) 装上61A1断路器控制、动力熔断器。

(12) 装上61B1断路器控制、动力熔断器。

(13) 调整01号起备变分接头，使其符合并列条件。

(14) 同期合上61A1断路器。

(15) 断开61A1的同期控制开关SA。

(16) 检查61A1断路器合闸正常，确认该分支已带电流。

(17) 投入61A0的ATS联动控制开关。

(18) 断开61A0断路器。

(19) 检查61A0断路器分闸正常，6kV 1A段电压正常。

(20) 同期合上61B1断路器。

(21) 断开61B1的同期控制开关SA。

(22) 检查61B1断路器合闸正常，确认该分支已带电流。

(23) 投入61B0的ATS联动控制开关。

(24) 断开61B0断路器。

(25) 检查61B0断路器分闸正常，6kV 1B段母线电压正常。

至此，01号起备变处于充电联动备用状态。

3. 低压厂变切换为低压备用变供电的操作

如图10-5所示，1号低厂变运行，断路器61A18、4111在合闸位置，01号低备变联动备用。隔离开关4011在合闸位置，断路器61B17、备用分支断路器4110断开联动备用。欲将1号低厂变停电检修，400V 1APC母线由01号低备变供电，其操作步骤如下：

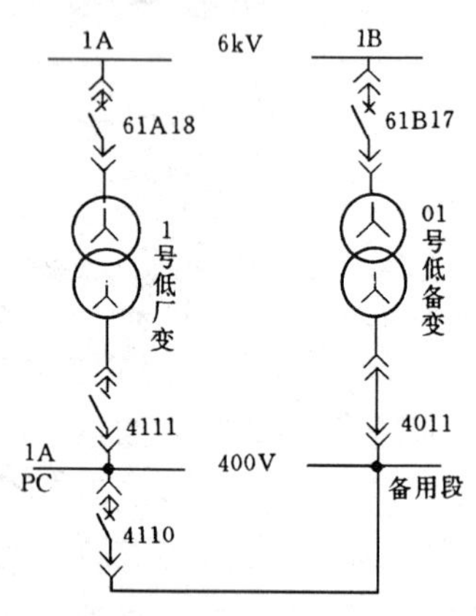

图10-5 400V厂用电接线

(1) 检查01号低备变处于正常备用状态。

(2) 合上01号低备变高压侧断路器61B17。

(3) 检查61B17断路器已合好，01号低备变充电正常。

(4) 合上400V 1APC母线备用分支断路器4110。

(5) 检查4110已合好，确认该备用分支已有电流。

(6) 断开1号低厂变低压侧断路器4111。

(7) 检查4111断路器分闸正常，1APC母线电压正常。

(8) 断开 4110 的 ATS 联动控制开关。

(9) 断开 1 号低厂变的高压侧断路器 61A18。

(10) 检查 61A18 断路器分闸正常。

(11) 取下 61A18 断路器的控制、动力熔断器。

(12) 拔下 61A18 断路器的二次 CK 插件。

(13) 将 61A18 断路器拉至“检修”位置（将断路器拉出开关柜）。

(14) 取下 4111 断路器的动力、控制熔断器。

(15) 将 4111 断路器拉至“检修”位置（将断路器从抽屉中抽出）。

(16) 按 1 号低厂变检修需要布置安全措施。

4. 低压备用变切换为低压厂变供电的操作

在图 10-5 中，1 号低厂变检修完毕，由 01 号低备变供电恢复为 1 号低厂变供电的操作步骤如下：

(1) 检查 1 号低厂变工作票已收回。

(2) 投入 1 号低厂变保护连接片。

(3) 装上 4111 断路器的控制、动力熔断器。

(4) 装上 61A18 断路器控制、动力熔断器。

(5) 将 61A18 断路器推至“试验”位置，插入二次 CK 件。

(6) 对 61A18 断路器进行分、合闸试验正常后，检查该断路器在分闸位置。

(7) 取下 61A18 断路器的控制熔断器。

(8) 拔出 61A18 断路器二次 CK 插件。

(9) 将 61A18 断路器推至“工作”位置。

(10) 检查 61A18 断路器工作位置接点压入正常、一次插头插入正常。

(11) 插入 61A18 断路器的二次 CK 插件。

(12) 装上 61A18 断路器的控制熔断器。

(13) 将 4111 断路器推至“试验”位置，合、分闸试验正常后，推至“工作”位置。

(14) 合上 61A18 断路器。

(15) 检查 61A18 断路器合闸正常，1 号低厂变充电正常。

(16) 合上 4111 断路器。

(17) 检查 4111 断路器合闸正常，且已带上负荷电流。

(18) 投入备用分支断路器 4110 的 ATS 联动控制开关。

(19) 断开 4110 断路器。

(20) 检查 4110 断路器分闸正常，400V 1APC 母线电压正常。

(21) 检查 01 号低备变所接其他备用分支断路器均在断开位置。

(22) 断开 61B17 断路器。

(23) 检查 61B17 已断开。

课题二　变电站典型操作

变电站的典型操作包括输电线路的停送操作、母线的停送电操作、主变压器的停送电操作及站用电的操作；对双母接线形式。有倒母线操作、电压互感器二次并列操作；对带有旁路的接线形式有旁路代线路断路器操作等。有关变压器设备的操作已在第四单元做了介绍，这里仅介绍线路和母线的有关倒闸操作。

一、线路停送电操作

1. 线路停电操作

如图 10-6（a）所示，线路 WL 运行于 WBⅠ母线，WL 停电检修的操作步骤（停电操作票）如下：

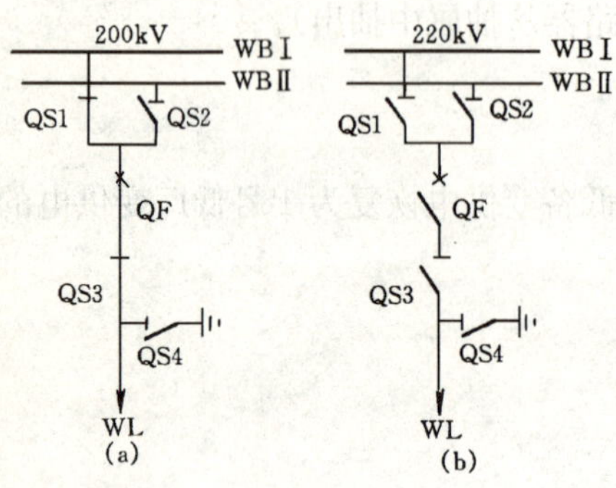

图 10-6　输电线路

（a）线路 WL 带电运行；（b）线路 WL 停电待送

（1）停用线路 WL 的重合闸，按调度命令停用远切保护（停用线路的重合闸有两个原因。其一，为线路恢复送电提前作准备操作。如果重合闸控制开关不断开，对于装有同期检定重合闸的断路器，在线路送电时，断路器合闸回路因重合闸控制开关触点未接通而不能手动合闸；其二，如果重合闸的放电回路有故障，手动操作断开断路器时，重合闸电容器 C 将不能放电，当线路恢复送电时，线路带重合闸送电，如果线路送电因故障跳闸，将造成不必要的重合。所以，线路停电时应将线路重合闸开关断开。停用远切保护是指远方切机，当线路运行断路器因故障跳闸时，会自动将远方的发电机切除，故装有远切保护的线路停电时，应将远切保护退出。）

（2）断开断路器 QF。

（3）检查 QF 三相已断开。

（4）取下 QF 的合闸熔断器（电磁操动机构的断路器取下合闸熔断器；液压操动机构的断路器取下操动机构的油泵控制熔断器和拉开油泵动力电源刀开关；弹簧操动机构的断路器取下弹簧储能电动机的控制熔断器）。

（5）拉开线路侧隔离开关 QS3。

（6）检查 QS3 已拉开。

（7）拉开母线侧隔离开关 QS1（线路停电先拉线路侧隔离开关，后拉母线侧隔离开关，送电时的操作顺序与此相反，之所以要规定这一先后顺序，主要考虑万一断路器未断开，将发生隔离开关带负荷拉闸而引起三相弧光短路事故，此时，三相短路电流流过 QF，本线路的保护动作，跳开 QF，切除短路故障点，如果不按此顺序操作，将引起母线短路故障，母线保护动作，将故障母线上的所有进、出线全部跳闸，扩大了事故）。

（8）检查 QS1 已拉开，检查 QS1 联动的重动继电器应失磁（原因见倒闸原则）。

（9）检查以上隔离开关位置指示器在断开位置。

（10）取下 QF 的控制及信号熔断器。

（11）停用 QF 的母差及失灵保护跳闸连接片（当线路故障 QF 拒动时，QF 的失灵保护动作，将母联断路器及 QF 所连母线上的全部进、出线断路器跳闸）。

（12）在线路侧隔离开关 QS3 的两侧验明无电压。

（13）合上线路侧接地开关 QS4。

(14) 检查QS4已合好。

2. 线路送电的操作

如图10-6(b)所示,线路WL停电待送,WL运行于WBⅠ母线的操作步骤(送电操作票)如下:

(1) 收回线路WL的检修工作票(含拆除临时安全措施,恢复常设安全设施)。

(2) 检查线路侧接地开关QS4已拉开(送电操作前,必须将接地线拆除,接地开关拉开,防止带接地线或接地开关合闸送电)。

(3) 检查断路器QF、隔离开关QS1、QS2、QS3均在断开位置(这是防止误操作的一项重要措施)。

(4) 投入线路WL的保护连接片(按调度要求投入,包括母差和断路器失灵保护的跳闸连接片)。

(5) 装上QF的控制及信号熔断器。

(6) 装上QF的合闸熔断器(电磁操动机构断路器装上合闸熔断器;液压操动机构断路器装上操动机构的油泵控制熔断器和合上油泵动力电源刀开关;弹簧操动机构断路器装上弹簧,储能电动机的控制熔断器)。

(7) 检查QF的操动机构均正常(包括液压)。

(8) 合上母线侧隔离开关QS1。

(9) 检查QS1已合好,并检查其联动的重动继电器应励磁。

(10) 合上线路侧隔离开关QS3。

(11) 检查QS3已合好。

(12) 合上QF(或经同期合闸)。

(13) 检查QF已合好。

(14) 检查线路WL的表计指示正常。

(15) 测试线路WL的高频通道(线路高频保护通路)正常。

(16) 投入重合闸及远切保护连接片(按调度命令投入)。

二、旁路断路器代线路断路器操作

旁路断路器代替线路断路器运行时,应注意以下几点。

(1) 旁路断路器的保护应投入(保护及其整定值应与被代替的线路断路器相同)。

(2) 旁路断路器接入的母线应与被代替线路断路器接入的母线一致(保持双母线正常运行方式固定接线不变,被带线路原来在哪组母线运行,旁路断路器就应该接到哪组母线上。)

如图10-7所示,WBⅠ、WBⅡ母线运行,母联断路器QFc及其两侧隔离开关均合上,旁路断路器QFb及其两侧隔离开关均断开备用,旁路母线备用。线路WL1运行于WBⅠ母线,断路器QF1停电检修而要求线路WL1不停电,由QFb代替QF1运行,操作顺序如下:

(1) 核对QFb的保护整定值与QF1的保护整定值应相同,并将保护连接片投入(包括母差及断路器失灵保护跳闸连接片)。

(2) 装上QFb的控制及信号熔断器。

(3) 检查QFb在分闸位置。

(4) 装上QFb的合闸熔断器。

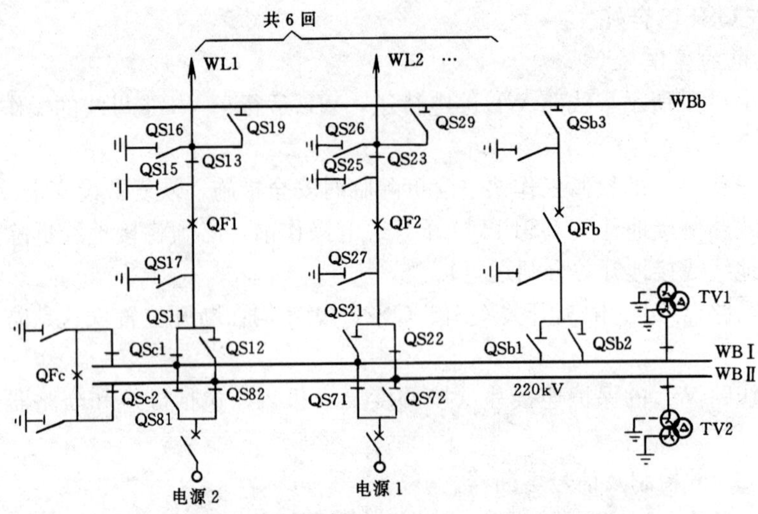

图 10-7　双母线带旁路电气主接线图

(5) 检查 QFb 的操动机构应正常。

(6) 合上 QFb 的母线侧隔离开关 QSb1（此 QSb1 与 QS11 同在 WBⅠ母线上）。

(7) 检查 QSb1 已合好，检查 QSb1 联动的重动继电器应励磁。

(8) 合上 QFb 的旁路母线侧隔离开关 QSb3。

(9) 检查 QSb3 已合好。

(10) 合上 QFb 向旁路母线 WBb 充电（充电 5min），检查 WBb 充电良好。

(11) 断开 QFb。

(12) 检查 QFb 三相已断开。

(13) 合上线路 WL1 的旁路隔离开关 QS19（如果合上 QFb 向 WBb 充电正常后不断开 QFb，接着合上 QS19，这是等电位合隔离开关，使 QFb 与 QF1 并列，断开 QF1 后，负荷全部转移到 QFb 上，但一般不用等电位法转移被带线路负荷，因为，如果操作 QS19 并列的时刻，线路 WL1 发生故障使 QF1 跳闸，此时将造成 QS19 带 WL1 的负荷合闸，故采用 QFb 对 WBb 充电后先断开 QFb 然后合 QS19）。

(14) 检查 QS19 已合好。

(15) 合上 QFb（或同期合上 QFb，QFb 与 QF1 并列运行）。

(16) 检查三相电流分配正常。

(17) 检查 QFb 已合好。

(18) 投入 QFb 的重合闸及远切保护连接片（按调度命令执行）。

(19) 停用 QF1 的重合闸及远切保护连接片（按调度命令停用）。

(20) 断开 QF1。

(21) 检查 QF1 三相已断开。

(22) 取下 QF1 的合闸熔断器。

(23) 拉开线路 WL1 线路侧隔离开关 QS13。

(24) 检查 QS13 已拉开。

(25) 拉开线路 WL1 母线侧隔离开关 QS11。

（26）检查 QS11 已拉开，并检查其联动的重动继电器应失磁。

（27）取下 QF1 的控制及信号熔断器。

（28）合上接地开关 QS15。

（29）检查 QS15 已合好。

（30）合上接地开关 QS17。

（31）检查 QS17 已合好。

三、用母联断路器串联故障断路器进行停电操作

旁路断路器被占用或不能投入时，线路断路器或发电机——变压器组回路断路器因故障（拒分闸或失去分断能力）需要退出运行，可用母联断路器串联故障断路器运行，先由母联断路器断开电源，再将故障断路器停电检修。

如图 10-7 所示，线路 WL1、WL3、WL5 和电源 1 接于 WBⅠ母线运行，线路 WL2、WL4、WL6 和电源 2 接于 WBⅡ母线运行（图中只画出了 WL1、WL2，其他线路未画出），母线 WBⅠ和 WBⅡ通过母联断路器 QFc 及其两侧母联隔离开关并列运行，旁路断路器 QFb 停电检修，线路 WL2 的断路器 QF2 因故拒分闸，需退出检修。由 QFc 串接 QF2 进行停电的主要操作步骤如下：

（1）按倒母线的操作程序，将故障拒动断路器 QF2 所在母线（WBⅡ）上的其他负荷和电源（QF2 除外）全部倒换至另一母线 WBⅠ上运行。

（2）检查 QF2 的负荷已全部转移到 QFc 后，断开 QFc。

（3）检查 QFc 三相已断开。

（4）拉开 QF2 线路侧隔离开关 QS23。

（5）检查 QS23 已拉开。

（6）拉开 QF2 的母线侧隔离开关 QS22。

（7）检查 QS22 已拉开、重动继电器已失磁。

（8）按倒母线的操作程序恢复系统的正常运行方式（双母线运行方式）。

四、母线停送电操作（倒母线操作）

1. 双母线正常运行方式下一组母线停电的操作

如图 10-7 所示，其正常运行方式为母线 WBⅠ、WBⅡ运行，母联断路器 QFc 及其两侧隔离开关均合上，旁路断路器 QFb 及其两侧隔离开关均断开冷备用，旁路母线 WBb 冷备用，与 WBb 相连的线路旁路隔离开关均断开，线路 WL1、WL3、WL5 和电源 1 接于WBⅠ母线运行，线路 WL2、WL4、WL6 和电源 2 接于 WBⅡ母线运行。WBⅠ母线停电的操作顺序如下：

（1）检查 220kV 母线电压互感器 TV1、TV2 二次侧并列开关 S 在断开位置，切换继电器 K1、K2 应失磁，无“电压互感器切换”光字牌信号（当 220kV 双母线并列运行时，若其中一组母线的电压互感器停电，此时 S 合上，K1 和 K2 均励磁，使两个电压互感器二次负荷回路并列，由不停电的电压互感器带两个电压互感器的二次负荷）。

（2）投入“母差复合电压闭锁”短接连接片 3XB。

（3）停用待停电母线（WBⅠ）的“母差复合电压闭锁”连接片 1XB（WBⅠ母线的连接片为 1XB，WBⅡ母线的连接片为 2XB）。

（4）检查母联断路器 QFc 在合闸状态，且无异常。

（5）取下 QFc 的控制熔断器（防止母线隔离开关切换过程中，因 QFc 过负荷或误操作而跳闸，引起带负荷拉、合隔离开关。无需取下 QFc 的信号熔断器）。

（6）合上线路 WL1 与 WBⅡ母线相连的母线隔离开关 QS12。

（7）检查 QS12 已合好，检查 QS12 联动的重动继电器应励磁（此时，线路 WL1 的 QS11、QS12 两隔离开关均合上，QS11 和 QS12 所联动的重动继电器均励磁，出现“重动继电器同时动作”光字牌信号）。

（8）拉开线路 WL1 与待停电母线（WBⅠ）相连的隔离开关 QS11。

（9）检查 QS11 已拉开，检查 QS11 联动的重动继电器应失磁（此时，“重动继电器同时动作”光字牌信号熄灭）。

以下与线路 WL1 倒母线操作步骤相同，继续进行其他线路 WL3、WL5 及电源 1 回路的倒母线操作。以上操作完毕后，继续进行以下操作。

（10）装上母联断路器 QFc 的控制熔断器。

（11）检查 QFc 的电流为零，断开 QFc，检查 WBⅠ母线无电压（倒母线时，断开 QFc 应注意以下三点：①在断开 QFc 之前对要停电的母线再检查一次，核实设备已全部切换到运行母线上，防止“漏切换”引起停电事故；②断开 QFc 之前，检查 QFc 的电流表指示为零，确认设备已全部切换；③断开 QFc 后，检查停电母线的电压表指示为零，证实该母线确已停电）。

（12）检查 QFc 已断开。

（13）取下 QFc 的合闸熔断器。

（14）拉开母联隔离开关 QSc1。

（15）检查 QSc1 已拉开。

（16）拉开母联隔离开关 QSc2。

（17）检查 QSc2 已拉开。

（18）断开 WBⅠ母线电压互感器 TV1 的低压侧空气开关，取下 TV1 低压侧熔断器，并停用其二次侧连接片（TV1 为 01XB，TV2 为 02XB）。

（19）拉开 TV1 的一次侧隔离开关。

（20）检查 TV1 的一次侧隔离开关已拉开，并检查其对应的隔离开关位置继电器及重动继电器应失磁（该重动继电器的触点使 TV1 的二次侧与 TV1 的电压小母线相连）。

（21）取下 QFc 的控制及信号熔断器。

2. 单母线运行恢复为双母线正常运行方式的操作

图 10-7 中，WBⅡ母线运行，WBⅠ母线停电备用，QFc 及其两侧隔离开关均断开备用，QFb 及其两侧隔离开关均断开备用，WBb 备用。恢复为双母线正常运行方式的操作顺序如下：

（1）检查 TV1、TV2 二次侧并列开关 S 在断开位置，切换继电器 K1、K2 应失磁，无“电压互感器切换”光字牌信号。

（2）合上 TV1 的一次侧隔离开关。

（3）检查 TV1 一次侧隔离开关已合好，检查对应的隔离开关位置继电器及重动继电器应励磁。

（4）装上 TV1 低压侧熔断器，投入其二次侧连接片（01XB），合上 TV1 低压侧空气开关。

（5）装上母联断路器QFc的控制及信号熔断器，投入充电保护连接片（XB-1）及充电合闸连接片（XB-2）。

（6）检查QFc在分闸状态。

（7）合上母联隔离开关QSc2。

（8）检查QSc2已合好。

（9）合上母联隔离开关QSc1。

（10）检查QSc1已合好。

（11）装上QFc的合闸熔断器。

（12）按下QFc的充电合闸按钮，合上QFc向WBⅠ母线充电（充电5min），检查母线电压指示应正常。

（13）取下QFc的控制熔断器。

以下进行电源1的倒母线操作：

（14）合上与WBⅠ母线相连的母线隔离开关QS71。

（15）检查QS71已合好，检查QS71联动的重动继电器应励磁。

（16）拉开与WBⅡ母线相连的母线隔离开关QS72。

（17）检查QS72已拉开。检查QS72联动的重动继电器应失磁。

与电源1的倒母线操作相同，以下继续依次进行线路WL1、WL3、WL5的倒母线操作。

上述拉、合母线隔离开关的操作，可以依次合上与WBⅠ母线相连的母线隔离开关，再依次拉开与WBⅡ母线相连的母线隔离开关。按照这种操作顺序，在合WBⅠ母线上的隔离开关时，先合上WBⅠ母线上的电源隔离开关，后合上WBⅠ母线上的线路隔离开关，可防止QFc误跳闸后造成线路停电。

（18）停用QFc的充电保护连接片（XB-1）及充电合闸连接片（XB-2），装上QFc的控制熔断器。

（19）投入WBⅠ母线母差复合电压闭锁连接片（WBⅠ为1XB，WBⅡ为2XB）。

（20）停用“母差复合电压闭锁”短接连接片（3XB）。

3. 倒母线操作注意事项

倒母线操作是一项非常重要的操作，操作中稍不注意容易发生事故，如果发生操作事故，则影响是巨大的，为此，特提出以下注意事项：

（1）在进行母线隔离开关的切换之前，母联断路器及其两侧隔离开关必须先合上，且取下其控制熔断器，满足隔离开关切换时的等电位操作。

（2）注意母联隔离开关的拉、合顺序。母联隔离开关的拉、合顺序与线路停、送电时的隔离开关拉、合顺序相同。

（3）断开母联断路器前，母联断路器的电流表指示应为零，且母线隔离开关的重动继电器、位置指示器切换正常。以防“漏切换”设备，或从母线电压互感器二次侧反充电，引起事故。

（4）倒母线过程中，母线差动保护工作原理如不遭破坏，母差保护均应投入，考虑倒母线时母差保护的非选择性，应考虑母差保护非选择性开关的拉、合（母线固定连接方式破坏或母联断路器中无短路电流时应合上）及低电压闭锁母差保护连接片的切换。

（5）拉、合母线隔离开关时，注意检查隔离开关接触良好。

（6）停电母线电压互感器所带的保护（低电压、低频、阻抗保护等）应提前切换到运行母线的电压互感器上供电，否则应先停用这些保护。

课题三　发电厂常见事故处理

发电厂常见的故障分为发电机变压器组本体故障、励磁系统本体故障、厂用电系统故障和二次回路故障四大部分，设备本体的故障及处理在前面各单元已作了介绍，下面主要介绍厂用电系统及其二次回路的常见故障。

一、厂用电系统事故处理的一般规定

（1）在高压厂变或起备变分支过电流保护动作跳开某一分支断路器后，无论 ATS 动作与否，均不得对该 6kV 母线强送电，只有在 6kV 母线故障消除或引起越级跳闸的负荷出线隔离后，才允许对该段母线恢复送电。

（2）若高压厂变或起备变复合电压过电流保护动作跳开某分支断路器，ATS 动作不成功或未动作，不得再手动强合工作电源断路器或备用电源断路器，必须查明原因，消除或隔离故障点后，方可对该 6kV 母线恢复送电。

（3）当起备变差动、速断、零序、重气体、压力释放等保护动作跳闸后，应立即断开运行机组 6kV 母线备用分支的 ATS 联动控制开关，以防起备变带故障被联动合闸，并不得手动强送。应按变压器运行规程的有关规定进行处理。

（4）当起备变复合电压过电流保护动作跳闸使起备变失压时，也应立即断开运行机组 6kV 母线备用分支的 ATS 联动控制开关。经检查确认为某 6kV 母线故障引起，应迅速隔离故障母线，恢复起备变运行，并投入运行机组 6kV 母线备用分支的 ATS 联动控制开关。若故障点无法隔离时，则应将变压器停电，通知检修部门。

（5）若 6kV 某段母线失压，ATS 动作或手动强送后备用电源断路器跳闸，任何情况下均不得再次强送该段母线。应查明原因消除故障点后，方可恢复对该段母线的送电。

（6）若 6kV 某段母线失压，ATS 未被闭锁而拒动，在不违背上述规定的前提下，可手动强送备用电源一次。

（7）若系保护误动造成某些设备停电，应停用误动作的保护，恢复对停电设备的供电，并通知检修部门对误动保护进行检查处理。

二、厂用电系统常见故障的处理

1. 正常运行方式下，6kV 某段母线失压，ATS 联动成功

故障现象：

（1）喇叭叫，有光字牌信号；

（2）故障段母线工作分支断路器跳闸，绿灯闪光；

（3）故障段母线的备用分支断路器联动成功，红灯闪光。

故障处理：

（1）解除音响，检查保护动作情况，汇报机长、值长并作好记录；

（2）退出故障段母线备用分支断路器的 ATS 联动控制开关，复归工作分支和备用分支

断路器控制开关（跳闸的工作分支复归到跳闸位置，合闸的备用分支复归到合闸位置，红、绿灯闪光停止）；

（3）检查工作分支断路器分闸正常，检查备用分支断路器合闸正常；

（4）检查6kV母线电压正常，检查6kV该段母线所接负荷及相应的400V系统负荷运行正常；

（5）根据工作分支断路器跳闸原因做出其他相应处理。

2. 正常运行方式下，6kV某段母线失压，ATS动作不成功或被闭锁未动作

故障现象：

（1）喇叭叫，有光字牌信号；

（2）故障段母线工作分支断路器跳闸，绿灯闪光；

（3）故障段母线的备用分支断路器合闸后，该备用分支的保护动作又跳闸；

（4）故障母线电压表指示到零，母线已失压；

（5）故障母线所接的高压电动机低电压保护动作，部分高压电动机的断路器跳闸，故障母线所接的低压厂变高、低压侧断路器跳闸，相应400V母线失压，400V失压母线的备用分支断路器自动合闸。

故障处理：

（1）通知有关专责值班员，告知6kV厂用母线失压，跳闸电动机不得强送电。

（2）解除音响，复归有关断路器的控制开关。

（3）检查保护动作情况，判明母线失压原因，并汇报机长、值长。

（4）若出现厂用事故处理规程规定不得强送电的情况，应检查是否因高压负荷故障，断路器拒动而引起越级跳闸。如发现某高压负荷有保护动作掉牌而断路器未跳，应断开该负荷断路器，并拉至“检修”位置，再向失压6kV母线充电一次，若正常再恢复正常运行方式运行。

（5）如无法判明是越级跳闸，应对6kV母线进行检查。若母线无明显故障，应将该母线上全部断路器拉至“试验”位置，测量母线绝缘合格后，对该母线试送电一次。母线试送电成功后，则按值长令逐一试合负荷支路断路器，或逐一对负荷支路测试绝缘，合格后再送电。

（6）母线供电恢复后，应通知有关专责值班员，对设备运行情况进行全面检查。

（7）若6kV母线短时间内不能恢复供电，应优先考虑保证相应的400V各段母线正常运行。

3. 6kV母线单相接地

6kV系统为小电流接地系统，6kV母线单相接地时，可继续运行2h。在2h时间内，寻找到接地并处理接地故障。

故障现象：

（1）警铃响，“6kV系统某段母线接地”光字牌亮；

（2）切换6kV绝缘监视电压表，接地相电压表依接地程度指示降低或为零，其他两相电压表指示升高或为线电压。

故障处理：

（1）复归中央音响信号。

（2）将 6kV 绝缘监视电表切换开关切至接地母线，判断接地相别及接地程度。

（3）询问是否起动或停运了设备。若是，则停止所起动设备或检查所停设备断路器分闸是否正常，确认接地信号是否消失。

（4）详细检查接地段母线是否有明显接地点，有则设法排除。

（5）检查 6kV 该段母线各负荷断路器是否有接地掉牌信号，如有信号且接地保护确已动作而断路器未跳闸，汇报值长，将该设备停运。

经上述处理未发现异常，汇报值长，按先停次要负荷，后停重要负荷的方法，进行接地选择。选择顺序和方法按下列顺序进行：

（1）停止不重要的电动机运行或切换为备用电动机运行，若接地仍未消失，则恢复原电动机正常运行。

（2）将接地段母线所接低压厂用变压器短时用备用变压器供电，使该变压器停电，以检查低压厂用变压器高压侧是否接地，若接地仍未消失，恢复至原方式运行。

（3）将接地段母线短时倒至起备变供电，判断是否高压厂变工作分支接地。若是接地，应设法排除；若无法排除，应申请调度停机处理。

（4）若该段母线全部负荷的接地选择已完毕，接地仍未消失，则可确认为 6kV 母线接地。这时应将接地段母线由高压厂用变压器单独供电，另一段母线切换至起备变供电，以缩小接地故障影响范围。同时，应倒换运行方式，将故障母线尽快停电处理。

若 6kV 厂用电系统装有能检测接地故障的小电流接地系统微机接地选线装置时，则根据装置接地显示直接对故障部分进行检查处理。

4. 400V 系统（中性点经高电阻接地）单相接地

故障现象：

（1）警铃响，“400V 接地”及“接地装置动作”光字牌亮；

（2）400V 厂用绝缘监视电压表接地相电压依据接地程度降低或为零，非故障相电压升高或升高至线电压。

故障处理：

（1）复归中央音响信号。

（2）将 400V 母线绝缘监视电压表切换开关切至接地母线段；判断该段的接地程度及接地相别。

（3）按下接地母线 SB1 按钮（见图 1 - 18），使该母线由不接地系统变为高电阻接地系统，并使 400V PC 及其供电的 MCC 盘接地监视回路投入工作。

（4）检查接地母线各设备回路高阻接地指示灯“GRD”是否发亮，若某设备的“GRD”亮，则接地可能发生在该回路，可以采用停电法或瞬时停电法进行接地选择。

（5）在查找过程中，没发现任何支路的“GRD”亮，可以按如下顺序和方法进行支路接地选择：①停下刚起动的设备，检查接地是否消失；②将运行电动机切换至备用电动机运行，停原运行电动机，检查接地是否消失；③不能停电或无备用电动机的重要电动机，可用瞬时停电法检查接地是否消失。

（6）若上述选择仍未选出接地回路，则是母线接地。应设法将该段母线的负荷转移后停下该母线处理，待故障处理完后再投入运行。

（7）接地选择完毕后，退出该段母线的高电阻接地。

5. 母线系统发生铁磁谐振

母线系统发生铁磁谐振分为并联铁磁谐振和串联铁磁谐振。如图 10-8 所示，TV 为母线上的电磁式电压互感器，C_E 为母线系统各相对地电容，C 为断路器断口上的均压电容。所谓并联铁磁谐振系指小接地电流系统中，母线系统对地电容 C_E 与母线电磁式电压互感器 TV（一次中性点接地）的非线性电感 L 组成的并联谐振回路；所谓串联铁磁谐振系指大接地电流系统中，断路器断口均压电容 C 与母线电磁式电压互感器 TV 的非线性电感 L 组成的串联谐振回路。

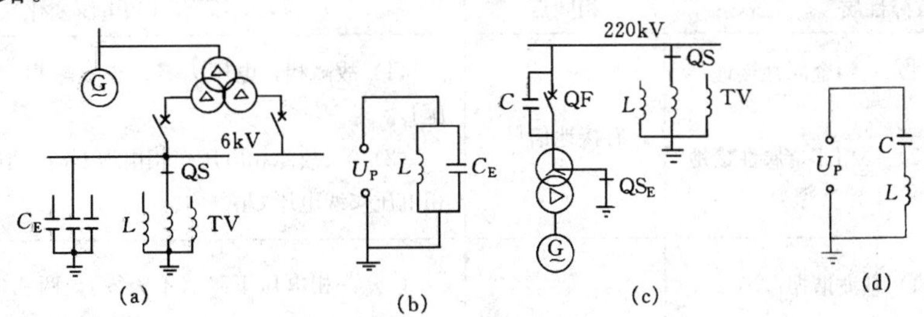

图 10-8　铁磁谐振回路

(a) 并联谐振一次电路；(b) 并联谐振回路；
(c) 串联谐振一次电路；(d) 串联谐振回路

(1) 铁磁谐振现象。不论大电流接地系统或是小电流接地系统（包括厂用电系统），当发生铁磁谐振时，有如下现象产生：有接地信号；出现一相、两相或三相电压超过线电压，电压表指针到头；或三相电压轮流升高超过线电压，并同时低频摆动；三相电压同时升高，远远超过线电压，电压表指针到头。有时出现母线 TV 喷油、放电、着火、爆炸、电磁声，母线避雷器爆炸。

(2) 铁磁谐振产生的原因。铁磁谐振产生的原因及机理比较复杂，但简单的说，是由于谐振电路受到外部条件的激发（如合闸冲击、单相接地故障的切除、弧光接地自动熄灭、线路断线、系统电流电压的变化等），使母线 TV 非线性电感 L 变化范围足够大，以致谐振电路达到谐振条件而形成铁磁谐振。

(3) 区分铁磁谐振与单相接地的原则。发生铁磁谐振时，由于电源电压中存在零序及高次分量，反映到 TV 的开口三角形出口处而出现接地信号，但系统中并无接地故障，而小电流接地系统发生单相接地时，系统中性点出现电压位移，反映到 TV 的开口三角形出口处，也出现接地信号。两种故障都出现接地信号时，其区别主要表现在相电压的变化上。见表 10-1，根据三相相电压变化的比较，便能区分是发生了铁磁谐振还是发生了单相接地故障。

(4) 铁磁谐振故障的处理。母线系统铁磁谐振故障是在电路受到外部条件激发时产生的，故当操作中发生铁磁谐振时，应采取相应措施，破坏谐振条件，消除铁磁谐振。

①并联铁磁谐振的消除。当厂用电系统（含小电流接地系统）发生铁磁谐振时，可用增大母线系统电容的办法消除铁磁谐振。如 6kV 厂用电系统发生单相接地，接地故障切除后出现铁磁谐振，此时，合上故障母线上的备用断路器，投入备用分支电缆而增大母线电容，使铁磁谐振消失；又如小电流接地系统母线充电时出现铁磁谐振，断开充电断路器，让母线带上空长线（即增大母线电容）再合闸送电，一切正常。

②串联铁磁谐振的消除。在大接地电流系统中，在进行有关母线的操作时，出现铁磁谐振现象，可结合操作的具体情况，将断开的母联断路器或母线电源断路器重新合上，或拉开

相应断路器的母线侧隔离开关，或拉开谐振故障母线的 TV 母线隔离开关。如 220kV 母线停电，断开母联断路器后，该母线出现铁磁谐振，合上母联断路器，则谐振消失；110kV 母线停电，断开其电源断路器后，该母线出现铁磁谐振，拉开电源断路器母线侧隔离开关，谐振消失，某 110kV 母线腾空给某线路定相（核对电压相序、相位），合上该线路断路器两侧隔离开关时，出现铁磁谐振，将母线 TV 的隔离开关拉开，谐振消失。

表 10-1　　铁磁谐振与单相接地故障现象的比较

故障性质		相同点	不同点（相电压变化）
接地	（1）一相金属性接地 （2）一相非金属性接地	有接地信号	（1）故障相：电压为零；非故障相：电压升高为线电压 U_L （2）0＜故障相电压＜相电压 U_P；相电压 U_P＜非故障相电压＜线电压 U_L
并联铁磁谐振	（1）基波谐振 （2）分频谐振 （3）高频谐振	有接地信号	（1）一相电压下降（不为零），两相电压升高超过 U_L 或电压表指针到头；两相电压下降（不为零），一相电压升高超过 U_L 或电压表指针到头；中性点出现电压偏移。基波谐振过电≤$3U_P$ （2）三相电压依次轮流升高超过 U_L，三相电压表指针在同范围内做低频摆动；中性点出现电压偏移。分频谐振过电≤$2U_P$ （3）三相电压同时升高，远远超过 U_L，电压表指针到头；中性点出现偏移电压。高频谐振过电压≤$4U_P$
串联铁磁谐振	工频 f（f=50Hz）及 $\frac{1}{3}f$ 谐振	有接地信号	三相的线电压（一个、二个或三个线电压）或一相、二相相电压超过额定值，过电压≤$3U_P$

（5）防止铁磁谐振的措施。为防止出现铁磁谐振故障，应从设备、技术及操作上采取综合措施，其措施如下：

1）防铁磁谐振的设备措施。尽量采用电容式电压互感器（TV_C），从而去掉了 L，从根本上消除了产生铁磁谐振的条件；使用电磁式电压互感器时，应使用铁芯不易饱和、励磁感抗高的产品；在小电流接地系统，将 TV 一次中性点经单相 TV 或经消谐电阻接地；在 TV 开口三角形两端并联消谐管或装设阻尼电阻；尽量保证断路器三相同期。

2）防铁磁谐振的技术措施。降低 x_{CE}/x_L 的比值（减少同一系统中 TV 接地点，可提高 x_L 的综合值）可减少或避免铁磁谐振发生；尽量避免消弧线圈退出运行，因中性点经消弧线圈（低电抗）接地后，破坏了谐振回路的形成，并相对稳定了中性点对地电位，使铁磁谐振不大可能发生；大电流接地系统空母线送电、升压、电源变压器中性点应接地。这样，中性点不会出现位移电压，不会发生并联谐振。

3）防止铁磁谐振的操作措施。如：增加母线系统对地电容 CE（x_{CE}减小）是防止铁磁谐振发生的有效方法，操作时接入空载线路或电缆线路，以及空载变压器等；操作时注意操作顺序：母线停电时先拉开母线 TV 的隔离开关，以切断 L，再拉母联断路器或母线电源断路器。母线送电时操作顺序相反。母线升压时，先合断路器（使均压电容短接），再升压。升压结束停电时，先降压到零，再断开断路器；母差动作跳闸时，一组母线停电，此时应及时拉开母联断路器的隔离开关或母线 TV 的隔离开关，切断 $L—C$ 串联回路。

课题四　变电站常见事故处理

变电站常见的故障类型有输电线路故障、母线故障、主变故障、断路器故障及二次回路故障。单一设备故障及处理在前面各单元已作了介绍，下面主要介绍输电线路、母线及二次回路的常见故障。

一、输电线路故障的处理

（1）故障现象。中央音响信号盘声、光信号动作，事故喇叭响，“掉牌未复归”光字牌亮；该线路断路器的绿灯闪光；该线路的保护动作信号指示灯亮或信号继电器动作；该线路的表计指示为零；系统有冲击（有关回路电流增大、系统电压降低）。

（2）事故处理。应按下述方式处理：

1）复归中央声、光信号。

2）对 220kV 线路，线路跳闸后，不论重合闸装置是否动作，均不得强送电；并应注意系统潮流分布情况，及时调整发电机的有功及无功负荷。对于 110kV 线路，若为馈电线路，线路跳闸后，若馈电线路重合闸加用未动作时，在检查保护之前，可强送电一次。若馈电线路为双回运行，一回跳闸后，且该回重合闸加用未动作，可强送电一次。若线路为联络线，不论重合闸动作与否，均不得强送电。上述线路手动强送电需得到值长（或变电站值班长）批准。

断路器跳闸后手动强送电应注意以下三点：①断路器强送电时，应注意电压、电源及系统冲击情况，以便区别有无故障，若有故障不许强送电；②发现设备有明显故障现象，如冒烟、冒火、强弧光等禁止强送电；③强送电时，应做好设备越级跳闸的事故预想。

3）值班人员做好事故记录，分析事故原因，并将事故情况及时汇报给调度后按调度命令处理。事故记录的内容为：跳闸的断路器及跳闸时间、保护及自动装置动作情况（包括各种信号）、跳闸时表计的变化情况、事故处理时的其他情况。

4）复归线路断路器控制开关。当三相电流表指示均为零，无“三相位置不一致”光字牌信号时，控制开关可以复归；当三相电流中两相为零，一相不为零，且有“三相位置不一致”光字牌信号时，控制开关也可以复归；当三相电流表中有两相不为零，一相为零，有“三相位置不一致”光字牌信号时，应汇报给调度后听候处理。

5）检查跳闸线路的一、二次设备。检查项目有：①检查断路器。如外部是否完整，有无机械损伤；套管、绝缘子等有无破损；油位、液压、气压是否正常、有否喷油。②检查回路内其他一次设备。如隔离开关、电流互感器、线路电抗器、线路阻波器、电缆线路的电缆头。③检查该线路的保护及二次设备。

二、母线故障的处理

如图 1 - 10 所示，220kV 母线有两种运行方式，即双母线正常运行方式和单母线非正常运行方式。在这两种运行方式下运行时母线发生短路故障，它们的故障现象相似，但由于不同运行方式接线的差异，处理故障则有所不同。下面以正常运行方式下的一组母线故障为例介绍故障现象及事故处理。图 1 - 10 中，发电机—变压器组 G1—T1、01 号起备变和联络变压器 T 的 220kV 侧、奇数号线路等均接于 WBⅠ母线，G2—T2、偶数号线路等接于 WBⅡ

母线，母联断路器 QFc 及其两侧隔离开关均合上。WBⅠ故障的现象及处理如下：

（1）故障现象。中央音响信号装置动作，事故喇叭响；保护动作及相应的光字牌亮；系统有冲击；母联断路器 QFc、接入 WBⅠ母线的电源断路器及线路断路器均跳闸，跳闸断路器的绿灯均闪光；220kV 的 WBⅠ母线失压；WBⅠ母线所接元件表计指示为零。

（2）事故处理。按下述方式处理。

1）依据断路器绿灯闪光、保护动作情况，判断故障性质和故障范围，复归中央音响信号及跳闸断路器控制开关。

2）注意厂用电源。WBⅠ母线故障后，G1—T1 高压侧断路器跳闸，但仍带工作厂用变压器继续运行，应尽量维持发电机电压、频率稳定；若 WBⅠ母线故障后，G1—T1 未继续运行而失去厂用工作电源和备用电源，应尽快恢复 G1—T1 的保安电源，通常由 G2—T2 6kV 厂用电母线上的公用变向 G1—T1 的保安段母线供电或由柴油发电机供电。

3）检查 01 号起备变及其高压侧断路器回路无故障后，拉开该回路接入 WBⅠ母线的隔离开关，合上接入 WBⅡ母线的隔离开关，合上 01 号起备变的高压侧断路器，恢复 01 号起备变向 G1—T1 厂用电系统供电。

4）拉开故障母线上未跳闸的断路器（若 WBⅠ母线上有未跳闸的断路器，应将其断开，其原因是：①可避免变电站或用户值班人员处理停电事故恢复供电时，误向 WBⅠ故障母线反送电，使故障母线再次短路或发生非同期并列；②可避免母线恢复带电后，该母线所带的设备同时自起动，拖垮电源；③母线恢复电压后，一路一路试送电，对于判断哪回线路越级跳闸也比较容易；④可迅速发现拒绝跳闸的断路器，为找到故障点提供线索）。

5）检查一次系统设备，找出故障点并排除后，尽快恢复 WBⅠ母线固定连接运行方式。

6）若故障点无法消除，应与调度联系，尽快将 G1—T1 并入 WBⅡ母线运行，然后将 WBⅠ母线上的其他非故障元件逐一倒至 WBⅡ母线上运行。

7）若故障点不明显或未发现故障点，则会同继电保护人员鉴定是否为保护误动，会同高压试验人员鉴定 WBⅠ母线是否可以投入运行。若属保护误动或瞬间非破坏性故障，处理后恢复正常运行方式。

三、系统异常及故障的处理

1. 系统频率异常

（1）正常频率。正常运行时，系统频率应保持在 50Hz，频率偏差不超过±0.2Hz。

（2）异常频率。当系统中的机组出力与系统负荷不平衡时，系统的频率发生变化，如果系统的频率偏差达到±0.5Hz，则属频率异常，禁止系统在超过±0.5Hz 运行。

（3）频率异常的处理。当系统频率高于 50.5Hz 运行时，应及时汇报给系统值班调度员，由调度员下令给有关发电厂，降低机组出力，使系统频率恢复到 50.5Hz 以下。一般情况下，机组频率高于 50.5Hz 允许运行 30min，高于 51Hz 允许运行 15min（按规程规定的时间运行）。

当系统频率低于 49.5Hz 运行时，值班人员应汇报给值长，无需等待调度命令，可自行增加机组出力，直至频率恢复到 49.5Hz 以上，但该厂中各机组的出力不能超过额定，若各机组出力达到额定而频率未恢复正常时，则汇报给系统调度员，由调度员下令增加其他电厂机组出力，使系统频率恢复至正常。对于与系统联系较弱的发电厂，增加该厂机组出力可能使该厂的联络线过负荷，则应根据联络线规定的允许极限增加该厂机组出力。一般情况下，机组频率低于49.5Hz允许运行60min，低于49Hz允许运行30min。

2. 系统电压异常

（1）正常电压。正常运行时，各电厂系统母线电压应维持在额定值运行（枢纽点的电压在规定值），运行电压的变化范围不超过额定值的±5%。

（2）异常电压。当系统负荷发生变化时，电压也随之变化，当系统无功负荷增大而出现系统无功供应不足时，系统的电压就会降低，当系统电压超过额定值的±5%时（最大变化范围不超过额定值的±10%），则系统电压异常。有时系统电压剧烈降低，以致出现发电机强励。

（3）电压异常的处理。当系统电压高于正常范围时，应降低发电机的无功出力，但发电机的功率因数不得低于－0.95，以保证发电机运行的稳定性；当系统电压低于正常范围时，应增加发电机的无功出力，但定子电流不能超过额定值的105%，如果系统电压过低，经无功调整后，仍不能满足要求，则可申请系统调度适当降低发电机有功出力，以增加发电机的无功出力，但定子电流仍不能超过额定值的105%。

3. 系统振荡

电力系统正常运行时，系统中的发电机都处于同步运行状态（并联运行的各发电机都有相同的电角速度），在这种状态下，各发电机运行参数具有接近不变的数值，即稳定运行状态。当系统受到某一扰动（负荷突然变化，系统短路或切除线路）后，系统中的发电机失去稳定运行，各发电机之间失去同步，各发电机的电流、电压、功率等运行参数在某一数值来回剧烈摆动，这一现象称为系统振荡。

（1）系统振荡现象。系统振荡有下列现象显示：

1）发电机、变压器、联络线、电流表、电压表、功率表的指示周期性剧烈来回摆动。

2）失去同期的发电厂间的联络线的输送功率来回摆动，由零值至最大、由最大至零值。

3）系统送电端的频率升高，受电端的频率降低。

4）发电机发出与表计指示摆动相应的轰鸣声，发电机的强励反复动作。

5）全厂照明忽明忽暗。

（2）系统振荡的处理。系统振荡的处理方式如下：

1）不待调度命令，立即增加发电机的无功出力至最大，以提高系统的稳定性（提高发电机的极限功率），若强励动作，不应调整励磁。

2）若频率降低，增加发电机的有功出力，发电机按事故过负荷运行（见第四单元）；若频率升高，按系统调度命令降低发电机有功出力，并适当增加无功出力，使频率与受端一致，但频率不得降至49Hz以下。系统振荡时可以汽轮机的转速作为判断频率的依据。

3）检查系统输电线路，根据有功及电流表计摆动最剧烈者，确认为系统振荡中心，立即联系系统调度，建议调度拉开该线路，消除振荡。

4）经上述处理，3min内振荡仍未消除，听候调度处理。

5）系统振荡过程中，应停止正常倒闸操作，注意厂用电的安全。

6）系统振荡消失后，应调整发电机的有功、无功出力至正常，并通知机、炉、燃、化值班员对辅助设备运行情况进行全面检查。

小　　结

1. 发电厂的典型操作

发电厂的各种操作应遵循操作原则和规程要求，保证正确的操作顺序。发电厂最主要的操作是发电机及励磁系统的起停操作、厂用负荷的停送电操作、厂用变压器的停送电操作、厂用母线的停送电操作、厂用高压小车断路器的起停操作、大型电动机的起停操作以及网控部分输电线路停送电操作、母线停送电操作等。

2. 变电站的典型操作

变电站倒闸操作必须按照调度的命令和要求进行。操作的顺序性及按操作制度进行倒闸操作是保证整个操作正确性和安全性的主要因素。变电站的典型操作包括输电线路的停送操作、母线的停送电操作、主变压器的停送电操作及站用电的操作；对双母接线形式，有倒母线操作、电压互感器二次并列操作；对带有旁路的接线形式，有旁路代线路断路器操作等。

3. 发电厂常见事故的处理

发电厂常见的故障分为发电机变压器组本体故障、励磁系统本体故障、厂用电系统故障和二次回路故障四大部分，本单元主要介绍厂用电系统及其二次回路的常见故障。

4. 变电站常见事故的处理

变电站常见的故障类型有输电线路故障、母线故障、主变压器故障、断路器故障及二次回路故障。本单元主要介绍了输电线路、母线及二次回路的常见故障。

习　　题

一、名词解释

1. 中性点接地方式
2. 倒母线
3. 铁磁谐振
4. 系统振荡

二、填空题

1. 断路器操作完毕，应检查__________。
2. 隔离开关操作前，应检查__________在断开位置。
3. 低压厂用变压器切换为低压备用变压器供电，首先应检查__________。
4. 母线系统的铁磁谐振分为__________、__________。
5. 小电流接地系统易发生__________铁磁谐振；大电流接地系统易发生__________铁磁谐振。

三、问答题

1. 写出图 1 - 27 中 WL2 线路停、送电的操作票；写出 QFb 代替 QF2 运行的操作票；写出 WBⅡ停电检修的操作票。

2. 写出图 1 - 27 中按正常运行方式运行时，TV1 停电的操作票。

3. 如图 10 - 4 所示：

（1）写出 01 号起备变代替 1 号高压厂变运行的操作步骤；

（2）写出由 01 号起备变运行切换为 1 号高压厂变运行的操作步骤。

4. 如何区分单相接地和铁磁谐振?

5. 如何防止母线系统发生铁磁谐振?

6. 图 1-28 所示系统中 WL1 线路事故跳闸有哪些现象?如何处理?WBⅠ母线短路故障有什么现象,如何处理?

7. 系统电压、频率出现异常如何处理?

8. 系统振荡时有何现象?如何处理?

参 考 文 献

1. 西北电力设计院编. 电力工程电气设计手册. 北京：水利电力出版社，1987

2. 全国电力工人技术教育供电委员会编. 变电运行岗位技能培训教材（220kV、500kV）. 北京：中国电力出版社，1997

3. 武汉电力学校潘龙德主编. 电气运行（电力工业学校重点教材）. 北京：中国电力出版社，1999

4. 山西省电力工业局编. 电气设备运行（初、中、高级工）. 北京：中国电力出版社，1997